增材制造前沿技术
——增材制造技术专利分析

卢秉恒　李涤尘　王磊　编著

机械工业出版社

本书利用科学的专利分析方法对增材制造前沿技术的总体发展态势，以及增材制造的主流工艺技术、重点应用领域、新兴材料前沿技术、无损检测技术进行了深入、有效的分析和归纳。首先，针对增材制造技术专利进行了深入分析，指明了增材制造主流技术专利布局的热点与空白点；其次，梳理了各领域内主要专利申请人专利布局的重点与技术发展历程；同时，对增材制造的关键应用领域，如航空航天领域增材制造、汽车增材制造、生物医疗领域增材制造、电子信息领域增材制造、建筑领域增材制造、太空增材制造等应用领域以及增材制造的重点、热点材料进行专利分析，包括金属及金属基复合材料增材制造技术、连续纤维增强热塑性复合材料增材制造技术、陶瓷及陶瓷基复合材料增材制造技术；最后，针对增材制造的无损检测技术进行了专利分析。本书可为读者提供可靠的增材制造专利技术情报和技术发展趋势，为企业制定专利布局策略和发展方向提供指导，并为行业政策研究提供有益参考。

本书可供从事增材制造的科研人员和工程技术人员参考，也可供相关专业的在校师生参考。

图书在版编目（CIP）数据

增材制造前沿技术：增材制造技术专利分析/卢秉恒，李涤尘，王磊编著. —北京：机械工业出版社，2021.10
ISBN 978-7-111-69075-7

Ⅰ.①增… Ⅱ.①卢…②李…③王… Ⅲ.①快速成型技术 Ⅳ.①TB4

中国版本图书馆 CIP 数据核字（2021）第 184345 号

机械工业出版社（北京市百万庄大街 22 号　邮政编码 100037）
策划编辑：陈保华　责任编辑：陈保华　王彦青
责任校对：张　征　封面设计：马精明
责任印制：郜　敏
北京盛通商印快线网络科技有限公司印刷
2022 年 1 月第 1 版第 1 次印刷
184mm×260mm·27 印张·665 千字
标准书号：ISBN 978-7-111-69075-7
定价：139.00 元

电话服务　　　　　　　　　网络服务
客服电话：010 - 88361066　机　工　官　网：www.cmpbook.com
　　　　　010 - 88379833　机　工　官　博：weibo.com/cmp1952
　　　　　010 - 68326294　金　书　网：www.golden - book.com
封底无防伪标均为盗版　机工教育服务网：www.cmpedu.com

前　言

增材制造作为一项颠覆性的制造技术，其应用领域不断扩展，已成为世界先进制造领域发展最快的技术方向之一。本书第 1 篇立足于现阶段增材制造工程技术的国际发展情况，阐述总体发展态势及面临的问题、挑战。第 2 篇聚焦增材制造主流技术，针对各细分技术领域专利的申请趋势、申请地域分布、技术生命周期、专利申请人构成、技术构成等数据进行深入分析，指明专利布局的热点和空白点，并梳理各领域内主要专利申请人专利布局的重点与技术发展历程。第 3 篇聚焦增材制造的关键应用领域，如航空航天领域增材制造、汽车增材制造、生物医疗领域增材制造、电子信息领域增材制造、建筑领域增材制造、太空增材制造等应用领域。第 4 篇聚焦新兴材料前沿技术，包括金属及金属基复合材料增材制造技术、连续纤维热塑性复合材料增材制造技术、陶瓷及陶瓷基复合材料增材制造技术。第 5 篇主要针对增材制造的无损检测技术，如较为常见的工业 CT、激光超声无损检测等。本书通过科学的专利分析与归纳，以期能够为增材制造从业者提供可靠的专利技术情报和技术发展趋势，为企业制定专利布局策略和发展方向提供指导，并为行业政策研究提供有益参考。当前，增材制造工程已列入普通高等学校本科专业目录，会有越来越多的学生、研究人员、工程师和企业家参与进来，相信未来增材制造技术和产业将会出现更大的跨越式发展。

本书由卢秉恒、李涤尘、王磊编著。本书的文献数据检索主要由张丹莉等完成，贾赛、席凤参与了部分资料整理。本书在编写过程中，得到了国家增材制造创新中心、西安交通大学、西安增材制造国家研究院有限公司、中国机械制造工艺协会增材制造分会、中国机械工程学会增材制造分会、全国增材制造（3D 打印）产业技术创新战略联盟等单位和部门的大力支持，得到众多高校和企业行业领域专家的宝贵意见和建议，特别是得到了国家科技部重点研发计划"增材制造与激光制造"专项、军委科技委"173 计划"和中国工程院战略研究与咨询项目的资助，得到了机械工业出版社编辑的精心校阅和帮助。在此，作者一并表示衷心的感谢！

感谢赵纪元、陈祯、方学伟、宋索成、郭文华、吴华英、薛飞、张琦、侯颖等，他们基于研发过程中发现的新问题、新技术动态，为本书提供了大量的素材。

除了上述所提到的，还有诸多机构和个人在本书编著过程中给予了帮助，对于所有对本书做出贡献的机构和个人，一并致以诚挚的谢意！

由于本书内容涉及的知识较广，限于作者时间和水平，并考虑到尽快同大家分享，书中难免有一些疏漏和不足之处，恳请广大读者和专家批评指正。

作　者

目　　录

第4篇　重点材料方向增材制造技术专利分析

第5篇　增材制造无损检测技术专利分析

第1篇　增材制造技术知识产权发展态势综述

第1章　增材制造技术的现状与未来

1.1　概述

增材制造（additive manufacturing，AM）技术也称为3D打印技术，是20世纪80年代后期发展起来的新型制造技术。就制造方式来说，铸造、锻压、焊接在制造过程中质量基本不变，属于等材制造，其已经有3000多年的历史了。车床、铣床、刨床、磨床通过材料的切削去除，达到设计形状，称为减材制造，其已有300多年的历史。增材制造是材料一点一点地累加，形成需要的形状，它只有30多年的历史，是新制造技术的代表。2013年美国麦肯锡咨询公司发布的《展望2025》报告中，将增材制造技术列入决定未来经济的12大颠覆技术之一。

经过多年的发展，增材制造技术在航空航天、轨道交通、新能源、新材料、医疗仪器等新兴战略产业领域显示出具有重大价值和广阔的应用前景。目前，增材制造已经从最初的原型制造逐渐发展为直接制造、批量制造，成为工业领域的主流制造手段之一。增材制造成形材料包含金属、非金属、复合材料、智能材料、生物材料等。成形工艺能量源包括激光、电子束、特殊波长光源、电弧及以上能量源的组合，成形尺寸从微纳米元器件到10m以上大型航空结构件。增材制造作为一项颠覆性的制造技术，其应用领域不断扩展，已成为世界先进制造领域发展最快的技术方向之一。

1.2　发展现状

随着航空航天、海洋、新能源汽车、智能产品、高端医疗器械等领域对增材制造技术与装备的需求趋于旺盛，增材制造已经成为工业领域的主流制造手段，进入了批量化应用阶段。这标志着全球增材制造装备产业进入快速发展阶段。

全球工业强国纷纷加快布局增材制造产业。根据全球增材制造文献、专利、装机量统计数据，全球增材制造产业已基本形成了以美国、欧洲等发达国家和地区为主导，亚洲国家和地区后起追赶的发展态势。美国率先将增材制造产业视为战略性产业，并以此支持、推进经济和国防领域继续保持全球主导地位。美国在火箭、航空发动机、外太空装备中大量应用增材制造技术凸显了其战略重要性。欧洲、以色列、日本等发达国家和地区，在金属增材制造产业发展和技术应用方面一直走在世界前列。2019年，德国《国家工业战略2030》将增材制造列入未来重点发展的9大关键工业领域。美国通用电气（GE）、波音、霍尼韦尔，德国西门子、蒂森克虏伯，法国空客等工业巨头纷纷加快布局，以抢占未来新型制造技术的制高点。全球增材制造技术和产业发展正进入快速发展阶段。

我国增材制造领域相关专利和论文数量已全球领先，初步建立了涵盖 3D 打印材料、工艺、装备技术到重大工程应用的全链条增材制造的技术创新体系；涵盖了从产品开发的光固化原型制造到大尺寸金属材料增减材一体化制造装备，面向各类工艺的增材制造装备和增材制造数据处理、各类成形工艺路径规划软件，仿真模拟增材制造过程物理化学变化的数字仿真软件和数字孪生体建模仿真；工程应用则包括工业领域的产品装备创新、远洋战舰的移动制造和修复、太空原位增材制造等。

1.2.1　创造能力不断提升

增材制造技术是制造业创新驱动的引领性共性技术，需要多学科交叉的创新研究，创新优势明显。

（1）快速原型开发　3D 打印可以制造任意形状复杂的零件，成为机电产品、装备创新设计和快速开发的利器。

（2）节材制造　航空航天零件传统切削工艺材料去除率达到 97%，而增材制造材料利用率接近 100%。

（3）快速、低成本个性化制造　特别适合个性化医疗和高端医疗器械，如人工骨、手术模型、骨科导航模板等。

（4）零部件的再制造　如用于修复磨损飞机发动机叶片、轧钢机轧辊等，以极小的代价，获得超值。增材制造应用在军械、远洋轮、海洋钻井平台乃至空间站的现场制造，具有特殊的优势。

（5）实现制造的颠覆性变革　可以将数十个、数百个甚至更多的零件组装的产品一体化一次制造出来，大大简化了制造工序，节约了制造和装配成本。

（6）引领生产模式变革　3D 打印可能成为可穿戴电子、家居用品、文化产业、服装设计等行业的个性化定制生产模式。

（7）由增材走向创材　以 3D 打印设备作为材料基因组计划的研制验证平台，可以开发出超高强度、超高韧性、超高耐温、超高耐磨的各种优质材料，增材制造变成为创材技术。

（8）由创材走向创生　应用于组织支架制造、细胞打印等技术，实现生物活性器官的制造，一定意义上的创造生命，为生命科学研究和人类健康服务。

我国增材制造技术在相关国家科技计划的持续支持下，已为航空航天、动力能源领域高端装备的飞跃发展和品质提升做出了重要贡献。增材制造技术已在高端装备领域的零部件集成打印、轻量化、高效换热、新材料应用与多材料功能梯度结构设计等方面带来产品与装备的创新。我国增材制造的整体技术已达到国际先进水平，并在部分应用领域处于国际领先水平。如我国采用激光熔覆沉积技术实现了世界上最大、投影面积达 $16m^2$ 的飞机起落架、发动机承力框的增材制造等，解决了传统方法难以实现的复杂结构、功能集成整体制造的难题；采用多丝协同的电弧熔丝增减材工艺装备，实现了世界上首件 $10m$ 级高强铝合金重型运载火箭连接环样件制造的技术突破。我国开发成功融铸锻焊于一体的创新工艺。我国在整体制造的工艺稳定性、精度控制及变形与应力调控等方面均实现重大技术突破。采用金属增材制造技术直接制造的无人机微小型涡喷发动机已可批量生产。在航天领域，金属增材制件已在我国北斗、载人空间站、深空探测、新一代运载火箭、高新/专项等国家重大工程中获得广泛应用。

1.2.2　产业规模快速增长

我国增材制造产业规模快速增长，得益于一系列国家政策措施，如《中国制造2025》《国家增材制造产业发展推进计划（2015—2016年）》《增材制造产业发展行动计划（2017—2020年）》等。

2016年，国家增材制造创新中心在西安成立，采取公司+联盟的组织方式，首家完成国家级创新中心建设，针对国家战略性需求，开发了一批创新技术与装备；同时一批省级增材制造创新中心相继成立或筹建，航空航天和兵器集团等相关企业也相继成立了增材制造创新中心，形成了国家级、省级和重要行业增材制造创新中心协同布局的创新网络，逐渐形成以企业为主体、市场为导向、政产学研用协同的创新体系。我国在产业创新能力、工艺技术和装备、关键零部件配套、产业应用等环节的关键核心技术方面取得了系列突破，增材制造技术已成为飞机、运载火箭、舰船、核能等战略领域装备开发时快速迭代的手段。增材制造产业发展速度加快，规模稳步增长。涌现出西安铂力特、湖南华曙高科、广东汉邦、上海联泰、杭州先临三维、江苏中瑞科技、北京太尔时代、广州雷佳、北京煜鼎、北京隆源、永年激光、华科三维、无锡飞尔康、上海数造等一批制造类龙头企业，铂力特、先临三维等公司首批上市。2018年，我国增材制造产业产值约为130亿元，同比增长30%，增材制造装备保有量占全球装备保有量的10.6%，仅次于美国（美国的该参数为35.3%），位居全球第二。2019年，我国增材制造产业规模达157.47亿元，其中，装备产业规模为70.86亿元（占比45%），应用服务产业规模达45.67亿元（占比29%），3D打印材料产业规模达40.94亿元（占比26%）。2020年，我国规模以上增材制造装备制造企业营业收入105.2亿元，同比增长14.6%，实现利润总额9.7亿元，同比增长142.5%。

我国增材制造产业已初步形成了以环渤海地区、长三角地区、珠三角地区为核心，中西部地区为纽带的产业空间发展格局。其中，环渤海地区是我国增材制造人才培养中心、技术研发中心和成果转化基地。长三角地区具备良好的经济发展优势、区位条件和较强的工业基础，已初步形成了包括增材制造材料制备、装备生产、软件开发、应用服务及相关配套服务完整的增材制造产业链。珠三角地区，随着粤港澳大湾区建设的推进，增材制造产业将得到进一步集聚。中西部地区，陕西、湖北、湖南等省份是我国增材制造技术中心和产业化发展的重点区域，集聚了一批龙头企业和重点园区。我国增材制造产业链已初具规模，技术体系和产业链不断完善，产业格局初步形成，支撑体系逐渐健全，已逐步建立起较为完善的增材制造产业生态体系。

当前，增材制造已成为科技创新的加速器。"3D打印+"正在向各个制造业领域、社会生活的各个方面深入应用，并在零部件集成打印、轻量化、高效换热、新材料应用与多材料功能梯度结构设计等方面带来产品与装备的创新。"3D打印+"在航空航天、船舶海工、新能源领域、机器人领域、再制造领域、精准医疗、生物医疗、汽车、模具、建筑领域、电子产业、文化创意产业等领域将持续深入拓展。增材制造技术将为全国制造业发展带来更强大的助力。不久的将来，不仅在制造概念上，减材、等材、增材三足鼎立，从创造的价值上，也必将"三分天下"。

1.3　问题与挑战

从总体研究和产业发展来看，与大多数"一带一路"新兴国家相比，我国增材制造技术处于绝对领先地位，但与欧洲、美国、日本等发达国家和地区相比，我国在基础理论、关键工艺技术、高端装备等方面仍存在较大的差距。近年来的国际贸易摩擦更凸显了我国增材制造产业在原始创新、关键元器件等方面的薄弱与不足。在高端增材制造装备商业化销售市场，美国和德国还占据着绝对优势；我国高端增材制造装备的核心元器件和商用软件还依赖进口；系统级创新设计引领的规模化工业应用还主要在欧美国家。欧洲、美国、日本等发达国家和地区借助资金、人才、技术和市场的优势，在增材制造与激光制造基础理论、核心器件、工艺和装备、产业应用等方面均处于领跑水平。我国增材制造研究、产业发展面临的问题和挑战主要包括以下几个方面。

1.3.1　原始创新和变革性技术不足

近些年增材制造具有变革性的技术均来源于国外，一些显著影响增材制造全局的重大技术进步都来自于欧美国家，如德国的电子束高效增材制造装备、MIT 和惠普的金属粉末床黏结剂喷射打印技术、空客公司的增材制造专用铝合金 Scalmalloy 等。国内相关技术仍然处于跟跑位置，原始创新能力有待于加强和引导。

1.3.2　自主创新和标准体系尚待完善

从技术创新层面看，知识产权和专利技术一直是各国抢占的战略制高点。目前以欧洲、美国、日本等发达国家和地区构建的专业技术壁垒，对我国企业在增材制造和激光制造领域的布局与研究产生了较大程度的冲击。为打破国外技术壁垒和封锁，拥有一套核心自主知识产权体系是我国发展增材制造产业的重中之重。从标准层面来看，技术标准研究往往引领产业发展，如何推行完善的行业准则，使增材制造和激光制造的产品符合商业化的应用是我国增材制造和激光制造标准化发展的瓶颈。因此，建立完善的专用材料、工艺和设备，以及产品的检测和评价规范与标准也是未来所面临的挑战之一。

1.3.3　增材制造形性主动控制难度大

控形与控性是增材制造工艺的两个重要考察指标。但是，增材制造过程中材料往往存在强烈的物理、化学变化和复杂的物理冶金过程，同时伴随着复杂的形变过程，以上过程影响因素众多，涉及材料、结构设计、工艺过程、后处理等诸多因素，这也使得增材制造过程的材料、工艺、组织、性能关系往往难以准确把握，形性的主动、有效调控较难实现。因此，基于人工智能技术，发展形性可控的智能化增材制造技术和装备、构建完备的工艺质量体系是未来增材制造面临的挑战之一。

1.3.4　生物增材制造器官功能化困难

生物制造是未来的重点发展方向，现有生物墨水体系仿生度低，可打印性差，种类少，打印工艺稳定性及效率低，与生物墨水匹配性差，打印组织结构存在营养物质输送局限，因而无法实现真正功能化。未来需要攻关的关键核心技术包括：高精度微观仿生设计及单细胞微纳跨尺度建模与组装；多尺度、多组织的生物 3D 打印高效调控技术；血管自组装与网络建立；保证打印大体积组织的维持、存活的生物反应器的制造。随着生物医用材料从"非活体"修复到"活体"修复的趋势转变，生物制造面临的战略性、前瞻性重大科学问题包括：如何实现生物医用材料的活性化、功能化构建，甚至构建功能性组织器官，满足组织器官短缺、个性化新药研发等重大需求。

1.4　发展方向

过去 5 年，增材制造实现了爆发式发展，从一个个的研究点发展为一个个热点的科学技术领域。目前增材制造研究覆盖了增材制造新原理、新方法、控形控性原理与方法、材料设计、结构优化设计、装备质量与效能提升、质量检测与标准、复合增材制造等全系统，成为较为完整的学科方向。我国增材制造的发展要基于科学基础的研究，面向国家战略性产品和战略性领域的重大需求，瞄准世界先进制造技术与产业发展的制高点，抓住新一轮科技革命和产业变革的历史性发展机遇，从而为我国 2035 年成为世界制造强国的重大战略目标提供支撑。为此，要以增材制造的多学科融合为核心，通过多制造技术融合、多制造功能融合，向制造的智能化、极端化和高性能化发展，必须通过自主创新重点掌握以下制造技术与装备。

1.4.1　加强基础科学问题研究

由于增材制造技术的发展历史较短，随着技术的发展，很多传统的机理研究理论无法应用于增材制造的物理环境和成形机制。从基础科学入手，加强增材制造新问题的研究是首先需要面对的科研方向。在近期内需要解决的科学问题主要有：

1）金属成形中的强非平衡态凝固学。由于增材制造过程中的材料与能量源交互作用时间极短，瞬间实现熔化、凝固的循环过程，尤其对于金属材料来说，这样的强非平衡态凝固学机理是传统平衡凝固学理论无法完全解释的，因此建立强非平衡态下的金属凝固学理论是增材制造领域需要解决的一个重要的科学问题。

2）极端条件下增材制造新机理。由于人类越来越迫切探索外太空的需求，增材制造技术被更多地应用于太空探索领域，人们甚至希望直接在外太空实现原位增材制造，这种情况与类似极端条件下的增材制造机理，以及增材制造制件在这种服役环境下的寿命和失效机理的研究，将是相关研究人员关注的问题。

3）梯度材料、结构的增材制造机理。增材制造是结构功能一体化实现的制造技术，甚至可以实现在同一构件中材料组成梯度连续变化、多种结构有机结合，实现这样的设计对材料力学和结构力学提出了挑战。

4）组织器官个性化制造及功能再生原理。具有生命活力的活体及器官个性化打印是增材制造在生物医疗领域中最重要的应用之一，但无论是制造过程的生命体活力的保持，还是在使用过程中器官功能再创机理的研究，都还处于初期阶段，需要多个学科和领域的专家学者共同努力。

1.4.2　解决形性可控的智能化技术与装备

增材制造过程是涉及材料、结构，多种物理场和化学场的多因素、多层次和跨尺度耦合的极端复杂系统，在此条件下，完全按照设计要求实现一致的、可重复的产品精度和性能，使以往不能制造的全新结构和功能器件变为可能是增材制造发展的核心目标。结合大数据和人工智能技术来研究这一极端复杂系统，在增材制造的多功能集成优化设计原理和方法上实现突破，发展形性主动可控的智能化增材制造技术，将为增材制造技术的材料、工艺、结构设计、产品质量和服役效能的跨越式提升奠定充分的科学和技术基础。在此基础上，发展具有自采集、自建模、自诊断、自学习、自决策的智能化增材制造装备也是未来增材制造技术实现大规模应用的重要基础。同时，重视与材料、软件、人工智能、生命与医学的学科交叉研究，开展重大技术原始创新研究，注重在航空航天航海、核电等新能源、医疗、建筑、文化创意等领域拓展增材制造技术的应用，是我国增材制造技术可望引领世界的关键之所在。形性主动可控的智能化增材制造技术和装备的发展将有望带动未来增材制造技术的前沿发展，从而提升增材制造技术应用的可靠性，创造出颠覆性新结构和新功能器件，更好地支撑国家及国防制造能力的提升。

1.4.3　突破制造过程跨尺度建模仿真及材料物性变化的时空调控技术

增材制造过程中材料的物性变化、形态演化、组织转化极大地影响了成形的质量和性能，是增材制造实现从结构可控成形到功能可控成形的基础和关键。开展增材制造熔池强非平衡态凝固动力学理论研究、制造过程的纳观－微观－宏观跨尺度建模仿真技术研究，以及 $\mu m－\mu s$ 介观时空尺度上材料物性变化的时空调控研究，是提高我国增材制造领域竞争力、突破技术瓶颈的重要基础。

以功能需求为导向，主要研究针对高分子、陶瓷等有机/无机非金属材料，甚至细胞、因子、蛋白等生物活性材料的增材制造工艺，进行兼具成形性能和功能要求的制造过程纳观－微观－宏观跨尺度建模仿真，以及 $\mu m－\mu s$ 介观时空尺度上的原位和透视观测技术与装置的研究与开发，建立相应的多尺度、多场计算模拟模型。在高时空分辨率下，研究和揭示非金属、生物材料、细胞等在挤出、喷射、光固化等典型增材制造过程中的物性变化、形态演化、组织转化，甚至细胞的基因转入等细节过程及其影响因素，掌握工艺现象的本质原理和成形缺陷的形成机制，为改进和提高现有工艺水平、提升制件质量、突破技术瓶颈奠定理论基础。在此基础上，与人工智能、大数据和深度学习等技术结合，突破先进智能材料、柔性材料、响应性材料、生物活性墨水的增材制造关键技术工艺，研究打印过程中和打印后材料物性变化规律和调控规律。

1.4.4　注重发展未来颠覆性技术

太空打印、生物打印（生物增材制造）是增材制造两个具有颠覆性、引领性的重大研究方向，它们既关系到我们的空天科技和生命科学前沿，又直接关系到我们的国防安全和健康生活。

太空打印可以小设备制造大装置，可以在太空制造巨型太阳能电站，建立月基发射基地，乃至发展成太空装备新材料，实现把制造搬到天空去的美好愿望。太空打印是我们走向太空的阶梯。

生物打印已经在人工心肺制造方面显示了良好的开端，我国应大力发展生物打印技术，实现新一代智能型医疗器械、生物机械装置及体外生命系统等的原创性技术工艺的突破，从而占领基础研究和产业应用的制高点，实现我国新型生物医疗器械领域的自主创新及转型升级。

1.5 发展思路

增材制造是我国实体经济转型升级的利器。围绕国家制造业强国战略，针对国民经济和国防安全的需求，增材制造应开展新材料、新结构、智能控制、组织和性能调控、精度调控等研究，为增材制造主动形性调控和智能化发展奠定基础。我国在增材制造领域正处在高速发展期，但是与欧洲、美国、日本等发达国家和地区相比，我国增材制造技术和设备还处于劣势，所以推进增材制造技术和装备的升级与革新显得尤为重要，这也是我国抢占战略制高点的重要环节。为此要推动高可靠性、高性能、高精密增材制造工艺与装备及其配套技术的创新性发展。在生物增材制造领域，聚焦组织器官重建，重点围绕细胞/组织/器官芯片打印等进行生物增材制造核心技术、工艺及装备开发的研究，以攻克组织器官再造技术瓶颈，尽快实现皮肤等软组织修复产品、血管、软骨、膀胱等简单结构组织器官及肿瘤等病理模型的制造，在临床、个性化药物筛选与病理研究、组织再生医疗和细胞治疗等领域初步应用，以期提升我国生物制造核心技术水平，使之实现国际并跑，甚至领跑。

增材制造的发展将遵循"应用发展为先导，技术创新为驱动，产业发展为目标"的原则。应用方面应结合增材制造工艺特点进行产品设计和优化、创新型应用的开发、个性化定制生产等，以拓展增材制造的应用领域；利用增材制造云平台等新模式拓展增材制造的应用路径；结合增材制造设备和技术的高精度、高效发展特点，应提高增材制造批量化生产能力，拓展领域规模化应用；结合增材制造设备的多样化生产特点，可推广增材制造产品在社会各行各业的应用。同时，在产业可持续发展方面，力求建立健全的增材制造产业标准体系，结合云制造、大数据、物联网等新兴技术及其他基于工业4.0的智能集成系统，促进增材制造设备和技术的全面革新，培育一批具有国际竞争力的尖端科技和制造企业，最终实现增材制造产业的快速可持续发展。生物增材制造应有效促进先进技术转化应用落地，构筑总产值达千亿元的生物增材制造创新产业体系，培育生物增材制造产业国际性领军企业，带动我国再生医学、生物材料、医学工程等多个相关产业快速发展。

参 考 文 献

[1] 卢秉恒. 增材制造技术——现状与未来 [J]. 中国机械工程, 2020, 31 (1): 19 - 23.

[2] 王磊, 卢秉恒. 中国工作母机产业发展研究 [J]. 中国工程科学, 2020, 22 (2): 29 - 37.

[3] LI N, HUANG S, ZHANG G, et al. Progress in additive manufacturing on new materials: A review [J]. 材料科学技术学报（英文版）, 2019, 35 (2): 242 - 269.

第 2 章　增材制造技术知识产权

2.1　研究背景

在知识经济时代，知识产权作为一个企业乃至国家提高核心竞争力的战略资源，正在凸显出前所未有的重要地位。《中华人民共和国民法通则》规定了 6 种知识产权类型，即著作权、专利权、商标权、发现权、发明权和其他科技成果权，并规定了知识产权的民法保护制度。随着知识经济全球化进程的加快，论文、专利文献作为反映科技发展，特别是技术发展态势的重要情报来源，在科技战略制定中发挥着日益重要的作用。增材制造知识产权分析可以帮助企业从宏观层面了解专利技术发展脉络、技术热点和整个领域的专利布局竞争态势，从微观层面进一步明晰可借鉴的布局策略、筛选和判定有价值空白点，从竞争层面可以分析竞争对手布局特点和布局策略；也可以帮助研发人员发现新的技术领域和技术手段、激发新的创意、规避专利侵权、提高研发技术的质量，最终促进创新活动，推进技术研发并转化成相应专利成果。

本书关于增材制造的术语主要参考 GB/T 35351—2017。考虑到增材制造是新兴技术，增材制造技术概念和内涵也不断演变，不同增材制造技术和工艺曾有多种不同表述，且技术本身也在不断发展。本书针对增材制造相关论文、专利分析也考虑了相关演变过程。

2.2　增材制造基础研究发展现状（论文分析）

2.2.1　数据获取与研究方法

SCI 学术论文作为重要科研成果的载体，为分析学术领域研究动态提供了一条有效途径，通过 SCI 论文计量分析，可以反映该研究领域的研发态势。本章使用 Thomson Reuters 公司开发的 Web of Knowledge 平台，选择 Web of Science 所收录的全球 11000 多种学术期刊的 1000 多万条文献记录的计量分析数据库，采取主题、标题、年份、文献类型相结合的方法进行文献检索。共检索到相关期刊论文 29354 条，随后利用可视化引文分析软件 HistCite 对增材制造相关文献进行分析。

论文检索式包含技术体系中主要关键词及近义词等，总检索式如下：

ti = （3 * dprinting） or （three - dimensionalprinting） or （3 - dimensionalprinting） or （materialincreasemanufact * ） or （additive * manufact * ） or （rapid * prototyp * ） or （rapidmanufact * ） or （rapid * prototyp * manufact * ） or （layeredmanufact * technology） or （solidfree - formfabrication） or （stereolithographyapparatus） or （laminatedobjectmanufact * ） or （selectivelasersinter * ） or （fuseddepositionmodel * ） or （laserengineerednetshap * ） or （patternlesscastingmanufact * ） or （directmetallaser - sinter * ） or （directlaserfabrication） or （directmetaldeposition）or（laserclad * formingtechnology）or（electronbeamselectivemelt * ）or（electron-beamfreeforfabricat * ）or（wirearcadditivemanufact * ）or（plasmaarcadditivemanufactur * ）or（dig-italbricklay * ）or（3dmosaic）or（ballisticparticlemanufact * ）。

文献类型：article。

检索语言：english。

2.2.2 全球论文发表趋势

图 2-1 所示为 1997—2020 年增材制造技术相关 SCI 论文发表数量的统计结果。全球增材制造技术研究可分为三个阶段：

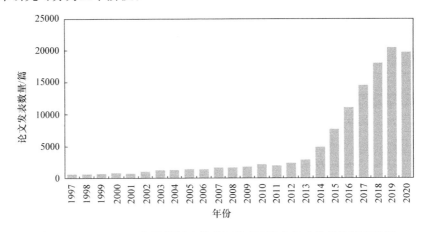

图 2-1 1997—2020 年增材制造技术相关 SCI 论文发表数量的统计结果

第一阶段：1997—2001 年，增材制造技术的研究处于初始阶段，在这一时期每年全球增材制造相关 SCI 论文发表数量少，但基本保持增长态势。许多增材制造重要的主流技术在该时期产生，例如：1983 年，美国科学家 Charles Hull 发明光固化成形技术；1989 年，Scott Crump 发明了熔融沉积成形技术，同年美国 Texas 大学的研究生 C. Deckard 提出激光选区烧结技术的概念；1991 年，美国 Helisys 公司研发分层实体制造技术，并制造了第一台分层制造系统；1993 年，美国麻省理工学院 Emanual Sachs 教授提出三维立体打印技术；1995 年德国 Fraunhofer 激光技术研究所提出选择性激光熔化技术的构想。该时期论文数量虽然较少，但对增材制造的发展起到重要作用。

第二阶段：2002—2012 年，增材制造技术研究进入慢速发展阶段，这一时期全球增材制造技术发文量每年的增长幅度都比较小，发文量年平均增长率为 14.2%。经过初期增材制造相关技术的不断涌现，增材制造研究开始向纵深发展，限制于制造精度、应用材料及组织控制等问题，技术发展速度放缓。

第三阶段：2013 年至今，增材制造技术研究处于迅猛上升的发展阶段，随着信息技术的发展及新材料的开发，增材制造技术应用领域不断扩展，全球增材制造及核心元器件的研发迎来热潮，其中 2013—2018 年相关领域发文量年平均增长率高达 54.1%。

2.2.3 期刊排名及研究方向演进

期刊在某一领域的引用频次是反映期刊学术水平影响力的重要指标，通过 HistCite 软件对增材制造技术领域内期刊被引频次进行整理，并选取前 10 种重要期刊，见表 2-1。刊载领域内文献数量最多的期刊是 *Additive Manufacturing*，其次为 *Rapid Prototyping Journal* 与 *International Journal of Advanced Manufacturing Technology*，但是当前文献集内引用频次最多的期刊为 *Materials & Design*，引用频次高达 10052 次。这些期刊基本构成增材制造研究的核心期刊雏形。通过关注增材制造技术重要期刊及期刊主要研究方向，可以进一步分析增材制造技术研究方向的演进。

表 2-1　增材制造技术领域前 10 种重要期刊

排名	期刊	刊载文献数/篇	当前文献集中引用频次/次	总引用频次/次
1	*Additive Manufacturing*	887	5377	8832
2	*Rapid Prototyping Journal*	850	7312	14505
3	*International Journal of Advanced Manufacturing Technology*	743	5432	10500
4	*Materials & Design*	599	10052	18026
5	*Materials Science and Engineering A – Structural Materials Properties Microstructure and Processing*	491	7368	12468
6	*Materials*	473	466	3458
7	*Journal Materials Processing Technology*	361	7230	12937
8	*ACS Applied Materials & Interfaces*	290	1388	4681
9	*Journal of Alloys and Compounds*	269	2950	5123
10	*Materials Letters*	215	1272	2618

将 2015 年和 2019 年增材制造期刊所属的学科及发文数量进行排名，结果见表 2-2。近 5 年内，增材制造 SCI 论文在 Materials Science（材料科学）领域的研究最为密集，对比 2015 年论文数量增长率为 435.58%。其次为 Engineering（工程学）领域，主要有机械工程、生物医学工程、电子工程、细胞组织工程、航天工程等分支。排名上升最多的两个研究方向是 Polymer Science（高分子科学）和 Mechanics（结构力学）。Polymer 分类的论文主要发表在 *Soft Matter*、*Macromolecular materials and Engineering* 等期刊上，是关于形状记忆聚合物、纳米纤维复合材料、碳纤维复合材料、水凝胶生物材料等方面的研究成果。

表 2-2　2015 年和 2019 年发文数排名前 15 位的期刊研究方向对比

论文来源期刊所属的研究方向	2015 年论文数排名/位	2015 年论文数/篇	2019 年论文数排名/位	2019 年论文数/篇	论文数增长率（%）	学科排名变化
Materials Science	1	668	1	3571	434.58	
Engineering	2	636	2	2758	333.65	
Science Technology Other Topics	3	481	3	1686	250.52	
Chemistry	5	201	4	1002	398.51	↑1 位
Physics	4	249	5	933	274.70	↓1 位
Metallurgy Metallurgical Engineering	6	124	6	666	437.10	
Nanoscience Nanotechnology	7	116	7	612	427.59	

（续）

论文来源期刊所属的研究方向	2015 年论文数排名/位	2015 年论文数/篇	2019 年论文数排名/位	2019 年论文数/篇	论文数增长率（%）	学科排名变化
Polymer Science	16	28	8	309	1003.57	↑8 位
Mechanics	18	27	9	299	1007.41	↑9 位
Computer Science	8	75	10	278	270.67	↓2 位
Instruments Instrumentation	10	74	11	259	250.00	↓1 位
Multidisciplinary Sciences	12	57	12	219	284.21	
Automation Control Systems	15	39	13	208	433.33	↑2 位
Biochemistry Molecular Biology	9	75	14	199	165.33	↓5 位
Optics	11	60	15	185	208.33	↓4 位
所有研究方向总计		2910		13711		

2.2.4　国家及科研机构分布

各国增材制造技术的 SCI 发文数量及引用频次见表 2-3。美国、中国、英国这三个国家发布的相关文献数量最多，分别为 7599 篇、6012 篇、2371 篇，前三位国家发文量占总文献数近 60%，是增材制造研究最为活跃的国家。其次为德国（2012 篇）、韩国（1300 篇）、意大利（1188 篇）、澳大利亚（1065 篇）、加拿大（919 篇）、法国（917 篇）、日本（759篇）。通过当前文献集引用频次这一指标来看，美国、中国、英国、德国、澳大利亚 5 个国家论文引用总频次排名靠前，拥有较强的研发实力。其中美国的当前文献集引用总频次高达44071 次，远超其他国家。

表 2-3　各国增材制造技术的 SCI 发文数量及引用频次

排名	国家	文献数/篇	占总文献比例（%）	当前文献集引用频次/次	平均被引频次/次
1	美国	7599	28.05	44071	5.8
2	中国	6012	22.19	25509	4.2
3	英国	2371	8.75	18648	7.9
4	德国	2012	7.43	13941	6.9
5	韩国	1300	4.80	4409	3.4
6	意大利	1188	4.39	6553	5.5
7	澳大利亚	1065	3.93	8146	7.6
8	加拿大	919	3.39	3573	3.9
9	法国	917	3.39	5896	6.4
10	日本	759	2.8	2812	3.7

相关领域发文量是衡量机构研究能力的重要指标，增材制造研究 SCI 论文发文数量排名前 15 位的研究机构见表 2-4。

表 2-4　增材制造研究 SCI 论文发文数量排名前 15 位的研究机构

排名	研究机构	所属国家	文献数/篇	当前文献集引用频次/次	总引用频次/次
1	华中科技大学	中国	400	3875	6928
2	南洋理工大学	新加坡	377	3705	9997
3	乔治亚理工学院	美国	294	1656	5725
4	西安交通大学	中国	288	1072	3700
5	清华大学	中国	284	1042	4289
6	上海交通大学	中国	270	1069	3575
7	麻省理工学院	美国	262	1475	7322
8	宾夕法尼亚大学	美国	257	2289	5084
9	诺丁汉大学	英国	238	2483	5107
10	浙江大学	中国	233	638	2858
11	南京航空航天大学	中国	226	2498	4521
12	橡树岭国家实验室	美国	222	1909	3758
13	北京航空航天大学	中国	216	1281	3065
14	西北工业大学	中国	208	751	1694
15	密歇根大学	美国	193	1676	5492

　　由表 2-4 可知，中国有 8 所研究机构进入前 15 名，其中华中科技大学发文数量排名第一，西安交通大学发文数量排名第四。新加坡南洋理工大学排名第二，美国的乔治亚理工学院发文数量排名第三。从引文数量来看，文献集引用频次指标华中科技大学仍排名第一，每篇文章平均被引用约 9.7 次，其次为南洋理工大学、南京航空航天大学、诺丁汉大学、宾夕法尼亚大学等，文献引用频次可以从一定程度上反映研究机构发文的影响力程度。

　　对全球增材制造技术重要研究人员及领域内 SCI 发文数量进行统计，增材制造技术重要研究人员及发文数量（第一作者）见表 2-5，其中，南京航空航天大学的 GU DD（顾冬冬）、华中科技大学的 SHI YS（史玉升）、南洋理工大学的 CHUA CK、西安交通大学的 LI DC（李涤尘）4 位研究者被 SCI 收录的增材制造方面论文数量已超过 100 篇。由表 2-5 可以看出，经过多年的不断进步，我国已经拥有一批具有全球影响力的增材制造技术研究领军人物。结合表 2-3 学术论文的平均引用频次数据可以总结出，在 SCI 论文影响力方面，我国与世界科技发达国家还存在一些差距，我国增材制造研究机构应当积极与增材制造研究水平前列的海外研究机构进行科技合作与交流，不断提升我国的增材制造技术研究水平。

表 2-5　增材制造技术重要研究人员及发文数量（第一作者）

序号	研究机构	重要研究人员（SCI 论文篇数）
1	华中科技大学	SHI YS (128)、ZENG XY (80)、WEI QS (60)
2	南洋理工大学	CHUA CK (105)、LEONG KF (48)、YEONG WY (35)
3	乔治亚理工学院	ROSEN DW (42)、QI HJ (40)、DAS S (20)
4	西安交通大学	LI DC (112)、LU BH (36)、TIAN XY (33)
5	清华大学	LIU W (24)、LIN F (22)、SHEN ZJ (22)

（续）

序号	研究机构	重要研究人员（SCI 论文篇数）
6	上海交通大学	LI X（14）、WANG CT（12）、CHANG J（11）
7	麻省理工学院	MATUSIK W（24）、HART AJ（18）、OXMAN N（18）
8	宾夕法尼亚大学	BEESE AM（28）、COLOMBO P（25）、DEBROY T（24）
9	诺丁汉大学	TUCK C（41）、ASHCROFT I（31）、HAGUE R（28）
10	浙江大学	FU JZ（64）、HE Y（41）、GAO Q（19）
11	南京航空航天大学	GU DD（138）、DAI DH（52）、MA CL（29）
12	橡树岭国家实验室	BABU SS（49）、DEHOFF RR（35）、KUNC V（27）
13	北京航空航天大学	WANG HM（79）、CHENG X（33）、LI J（31）
14	西北工业大学	LIN X（73）、HUANG WD（58）、TAN H（23）
15	密歇根大学	HOLLSTER SJ（26）、MAZUMBER J（26）、ANDANI MT（16）

2.2.5　文献引文分析

选取 HistCite 当前文献合计中被引频次最高的 30 篇文献，生成引文编年图并进行可视化分析，见图 2-2。图 2-2 圆圈中的数字表示某篇论文在当前文献集合中的序号，带箭头的连线表示文献之间的引用关系，箭头指向的是被引用的文献。图 2-2 中 30 个节点的连线数为 54，最小被引频次为 203 次，最大被引频次为 633 次。这 30 篇文献分布在 2004—2017 年，结合表 2-6 所列增材制造技术领域引用频次排名前 30 篇论文对引文编年图进一步分析。

由图 2-2 所示的引文编年图分析发现，增材制造技术大致存在三条技术知识扩散路径，其中左边部分连线较为密集，该区域文献引用的主题为铁基合金、钛合金、铝合金等不同金属以激光为热源的选择性烧结或熔融工艺。该区域从 1231 号 2004 年发布的 SCI 论文：Selective laser melting of iron – based powder（铁基粉末的选择性激光熔融）开始，其中 2007 年发布的 1677 号文献 Consolidation phenomena in laser and powder – bed based layered manufacturing（激光与粉床分层制造中的固结现象），2015 年发布的 4916 号文献 Selective laser melting of AlSi10Mg alloy：process optimisation and mechanical properties development（AlSi10Mg 合金的激光选择性熔化：工艺优化与力学性能开发）以及 2016 年发布的 7820 号文献 Additive manufacturing of metals（金属增材制造）为引用频次排名靠前的重要节点文献。

图 2-2 右边区域是从 1423 号文献开始，不难看出 2006—2012 年之间的文献节点较为分散，2005 年美国密歇根大学 Williams Jessica M 等人在 *Biomaterials* 上发表 Bone tissue engineering using polycaprolactone scaffolds fabricated via selective laser sintering（选择性激光烧结聚己内酯骨组织支架）论文，在文中开创性地提出使用可生物吸附的高分子材料——聚己内酯（PCL），采取选择性激光烧结（SLS）技术制备多孔结构骨支架，这篇论文在增材制造相关研究中被引用 219 次，推动了增材制造技术在生物医学工程领域的深入应用。2014 年密歇根大学 B. C. Gross 等人在 *Analytical Chemistry* 期刊上发表的论文 Evaluation of 3D printing and its potential impact on biotechnology and the chemical sciences（3D 打印及其对生物技术和化学科学的潜在影响评估）为该区域引用重要节点文献。除此之外，可以看到右下角 5767 号、4664 号文献有一组较小的引用关联，这两篇文献发文时间均处于 2014 年以后，主题都是围绕增材制造碳纤维增强复合材料，引用频次达到 200 次以上。由此可见，近年来碳纤维复合材料因其重量轻、强度高、耐蚀性强、弹性优良等特点，逐步成为研究热点。

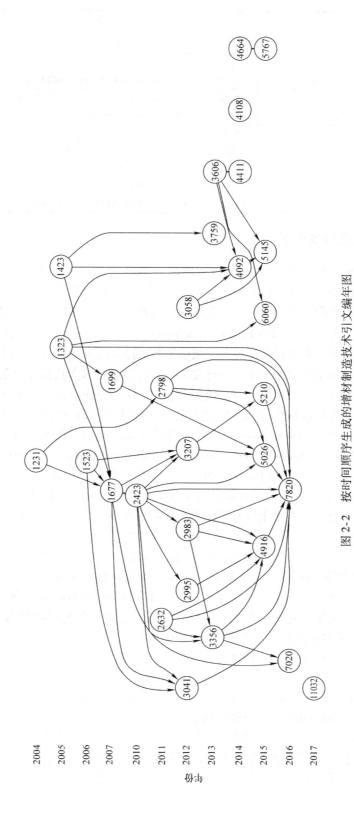

图 2-2 按时间顺序生成的增材制造技术引文编年图

表 2-6 增材制造技术领域引用频次排名前 30 篇论文

序号	论 文 名 称	领域内引用频次/次	论文编号
1	A study of the microstructural evolution during selective laser melting of Ti – 6Al – 4V【2010】	633	2423
2	Fine – structured aluminium products with controllable texture by selective laser melting of pre – alloyed AlSi10Mg powder【2013】	470	3356
3	Additive manufacturing of metals【2016】	446	7820
4	Selective laser melting of iron – based powder【2004】	427	1231
5	Consolidation phenomena in laser and powder – bed based layered manufacturing【2007】	394	1677
6	Heat treatment of Ti6Al4V produced by selective laser melting: microstructure and mechanical properties【2012】	354	3207
7	Evaluation of 3D printing and its potential impact on biotechnology and the chemical sciences【2014】	349	4092
8	Laser powder – bed fusion additive manufacturing: physics of complex melt flow and formation mechanisms of pores, spatter, and denudation zones【2016】	343	7020
9	Residual stresses in selective laser sintering and selective laser melting【2006】	339	1523
10	The status, challenges, and future of additive manufacturing in engineering【2015】	321	6060
11	Additive manufactured AlSi10Mg samples using selective laser melting (SLM): microstructure, high cycle fatigue, and fracture behavior【2012】	301	2983
12	3D – printing of lightweight cellular composites【2014】	301	4411
13	Bone tissue engineering using 3D printing【2013】	283	3759
14	Densification behavior, microstructure evolution, and wear performance of selective laser melting processed commercially pure titanium【2012】	271	3041
15	Continuous liquid interface production of 3D objects【2012】	260	5145
16	Binding mechanisms in selective laser sintering and selective laser melting【2005】	251	1323
17	Microstructures and mechanical behavior of inconel 718 fabricated by selective laser melting【2012】	251	2995
18	Selective laser melting of biocompatible metals for rapid manufacturing of medical parts【2007】	250	1699
19	As – fabricated and heat – treated microstructures of the Ti – 6Al – 4V alloy processed by selective laser melting【2011】	250	2798
20	Anisotropic tensile behavior of Ti – 6Al – 4V components fabricated with directed energy deposition additive manufacturing【2015】	237	5210
21	Selective laser melting of aluminium components【2011】	233	2632
22	3D printing of high – strength aluminium alloys【2017】	225	11032
23	Additive manufacturing of carbon fiber reinforced thermoplastic composites using fused deposition modeling【2017】	221	5767
24	Bone tissue engineering using polycaprolactone scaffolds fabricated via selective laser sintering【2005】	219	1423
25	Highly oriented carbon fiber – polymer composites via additive manufacturing【2014】	215	4664
26	3D printing of interdigitated Li – ion microbattery architectures【2013】	213	3606

（续）

序号	论文名称	领域内引用频次/次	论文编号
27	Additive manufacturing of strong and ductile Ti－6Al－4V by selective laser melting via in situ martensite decomposition【2015】	208	5026
28	3D bioprinting of vascularized，heterogeneous cell－laden tissue constructs【2014】	207	4108
29	Integrated 3D－printed reactionware for chemical synthesis and analysis【2012】	204	3058
30	Selective laser melting of AlSi10Mg alloy：process optimisation and mechanical properties development【2015】	203	4916

2.2.6　研究热点分析

针对增材制造技术论文标题进行聚类分析（见图 2-3），得到全球增材制造技术 SCI 论文标题高频术语，见表 2-7。

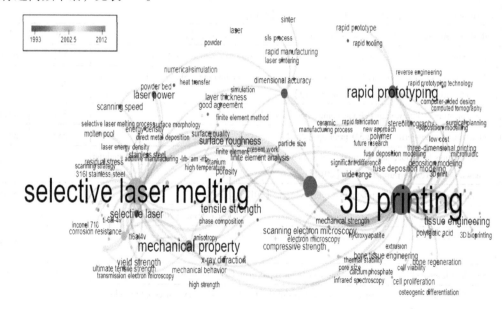

图 2-3　全球增材制造技术 SCI 论文标题聚类分析

表 2-7　全球增材制造技术 SCI 论文标题高频术语

术语	术语翻译	频数/次	术语	术语翻译	频数/次
3D printing	3D 打印	2942	polymer	聚合物	435
selective laser melting	选择性激光熔化	1411	stereolithography	立体光刻	359
mechanical property	力学性能	1347	tissue engineering	组织工程	340
microstructure	微观结构	1237	hydrogel	水凝胶	324
additive manufacturing	增材制造	1222	tensile strength	抗拉强度	305
rapid prototyping	快速成形	816	bone	骨骼	304
composite	混合物	621	nanocomposite	纳米复合材料	279
alloy	合金	478	biomaterial	生物材料	267
powder	粉末	478	titanium	钛	254

结合上述图表归纳出目前增材制造论文的研究热点：金属增材制造，尤其是以激光（laser）为热源的增材制造技术发文数量较多；围绕高性能增材制造发文数量靠前，力学性能（mechanical-property）、微观结构（microstructure）术语出现频次均在1200以上，此类发文针对增材制造工件力学性能及微观结构提升研究；复合材料的增材制造，如混合物（composite）、合金（alloy）及聚合物（polymer）为材料的增材制造为研发热点之一；立体光刻（stereolithography）作为较为成熟的增材制造技术，随着其应用领域的不断延伸，发展出喷射固化成形、面曝光快速成形及微立体光刻等热点技术；生物医疗领域增材制造，水凝胶（hydrogel）、骨骼（bone）、组织工程（tissue engineering）及生物材料（biomaterial）术语的高频出现，揭示生物医疗领域增材制造领域设备研究的热潮；近年来以纳米复合材料（nanocomposite）为主题的SCI论文数量达到279篇，纳米复合材料是微纳尺度增材制造的主要原料，侧面反映微纳制造成为新兴技术热点；金属钛（titanium）因比强度高、耐蚀性好、低温性好等属性被广泛应用于增材制造航空航天及医疗领域，钛合金增材制造设备也因此成为研究者关注的焦点。

使用CiteSpace软件对2015—2020年增材制造SCI论文关键词进行词频分析，总结出各年度最受关注的论文关键词和高频关键词，见表2-8。根据该表总结得出近5年增材制造技术研究热点：

（1）材料领域　新兴材料——石墨烯材料、碳纤维复合材料、混凝土材料；超材料与纳米材料——碳纳米管、纳米纤维复合材料；金属材料——高温合金、高熵合金、块状金属玻璃、液态金属；高分子复合材料——连续纤维复合材料；生物复合材料——生物墨水、生物陶瓷、复合水凝胶材料、生物大分子和可再生聚合物；形状记忆聚合物/合金。

（2）工艺领域　熔丝制造、激光粉床熔融、激光直写技术、电弧增材制造、黏结剂喷射、数字光处理。

（3）分析及检测技术　流变性分析、微观结构演变、有限元模拟、扫描策略、过程监控、力学响应、人工智能。

表 2-8　2015—2020 年增材制造 SCI 论文最受关注的论文关键词和高频关键词

年份	最受关注的论文关键词	高频关键词
2015	工艺参数、晶格结构、三维打印	石墨烯、超材料、碳纳米管、高温合金、金属熔丝制造、导热性、高分子复合材料、生物制造、生物墨水、3D生物打印、平版印刷、生长因子、钛植入物、骨支架
2016	粉末熔融技术、流变性、微观结构演变	混凝土、碳纤维、激光金属沉积、多孔生物材料、导电性、有限元模拟、软体机器人技术、等离子体、生物陶瓷、形状记忆材料
2017	激光粉床熔融、形状记忆合金、激光直写技术	数字光处理、氧化石墨烯、个性化医疗、黏结剂喷射、支撑结构、电弧增材制造、骨科植入物、纳米纤维素、聚合物纳米复合材料、液态金属
2018	材料挤压、流变性、金属成分	机器学习、扫描策略、生物复合材料、高熵合金、电弧增材制造、过程监控、胶凝材料、丝素蛋白、双光子聚合、块状金属玻璃、离子液体
2019	连续碳纤维、激光粉床熔融、辉石结构	可注射水凝胶、力学响应、超分子水凝胶、人工智能、纳米纤维、复合长丝
2020	抗菌性能、复合水凝胶、石墨烯	生物大分子和可再生聚合物、连续纤维复合材料、软骨组织、醋酸纤维素、粉末特性

2.3 增材制造技术开发现状（专利分析）

专利信息作为专利活动的主要产物，涵盖了全球 90% 以上的最新技术情报，翔实准确地记录了各项发明创造和技术演进轨迹，已成为当今时代最重要的技术文献和知识宝库。

2.3.1 全球专利申请现状分析

图 2-4 所示为 2002—2020 年增材制造技术全球专利申请量。从 2000 年至今，增材制造技术专利申请基本可以划分为两个阶段：2000—2011 年的概念导入期和 2012 年至今的快速发展期。在 2000—2011 年期间，增材制造技术专利年申请量稳定在 1000 件以下，该阶段专利申请量虽然保持一定的年增长率，但增速较缓，平均年专利申请增长率大约为 14%，其中 2003 年增材制造技术专利申请年增长率近 49%，成为技术引入期阶段内专利增长最快的年份。自 2012 年开始，伴随着增材制造技术在消费商品、电子产品、医学和牙科、航空航天等领域的深入应用，全球增材制造技术申请进入快速发展期，其中 2012—2018 年专利年增长率均高于 28%，2018 年申请量高达 6429 件，专利相对增长率（RGR）和相对增长潜力率（RDGR）持续走高。需要说明的是，由于发明专利申请通常是自申请日起 18 个月后被公开，本次检索时因有部分 2018 年、2019 年、2020 年的专利申请未被公开而引起的误差。

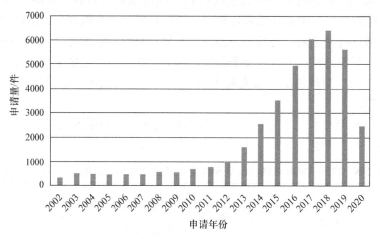

图 2-4　2002—2020 年增材制造技术全球专利申请量

增材制造技术全球专利申请国家/组织排名如图 2-5 所示，目前全球拥有增材制造技术专利最多数量的国家是中国，专利申请量为 23059 件，占增材制造技术专利全球申请总量的 56.5%；其次为美国，专利申请量为 6224 件，占申请总量的 15.3%；韩国、日本、德国紧随其后，且该三个国家在增材制造技术领域专利的申请量相当，均占申请总量的 6% 左右。由统计出的专利申请数据可知，申请量占前五位的国家所持有的专利申请量共占据增材制造技术全球申请总量的 84%。这一数据表明中国、美国、德国、韩国、日本不仅是增材制造技术主要的研发创新国家，更是增材制造技术应用方面备受重视的五大国际市场。

图 2-6 所示为增材制造技术全球专利公开数量和优先权专利数量对比。虽然近年来中国在增材制造技术专利申请的数量上已赶超美国，但对全球增材制造技术专利申请按照优先国

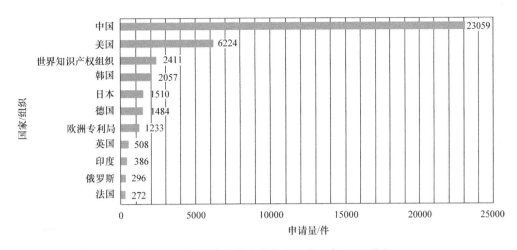

图 2-5　增材制造技术全球专利申请国家/组织排名

家进行排序后可发现，中国仍落后于美国、德国，在专利申请优先权国家排名第三。其中美国拥有全球增材制造原创专利的 11.13%，德国拥有 4.62%，而中国仅有 2.76%，这一数据表明，美国和德国仍保持增材制造主要原创专利产出国的重要地位，掌握大部分增材制造核心技术，且具有较高的自主创新能力。中国虽然在专利申请数量上遥遥领先，但受限于专利申请的原创性及创新程度，专利申请的市场价值及技术含量仍有待提高。

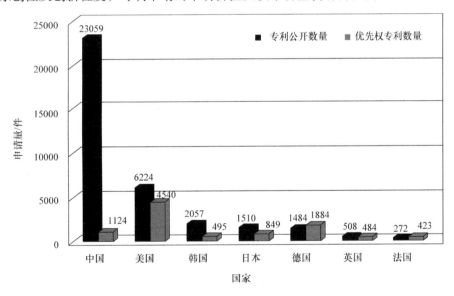

图 2-6　增材制造技术全球专利公开数量和优先权专利数量对比

增材制造技术专利原创地域是指最早研发某项增材制造技术并已递交专利申请的国家或地区。表 2-9 为主要国家申请人增材制造技术专利布局情况。由表 2-9 可知，美国、德国、日本、韩国的专利申请人在专利布局时注重在国际市场，如德国专利发明人申请的专利中有 66.2% 在国外申请，日本的国外专利也达到 48.4%。相对而言，我国专利申请人专利布局重点仍局限于国内，只有少数向国外申请专利保护，从数据上看国内申请的专利占总量的

97.8%，而仅有 2.2% 的专利走向国外。

表 2-9　主要国家申请人增材制造技术专利布局情况

申请人国家	公开区域											本国/总量	国外/总量
	世界知识产权组织	美国	中国	日本	欧洲专利局	澳大利亚	德国	韩国	英国	加拿大	印度		
中国	270	143	21604	33	26	11	10	8	3	6	7	97.8%	2.2%
美国	1140	3820	513	277	430	77	159	224	93	111	100	53.5%	46.5%
德国	319	685	399	109	345	21	1176	117	18	49	51	33.8%	66.2%
日本	86	336	91	892	83	5	35	136	26	4	10	51.6%	48.4%
韩国	77	118	47	16	27	0	5	1340	1	1	1	81.9%	18.1%

　　全球增材制造技术专利类型和有效性分布如图 2-7 所示。其中，创新程度较高的发明申请占主导地位，高达 57%，且专利有效的比例较高。除未决申请外，处于有效状态的专利申请量占总申请量的 51%；处于失效状态的专利申请还不足专利申请总量的 25%，且主要是国内申请人提出的专利申请。上述专利分析结果说明全球增材制造技术还处于一个技术发展期。我国增材制造技术专利虽然在数量上已经追上竞争对手，但是面对增材制造日益激烈的国际竞争形势，我国技术发明人应积极抢占国际增材制造技术制高点，加强专利海外布局意识，努力减少未来产业国际化道路上的风险。

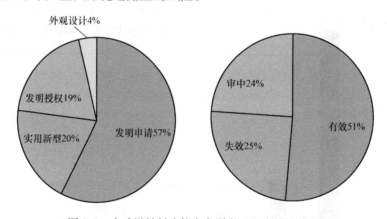

图 2-7　全球增材制造技术专利类型和有效性分布

　　全球增材制造技术各类型专利的授权情况如图 2-8 所示。2005—2012 年全球增材制造技术专利申请类型以发明专利为主，2013 年开始实用新型专利申请数量有明显上升趋势，而外观设计专利的申请数量在近几年才开始呈现稳步增长的趋势。这一现象与发明、实用新型、外观设计专利保护的侧重点及增材制造技术、产业发展脉络息息相关。在增材制造技术的引入期，SLA 技术、FDM 技术和 3DP 技术等各种增材技术相继被发明，各国发明人更多进行以保护技术方案为主的发明专利申请，抢占增材制造技术的制高点。2012 年美国提出《先进制造业国家战略计划》，将促进先进高端制造业发展提高到了美国国家战略层面，自此以后以美国为代表的世界发达国家开始重新重视制造业，纷纷提出"再工业化计划"，增材制造作为"第三次工业革命"的关键技术之一，获得世界各主要国家的高度重视。我国也在同一时期开始积极推动增材制造技术的快速发展。因此，2012 年以后，增材制造技术相关发明专利和与产品、构造紧密相关的实用新型专利申请量呈现飞速增长趋势，而随着增材制造市场的日益繁荣和产值的快速攀升，以保护工业品外观设计为重点的专利申请也相应增加。

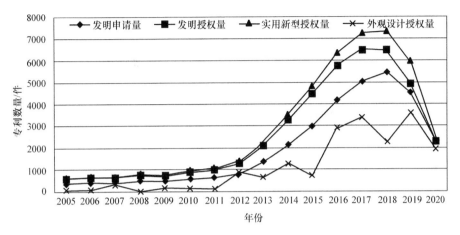

图 2-8　全球增材制造技术各类型专利的授权情况

2.3.2　中国专利申请现状分析

中国增材制造技术专利申请趋势如图 2-9 所示，中国与其他国家增材制造技术专利申请量对比如图 2-10 所示。对比可知，中国增材制造技术起步稍晚于全球发达国家，在 2001—2008 年间，中国增材制造技术专利申请量一直少于美国，国内增材制造技术尚处于萌芽阶段。而在 2008 年以后，尤其是 2012 年开始，中国增材制造技术专利申请量迅猛增长，已在专利申请量上领先世界其他国家。其中 2013 年中国专利申请量较 2012 年增长了 2 倍多，到 2018 年中国增材制造技术专利申请达到最高峰 5207 件，当年美国同技术领域内专利申请量仅有 521 件，仅为同期中国增材制造技术专利申请量的 9%。这一现象除了与计算机技术的持续发展和新材料不断涌现有关，更与我国增材制造技术相关支持政策的颁布息息相关。增材制造技术这一极具发展前景的智能制造技术，已成为我国深化实施制造强国战略的重点方向之一。特别是，近年来我国增材制造技术研究和应用在全国各大高校和科研院所遍地开花，大批科研人员同时对增材制造的不同技术分支开展技术攻关和科学探索，并积极布局相关专利，专利申请量目前仍保持快速增长的发展势头。

国内增材制造企业及科研院所在地域分布上较为集中，因此导致所在地域的专利申请量差别较大，增材制造技术排名前 10 位的申请人省市为广东、江苏、北京、浙江、上海、陕西、安徽、四川、山东、辽宁，见表 2-10。其中广东省增材制造技术专利申请人以华南理工大学、广东工业大学、东莞理工学院为主，江苏省专利申请人排名靠前的为苏州大学和江苏大学，北京市相关领域专利申请人同样是以北京工业大学、清华大学为代表的众多高校。同时从侧面可以看出，我国增材制造产业已初步形成了以环渤海地区、长三角地区、珠三角地区为核心，中西部地区为纽带的产业空间发展格局。

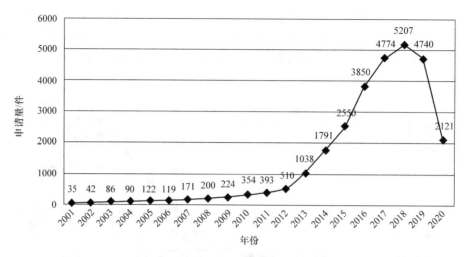

图 2-9　中国增材制造技术专利申请趋势

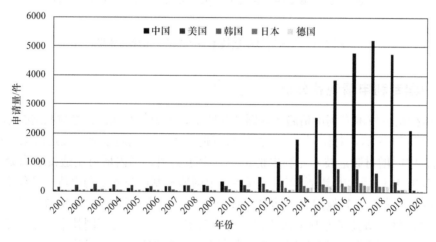

图 2-10　中国与其他国家增材制造技术专利申请量对比

表 2-10　增材制造技术排名前 10 的申请人省市和专利数量

排　名	申请人省市	专利数量/件	排　名	申请人省市	专利数量/件
1	广东	3641	6	陕西	1172
2	江苏	2485	7	安徽	1167
3	北京	1929	8	四川	1000
4	浙江	1680	9	山东	901
5	上海	1196	10	辽宁	812

中国增材制造技术专利申请类型占比如图 2-11 所示，已公开专利中 48% 的专利类型为发明专利申请，33% 的专利类型为实用新型专利申请，13% 的专利类型为发明授权，而仅有 6% 的专利为外观设计。相比全球增材制造技术专利申请类型，我国专利申请类型中实用新型专利占比偏高，且近年来实用新型专利授权量增速较快，该现象有导致专利申请质量及稳定性不佳的风险。

2.3.3　专利技术分布和热点

目前，以增材制造技术为代表的新制造技术在基础研究、关键技术和产业发展方面正在飞速发展，其行业正在快速崛起。增材制造新工艺、新原理、新材料和新应用不断涌现，4D打印、太空 3D 打印、电子 3D 打印、细胞 3D打印、食品 3D 打印、建筑打印等新概念不断出现，其影响正从传统的制造业向社会的各个领域发展，并且应用范围不断扩展。在工业领域，增材制造正在成规模地集成到现有产品的业务流程或供应链中，以生产使用传统制造方法难以制造或成本太高的部件。增材制造技术不同于以往的生产技术，增材制造本身的数字化技

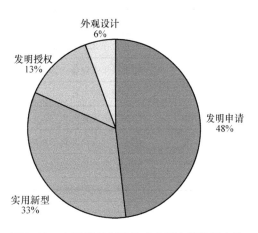

图 2-11　中国增材制造技术专利申请类型占比

术特征从一开始就与互联网、大数据、网络化云平台、移动终端、区块链和人工智能等科技紧密融合，并伴随着这些科技的进步而快速发展。

全球增材制造装置专利排名前 20 位的 IPC 分类号如图 2-12 所示，表 2-11 为全球增材制造装置专利排名前 20 位的 IPC 分类号及其含义。目前，全球增材制造技术中利用激光辐射或等离子体的金属增材制造专利申请数量较多，其次为塑料丝材的熔融沉积成形，利用喷射熔融金属，如喷射烧结、喷射铸造技术的增材制造专利数量也位居前列。另外，围绕增材制造核心元器件（如打印头、送料、平台基板及加热机构等）的专利布局较为密集。除此之外，增材制造装置控制、数据处理、辅助操作相关专利也是申请热点。

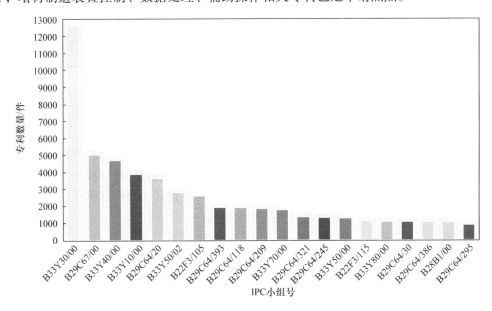

图 2-12　全球增材制造装置专利排名前 20 位的 IPC 分类号

表 2-11　全球增材制造装置专利排名前 20 位的 IPC 分类号及其含义

IPC 分类号	含　义
B33Y30/00	附加制造设备
B29C67/00	不包含在 B29C39/00 ~ B29C65/00、B29C70/00 或 B29C73/00 组中的成形技术
B33Y40/00	辅助操作或设备，如用于材料处理
B33Y10/00	附加制造的过程
B29C64/20	附加制造装置
B33Y50/02	用于控制或调节附加制造过程
B22F3/105	利用电流、激光辐射或等离子体
B29C64/393	用于控制或附加制造工艺
B29C64/118	使用被融化的细丝材料，如熔融沉积模制成形
B29C64/209	喷头、喷嘴
B33Y70/00	适用于附加制造的材料
B29C64/321	送料
B29C64/245	平台或基板
B33Y50/00	附加制造的数据获得或数据处理
B22F3/115	利用喷射熔融金属，如喷射烧结、喷射铸造
B33Y80/00	附加制造的产品
B29C64/30	辅助操作或设备
B29C64/386	附加制造的数据获得或数据处理
B28B1/00	由材料生产成形制品
B29C64/295	加热元件

2.4　小结

过去 5 年，增材制造技术实现了爆发式发展，增材制造通过形形色色的打印材料和制造手段引领制造与科技创新，从一个个的研究点发展为一个个热点的科学技术领域。增材制造研究覆盖了新原理、新方法、控形控性原理与方法、材料设计、结构优化设计、装备质量与效能提升、质量检测与标准、复合增材制造等全系统。

参 考 文 献

[1] 吴菲菲，段国辉，黄鲁成，等. 基于引文分析的 3D 打印技术研究主题发展趋势 [J]. 情报杂志，2014（12）：64 – 70.

[2] 潘风清，柏兴旺，张海鸥. 基于 Web of Science 的 3D 打印研究文献计量分析 [J]. 图书情报导刊，2016，1（1）：105 – 109.

[3] 金玉然，李新，戢守峰. 3D 打印的研究热点及其演化：基于科学知识图谱的分析 [J]. 科技管理研

究，2019，39（4）：92 – 100.

［4］任佳妮，张薇，钱虹，等．基于专利情报和文献计量的国内 3D 打印技术研究分析［J］．情报探索，
　　2016（4）：51 – 57.

［5］梁瑛，邹小筑，陈雪．基于 HistCite 的文献计量学可视化分析——以增材制造（3D 打印）领域为例
　　［J］．图书馆学刊，2015（5）：132 – 135.

［6］梁宏．浅谈企业如何挖掘专利和进行专利布局［J］．中国发明与专利，2015（1）：38 – 40.

［7］王兴旺，孙济庆．国内外专利地图技术应用比较研究［J］．情报杂志，2007，26（8）：113 – 115.

第2篇　增材制造主流技术专利分析

第3章　立体光固化成形技术专利分析

3.1　立体光固化成形技术原理

立体光固化成形技术是目前最常见也是最早开发的光固化技术。立体光固化成形技术原理为：主要以液态光敏树脂为加工材料，计算机控制紫外激光束（紫外光/可见光等）按加工零件的分层截面信息逐层对光敏树脂进行扫描，使其产生光聚合反应，每次固化形成零件的一个薄层截面；每一层固化完毕之后，工作平台移动一个层厚的高度，然后在原先固化好的树脂表面再涂敷一层新的液态树脂，以便进行下一层扫描固化；新固化的一层牢固地黏结在前一层上，如此重复直至零件原型制造完成。一般的立体光固化增材制造成形过程如图3-1所示。

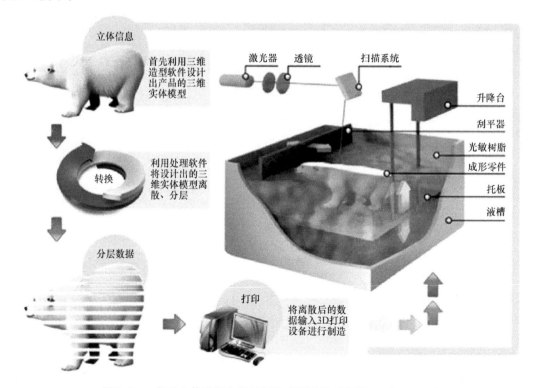

图3-1　一般的立体光固化增材制造成形过程（来源：syd. com. cn）

3.2 立体光固化成形技术发展概况

随着立体光固化成形技术的快速发展及应用领域的不断延伸，该技术已经由原先的激光快速成形逐步延伸发展出了喷射固化成形、面曝光快速成形、微立体光刻技术等，超越了原先单材、均质加工技术的限制，以实现高精度、高效率、多色彩、多材料及微纳尺度的快速制造为目的，在材料性质和种类、制作层次、制作功能等方面有了巨大进步。

（1）喷射固化成形 喷射固化成形技术（Polyjet）是光固化成形技术的一项重要延伸技术，最开始是由 Object Geomatries 公司（现已被 Stratasys 公司收购）于 2007 年发布。该技术不同于以往的单调材料、单一色彩的立体光固化成形技术，可以实现多颜色、多材料打印的有黏结剂三维打印和光固化三维打印。Polyjet 技术工作原理如图 3-2 所示，打印喷头延 X/Y 轴方向运动，将光固化树脂喷射在工作台上，此时紫外光固化灯紧随喷头运动，将喷射在工作台上的树脂进行固化，打印完第一层，然后工作台沿 Z 轴下降一个层厚，喷头继续运动喷射树脂并完成第二层固化，不断移动喷头或下降工作台，如此循环重复后便可完成零件的打印，去除支撑材料后可直接获得完整零件，无须后处理。除此之外，美国 3D Systems 公司推出的 Project 5500X 增材制造设备采用与 Polyjet 技术类似的原理——多喷头打印技术（multijet printing，MJP），该技术可以同时实现多色彩、明暗度和多种灰度的 3D 打印。

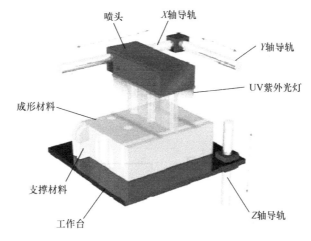

图 3-2 Polyjet 技术工作原理

（2）面曝光快速成形 原先的立体光固化成形方法使用光敏液态树脂，逐层固化构筑三维实体，即先打印一层，矫正外部形态后再添加材料，进行下一层打印，难以同时保证打印精度和速度。因而伴随高精度、高效率增材制造技术需求的不断涌现，以及微光学元件技术的突破，基于掩膜成形工艺的面曝光快速成形技术在近些年得到了快速发展。在面曝光快速成形技术中，数字光处理（digital light procession，DLP）和连续液界面制造（continuous liquid interface production，CLIP）成为该领域的核心技术。

CLIP 技术是 2015 年 3 月由 Carbon 3D 公司推出的一项具有颠覆性意义的 3D 打印新技术，其工作原理为：在底部有一个能通过紫外线和氧气的窗口，紫外线使树脂聚合固化，而氧气起阻聚作用，这两个矛盾体使得靠近窗口部分的树脂聚合缓慢仍呈液态，这一区域称为死区。死区上方树脂在紫外线作用下固化，已成形的物体被工作台拉伸上移，树脂连续固化，直到打印完成为止，CLIP 技术在提高打印精度的同时，将立体光固化成形速度提升了 100 倍。图 3-3 所示为 CLIP 技术基本原理和 Science 封面。

（3）微立体光刻技术　微立体光刻技术（micro stereo lithography，MSL）是在原先立体光固化成形技术基础上发展起来的一种新型微细加工技术，微立体光刻原理示意图如图 3-4 所示。工作时，先将材料的液滴喷在一个透明窗口上，再通过数字投影机把图案分别投射在需要固化的液滴背面，被光照过的区域就形成固体片状结构，附着在一个样品支架上，窗口上没有曝光的液滴则被清除，如此反复，可以得到所需的零件结构。动态掩膜作为面投影微立体光刻最为重要的功能模块之一，目前液晶显示器（LCD）、空间光调制器（spatial light modulator，SLM）、数字微反射镜（digital mi-cromirror device，DMD）等都已被用作动态掩膜，其中主要采用数字 DMD 作为动态掩膜。

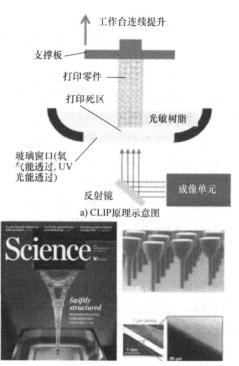

a) CLIP原理示意图

b) Science封面和CLIP打印的微纳结构

图 3-3　CLIP 技术基本原理和 Science 封面

喷射固化成形（Polyjet）、面曝光快速成形（DLP/CLIP）、微立体光刻技术（MSL）都是在原先立体光固化成形（SLA）技术基础上发展起来的。立体光固化技术比较见表 3-1。

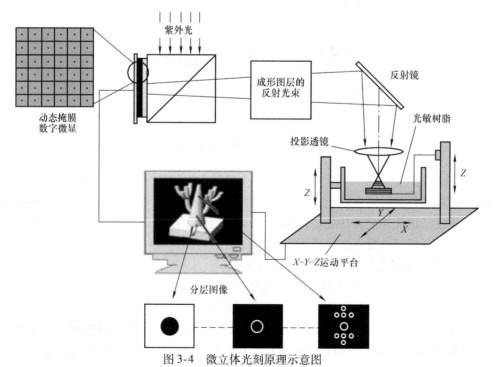

图 3-4　微立体光刻原理示意图

表 3-1 立体光固化技术比较

工艺/内容	SLA	Polyjet	DLP	CLIP	MSL
光源	紫外激光束	紫外光	数字光处理器	紫外光	激光光斑
材料	液态光敏树脂、陶瓷	液态光敏树脂	光敏树脂	光敏树脂、人造橡胶、尼龙	液态光敏树脂、陶瓷
分辨率	微米级别	微尺度（μm）	微尺度（μm）	微米级别	微尺度（μm）
成本	低	高	较低	较高	低（面投影）
效率	低	高	较高	高	高（面投影）
优势	原理简单、设备稳定性高	可实现不同材料的多彩打印，精度高、无台阶感	效率高、设备稳定、结构简单	打印速度快、精度高	通过微观打印从而控制材料微观结构，图形化面积大
缺陷	成形件力学性能差、打印效率低	材料与设备成本高	主要用于小体积物品打印	制造成本较高	难以制造，必须使用支撑结构
备注	最早商业化、目前最成熟的快速成形技术	在医疗模型与文化创意等领域应用前景广阔	制件效果可匹敌注塑成形的耐用塑料部件	同时提高打印精度与速度	面投影微立体光刻具有很好的应用前景

3.3 立体光固化成形技术专利申请趋势分析

3.3.1 专利检索策略

通过 IncoPat 全球专利检索平台，选取表 3-2 立体光固化成形技术专利检索要素，对立体光固化成形技术进行专利检索。使用的中文关键词主要有：光造型、喷射固化、面曝光快速成形、微立体光刻、连续液界面、数字光处理等。使用的英文关键词有：stereo lithograph*（SLA）、UV curing、photo curing、Polyjet、continuous liquid interface production（CLIP）、digital light procession（DLP）、micro stereo lithography（MSL）等。除此之外，使用 IPC 分类号 B29C64 和 B33Y 结合关键词进行初步检索，得到 11972 条专利信息。通过数据分析，剔除激光选择性、合金、熔融、沉积、层压、烧结等主要数据噪声来源。最后经人工逐篇阅读去噪获得领域内有效专利 10231 件，申请号合并后为 9423 件专利，后续分析内容均基于此次专利检索结果。

表 3-2 立体光固化成形技术专利检索要素

检索要素	检索要素1	检索要素2	去噪
关键词（中文）	光固化、立体光刻、光敏液相固化、立体印刷、光造型、喷射固化、面曝光快速成形、微立体光刻、连续液界面、数字光处理	增材、3D 打印、增减材	激光选择性、金属（合金）、熔融、沉积、层压、烧结、热固性

（续）

检索要素	检索要素 1	检索要素 2	去噪
关键词 （英文）	stereo lithograph*（SLA） UV curing、photo curing polyjet continuous liquid interface production（CLIP） digital light procession（DLP） micro stereo lithography（MSL） LCD/SLM/DMD	additive manufactur* 3D printing*	laser selective solidification（SLS） fused deposition modeling（FDM）
IPC 号	—	B29C64，增材加工，通过光固化或选择性激光烧结 B33Y，附加制造，即三维（3D）物品制造，通过附加沉积	—
备注	模糊检索关键词：*代替词尾多个英文单词		

3.3.2　专利申请趋势分析

图 3-5 所示为立体光固化成形技术专利申请趋势，近 10 年来全球立体光固化成形和中国立体光固化成形技术专利申请趋势基本一致，可以分为两个阶段：2001—2013 年为缓慢发展期，这一时期领域内全球专利年申请量在 200 件左右，中国专利年申请量未突破 100 件，整体态势为缓慢增长。2014 年至今为快速增长期，尤其是 2015 年伴随 CLIP 等新兴技术的出现，全球 SLA 专利申请量比 2014 年增长近 6 倍，随后的 2016 年、2017 年相关领域内专利申请数量持续攀升。因为专利审查制度的原因，近三年立体光固化快速成形发明专利存在部分未公开情况，从而影响专利统计数据的准确性，从目前公开的情况来看，2018 年 SLA 专利全球专利申请量至少在 1200 件以上，我国相关领域内专利申请量也应达到 700 件以上。

随着立体光固化成形技术在航空航天、生命科学研究、微电子等前沿领域的深入应用，光固化成形技术的全球及中国专利申请量还将会出现持续增长的趋势。

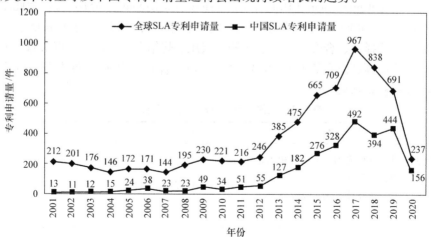

图 3-5　立体光固化成形技术专利申请趋势

3.3.3　技术生命周期分析

利用专利指数法量化立体光固化成形技术生命周期，分别计算 2014—2018 年领域内专利申请的技术生长率 v、技术成熟系数 α、技术衰老系数 β、新技术特征系数 N。

技术生长率 v，指某技术领域发明专利申请量占过去 5 年该技术领域发明专利申请或授权总量的比率，如果连续几年技术生长率持续增大，则说明该技术处于成长阶段。

技术成熟系数 α，指某技术领域发明专利申请量占该技术领域发明专利和实用新型专利申请总量的比率，如果技术成熟系数逐年变小，说明该技术处于成熟阶段。

技术衰老系数 β，指某技术领域发明和实用新型专利申请量占该技术领域发明专利、实用新型和外观设计专利申请总量的比率，如果技术衰老系数逐年变小，说明该技术处于衰老期。

新技术特征系数 N，由技术生长率和技术成熟系数推算而来，计算公式为：$N = \sqrt{v + \alpha}$。某一技术领域新技术特征系数越大，说明该技术的新技术特征越强。

立体光固化成形技术专利指数示意图如图 3-6 所示，立体光固化成形技术专利指数计算结果见表 3-3。

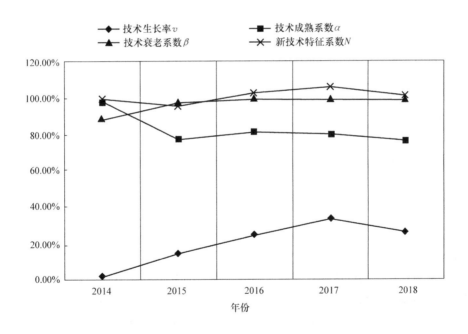

图 3-6　立体光固化成形技术专利指数示意图

观察立体光固化成形技术专利指数计算结果可知，2014—2018 年度立体光固化成形技术生长率呈小幅度攀升趋势，技术成熟系数在 2014—2015 年度明显下跌后保持下降趋势，技术衰老系数稳定在高位，新技术特征系数轻微上扬。综合这 4 项指标可以推测立体光固化成形技术目前正处于技术成长期向成熟期过渡的阶段。

表3-3　立体光固化成形技术专利指数计算结果

年份	技术生长率 v	技术成熟系数 α	技术衰老系数 β	新技术特征系数 N
2014	1.68%	98.15%	88.52%	99.92%
2015	14.52%	77.46%	97.52%	95.91%
2016	24.50%	81.50%	99.47%	102.96%
2017	33.30%	80.12%	99.09%	106.50%
2018	25.99%	76.59%	99.26%	101.28%

3.4　立体光固化成形技术专利申请地域分析

立体光固化成形技术全球专利申请国家/组织分析如图3-7所示。

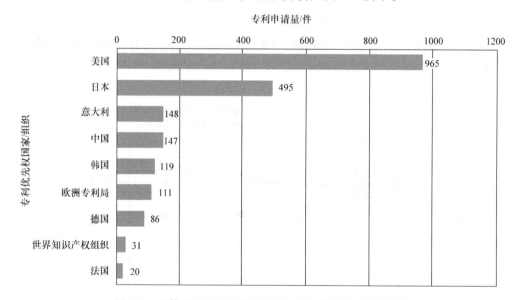

图3-7　立体光固化成形技术全球专利申请国家/组织分析

立体光固化快速成形相关专利优先权国家统计数据表明，美国是光固化成形技术最为发达的地区，有965件原创申请源自美国，占总申请量的16.9%；其次为日本，有495件专利优先权国家为日本，占8.67%；意大利排名第三位，有148件；中国排名第四位，有147件原创申请源自中国。紧随其后的光固化快速成形专利优先权申请国家为韩国、德国、法国，并且已有部分专利通过欧洲专利局与世界知识产权组织进行全球布局。

立体光固化成形技术全球专利目标市场分析如图3-8所示。虽然美国立体光固化成形技术原创专利申请最多，但该技术的主要目标市场在中国，在中国布局的专利数量达到全球的50%。其次，公开国家为美国的立体光固化技术专利数量占全球的13%，日本公开的相关领域内专利占全球的11%。通过世界知识产权组织和欧洲专利局进行公开的专利数量占比约为11.6%。不难看出，立体光固化成形技术的目标市场已广泛分布在世界各大洲。

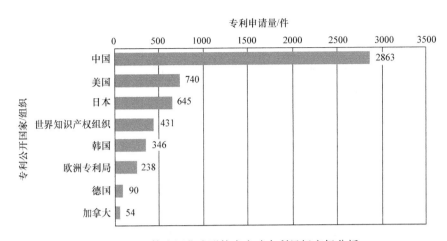

图 3-8 立体光固化成形技术全球专利目标市场分析

3.5 立体光固化成形技术专利申请人分析

立体光固化成形技术专利申请人排序情况如图 3-9 所示。排名第一位的是美国 3D Systems 公司，该公司创始者 Charles W. Hull 是立体光固化成形技术的发明人，目前 3D Systems 已成为全球领先的立体光固化成形技术设备、服务及材料提供商。排名第二位的是西安交通大学，西安交通大学立体光固化成形相关专利申请始于 1998 年，目前已经形成以卢秉恒院士、李涤尘教授为核心的发明人团队。排名第三位的是全球领先的数字光处理技术 3D 打印机制造商——EnvisionTEC。排名第四位的是 Ricoh，Ricoh 作为日本著名的成像和电子公司，近年来积极拓展 3D 打印市场，已与 Stratasys、EnvisionTEC 等公司达成战略合作。排名第五位的是意大利的 3D 打印公司 DigitalWax Systems（DWS），该公司成立于 2007 年，目前致力于高分辨率的立体光固化成形技术。Stratasys 公司领域内专利申请量排名第六位，该公司 2012 年通过与以色列 Object 合并，引入其 Polyjet 相关技术，充实了工业级产品线。申请量排名第七位的 Carbon 公司是一家总部在美国硅谷的 3D 打印数字化解决方案供应商。这家成立于 2013 年的创业公司经过这几年的发展，凭借其开创性的 CLIP 技术，实现了企业的持续增长。除此之外，珠海天威飞马打印耗材有限公司、北京金达雷科技有限公司、XYZprinting 在立体光固化成形技术专利申请量均位居前 10。

立体光固化成形技术专利申请人名称约定见表 3-4。立体光固化专利主要申请人申请量排序见表 3-5。由表 3-5 知，3D Systems 公司领域内专利申请量占总量的 7.30%，目前排第一位，但从近 5 年所占百分比这一项指标来看，Ricoh、Carbon、珠海天威飞马打印耗材有限公司、北京金达雷科技有限公司等数值远高于 3D Systems 公司。作为 SLA 技术的最早提出者之一 3D Systems 公司领域内专利申请始于 1985 年，1989 年达到最高峰，当年 SLA 相关申请专利 77 件，而近年来 3D Systems 公司经营领域不断向 SLS、DM 等技术拓展，并积极搭建 3D 打印全产业链，3D Systems 的经营战略对其 SLA 领域专利布局产生较大影响。因此 3D Systems 公司 SLA 技术近年来活跃程度低于理光集团、Carbon、XYZprinting 等新兴竞争对手。Carbon 于 2015 年开发出全新的 3D 打印技术——CLIP，并进行专利布局。Ricoh 作为著名的

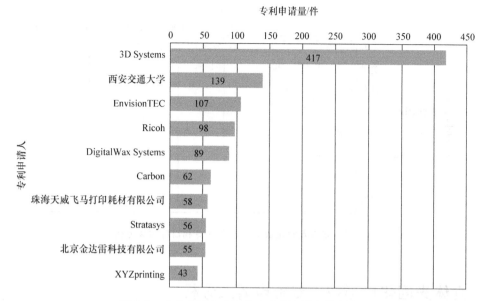

图 3-9　立体光固化成形技术专利申请人排序情况

二维打印产品供应商，因为市场对原先计算机及办公打印机需求的显著下降，2014 年才开始将 3D 打印作为重要战略方向。值得注意的是，EnvisionTEC，领域内专利大多集中申请于2005—2011 年，近 5 年专利产出非常少。相比较而言，国内企业 SLA 技术相关专利申请在2014 年后达到高峰，目前仍处于快速发展时期。

表 3-4　立体光固化成形技术专利申请人名称约定

约定名称	对应申请人名称（注释）
3D Systems	3D Systems Inc（3D 系统公司）
EnvisionTEC	EnvisionTEC GmbH Inc（想象科技有限公司）
Ricoh	Ricoh Co Ltd、Ricoh Company Ltd（理光株式会社）
Carbon	Carbon Inc、SGL Carbon SE（卡本有限公司）
GE	General Electric Company（通用电气公司）

表 3-5　立体光固化专利主要申请人申请量排序

序号	主要申请人	申请量/件	占领域内专利总量百分比（%）	近 5 年申请量（2015—2019 年）	近 5 年所占百分比（%）
1	3D Systems	417	7.30	50	11.99
2	西安交通大学	139	2.48	68	48.92
3	EnvisionTEC	107	1.91	1	0.93
4	Ricoh	98	1.75	98	100.00
5	DigitalWax Systems	89	1.59	76	85.39
6	Carbon	62	1.23	62	100.00
7	珠海天威飞马打印耗材有限公司	58	1.11	48	82.76
8	Stratasys	56	1.04	38	67.86
9	北京金达雷科技有限公司	55	0.98	54	98.18
10	XYZprinting	43	0.77	40	93.02

图 3-10 所示为立体光固化成形技术中国专利申请人构成，图 3-11 所示为立体光固化成形技术中国专利主要申请人排名，我国立体光固化成形技术专利申请人中，69% 为企业，21% 为大专院校，6% 为个人，科研单位与机关团体申请占比较少，说明立体光固化成形技术在我国已经进入商业化应用阶段。在企业专利申请中，珠海天威飞马打印耗材有限公司、北京金达雷科技有限公司、上海联泰科技股份有限公司、浙江迅实科技有限公司、吴江中瑞机电科技有限公司、深圳市金石三维打印科技有

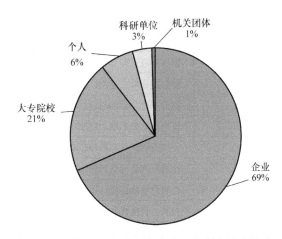

图 3-10　立体光固化成形技术中国专利申请人构成

限公司、广州黑格智造信息科技有限公司排名靠前。科研院校中，西安交通大学在立体光固化领域专利申请量处于领先地位，东莞理工学院、广东工业大学、华南理工大学等高校申请量也在 20 件以上。

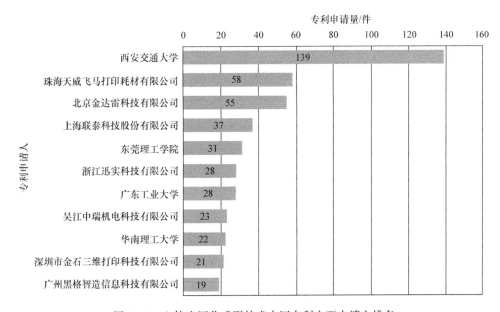

图 3-11　立体光固化成形技术中国专利主要申请人排名

3.6　立体光固化成形专利技术构成分析

立体光固化成形技术专利申请技术构成见表 3-6 和图 3-12。

表3-6 立体光固化成形技术专利申请技术构成

IPC 分类号	含　义	占比
B33Y	附加制造，即三维（3D）物品制造	33%
B29C	塑料的成形或连接、塑性材料的成形	31%
C08L	高分子化合物的组合物	4%
C08F	仅用碳－碳不饱和键反应得到的高分子化合物	3%
C08K	使用无机物或非高分子有机物作为配料	3%
G03F	已成形产品的后处理	2%
B29K	金属材料的镀覆、用金属材料对材料的镀覆	2%
C04B	石灰、氧化镁、矿渣、水泥及其组合物	2%
C08G	用碳－碳不饱和键以外的反应得到的高分子化合物	2%
B28B	黏土或其他陶瓷成分、熔渣或含有水泥材料的混合物	2%
B22F	金属粉末的加工、金属粉末的制造	1%
C09D	涂料组合物	1%

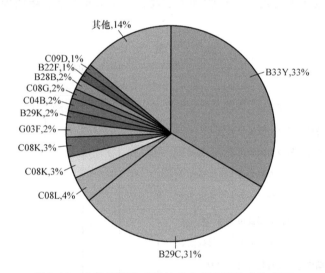

图 3-12　立体光固化成形技术专利申请技术构成图

　　分析可知，立体光固化成形技术33%的专利位于 B33Y "附加制造，即三维（3D）物品制造"，这是由于立体光固化成形属于增材制造技术的一项重要分支技术，此分类号下的主要小组有：B33Y30/00 "附加制造设备及其零件或附件"，B33Y10/00 "附加制造的过程"，B33Y70/00 "适用于附加制造的材料"。技术领域内31%的专利位于 B29C "塑料的成形或连接"分类号下，其中高频次大组号为 B29C64 "增材加工，通过光固化或选择性激光烧结"。4%的专利归属于 C08L "高分子化合物的组合物"，且绝大多数都位于 C08L101 "未指明的高分子化合物的组合物"，该分类号下专利基本为光敏树脂材料制备相关专利。分类号归属于 C08F "仅用碳－碳不饱和键反应得到的高分子化合物"的专利占比3%，相关专利为含有乙氧化三羟甲基丙烷、二甲基丙烯酸酯等组分的可用紫外光或可见光进行固化的液态光敏树脂材料。分类号属于 C08K "使用无机物或非高分子有机物作为配料"的专利占比 3%，其中的高频分类号包括 C08K3/22 "使用金属作为混合配料"、C08K3/34 "含硅化合物"。分类号属于 G03F "已成形产品的后处理" 的专利大致占比 2%，且主要位于 G03F7/00 "图纹面，例如，印刷表面的照相制版如光刻工艺" 和 G03F7/20 "曝光及其设备"。属于分类号 B29K "金属材料的镀覆、用金属材料对材料的镀覆" 的专利占比 2%，次分类号下的高频分类号为 B29K105/24 "交联的或硫化的"，该类下的专利主要为 3D Systems 早年申请的立体光固化印刷层再镀覆方法相关专利。分别有 2% 的专利归属于 C04B "石灰、氧化镁、矿渣、水泥及其组合物" 和 B28B "黏土或其他陶瓷成分" 分类号下，此类专利都是陶瓷材料的立体光固化成形技术。除此之外，分类号位于 B22F 和 C09D 的专利各占 1%，其余分类号下的专利占比均不足 1%。

依照检出专利的保护重点对立体光固化成形技术专利申请技术分布进行标引，结果如图 3-13 所示，约有 3093 件专利侧重保护方法及工艺流程，2349 件专利重点保护装置结构，材料制备方面有 501 件专利，主要保护立体光固化技术应用的专利数量较少，仅有 206 件。

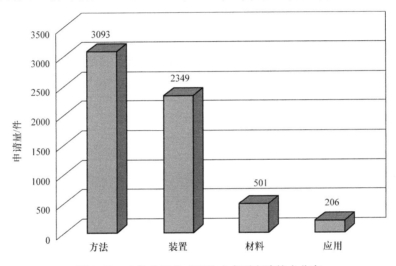

图 3-13　立体光固化成形技术专利申请技术分布

数字光处理、连续液界面制造、喷射固化成形技术与微立体光刻技术是原先立体光固化成形技术的重要技术延伸。图 3-14 所示为立体光固化成形新兴技术分支申请趋势，可以看出，DLP 相关专利近年来申请量增长最为明显，专利技术主要申请人为德国 EnvisionTEC，国内主要申请人有威海天威飞马打印耗材有限公司和苏州慧通汇创科技有限公司。其次为微立体光刻技术，以 LCD 液晶显示器作为动态掩膜的专利数量多于 DMD 数字微反射镜相关专利，主要申请人为 RAY CO Ltd、上海幻嘉信息科技有限公司、东莞市三维三打印科技有限公司等。CLIP 和 Polyjet 专利申请相对较少，其中 CLIP 专利的主要申请人为 Carbon，国内的主要申请人为北京紫晶立方科技有限公司。Polyjet 相关技术基本完全由 3D Systems 公司和 Stratasys 公司掌握。

图 3-15 所示为立体光固化成形专利主要申请技术分布，不难看出，我国立体光固化领域内各分类号下专利数量普遍处于领先地位，但 B29K 与 G03F 技术分支上，美国、德国专利布局比我国更具优势，该现象需引起业内人士注意。

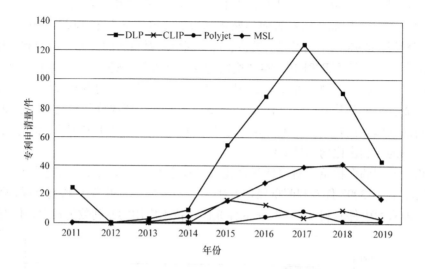

图 3-14　立体光固化成形新兴技术分支申请趋势

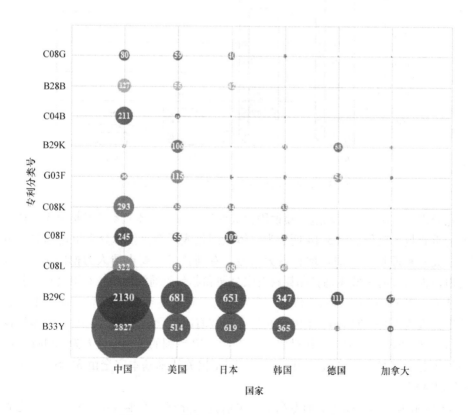

图 3-15　立体光固化成形专利主要申请技术分布

3.7　立体光固化成形行业典型单位专利分析

3.7.1　3D Systems 公司立体光固化成形专利分析

1. 公司简介

1986 年，SLA 技术发明者 Hull Charles W 成立 3D Systems 公司，并致力于将 SLA 技术商业化。发展至今，3D Systems 公司已成为全球领先的 3D 打印、印刷解决方案提供商，业务已涵盖 3D 打印全产业链，包括上游材料、中游设备和下游应用服务。

3D Systems 公司的历史是一部 3D 打印全产业链的并购史，公司从成立至今，围绕整个 3D 打印产业链相继并购了数十家企业，特别是随着近几年 3D 打印关注度的提升，公司并购的步伐不断加快。2011 年，3D Systems 公司相继收购定制化零部件制造商 Quickparts 和多色喷墨 3D 打印领域领导者 Z Corporation。2013 年 8 月，3D Systems 公司宣布收购英国的 CRDM 公司，后者专门从事航空航天、赛车运动、医疗设备行业的快速原型和快速模具服务，这一措施帮助 3D Systems 站稳了英国市场。2013 年，3D Systems 又相继收购了专门利用 3D 打印技术制作甜品的 The Sugar Lab 公司、3D 打印陶瓷技术的领先供应商 Figulo 公司和施乐公司旗下位于威尔逊维尔，俄勒冈的产品设计、工程、化学组。2014 年，3D Systems 公司并购达到巅峰，相继收购了俄克拉荷马州的姊妹公司 American Precision Prototyping 和 American Precision Machining、Medical Modeling 公司、美国先进制造产品开发和工程服务商 Laser Reproductions、拉美最大的 3D 打印服务商 Robtec、仿真手术设备巨头 Simbionix 公司、比利时的直接金属 3D 打印和制造服务供应商 Layer Wise 公司和 CAD/CAM 软件厂商 Cimatron 公司。为加强在中国的业务开展，2015 年，3D Systems 公司收购中国无锡易维模型设计制造有限公司及其全资子公司，并创建 3D Systems 中国公司。

2. 技术研发人员组成

3D Systems 公司立体光固化成形技术专利主要发明人排序情况如图 3-16 所示。

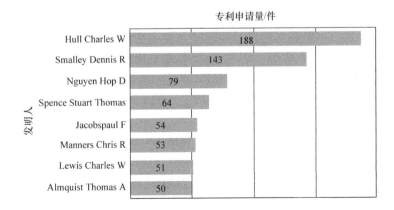

图 3-16　3D Systems 公司立体光固化成形技术专利主要发明人排序情况

Hull Charles W 为立体固化成形技术的最早研发者，同时也是 3D Systems 公司的创始人。

1986 年，Hull Charles W 申请了世界上第一个实体制造的专利，并将该技术命名为光固化成形（SLA）。除 SLA 技术外，Hull Charles W 还发明了 3D 打印文件的通用格式".stl"（the stl fle format）。由于其在 SLA 的商业化应用上做出了卓越贡献，被称为 3D 打印之父，并于 2014 年被列入美国发明家名人堂，Hull Charles W 荣获欧洲发明家大奖。

3. 专利布局情况分析

3D Systems 公司立体光固化成形技术专利申请趋势如图 3-17 所示，可以分为三个阶段：第一阶段为 1985—1994 年，3D Systems 公司在立体光固化成形技术领域专利申请始于 1985 年，并且在 1989 年达到申请最高峰，1989 年申请领域内专利共 138 件，该阶段是立体光固化技术研发后的专利申请爆发期；第二阶段为 1995—2008 年，该阶段 3D Systems 公司在立体光固化成形技术领域专利产出量稳定，共申请 250 件专利，约占专利申请总量的 43%；第三阶段为 2009 年至今，这一阶段 3D Systems 公司领域内申请专利的数量开始减少，这与近年来 3D Systems 公司的发展战略有关，也与近三年来发明专利数据不完整相关。

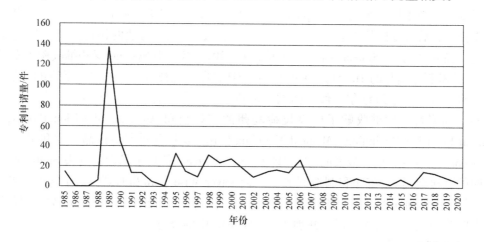

图 3-17　3D Systems 公司立体光固化成形技术专利申请趋势

专利申请国家/组织与市场保护地域有直接关联，通过分析 3D Systems 公司专利申请公开国家/组织分布情况可以侧面反映其目标市场分布。3D Systems 公司立体光固化成形专利申请国家/组织分布如图 3-18 所示，3D Systems 公司立体光固化成形技术专利申请美国布局数量最多，达到 167 件专利族，占总申请量的 39%。其次为欧洲市场，通过欧洲专利局进行的专利申请有 58 件，第三大主要市场为德国，其他主要目标国家有中国、奥地利、韩国、加拿大、以色列等。

3D Systems 公司立体光固化成形专利前 20 位的 IPC 分类号如图 3-19 所示，3D Systems 公司立体光固化成形专利前 20 位的 IPC 分类号及其含义见表 3-7。3D Systems 公司在立体光固化成形技术领域的专利申请较为侧重工艺及软件建模方面，工艺方面的分类号有：B29C67/00、B29C35/08、G03F7/20 等。软件建模方面的分类号有：G06T17/00、G06T17/10、G06T17/20、G03C9/08 等。相对而言材料（B29K105/24）和装置（B44B1/00）的分类号数量与比重较低。

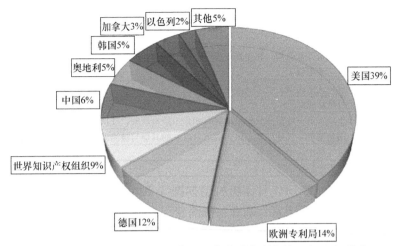

图 3-18　3D Systems 公司立体光固化成形专利申请国家/组织分布

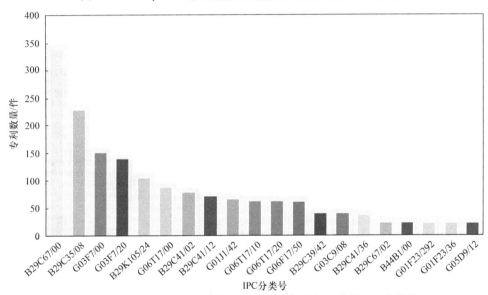

图 3-19　3D Systems 公司立体光固化成形专利前 20 位的 IPC 分类号

表 3-7　3D Systems 公司立体光固化成形专利前 20 位的 IPC 分类号及其含义

IPC 分类号	含　义
B29C67/00	不包含在 B29C39/00 ～ B29C65/00，B29C70/00 或 B29C73/00 组中的成形技术
B29C35/08	通过波动能量或粒子辐射
G03F7/00	图纹面，如印刷表面的照相制版、光刻工艺；图纹面照相制版用的材料
G03F7/20	曝光及其设备
B29K105/24	交联的或硫化的
G06T17/00	用于计算机制图的 3D 建模
B29C41/02	用于制造定长的制品，即不连续的制品
B29C41/12	在基底上铺开材料
G01J1/42	采用电辐射检测器
G06T17/10	体积绘图，如圆柱体、六面体或使用结构实体几何
G06T17/20	线框绘图，如多边法或镶嵌
G06F17/50	计算机辅助设计

（续）

IPC 分类号	含　义
B29C39/42	在特殊条件下浇注，如在真空下
G03C9/08	产生三维图像
B29C41/36	将材料送进模型、型芯或其他基底上
B29C67/02	通过聚结成形
B44B1/00	用于加工单一雕塑品或模型而装有能作三维运动的，或从三维进行控制的工具
G01F23/292	使用光测量除线性尺寸、压力或重量以外的其他与被测液面有关的物理变量
G01F23/36	用电气操作的指示装置
G05D9/12	以使用电装置为特征的

　　3D Systems 公司近年主推 SLA 打印机机型如图 3-20 所示。近年来，3D Systems 公司立体光固化成形技术产品线日益丰富，既有主打消费级桌面打印机 Cube 系列，也有采用多喷头打印技术（multi jet printing，MJP）的高精度、高效率、多材料的复合 3D 打印机，如 Projet MJP 系列，还有使用全彩色喷射打印成形技术（color jet printing，CJP）实现多彩模型一站式打印的 Projet CJP 系列产品。

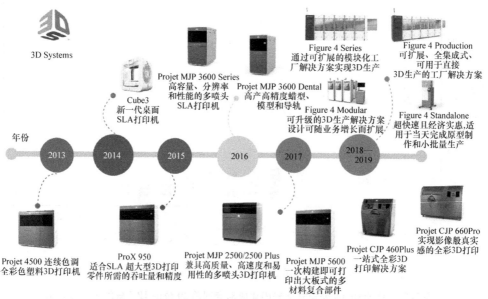

图 3-20　3D Systems 公司近年主推 SLA 打印机机型

　　基于"产品未动、专利先行"的专利布局策略，3D Systems 公司专利族布局与其产品迭代更新关联紧密。例如在推出 Figure 4 Series 机型之前，3D Systems 公司针对可扩展的快速三维打印系统积极进行了专利申请与布局，不仅在美国本土申请了最早一批相关专利，还通过世界知识产权组织及欧洲知识产权局进行全球专利布局，在我国申请的同族发明专利已进入实质审查阶段。2009—2019 年以来，3D Systems 公司在立体光固化成形领域布局的重点仍是工艺体系方面，例如，使用内部激光调制器的 SLA 系统、快速制造系统及方法、改进光路的 SLA 系统、具有重叠光的 SLA 系统、高生产率的 SLA 系统、可拓展的快速三维打印系统、具有重叠光的 SLA 系统。材料方面的重点专利族有彩色油墨与 3D 打印水凝胶材料，应用方面则侧重 SLA 技术在医疗领域的应用。3D Systems 公司立体光固化成形技术主要专利族如图 3-21 所示。3D Systems 公司 2009—2019 年立体光固化成形技术重点专利列举见表 3-8。

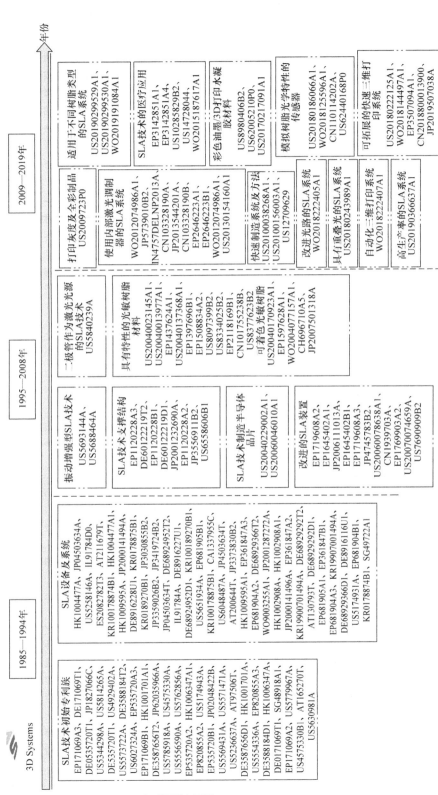

图 3-21　3D Systems 公司立体光固化成形技术主要专利族

表 3-8 **3D Systems 公司 2009—2019 年立体光固化成形技术重点专利列举**

申请号	专利名称	专利简介	法律状态
WO2009132245A1	利用连续波紫外光LED 固化的选择性沉积成形	提供一种用于固体自由形状制造（SFF）的连续紫外光（UV）固化系统，其中固化系统被配置为一层或多层可固化材料提供 UV 辐射曝光。一个或多个 UV 曝光可激发由固体自由形式制造设备分配的层中的可固化材料的固化。提供单个或多个 UV 曝光的一种方法是使用一个或多个 UV LED，其产生 UV 辐射而不同时产生任何大量的红外（IR）辐射。这使得固化过程更加节能，同时也使得 SFF 系统的复杂性大大降低	已进入中国、欧洲专利局、日本、印度、德国等国家/组织流程
US20100038268A1、US20100156003A1、US12709629	快速原型制造系统与方法	一种立体光刻设备，其具有树脂缸，该树脂缸具有单向流动通信的再补给容器和双向流动通信的调平容器、用于移除和替换构建支撑平台的自动卸载车，升降机组件，用于支撑构建平台，使得支撑构建平台的升降机叉可以释放到桶中并与桶一起从立体光刻设备移除，以及用于映射树脂的重涂器组件和重涂器刀片在缸内表面，并在缸内的横截面上涂上一层新的树脂	已授权
WO2012074986A1、CN103328190A、EP2646223A1、IN4757DELNP2013A	使用内部激光调制的立体光刻系统和方法	公开了使用内部激光调制的立体光刻系统和方法。该系统包括内部调制的二极管泵浦倍频固态（dpfms）激光器。在激光器和扫描系统之间的外部光路（OPE）内没有外部调制系统（EMS）。扫描系统将具有激光脉冲（72P）的激光束引导到构建材料的表面上的聚焦位置（FP）以在其中形成光弹，从而基于构建指令来定义构建层，用于形成三维物体	已进入中国、欧洲专利局、印度等国家/组织流程；中国专利已授权
EP3142851A1、EP3142851A4、US10285829B2	用于制造定制医疗植入装置的系统和方法	一种用于产生管状插入件的方法，该方法可用于创建符合患者解剖结构的定制安装插入物，并解决压力点、植入物磨损、周围组织损伤和凹陷的问题。获得患者内腔受影响部分的表面测量值。这些测量值用于设计核芯。核芯是三维打印与可溶性材料。核芯用细丝或薄膜包裹，使核芯的轮廓在覆盖物的外表面上产生。将覆盖物硬化，核芯溶解，留下可以沉积在患者腔中的定制植入装置	已公开
US20180186066A1、WO2018125596A1、CN110114202A、US62440168P0	模拟树脂光学特性的传感器	一种校准三维打印系统的方法和系统，包括专用传感器。三维打印系统通过逐层处理形成三维制品。通过光引擎的操作，将光固化树脂选择性地固化到三维制品的表面上，形成层。该传感器包括由光学元件覆盖的光电探测器。光学元件模拟光引擎和正在形成的三维制品表面之间的光路的密集部分。光路的致密部分包括设置在光引擎和三维制品表面之间的光固化树脂层	中国专利实审中；美国专利已转让；PCT 专利进入日本、欧洲专利局、德国等国家/组织流程

（续）

申请号	专利名称	专利简介	法律状态
US20180222125A1、WO2018144497A1、EP3507094A1、CN2018800013900、JP2019507038A	可拓展的快速三维打印系统	一种三维打印系统，包括具有空间光调制器的光引擎。空间光调制器用于固化光固化树脂的各个层以形成三维制品。光引擎被配置为：①接收定义用于固化层的能量值的阵列的切片图像；②处理切片图像以定义与空间光调制器兼容的图像帧；③接收接通信号；④响应于接通信号激活第一光源；⑤在单层树脂的规定固化时间内，重复发送第一步定义的图像帧，将图像帧发送到第一空间光调制器；⑥接收关断信号；⑦响应于关断信号使第一光源失活；⑧重复步骤①～⑦，直到形成三维制品	中国专利实质审查中；日本专利已授权；美国专利已授权
US10479068B2、WO2017165645A1	用于图形平面非垂直方向液体光敏材料的增材制造垂直台	本发明提供一种增材制造系统，其包括垂直台（也称为Z台），该垂直台沿不垂直于图像平面（非平行于Z轴）的运动轴移动被创建的对象。通过沿着预定的运动轴移动支撑增材制造对象的构建平台，增材制造系统能够制造更大的物体、缩短构建时间、提高零件分辨率和减少零件体积需要光固化材料等	已授权
US20180345584A1	有改进的可靠性、安全性和质量的三维打印系统	一种三维打印系统，包括垂直支撑、支撑板、树脂容器、流体溢出容器和光引擎。支撑板固定在近端的垂直支撑上。支撑板具有定义第一中心开口的内表面。树脂容器支撑在支撑板上方，并且具有围绕第二中心开口的内边缘。树脂容器包括封闭第二中心开口的透明片。流体溢出容器支撑在支撑板下方，包括一个透明窗。光引擎支撑在液体泄漏容器下方。第一中心开口、第二中心开口和窗口横向重叠以提供光路，由此光引擎可以将光向上投射到树脂容器中的构建平面	已公开
US20180243989A1、WO2018160525A1、EP3589491A1	具有重叠光引擎的三维打印系统	三维打印系统被配置成通过逐层工艺形成三维制品。通过选择性地将光胶树脂添加到三维制品的下表面上，形成层。三维打印系统包括多个光引擎，其被配置成在树脂中定义相应的多个构建区。多个构建区定义一个或多个重叠区域。多个光引擎被配置成在重叠区域内限定对应于光引擎边缘缺陷和伪影的扩展阈值区域	PCT专利进入欧洲专利局、德国等国家/组织流程
WO2018222405A1、US20180345593A1	具有改进光路三维打印系统	一种三维打印系统，包括支撑板、树脂容器和一个或多个机械特征。支撑板包括围绕第一中心开口的脊。该树脂容器包括容器主体，该容器主体限定围绕第二中心开口的内边缘和透明片。透明片封闭中心开口以限定待包含在树脂容器内的树脂体的下黏结。一个或多个机械特征被配置成相对于支撑板对准和固定树脂容器，由此脊接合透明片的下表面以拉伸透明片，并且脊相对于容器主体的内边缘横向向内凹陷	PCT专利进入欧洲专利局流程；美国专利已公开

（续）

申请号	专利名称	专利简介	法律状态
WO2018222407A1	自动化 3D 打印系统	一种三维打印系统，包括垂直支撑、支撑板、树脂容器、树脂处理模块、闩锁和接口机构。支撑板固定于垂直支撑的近端，并沿第一横向轴线延伸至远端。树脂容器由支撑板支撑，并包括容器主体和透明片。容器主体具有形成在其中的锁紧特征。树脂处理模块包括用于将树脂分配到树脂容器中的流体出口。接口机构被配置成移动闩锁使其与闩锁特征啮合，并且将树脂处理模块从非操作位置移动到操作位置，由此流体出口可操作地定位在树脂容器的一部分上	PCT 专利进入欧洲专利局流程；美国专利已公开
US20180345578A1、WO2018222809A1、US20180345596A1	具有改进支撑夹具的三维打印系统	提供一种支撑夹具，用于在其下构建表面上形成三维制品。三维物品的形成发生在含有光固化树脂的树脂容器中。该树脂容器包括形成树脂下边界的透明片。支撑夹具包括接口夹具和可更换支架。接口夹具包括具有对准和夹持特征的上部、围绕中心开口并包括多个连接特征的下部以及连接上部和下部的侧壁。可更换支架包括平面部分和周边支架部分。该平面部分具有用于连接三维制造物品的下表面（提供下构建表面），该周边支撑部分包括当周边支撑部分安装到接口夹具的下部时接合连接特征的互补连接特征	PCT 专利进入欧洲专利局流程；美国专利已公开
US20190299529A1、WO2019191084A1	适用于不同树脂类型的三维打印系统	树脂容器被配置为向三维打印系统提供光固化树脂。该三维打印系统包括配置成向打印引擎提供树脂的容器。树脂容器包括外壳，外壳包围包含叶轮的内部贮存器。树脂容器具有相对于树脂容器插体或安装到容器中的方向的前端和后端。前端包括从第一横向位置向下延伸的流体出口，从第二横向位置向下延伸的电连接器，以及耦合到叶轮并从第三横向位置向下延伸的齿轮	PCT 专利进入欧洲专利局流程；美国专利已公开
US20190224917A1	具有树脂去除装置的三维打印系统	一种三维打印系统，包括功能模块，功能模块包括空支撑托盘、打印引擎、纺丝装置和传输系统。空支撑托盘包括至少一个支撑托盘，该支撑托盘包括下平面部分和上基准部分。打印引擎被配置成接收空的支撑托盘并在下平面部分上形成三维制品，从而提供全支撑托盘。纺纱设备包括围绕垂直旋转轴布置的多个托盘支架和用于围绕垂直旋转轴旋转托盘支架的电动机系统。托盘支架具有用于接收全支撑托盘的上基准部分的接收表面。传送系统配置为在功能模块之间传送支撑托盘	已公开

（续）

申请号	专利名称	专利简介	法律状态
US20190152136A1、WO2018182791A1	自动去除打印基面上颗粒的三维打印系统	一种三维打印系统，包括树脂容器、光引擎、运动机构、支撑夹具和控制器。树脂容器用于容纳光固化树脂，并且具有透明片的下部。光引擎被配置成选择性地将辐射向上投射穿过透明片并且投射到构建平面上。支撑夹具耦合到运动机构，并且具有包围中心开口并面向透明片的下边缘。控制器配置为：操作移动机构以使边缘与透明片保持操作距离；操作光引擎和移动机构跨越中央开口的透光片，继续操作光引擎和运动机构，形成三维物体	PCT 专利进入欧洲专利局流程；美国专利已公开

注：PCT 是专利合作条约（patent cooperation treaty）的英文缩写。

3.7.2　EnvisionTEC 公司立体光固化成形专利分析

1. 公司简介

EnvisionTEC 公司由阿里·埃尔·斯博兰尼创立于 2002 年，拥有领先的商业 DLP 打印技术。EnvisionTEC 公司目前可提供 40 多款基于 6 种不同技术的打印机，广泛应用于珠宝、牙科、助听器、医疗、玩具和工业领域。EnvisionTEC 公司总部位于德国格拉德贝克，在美国密歇根底特律设有北美总部，提供北美业务运营、研发及服务支撑，在美国加利福尼亚州洛杉矶建立了生产、研发基地，另外 EnvisionTEC 公司在英国、加拿大、乌克兰均设有研发分部。EnvisionTEC 公司主要提供数字光处理技术、扫描、旋转和选择性光固化（3SP）技术，连续数字化光制造（cDLM）、生物打印、选择性分层复合对象制造（SLCOM），并且与 Viridis3D 合作进行机器人增材制造（RAM）领域的研究。目前，EnvisionTEC 公司在全球范围内从事 3D 打印机和专利材料的发明、开发、制造和销售。

2. 技术研发人员组成

EnvisionTEC 公司立体光固化成形专利发明人排序如图 3-22 所示，EnvisionTEC 公司在立体光固化成形技术领域专利发明人排序第一的为阿里·埃尔·斯博兰尼，他也是创始人，排名第二的是亨德里克·约翰。第二梯队发明人有沃尔沃科·希勒恩、亚历山大·什科林尼克（首席技术官）；第三梯队发明人有玛莎·王、费舍·约翰、迪恩·戴维斯等。

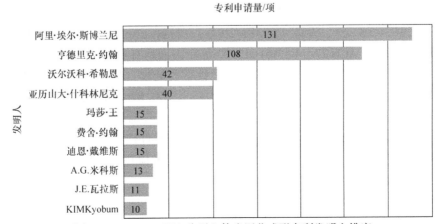

图 3-22　EnvisionTEC 公司立体光固化成形专利发明人排序

3. 专利布局情况分析

图 3-23 所示为 EnvisionTEC 公司立体光固化成形专利申请趋势，由图 3-23 可知，EnvisionTEC 公司相关领域内专利申请始于 2000 年，集中申请于 2002 年、2005—2008 年、2011 年，整体专利申请趋势呈振荡图形。值得注意的是从 2016 年起，EnvisionTEC 公司未在相关领域内继续申请专利，该现象与公司战略变更及创新研发持续性能力有密切关联。

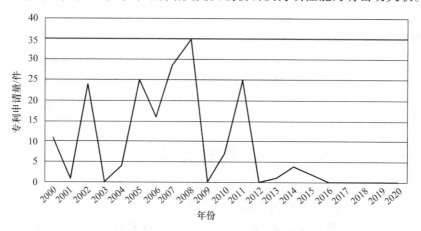

图 3-23　EnvisionTEC 公司立体光固化成形专利申请趋势

EnvisionTEC 公司立体光固化成形专利申请国家/组织分布如图 3-24 所示。22% 的专利申请于美国，13% 的相关专利申请于德国，13% 的专利申请于中国。由此推断，美国、德国、中国是 EnvisionTEC 公司最为关注的单体市场。

EnvisionTEC 公司立体光固化成形专利前 20 位的 IPC 分类号及其含义见图 3-25 和表 3-9。EnvisionTEC 公司在立体光固化成形技术专利布局覆盖面较为全面，在工艺（B29C67/00、

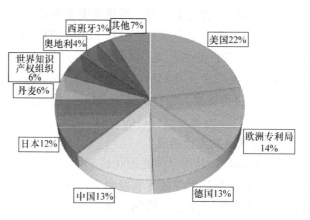

图 3-24　EnvisionTEC 公司立体光固化成形专利申请国家/组织分布

G03F7/00、B29C31/04 等）、设备（G03F7/20 等）、材料（A61L27/40、A61L27/56）、控制（G06F19/00）、应用（A61L27/14、A61C13/00 等）方面均有布局，但是控制方面硬件专利布局不足。鉴于 EnvisionTEC 公司主要技术涉及数字光处理（DLP），其专利申请中归于光学相关的 IPC 分类号有：G03F7/20 "曝光及其设备"、G02B26/00 "利用可移动的或可变形的光学元件控制光的强度、颜色、相位、偏振、方向的光学器件或装置"，G02F1/00 "控制来自独立光源的光的强度、颜色、相位、偏振或方向的器件或装置"，且占比较大。在应用领域，EnvisionTEC 公司着重医疗领域的数字光处理技术应用，相应地归属于 IPC 分类号 A61 医疗相关的专利大致有 38 件。

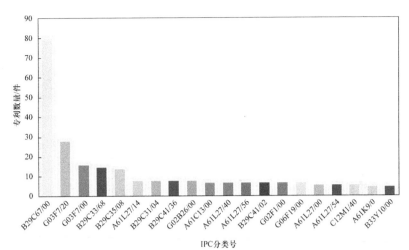

图 3-25　EnvisionTEC 公司立体光固化成形专利前 20 位的 IPC 分类号

表 3-9　EnvisionTEC 公司立体光固化成形专利前 20 位的 IPC 分类号及其含义

IPC 分类号	含　义
B29C67/00	不包含在 B29C39/00 ~ B29C65/00、B29C70/00 或 B29C73/00 组中的成形技术
G03F7/20	曝光及其设备
G03F7/00	图纹面，如印刷表面的照相制版、光刻工艺；图纹面照相制版用的材料
B29C33/68	脱模片
B29C35/08	通过波动能量或粒子辐射
A61L27/14	大分子物质
B29C31/04	供料，如进入模型内腔
B29C41/36	将材料送进到模型、型芯或其他基底上
G02B26/00	利用可移动的或可变形的光学元件控制光的强度、颜色、相位、偏振、方向的光学器件或装置
A61C13/00	牙科假体及其制造
A61L27/40	复合材料
A61L27/56	多孔或微孔材料
B29C41/02	用于制造定长的制品，即不连续的制品
G02F1/00	控制来自独立光源的光的强度、颜色、相位、偏振、方向的器件或装置
G06F19/00	计算理论化学、计算机材料科学
A61L27/00	假体材料或假体被覆材料
A61L27/54	生物活性物质
C12M1/40	为使用游离的、固定的或与载体结合的酶特殊设计的装置，如含有固定化酶的流动床装
A61K9/0	以特殊物理形状为特征的医药配制品
B33Y10/00	附加制造的过程

　　EnvisionTEC 公司立体光固化成形技术打印机主要有 DESKTOP、PERFACTORY、CDLM、3SP 4 个系列，如图 3-26 所示。其中 DESKTOP 系列是 DLP 桌面机，最大打印尺寸为 71.7ft^3（1ft = 0.3048m），精度可达 30μm，主要应用于牙科及珠宝设计领域。PERFACTORY 打印机系列采用 DLP 工艺，并且具有全自动生产能力，打印尺寸为 253.6in^3（1in = 0.0254m），2018 年年底推出的 PERFACTORY P4K 系列是业界首款配备真正 4K 投影机的 DLP 3D 打印机，投影机的分辨率为 2560 × 1600。EnvisionTEC 于 2016 年推出的 CDLM 打印机系列是最先使用连续数字化光制造技术的立体光固化打印设备，该机型可以实现打印板的连续运动，以提供卓越的打印速度。3SP 打印机系列可以实现大尺寸、重型零件的立体光固化成形，该技术采取紫外激光器和旋转树脂，最大打印尺寸可达 5800in^3，该机型主要适用于机械车间、医院或实验室。

　　EnvisionTEC 公司立体光固化成形技术主要专利族如图 3-27 所示，EnvisionTEC 公司立体光固化成形技术重点专利列举见表 3-10。

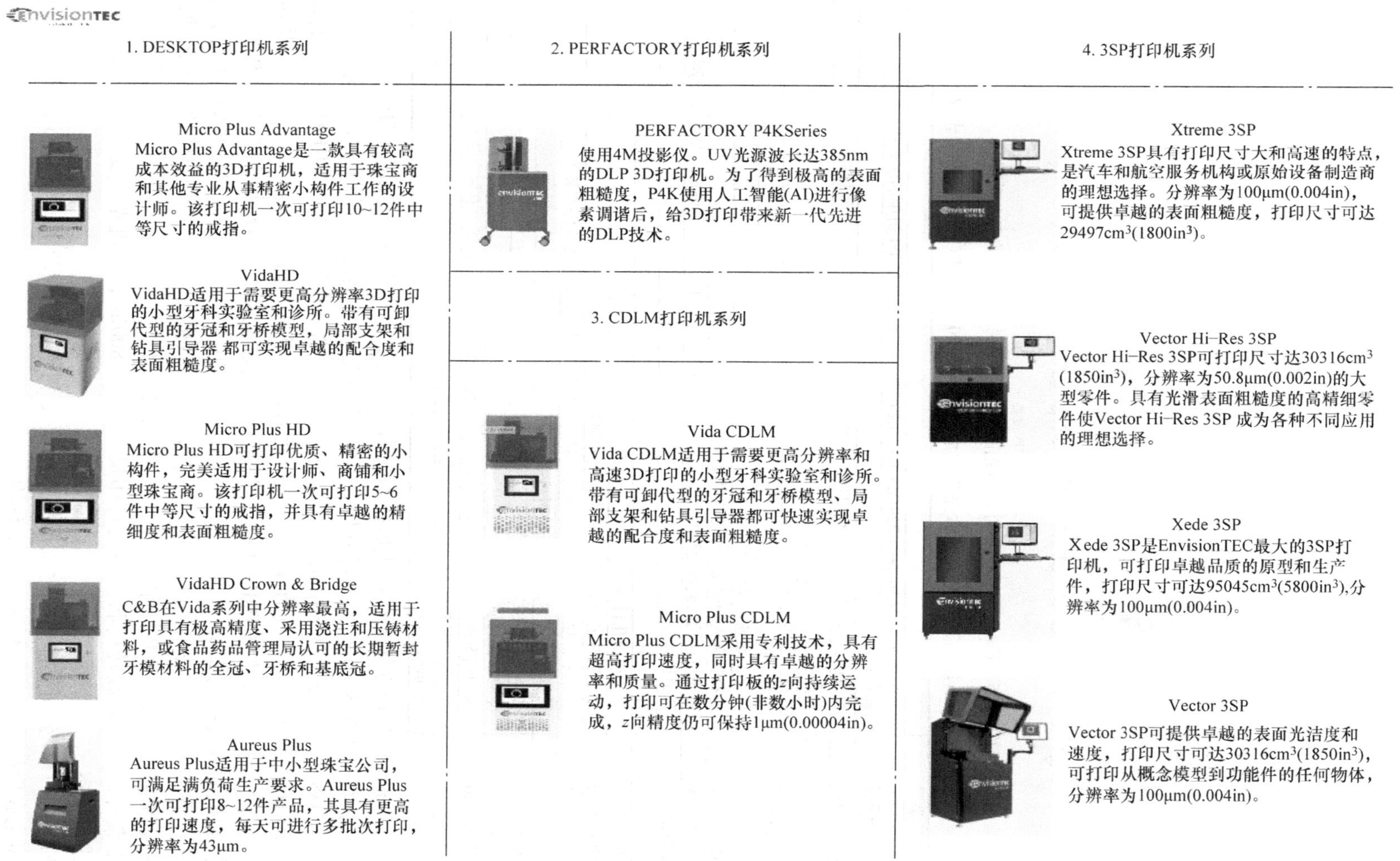

1. DESKTOP打印机系列

Micro Plus Advantage

Micro Plus Advantage是一款具有较高成本效益的3D打印机，适用于珠宝商和其他专业从事精密小构件工作的设计师。该打印机一次可打印10~12件中等尺寸的成指。

VidaHD

VidaHD适用于需要高分辨率3D打印的小型牙科实验室和牙科诊所。带有可卸代型的牙冠和牙桥，局部支架和钻具引导器都可实现卓越的配合度和表面粗糙度。

Micro Plus HD

Micro Plus HD可打印优质、精密的小构件，完美适用于设计师、商铺和小型珠宝商。该打印机代表的牙冠和牙桥一次可打印5~6件中等尺寸的成指，并具有卓越的精细度和表面粗糙度。

VidaHD Crown & Bridge

C&B在Vida系列中分辨率最高，适用于打印具有极高精度，采用浇注和压铸材料，或食品药品管理局认可的长期暂封牙模材料的全冠、牙桥和基底冠。

Aureus Plus

Aureus Plus适用于中小型珠宝公司，可满足满负荷生产的需求。Aureus Plus一次可打印8~12件产品，其具有更高的打印速度，每天可进行多批次打印，分辨率为43μm。

2. PERFACTORY打印机系列

PERFACTORY P4KSeries

使用4M投影仪，UV光源波长达385nm的DLP 3D打印机。为了得到极高的表面粗糙度，P4K使用人工智能(AI)进行像素调谐后，给3D打印带来新一代先进的DLP技术。

3. CDLM打印机系列

Vida CDLM

Vida CDLM适用于需要更高分辨率和高通量打印的小型牙科实验室和诊所。带有可卸代型的牙冠和牙桥模型，局部支架和钻具引导器都可快速实现卓越的配合度和表面粗糙度。

Micro Plus CDLM

Micro Plus CDLM采用专利技术，具有超高打印速度，同时具有卓越的分辨率和质量。通过打印板的z向连续运动，打印可在数分钟(非数小时)内完成，z向精度仍可保持1μm(0.00004in)内。

4. 3SP打印机系列

Xtreme 3SP

Xtreme 3SP具有打印尺寸大和高速的特点，是汽车和航空服务机构或原始设备制造商的理想选择。分辨率为100μm(0.004in)，可提供卓越的表面粗糙度，打印尺寸可达29497cm³(1800in³)。

Vector Hi-Res 3SP

Vector Hi-Res 3SP可打印尺寸达30316cm³(1850in³)，分辨率为50.8μm(0.002in)的大型零件。具有光滑表面粗糙度的高精细零件使Vector Hi-Res 3SP成为各种不同应用的理想选择。

Xede 3SP

Xede 3SP是EnvisionTEC最大的3SP打印机，可打印卓越品质的原型和生产件，打印尺寸可达95045cm³(5800in³)，分辨率为100μm(0.004in)。

Vector 3SP

Vector 3SP可提供卓越的表面光洁度和速度，打印尺寸可达30316cm³(1850in³)，可打印从概念模型到功能件的任何物体，分辨率为100μm(0.004in)。

图3-26 EnvisionTEC公司立体光固化成形技术打印机机型

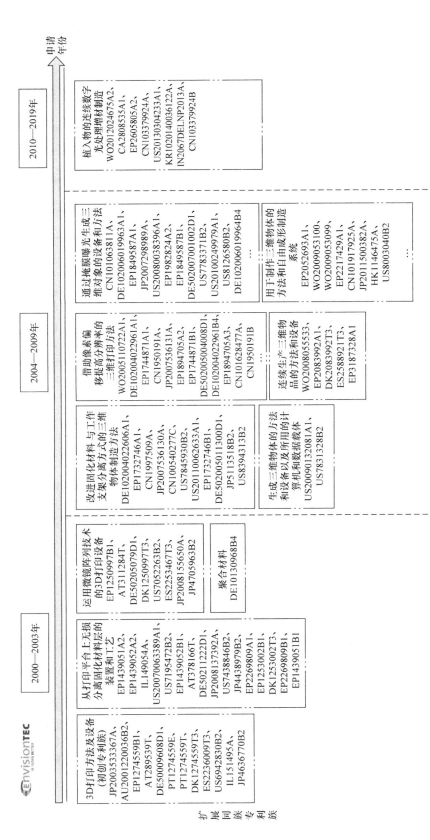

图 3-27　EnvisionTEC 公司立体光固化成形技术主要专利族

表 3-10　EnvisionTEC 公司立体光固化成形技术重点专利列举

申请号	专利名称	专利简介	法律状态
JP2003533367A、AU2001220036B2、EP1274559B1、AT289539T、DE50009608D1、PT1274559E、PT1274559T、DK1274559T3、ES2236009T3、US6942830B2、IL151495A、JP4636770B2	制造三维物体的方法和设备	公开了一种用于产生三维物体的装置和方法。该装置具有用于介质的容器和用于释放材料的三维可定位分配器，将材料添加到介质中导致形成固体结构。通过在低于容器中第一材料的填充高度的平台上沿 X、Y、Z 方向移动分配器来添加材料，形成三维物体	已先后在德国、奥地利、澳大利亚、丹麦、欧洲专利局、西班牙、以色列、日本、葡萄牙、美国申请专利
DE10130968B4	涂层聚合材料及其应用与制备	涂层聚合物材料是指具有膨胀的聚合物网络和由至少两种反应物在材料存在下反应形成的涂层，通过在液体介质中使含有一个可扩散反应伙伴的聚合物材料与第二反应伙伴接触而获得。一项独立的权利要求还包括一种生产这种材料的方法，其方法是：①使聚合物材料具有膨胀的聚合物网络，其中含有可扩散的反应物；②使其在液体介质中与第二反应物接触	德国、美国专利均已授权
EP1439051A2、EP1439052A2、IL149054A、US20070063389A1、US7195472B2、EP1439052B1、AT378166T、DE50211222D1、JP2008137392A、US7438846B2、JP4438979B2、EP2269809A1	从打印平台上无损分离固化材料层的装置和工艺	柔性弹性分离层包括扁平底板和固化材料层之间的膜。膜不黏附到平面，气体或流体在膜和平面之间流动。弹性层可以施加到该平面的凝胶材料替代。分离层可以是高弹性膜，在分离阶段期间拉伸。还包括一种独立的权利要求，用于使用柔性弹性分离层将固化材料层与平坦底板分离的工艺	已先后在德国、奥地利、丹麦、欧洲专利局、以色列、日本、美国申请专利
EP1250997B1、AT311284T、DE50205079D1、DK1250997T3、US7052263B2、ES2253467T3、JP2008155650A、JP4705963B2	运用微镜阵列技术的 3D 打印设备	在液体缸中的流体表面上，光源照射的区域会凝固，而定位机构移动物体相对于液体缸的位置。该照射区域被涂覆的透明板覆盖，涂覆在远离光源的一侧，其中抗黏附材料的层也形成缸的底座和侧壁。一个独立权利要求：用于使用微镜阵列技术的光源是投影机的类似过程设备	已在日本、美国、奥地利、德国、丹麦、西班牙申请专利

（续）

申请号	专利名称	专利简介	法律状态
DE102004022606A1、EP1732746A1、CN1997509A、JP2007536130A、CN100540277C、US7845930B2、US20110062633、EP1732746B1、DE502005011300D1、JP5113518B2、US8394313B2	改进固化材料与工作支架分离方式的三维物体制造方法	本发明涉及一种生产三维物体的工艺或装置，是指通过借助于平面或基本平面结构/参考面逐层固化光聚合树脂。其中，液体材料中所含的光聚合树脂将通过电磁辐射进行硬化，并且用于后续层的材料自动产生于最后硬化层与构造/基准面的分离，其中构造/基准面由弹性膜形成。将膜固定在框架中，在液体缸中调整含有膜的框架的高度位置，使得液体材料的压力补偿膜的下垂（形成负弯月面），膜的下侧在整个过程中与材料永久接触	已在美国、中国、德国、日本申请专利
WO2005110722A1、DE102004022961A1、EP1744871A1、CN1950191A、JP2007536131A、EP1894705A2、EP1744871B1、DE502005004008D1、DE102004022961B4、EP1894705A3、CN101628477A、HK1138235A	借助像素偏移提高分辨率的三维打印方法	本发明涉及一种通过材料的逐层硬化制造三维物体的方法和装置，该材料可以通过电磁辐射的作用通过掩模曝光来硬化。在具有固定分辨率的成像单元上生成掩模，该成像单元由空间固定方式彼此排列的恒定数量的离散成像元件（像素）形成。为了提高分辨率，在子像素尺度上，沿着待分层物体的横截面内外轮廓逐层制造，对每一层执行多次曝光。这包括图像/形成平面中多个图像的序列，这些图像在子像素的尺度上彼此偏移。为每个偏移图像生成单独的掩码/位图	已在美国、中国、德国、日本申请相关专利
CN101063811A、DE102006019963A1、EP1849587A1、JP2007298989A、US20080038396A1、EP1982824A2、EP1849587B1、DE502007001002D1	通过掩膜曝光生成三维对象的设备和方法	一种通过经包含预定个分立成像元件（像素）的成像单元输入的能量，在电磁辐射的作用下固化可固化材料，生成三维对象的设备，设备包含分别具有通过体素矩阵中的特定灰度值和/或颜色值调整和/或控制能量输入能力的计算机单元、IC 和/或软件实现	已先后在德国、欧洲专利局、中国、美国、日本递交专利申请；中国专利已授权
US20090132081A1、US7831328B2	生成三维物体的方法和设备以及所用的计算机和数据载体	本发明涉及一种生成三维物体的方法，该方法采用一种在电磁辐射作用下可以固化的材料，通过包含预定数量离散成像元素（像素）的成像单元进行能量输入，使该材料固化而完成造型。该方法包括使用位图掩模曝光以实现固化。位图掩模可以由位图数据栈生成，而后者则通过对完全或部分包围住至少待生成的三维物体的一部分的三维模型的三维体的重叠分析获得。此外，位图掩模还可以由包含重叠信息的二维数据集生成。固化可以使用即时生成的位图掩模曝光来进行。本发明还包括用于执行或实现该方法的设备、计算机以及数据载体	已先后在欧洲专利局、日本、中国提交专利申请；中国专利已授权

（续）

申请号	专利名称	专利简介	法律状态
WO2008055533、EP2083992A1、DK2083992T3、ES2588921T3、EP3187328A1	连续生产三维物品的方法和设备	本发明涉及一种用于生产三维物体的方法或装置，其中，可光聚合材料在构建平面上的构建区域被压实的同时，接受电磁辐射。在至少一个辐射阶段中，载体平台（在其上构建要生成的对象）和构建平面之间的距离被改变。根据本发明，在辐射阶段期间，可以在不中断电磁能量进入的情况下，在主要构造方向上将三维物体压缩超过指定的瞬时硬化深度	已先后在丹麦、欧洲专利局、西班牙、日本、波兰、葡萄牙申请专利
EP2011631A1、WO2009003696、US20090020901、EP2173538A2、CN101918198A、JP2011504819A、HK1146476A、EP2011631B1	用于制造三维物体的方法和设备	一种通过固化可固化材料来生产至少一个三维物体的方法，包括以下步骤：提供能够承载待生产物体的物体载体；提供当受到能量供应时能够固化的材料；使可固化材料载体/提供器能够至少在将要固化可固化材料的构建区域内携带/提供可固化材料；向构建区域提供能够固化可固化材料的能量。传感或测量从以下组中选择的条件，至少在以下区域选择的压力和/或应变：构建区域内或上面、物体载体内或上面、可固化材料载体/提供器上面	已先后在奥地利、丹麦、欧洲专利局、德国、意大利、美国、澳大利亚、巴西、加拿大、中国、丹麦、欧亚专利组织等国家/地区申请专利
EP2052693A1、WO2009053100、WO2009053099、EP2217429A1、CN101917925A、JP2011500382A、HK1146475A、US8003040B2	用于制作三维物体的方法和自由成形制造系统	本发明描述一种用于产生三维物体的方法，包括：提供要固化的材料，材料包括填料和黏结剂；以图案或图像向构建区域传送电磁辐射和/或协同刺激以固化材料；其中，电磁辐射和/或协同刺激的递送选择性地执行到待固化材料的限定区域或体积；其中，电磁辐射和/或协同刺激的能量密度在图案或图像内和/或在材料的不同构建区域的图案或图像之间变化。本发明涉及系统还可将不同的第一种和第二种材料固化	已先后在丹麦、欧洲专利局、中国、日本、美国、世界知识产权组织、日本申请专利；中国专利已授权
WO2012024675A2、CA2808535A1、EP2605805A2、CN103379924A、KR1020140036122A、IN2067DELNP2013A、CN103379924B	植入物的连续数字光处理增材制造	一种用于将可吸收植入物植入患者体内的增材制造方法，包括提供树脂，树脂包括聚合后可吸收的液体光可聚合材料和引发剂。该方法还包括驱动增材制造设备以将一定量的树脂暴露于光中以至少部分固化暴露的树脂以形成可吸收植入物层，以及驱动增材制造设备以将至少一定量的额外树脂暴露于光中，以形成可再吸收植入物的附加层，并且至少部分地覆盖预先固化的层，以使预先固化层和附加层之间至少有一些层间结合	已先后在美国、巴西、加拿大、中国、欧洲专利局、日本、韩国、墨西哥、印度、巴西、加拿大等国家/地区申请专利

3.8　立体光固化成形专利典型案例

案例1：立体光刻制作三维物体的方法（US5130064A）。

该专利是3D Systems公司1989年申请的发明专利，先后共被引用过279次。该专利空开了一种用于从暴露于协同刺激（如激光束）时能够固化的介质构建物体的立体光刻方法，专利附图如图 3-28 所示。通过将介质暴露于大小和预选图案的协同刺激来构造固化介质的堆叠层，使得每个层形成有外部边界和必要的上下表面。层的至少一部分既不是上向的也不是下向的，是去皮的，例如设置有由激光束的重叠表皮矢量或迹线形成的连续表皮。或者，所有中间或内部剖面层都设置有蒙皮和剖面线。上表面和下表面特征以及中间层可以设置有通过在第一遍中使用非连续的表皮向量进行扫描然后在至少一个附加遍中进行扫描而创建的表皮，至少一个附加遍通过填充在原始绘制的向量之间来完成曝光过程。为了减少抖动，至少在面向下的表面中确定交叉向量的区域。在相交区域处减少一个或多个相应相交向量的曝光，以提供具有均匀曝光的下向特征。

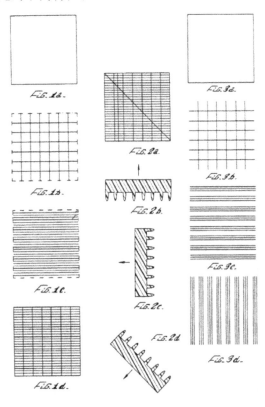

图 3-28　专利附图（来源：US5130064A）

案例 2：制造三维物体的连续发生方法（US7892474B2）。

该专利是 EnvisionTEC 公司 2006 年申请的发明专利，先后共计被引用 251 次，并于 2011 年获得发明授权。该专利公开了一种用于制造至少一个三维物体的方法和装置，专利附图如图 3-29 所示。该发明涉及一种光聚合材料，其同时或几乎同时通过电磁辐射使建筑物平面中的建筑物区域或部分建筑物区域曝光而固化，其中，在至少一个曝光阶段，将待生成的物体构建的支撑板与建筑物平面之间的距离改变。根据该发明，可以在超过当前规定硬化深度的辐射阶段在主方向上固化三维物体，而在辐射阶段不中断电磁能量的供给。另外，可以控制可光聚合材料在建筑阶段的电流硬化深度。

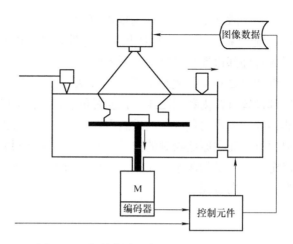

图 3-29　专利附图（来源：US7892474B2）

参 考 文 献

［1］邵中魁，姜耀林. 光固化 3D 打印关键技术研究［J］. 机电工程，2015，32（2）：180 - 184.

［2］史玉升，张李超，白宇，等 . 3D 打印技术的发展及其软件实现［J］. 中国科学：信息科学，2015，45（2）：197 - 203.

［3］SUWANPRATEEB J. Strength improvement of critical - sized three dimensional printing parts byinfiltration of solvent - free visible light - cured resin［J］. Journal of Materials Science：Materials in Medicine，2006，17（12）：1383 - 1391.

［4］胥光申，马训鸣，罗声，等 . 基于数字微反射镜器件的快速成形系统［J］. 中国激光，2010（7）：230 - 235.

［5］TUMBLESTON J R，SHIRVANYANTS D，ERMOSHKIN N，et al. Continuous liquid interface production of 3D objects［J］. Science，2015，347：1349 - 1352.

［6］BARTOLO P J. Stereolithography materials，processes and applications［J］. International Journal of Nonlinear Optical Physics，2011，5（2）：81 - 112.

第4章　选择性激光烧结技术专利分析

4.1　选择性激光烧结技术原理

选择性激光烧结技术（selective laser sintering，SLS）即激光选区烧结技术、粉末材料选择性激光烧结技术，其技术工作原理如图4-1所示。SLS技术是基于离散－堆积原理，首先将零件三维实体模型文件沿Z向分层切片，并产生SLT格式的文件。粉料预热到设定温度以后一侧送粉缸上升，铺粉辊将原料粉末铺开在工作台面上。然后利用计算机对激光束进行精确控制，使其以设定的速度和功率对分层界面轮廓进行扫描。激光经过的粉末烧结形成实体轮廓，未被扫描的粉末成为成形件和下一个粉末层的支撑。第一层烧结结束，工作台将下降一个层厚，再次铺粉准备下一层的选择性烧结制造，前后烧结而成的实体层片自然黏结在一起，经过多次以上步骤，直到制造结束，去除多余粉末，获得目标工件。

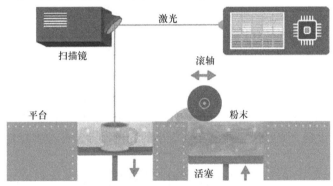

图4-1　SLS技术工作原理

SLS成形技术的特点表现在：

1）适应材料比较广泛，包括尼龙、聚苯乙烯等聚合物，铁、钛、合金等金属、陶瓷、覆膜砂等，一般来说，任何加热时材料熔化而黏结在一起的粉末材料都可以用于该技术；由于成形材料的多样化，可以选用不同的成形材料制作不同用途的烧结件，可用于制造原型设计模型、模具母模、精铸熔模、铸造型壳和型芯等。

2）成形效率比较高、材料利用率高，未烧结的材料可重复使用，材料浪费少，成本较低。

3）无需支撑，由于未烧结的粉末可以对模型的空腔和悬臂部分起支撑作用，不必像FDM和SLA工艺那样另外设计支撑结构，可以直接生产形状复杂的原型和部件。

4.2　选择性激光烧结技术发展概况

当前，SLS技术最主要的进展表现为可成形材料种类的多样化和成形尺寸的大型化。选择性激光烧结技术自 20 世纪 80 年代末诞生以来，各国学者对 SLS 成形工艺、方法、设备、材料等进行了大量研究，不断优化 SLS 技术流程，拓展技术应用领域。该技术于 1986 年起源于美国德克萨斯大学奥斯汀分校（University of Texas at Austin），是该校学者 Carl Deckard 在硕士论文中发布的工艺原理，并于 1988 年研制成功第一台 SLS 成形机。1992 年，美国 DTM 公司（现已并入美国 3D Systems 公司）基于该专利发布了工业级商用 SLS 快速成形机 SinterSation。紧随 DTM 公司，德国 EOS 公司于 1994 年先后推出三个系列的 SLS 成形机，分别用于烧结热塑性塑料粉末、金属粉末和树脂砂。EOS 公司对这些成形设备的硬件和软件进行不断地改进和升级，使得设备的成形速度更快、成形精度更高、操作更方便，并实现了大尺寸烧结件的制作。

近年来，美国的 Texas 大学 Austin 学院通过对 SLS 技术和后处理工艺研究，将基于 SLS 技术的钢铁和合金粉末材料烧结件的致密度提高到 80%，并进一步研究了 SLS 金属热渗透、热等静压等后处理工艺。Michigan 大学相关学者利用 SLS 技术开展医用人工骨骼材料研究。白俄罗斯相关学者对单一和二元金属粉末开展研究，揭示了烧结过程中的"球化效应"（Bailing）是影响烧结质量和精度的最关键问题，并对球化效应的产生原理和控制方法进行研究。此外，英国 Liverpool 大学快速成形中心的学者对 SiC 和聚合物混合粉末进行 SLS 试验，并研究激光功率、扫描速度、间距、层厚等对烧结件力学性能的影响。除上述国家外，英国、日本、瑞士、俄罗斯、德国、韩国、南非等国也相继展开了对 SLS 工艺使用的聚合物混合粉末材料、温度场演化规律的工艺及有限元仿真及建模等方面的研究。

国内科研单位对 SLS 技术的研究始于 20 世纪 90 年代初。国内重要的 SLS 成形设备制造商见表 4-1。北京隆源于 1994 年开发第一台 SLS 快速成形机。华中科技大学、武汉滨湖机电开发的 HRPS 系列快速成形设备采用振镜式高速度和高精度动态聚焦系统，最大成形空间达到 1400mm × 1400mm × 500mm。华曙高科公司于 2019 年推出了使用光纤激光器代替标准 CO_2 激光器的 SLS 设备，光纤激光能够实现更小的光斑尺寸，并改善材料的能量分布，实现精细的结构。

高性能材料的可打印性与技术创新紧密相关，SLS 新材料的开发速度非常迅速。为了进一步增强尼龙的力学性能和热性能，出现了尼龙基复合材料，如掺杂碳纤维、玻璃纤维和铝等复合材料。除尼龙外，还发展出了柔性 TPU、阻燃聚合物、抗静电聚合物、PP、PEEK 和 PEKK 等材料，可适用于飞机（如内部零件、驾驶舱组件、风道和出气阀）、汽车（如内饰和外壳组件）消费品和电子产品（如照明和电器）等。

表 4-1　国内重要的 SLS 成形设备制造商

制造商	型号	成形空间 /mm³	分层厚度 /mm	扫描速度 /(m/s)	激光器	成形材料	软件
北京隆源	AFS	(500×500×500)	0.08~0.30	8，2	CO_2	精铸磨料	AFS Win
	500/360	(360×360×500)	0.08~0.30	8，2	射频 55W	工程塑料、树脂砂	AFS Win
	LaserCore	最大（1400× 700×500）	0.08~0.53	8	CO_2，射频 55~100W	精铸磨料、工程塑料、树脂砂	AFS Win
滨湖机电	HRPS	最大（1400× 1400×500）	0.08~ 0.30	4~8	CO_2，进口	高分子粉末、陶瓷粉末、覆膜砂	Power RP

（续）

制造商	型号	成形空间 /mm³	分层厚度 /mm	扫描速度 /(m/s)	激光器	成形材料	软件
华科三维	HK S800-1400	最大（1400× 1400×500）	0.08~0.30	8~32	CO_2，100~400W	PS，覆膜砂	HUST 3DP
	HK P320/P500	（320×320×450）（500×500×400）	0.08~0.20	最大6	55W	PA12PP 等熔点185℃以下的材料	
	HK C250	（250×250×250）	0.06~0.15	最大10	高精型100W	氧化铝、氧化锆、碳化硅	
湖南华曙高科	FARSOON 402/251	（400×400×450）（250×250×320）	0.06~0.30	7.6~12.7	CO_2，30~60W	尼龙	ALL STAR V2.2.8
	FARSOON 121M/271M	（120×120×100）（275×275×320）	0.02~0.08	0~15	200W 连续激光器	金属	Make Starll M
中山盈普	ELITE	最大（600× 550×550）	0.13~0.18	13~21	CO_2，60~100W	尼龙	美国 Solid View

4.3　选择性激光烧结技术专利申请趋势分析

选择性激光烧结（SLS）设备由光源系统、控制系统、铺粉及粉末回收系统、气体净化系统等组成整个烧结系统，后处理系统包括制件清粉、热等静压、上色等。选择性激光烧结技术（SLS）分支见表 4-2。检索过程中采用的分类号有：B29C、B33Y、B23K、C08J 等；采用的关键词有：选择性激光烧结、激光选区烧结、Selective Laser Sintering、SLS 等。SLS 选择性激光烧结技术专利分析所用数据库为 IncoPat 全球数据库，数据库收录了 112 个国家/地区/组织的专利著录数据和说明书。截至 2020 年年初，检索到选择性激光烧结技术专利信息 7520 条，经过去噪处理得数据 3248 条，经简单同族合并得 1599 个专利族，经申请号合并得 1573 件专利。本章所有分析均基于此检索结果。

表 4-2　选择性激光烧结技术（SLS）分支

一级分支	二级分支	三级分支
选择性激光烧结（SLS）	烧结系统	激光器、控制系统、冷却系统、铺粉系统、加料及固化系统、激光束、粉末缸、成形缸、铺粉辊
	材料	塑料、陶瓷粉末材料、纳米复合材料、烧结粉末材料、聚酰胺（尼龙）粉末成形材料
去噪策略	B22F3、顺序横向固化（SLS）、金属、合金	

全球 SLS 相关专利申请趋势如图 4-2 所示。通过申请号合并和简单同族合并后的申请趋势图可以看出，随着申请数量的猛增，简单同族合并的申请量和申请号合并的申请量之间的差距也在不断增大，说明同一技术布局的专利族内专利不断增多，专利组合布局意识增强。

第一阶段：萌芽期（1991—2001 年）。

这一阶段专利数据较少，SLS 专利数量缓慢增长，1992 年申请量突破 10 件后，年均申请量为 21 件，这一时期的申请人主要集中在德国和美国，其中德国籍申请人占 55.2%，美

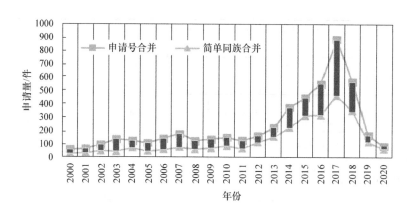

图 4-2　全球 SLS 相关专利申请趋势

国籍占 36.1%，两者相加超过总申请量的 90%，中国申请人占比不到 1%。主要申请人为 DTM 公司和 EOS 公司，其中 EOS 公司申请量占比接近 40%，DTM 公司占比接近 13%。申请人的数量也是逐年增长，但是每个申请人的数量都比较少。专利公开类型中，发明申请占 56.43%，发明授权为 36.93%，实用新型为 3.73%。我国的专利申请为 EOS 公司 3 件，拜耳公司 1 件。此时国外公司已开始在我国进行专利布局。

第二阶段：成长期（2002—2011 年）。

这一阶段 SLS 技术取得了较大发展，10 年时间共申请 686 件专利，年均申请量为 68.6 件，2004 年、2005 年和 2011 年申请量较少，但是下降幅度不大。德国和美国依然是这一时期的主要申请人，其中德国占比 50%，美国占比 31.3%，中国占比 6%，日本占比 4%。这一时期中国的专利申请为 87 件，申请人中中国籍占比 47.1%，德国籍占比 33.3%，美国籍占比 18.4%。申请人数量从 1998 年起开始增加，但是主要的申请人依然为 EOS 公司和 3D Systems 公司，其中 EOS 公司占比接近 35%，3D Systems 公司占比接近 15%，Degussa（德固赛）排名第三，占比接近 7%，是 3D 打印粉末材料的主要生产商，NIKE 公司申请了 14 件专利，主要是鞋子和鞋垫的 3D 打印专利。虽然其他申请人申请数量较少，但是可以看到有较多的申请人开始进入这一领域。中国申请人也在这一时期开始相继进入该领域。这一时期的专利数量增长还有一个重要原因就是计算机技术的进步。3D 打印技术本身就是一个离散堆积的过程，对计算机性能有很强的依赖性，无论是产品设计还是模型修复、切片处理及过程控制都对计算机相关技术有较高的要求，随着计算机技术的发展，同时由于新材料的研发进一步促进了 3D 打印技术的发展。

第三阶段：快速发展期（2012 年至今）。

这一阶段 SLS 技术相关专利呈现爆发式增长态势，共申请专利 1637 件（截至 2019 年 12 月 31 日），年均申请量为 204.6 件，2013 年申请量达到 99 件，2017 年为 453 件。这一时期中国、德国、美国为主要的申请国家，其中中国籍申请人占 36%，德国占 35%，美国占 16.2%。由此可见，中国在这一时期的申请量大幅增加。

其中发明专利申请占比 91%，实用新型专利占 7%。由于专利公开的滞后性，2018 年和 2019 年可能数据不全，但是根据近年来的申请趋势，可以预测，2018 年和 2019 年的申请量应该在 300 件左右。这一时期申请人接近 170 个，主要申请国家中，德国申请人占比45%，中国申请人以 27% 的比例跃居第二位，美国占比 11% 排名第三，中国在这一阶段申请数量最多。图 4-3 所示为 2012 年迄今 SLS 技术专利主要申请人，由图 4-3 可知，正是由于中国专利申请量的增加，促使 SLS 相关专利技术实现迅猛发展。

这一时期的主要申请人中，Concept Laser 以 213 件专利排名第一，EOS 以 149 件排名第二，华曙高科以 134 件位居第三，BASF 以 86 件位居第四，3D Systems 以 84 件排在第五；前 10 位申请人中中国占据 4 位，分别为华曙高科、中国石油化工、中南大学、华中科技大学，企业和高校各占一半。虽然中国申请人数量有较大增长但是缺失核心专利和高价值专利的申请；中国所有申请人类型构成中，企业占据 66.6%，大专院校占 25.4%，科研单位占5%，由此说明，我国在该领域产学研用结合相对较好；国外申请人中除专门从事 3D 打印技术开发的行业巨头外，还有关于材料及应用的申请较多，比如 BASF、德固赛公司，是全球化工巨头主要从事烧结复合材料的开发，中国石油化工则主要聚焦于粉末原材料的开发，Siemens 则偏重于烧结技术的应用。

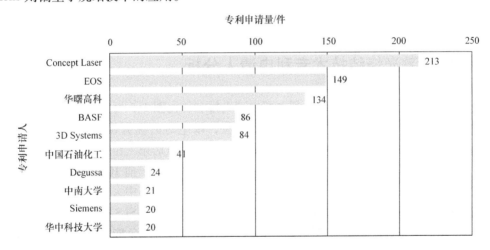

图 4-3　2012 年迄今 SLS 技术专利主要申请人

4.4　选择性激光烧结技术专利申请地域分析

图 4-4 所示为选择性激光烧结技术专利国家申请排名。中国、美国、德国、日本为主要申请国家，其中中国以 819 件占比 35% 排第一位，美国以 467 件占比 20% 排名第二，德国以 176 件占比 7% 排名第五；欧洲专利局的申请量占比 13%，其主要是德国申请人提出，世界知识产权组织占比 10%，主要由欧美国家申请人提出，中国籍申请人的海外专利申请很少。虽然中国的申请量排名第一，但是从优先权信息可以了解到，德国占比 25.5%，美国占比 19.7%，欧洲专利局占 11.12%，中国仅占 1.83%；从发明人国家来看，德国占比27.28%，美国占比 15.31%，中国不到 1%，由此可见，中国在技术的原创性方面很缺乏，主要技术创新国家依然是德国和美国。

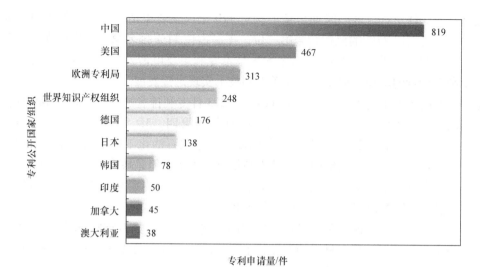

图 4-4　选择性激光烧结技术专利国家申请排名

4.5　选择性激光烧结技术专利申请人分析

图 4-5 所示为选择性激光烧结专利主要申请人排名，由图 4-5 可知，在 SLS 技术专利的前 10 位申请人中，EOS 以 466 件专利位列第一位，以绝对的优势领先于其他申请人，3D Systems 公司以 241 件排在第二位，Concept Laser 以 237 件位居第三位，华曙高科以 138 件专利位居第四位。选择性激光烧结专利申请人名称约定见表 4-3。前 10 位申请人中有 4 位是从事材料研发的企业，而且都是国际化工巨头。前 10 位申请人中，中国申请人占据 3 位，除华曙高科外，其余申请人专利均较少。分析可知，虽然中国在 SLS 技术的总体专利申请数据占据第一位，但是行业企业依然比较分散，具有和世界巨头竞争能力的申请人很少。

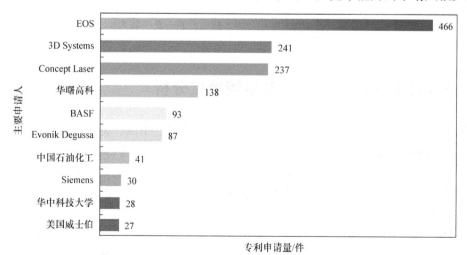

图 4-5　选择性激光烧结专利主要申请人排名

表 4-3　选择性激光烧结专利申请人名称约定

名称约定	对应申请人名称及注释
3D Systems	3D Systems Inc（3D 系统公司）
EOS	Electro Optical Systems，EOS Electro Optical Syst，EOS GmbH Electro Optical Systems（EOS 有限公司电镀光纤系统、EOS 有限公司、EOS 电光系统有限责任公司）
Concept Laser	Concept Laser GmbH（CL 产权管理有限公司）
华曙高科	湖南华曙高科技有限责任公司

4.6　选择性激光烧结专利技术构成分析

图 4-6 所示为选择性激光烧结专利技术分布。全球 SLS 选择性激光烧结相关专利中，86% 为发明专利，发明授权占 9%，4% 为实用新型，外观设计仅占 1%。涉及打印设备和装置、材料制备及烧结工艺的专利数据是最多的，设备占比 34.6%，工艺占比 32.15%，鉴于设备和工艺的对应关系，所以这样的比例也是在情理之中的；材料占比 26.4%，其中高分子材料占据 87%，陶瓷材料占 10%。由此可见，目前 SLS 技术主要应用于高分子聚合物材料的打印。

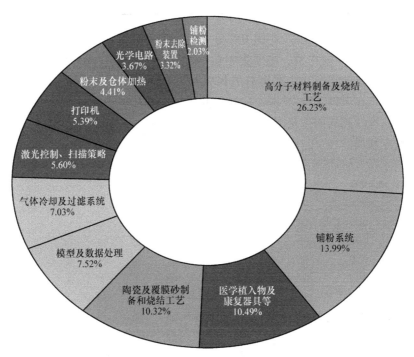

图 4-6　选择性激光烧结专利技术分布

全球 SLS 相关专利申请主要集中在 B29C67、B29C64。全球 SLS 相关专利前 10 位 IPC 分类号及其含义见表 4-4。SLS 技术专利的申请主要集中在高分子材料制备及烧结工艺、铺粉系统、医疗领域应用（如骨支架、植入物、康复器具等）、陶瓷及覆膜砂的制备和打印工艺方面。整体打印设备的申请并不多。

SLS 相关专利中，气体冷却及循环过滤系统、激光系统及扫描策略、整体打印设备、粉末及成形仓的温度控制、控制系统、粉末去除装置、铺粉检测方面是申请较少的部分。

表4-4　全球 SLS 相关专利前 10 位 IPC 分类号及其含义

IPC 分类号	含　义
B29C67	不包含在 B29C39/00 ~ B29C65/00，B29C70/00 或 B29C73/00 组中的成形技术
B29C64	增材加工
C08J3	高分子物质的处理或配料的工艺过程
B33Y10	附加制造的过程
C08L77	由在主链中形成羧酸酰胺键合反应得到的聚酰胺的组合物
B33Y30	附加制造设备及其零件或附件
B33Y70	适用于附加制造的材料
C08K3	使用无机物质作为混合配料
B33Y50	附加制造的数据获得或数据处理
B33Y40	辅助操作或设备，如用于材料处理

图 4-7 所示为 SLS 专利国家/组织 IPC 分布，由图 4-7 可知，中国在 SLS 技术相关的前 10 个技术分支中都有专利申请，主要集中在 B29C64、B33Y30、B33Y10，即打印工艺、设备、过程；美国 SLS 技术分布主要集中在 B29C67、B29C64，总体布局与中国相似；德国的技术分布主要集中在 B29C67；欧洲专利局和世界知识产权组织在技术分支的分布比例上比较接近，但是欧洲专利局的数量多于世界知识产权组织，B33Y70 在世界知识产权组织的申请量多于欧洲专利局。

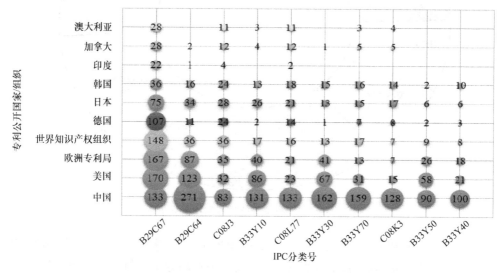

图 4-7　SLS 专利国家/组织 IPC 分布

4.7　选择性激光烧结行业典型单位专利分析

4.7.1　EOS 选择性激光烧结专利分析

1. 公司简介

德国 EOS 公司，成立于 1989 年，全称是"Electro Optical Systems"由 Dr. Hans Langer 和 Dr. Hans Steinbichler 合伙建立。经过 30 多年的快速发展，德国 EOS 已经成为欧洲最大的 3D 打印设备研发和制造企业，也是全球少数掌握 SLA/SLM/FDM/SLS/DMLS 等多项 3D 打印核心技术的企业之一。目前 EOS 公司对外推出的产品和服务可以分为以下 9 大部分：塑料、金属、EOS 软件、EOS 服务、添加剂头脑、系统与设备、物料、物资管理、EOS 零件物业管理。EOS 的自主研发设备主要有：FORMIGA P110、P390、P770、P800、P810、Production Platform 等。

2. 专利申请趋势

图 4-8 所示为 EOS 公司的 SLS 技术专利申请趋势。由图 4-8 可知，EOS 公司专利申请呈现明显的阶段性特征。

第一阶段：平缓积累期（2001—2005 年）。

2001—2005 年是 EOS 公司专利申请量较少的时期，5 年间一共申请了 30 件 SLS 专利，平均每年只有 6 件，这与 EOS 公司在这一阶段更为重视产品推广的运营策略有关。EOS 公司在这一阶段的专利申请量虽然不大，但都是在其原来专利布局的基础上进行的，完善了针对金属激光烧结的 EOSINT P 系统设备，开发了材料管理系统 IPCMS、针对金属激光烧结的 EOSINT M 系统设备、针对砂型激光烧结的 EOSINT S 系统设备。

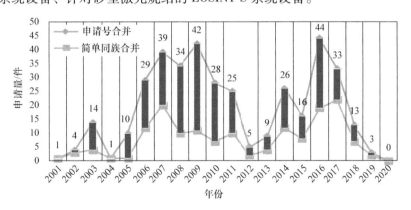

图 4-8　EOS 公司的 SLS 技术专利申请趋势

第二阶段：第一次集中爆发期（2006—2011 年）。

2006—2011 年是 EOS 公司专利申请的第一簇状时期，其间年均申请专利 32.8 件。这一时期 EOS 公司的专利申请涉及激光烧结方法、激光烧结装置、材料、辅助设备，比例基本上能够保证均衡发展。随着研发技术的积累和研发团队构架的日趋合理，EOS 公司在激光烧结各个领域的研发日趋完善，专利技术布局日趋完整，专利投入产出比也处于较高的水平。2007—2011 年，其专利申请的授权率基本能达到 70% 以上。

第三阶段：第二快速发展期（2012 年至今）。

经过 2012 年和 2013 年的短暂调整期后 EOS 公司迎来了第二次专利申请的增长期，2016 年的申请量达到 44 件，2012 年迄今申请 149 件专利（由于部分专利未公开，不能完全代表其申请量）。2014 年 EOS 在中国开设了分支机构，在德国克莱林成立了新的研发机构，员工 300 人，聚焦于新技术的开发及其应用，同时加强了与外部企业的合作开发，例如与贵金属制造供应商 Cooksongold 合作，推出 PRECIOUS M080，用于贵金属如金银等首饰的打印；EOS M290 也即将发布，同时为了实现快速批量化制造，推出了 EOSYSTEM 和 EOSPRINT 软件系统。2015 年又推出了 M100，一种新的用于金属的激光烧结设备，材料方面推出了 EOS MaragingSteel CX 和 EOS CobaltChrome RPD，用于医疗产品，同时开发了熔池实时检测系统。2016 年推出增材制造智能决策专家支持系统，为客户提供从设计到制造的整个过程支持，这一年同时也推出了 EOS M 400 - 4 这一当时市场上最快的 4 激光成形设备和用于聚合物粉末烧结的 EOS P 770，同时还有 EOS StainlessSteel 17 - 4PH 和 EOS Titanium TiC_p 材料的开发成功。2017 年之后，EOS 加强了与航天、汽车等下游企业的合作，开发下一代增材制造系统用于大型结构件的制造。

3. 专利布局策略分析

EOS 公司从成立以来便十分注重专利的申请，采取全方位的专利布局方式。其早期申请的专利中主要涉及激光烧结工艺方法和装置，在近 10 年来，其所申请专利不仅包括烧结工艺、装置，在高分子材料制备及辅助设备和光学系统也有较多申请，基本上涵盖了 SLS 技术相关专利的各个方面。随着研发的持续进行，其在专利方面的布局日趋完善。

图 4-9 所示为 EOS 公司全球专利布局，由图 4-9 可知，EOS 公司专利申请主要集中在美国（22.41%）、德国（17.55%）、世界知识产权组织（16.07%）、欧洲专利局（14.16%）、中国（13.74%）。由此可见，EOS 公司在专利申请模式上采取多边申请和单边申请相结合的方式。其采用 PCT 申请方式的专利占比很高，并且长期采用国际申请的方式对不同国家进行专利申请。

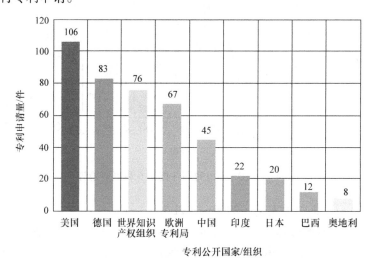

图 4-9　EOS 公司全球专利布局

其专利申请主要通过以下 4 个途径提出：①直接向该国专利局提出申请；②通过 PCT

进入该国国家阶段；③通过 EPO（欧洲专利局）进行申请；④通过 PCT 向 EPO 进行申请。其中②、③、④项均属于多边专利申请的情况。

EOS 公司的专利申请逐步出现了向多个申请主体、多个权利要求人转变的局面，合作方包括上游企业、下游企业、同行企业、研究机构和个人。

（1）与上游企业的合作申请　EOS 公司关于激光烧结辅助设备和烧结材料的技术并不处于领先地位，因此它非常重视与上游企业的合作专利申请。通过与上游企业的合作申请，EOS 公司能够开发针对自身特点的产品，进而通过这些特定的产品实现利益的最大化。EOS 公司的供应商主要分为材料供应商和激光烧结辅助设备供应商。MicroMac 公司是 EOS 公司在激光器方面的供应商，二者的合作申请是申请号为 WO2008EP03622 的 PCT 申请，具体涉及一种粉末涂覆装置。德国的 SCAPS GmbH 公司是 EOS 公司在定位装置方面的供应商，二者的合作申请是申请号为 DE19961008632 的德国专利申请，具体涉及一种激光定位装置。EOS 公司与其主要材料供应商赢创（Evonik）集团的合作申请是 1998 年 9 月 15 日提出的欧洲专利申请 EP19980117450，要求保护一种塑料粉末材料。EOS 公司与其材料供应商法国阿科玛（Arkema）公司的合作申请是 2009 年 4 月 8 日提出的德国专利申请 DE200910016881 和 2010 年 4 月 1 日提出的中国专利申请。

（2）与下游企业的合作申请　与 EOS 公司合作申请的下游企业涉及汽车、机电、医疗等领域，具体有丰田赛车有限公司（TMG）、戴姆勒汽车有限公司（Daimler AG）、HEUGE 数控机床有限公司、西门子能源有限公司等。

4. 专利申请技术分布

图 4-10 所示为 EOS 公司的专利申请技术分布情况。图 4-11 和表 4-5 为 EOS 公司前 10 项 IPC 分类号分布情况及释义。经分析可知，其所申请专利 31.75% 集中在烧结工艺方面，23.70% 为烧结装置，烧结材料占比 11.37%，辅助装置占 33.18%。辅助装置中粉末模块和激光系统相关的专利占比最多，粉末模块主要集中在涂覆结构、供粉装置及粉末回收；激光系统主要涉及激光能量及光斑尺寸的调节技术；关于铺粉检测和零件表面检测及加热平台也有少量申请，其他专利包括气体供应及过滤系统、模具制造等。可见 EOS 公司的专利申请非常全面。

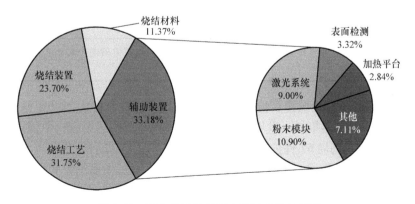

图 4-10　EOS 公司的专利申请技术分布情况

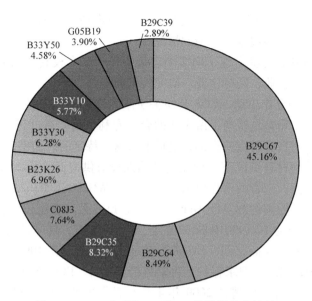

图 4-11　EOS 公司前 10 项 IPC 分类号分布情况

表 4-5　EOS 公司前 10 项 IPC 分类号及其含义（大组）

IPC 分类号	含　义
B29C67	不包含在 B29C39/00 ~ B29C65/00，B29C70/00 或 B29C73/00 组中的成形技术
B29C64	增材加工，即三维（3D）物体通过增材沉积、聚结或层压，如通过 3D 打印，通过光固化或选择性激光烧结〔2017.01〕
B29C35	加热、冷却或凝固，如交联或硫化；所用的设备〔2006.01〕
C08J3	高分子物质的处理或配料的工艺过程
B23K26	用激光束加工，如焊接、切割或打孔〔2014.01〕
B33Y30	附加制造设备及其零件或附件〔2015.01〕
B33Y10	附加制造的过程〔2015.01〕
B33Y50	附加制造的数据获得或数据处理〔2015.01〕
G05B19	程序控制系统
B29C39	浇注成形，即将模制材料引入模型或没有显著模制压力的两个封闭表面之间；所用的设备（B29C41/00 优先）

　　从 EOS 公司专利全球地域排名情况来看，美国以 106 件，占比 22.6% 排名第一；德国以 86 件，占比 18.3% 排名第二；世界知识产权组织以 76 件位居第三；中国以 70 件，占比 15% 排名第四；欧洲专利局 67 件位居第五；印度和日本各有 22 件，占比 4.5%。

　　图 4-12 所示为 EOS 公司 SLS 技术全球分布。EOS 在全球主要国家和地区的专利分布比较接近，主要集中在 B29C、B33Y、C08J 三个技术分支，即烧结工艺、装置、材料。EOS 公司全球技术分布前 10 项 IPC 分类号及其含义见表 4-6。

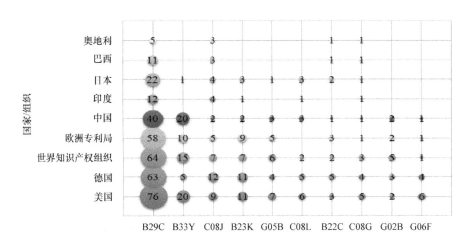

图 4-12　EOS 公司 SLS 技术全球分布

表 4-6　EOS 公司全球技术分布前 10 项 IPC 分类号及其含义

IPC 分类号	含 义
B29C	塑料的成形或连接；塑性状态材料的成形，不包含在其他类目中的
B33Y	附加制造，即三维（3D）物品制造，通过附加沉积、附加凝聚或附加分层，如 3D 打印、立体照片或选择性激光烧结〔2015.01〕
C08J	加工、配料的一般工艺过程，不包括在 C08B、C08C、C08F、C08G 或 C08H 小类中的后处理（塑料的加工，如成形入 B29）
B23K	钎焊或脱焊，焊接，用钎焊或焊接方法包覆或镀敷，局部加热切割，如火焰切割，用激光束加工
G05B	一般的控制或调节系统，这种系统的功能单元，用于这种系统或单元的监视或测试装置
C08L	高分子化合物的组合物
B22C	铸造造型
C08G	用碳 - 碳不饱和键以外的反应得到的高分子化合物
G02B	光学元件、系统或仪器
G06F	电数字数据处理

　　EOS 公司在中国申请的专利 96% 为发明专利，实质审查专利占 40%，授权专利占 38%，权利终止专利占 11%，7% 专利呈公开状态，4% 撤回。EOS 公司 SLS 中国专利当前法律状态如图 4-13 所示。

　　图 4-14 所示为 EOS 公司在中国申请所申请专利的分布情况。涉及烧结工艺和装置的专利各占 40% 左右。关于装置的申请主要包括：粉末涂覆系统，光学系统、通风装置、校准装置、粉末回收装置等；涉及材料制备的专利占 9%，其他专利包括模型数据处理及控制方式。

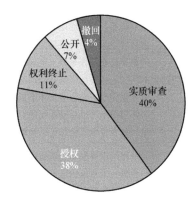

图 4-13　EOS 公司 SLS 中国专利当前法律状态

EOS 公司 SLS 技术核心专利列举见表4-7。

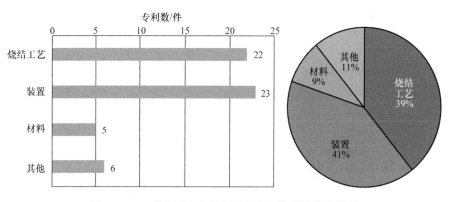

图4-14　EOS 公司在中国申请所申请专利的分布情况

表4-7　EOS 公司 SLS 技术核心专利列举

公开（公告）号	保护内容	当前法律状态
WO2016169783A1	一种在装置中逐层施加和选择性固化粉末状堆积材料产生三维物体的方法，包括以下步骤：在装置的应用区域中，通过以下方式将粉末状堆积材料施加到成形区域，涂布机沿运动方向穿过成形区域，在与要生产物体的横截面相对应的点上选择性地固化所施加的粉末层，并重复施加和选择性固化的步骤，直到物体完成	部分进入指定国家
WO2014006192A1	该发明涉及一种用于生产一个三维物体的方法，通过电磁辐射引入能量，在与要在特定层中产生的物体的横截面相对应的位置将材料分层固化而产生三维物体	部分进入指定国家
CN107877855A	该发明涉及用于校准制造三维物体的装置的方法和实施该方法的装置。一种用于校准制造三维物体的装置的方法，装置包括至少两个扫掠单元，每个扫掠单元能够将光束引导到工作平面中并优选地在构建区域中的不同目标点，目标点位于被分配给相应的扫掠单元的扫掠区域内，扫掠区域在重叠区域中重叠，至少第一扫掠单元被分配有第一监视单元，其监视区域延伸到第一扫掠单元的目标点及其邻近，根据目标点的位置的改变来执行监视区域的位置的改变，校准方法包括以下步骤：将第一监视单元的监视区域引导到重叠区域中的区域而不从第一扫掠单元发出光束，利用经由第二扫掠单元发出的光束照射第一监视单元的监视区域的至少一部分，评估第一监视单元的输出信号	实质审查
WO2017008891A1	一种通过分层应用和选择性压实粉末状堆积材料在支架上产生三维物体的方法，包括以下步骤：将支架降低到工作平面上方的预定高度，通过在工作平面上移动的涂布机在工作平面上施加粉末堆积材料层，在与要产生的物体的横截面相对应的位置选择性地压实所施加的粉末层，并重复降低、施加和选择性地步骤压缩直到对象完成。在位于工作平面中的预定涂层区域内，在由涂布机移动的区域中的某些部分中，以主动控制的方式减少对至少一个粉末层施加的粉末状堆积材料的量，或者根本不施加粉末状堆积材料	部分进入指定国家
US20180065301A1	一种用于逐层添加制造设备的交换平台支架，其被配置成通过在对应于各层中的至少一个对象的位置逐层固化粉末状建筑材料而在交换平台上产生至少一个三维对象，包括夹紧装置，用于相对于交换平台支撑的位置，可拆卸地固定交换平台的位置；一种温度控制系统，其被配置成向其环境的至少一部分供应热能和/或从其环境的至少一部分排出热能，以及当交换平台是夹在夹紧装置中	暂缺

（续）

公开（公告）号	保护内容	当前法律状态
US20180065296A1	该发明涉及一种选择性固化方式制造三维物体的方法。在此过程中，在制造对象物的同时，通过气体供给装置向处理室供给处理气体，并通过出口从处理室排出处理气体	暂缺
US20180001563A1	一种曝光控制装置，用于装备和/或改装生成层状构造装置，后者包括发射电磁辐射或粒子辐射的曝光装置，曝光控制装置具有第一数据输出接口，在该第一数据输出接口可以向曝光装置输出控制命令。输出的控制命令指定多个曝光类型中的一个，其中曝光类型由曝光装置要发射的辐射能量密度和扫描图案的预定组合来定义，辐射通过扫描图案被引导到建筑材料层的区域。此外，曝光控制装置具有第二数据输出接口，在该第二数据输出接口处，可以相对于指定该曝光类型的控制命令的输出定时实时地输出曝光类型	暂缺
EP3260276A1	一种用于逐层生成构造装置中的加热器控制调节装置，其中，加热器控制装置通过加热装置调节应用建筑材料层的加热至工作温度，包括：设计成提供至少一个标称参数值的标称参数提供单元，指受控变量的设定值和/或其随时间的变化和/或加热器参数的设定值和/或其随时间的变化，实际参数检测单元，其设计成能够在加热器控制或制造装置中检测对应的实际参数值的至少一个标称参数值，其中，实际参数值是受控变量的实际值和/或其随时间变化的实际值和/或加热器参数的实际值和/或其随时间变化的实际值	审中
US20170357671A1	一种通过附加制造装置提供用于制造三维物体的控制命令集的控制命令的计算机方法，至少包括以下步骤：分配表示待制造物体的至少部分表面的输入数据的步骤，其中，部分表面具有初始表面纹理，该初始表面纹理由表征初始表面纹理的几何结构的一组初始纹理参数值定义，确定一组目标纹理参数值与初始纹理参数值集不同，以及生成控制命令集的控制命令的步骤，其中，控制命令部分表面可通过附加制造装置制造，附加制造装置具有由目标纹理参数值集定义的表面纹理	暂缺
WO2005090449A1	该发明涉及用于生产三维结构或模制体、使用分层制造方法的粉末以及用于经济地生产结构或模制体的方法。粉末的特点是具有良好的流动性能，并且能够使在快速成形过程中使用粉末生产的模制体显示出显著改善的机械或热特性。根据一个特别有利的实施例，粉末包括以基本球形粉末颗粒的形式存在且由基体材料形成的第一部分，以及优选嵌入基体材料中的以强化和/或增强纤维形式存在的至少一个其他部分	部分在指定国家授权
WO2015144884A1	该发明涉及一种装置，该装置包括一个流动装置，用于在通过喷嘴元件将气体引入装置的结构材料。喷嘴元件包括具有气体入口侧和气体出口侧的主体和从气体入口侧到气体出口侧贯穿主体的多个通道，在气体入口侧上设有入口开口，在气体出口侧上设有气体出口开口，并由壁隔开。选择通道的长度，使得在其中形成气体出口侧上的层流	部分进入指定国家
EP3085519A1	一种逐层涂覆和选择性固化积层材料生成三维物的方法，包括以下步骤：通过在成形区域上方移动的涂布机将材料涂覆在成形区域上，在与要生产对象的横截面相对应的点处选择性地固化所施加的层，并且重复施加和选择性固化的步骤，直到对象完成。在这种情况下，首先在成形平台上形成支撑结构，然后通过上述步骤在支撑结构上形成物体，其中支撑结构具有弱化区域，其平均布置在靠近成形平台的位置而不是靠近物体，并且比在高度上相邻的支撑结构的区域容易分割	审中

（续）

公开（公告）号	保护内容	当前法律状态
WO2007134688A1	该发明公开了一种在激光或另一种能量源的作用下，通过在各层中与物体横截面对应的点处连续压实粉末成分层而产生三维物体的方法。该方法中使用的粉末成分是一种材料，包含一个或多个先前创建的对象的生产过程中留下的未压实粉末的旧粉末以及一些在生产过程中从未使用过的新粉末。该发明的特征在于，粉末状组分在施涂一层时被机械压实	部分进入指定国家
WO2009068165A1	该发明涉及一种通过激光烧结产生三维物体的方法，该物体是通过激光辐射在与该物体相对应的各层位置逐层压实粉末材料形成的，红外辐射图像是通过应用粉末层捕获的，其特征在于根据红外辐射图像确定所施加粉末层的缺陷和/或几何不规则性	部分进入指定国家
EP1925431A1	容器具有以高度可调的方式布置在容器中的承载装置，该装置的上侧形成构造平台。在平台的循环外缘和容器的循环内壁之间形成间隙。密封件设置在平台上并关闭间隙，其中密封件由层叠柔性材料环（如硅酮）形成。导向板用于在间隙区域内保持密封的角形，并布置在平台下方	部分专利在指定国家失效
WO2010083997A2	该发明涉及一种用于从三维物体的快速原型中重新安装设备的残余粉末的方法和系统，包括筛分残余粉末或将残余粉末与新鲜粉末混合的步骤。该方法的特征在于加入对所得粉末的性质进行改性的步骤	部分进入指定国家
WO2004014636A1	该发明公开了一种用于三维物体的逐层生成的装置和方法。在不同的处理室中，通过连续地施加结构材料而平行地产生若干物体，在该结构材料层上通过辐射将该层固化或将该层与先前施加的层结合。辐射通过辐射源供应到处理室的一部分，辐射源在处理室的另一部分施加一层时被布置在处理室的外部	部分进入指定国家
WO2006122645A1	该发明公开了一种在与物体的各个横截面相对应的点处通过粉末材料的硬化生成三维物体的装置和方法。该装置包括可在工作区上方移动的涂层装置，用于在工作区内涂覆粉末材料层。涂层装置具有刚性刀片，刚性刀片与涂层装置连接。涂层装置具有加热器，加热器至少部分地集成到涂层装置中，以预热粉末材料，从而允许粉末在作为层施涂时或施涂之前预热，从而减少构建三维对象所需的时间	部分进入指定国家

4.7.2 3D Systems 公司选择性激光烧结专利分析

1. 专利申请趋势

3D Systems 公司已申请以下技术专利：快速原型制造、制造系统和方法；用于图像投影系统的可辐射固化组合物；补偿 3D 建模器的光化辐射强度分布；用于冷却激光烧结中的部分滤饼的装置和方法；用于固体自由形式制造系统的可辐射固化组合物；使用成像层进行 3D 打印的装置；选择性沉积建模的组合物和方法；边缘平滑度，低分辨率投影图像，用于实体成像；用于倾斜固体图像构建平台的电梯和方法，用于减少空气滞留和用于构建释放；选择性沉积建模方法，用于改进支持－对象界面；基于区域的支撑，用于固体自由形状制造的零件；添加剂制造方法，用于改善卷曲控制和侧壁质量；支持、构建材料和应用程序等。

截至 2019 年 12 月，3D Systems 公司共拥有 327 条 SLS 相关专利，经申请号合并共得 248 件专利，经同族合并后共有 192 个专利族，其专利申请趋势如图 4-15 所示。3D Systems 公司近 20 年来在 SLS 技术方面的专利申请呈现缓慢增长趋势，年申请量在 10 件左右，仅 2013 年申请量超过 20 件。

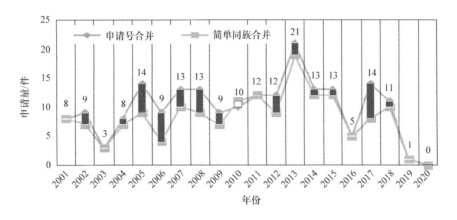

图 4-15　3D Systems SLS 专利申请趋势

2. 专利技术构成

图 4-16 所示为 3D Systems 公司 SLS 专利技术构成，由图 4-16 可知，3D Systems 公司关于 SLS 专利的申请中，其中关于工艺和装置是最多的，占比分别为 34.94% 和 30.62%，其次是关于材料的申请，占比 16.90%，关于应用的申请不足 6%，其他技术方面，如数据及模型处理占 8.64%，过程检测和粉末计量占 2.29%。在前 10 位 IPC 分类号中，B29C67 是最多的（35%），其次是 B29C35（13%）和 B29C41（10%），剩下 7 个技术分支的专利申请数量都相差不大。

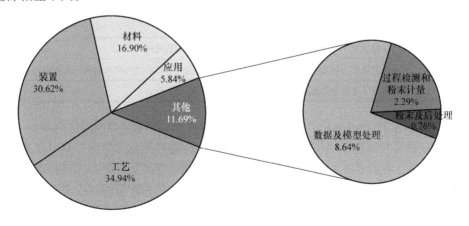

图 4-16　3D Systems 公司 SLS 专利技术构成

3D Systems 公司主要 IPC 分类号分布及其含义见图 4-17 和表 4-8。

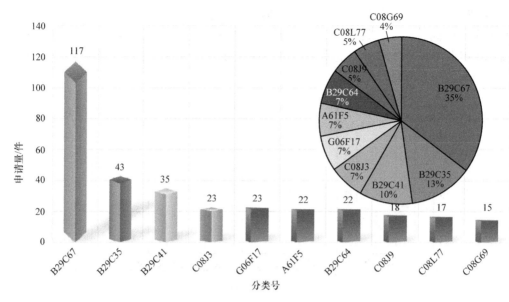

图 4-17　3D Systems 公司主要 IPC 分类号分布

表 4-8　3D Systems 公司专利前 10 位 IPC 分类号及其含义

IPC 分类号	含　　义
B29C67	不包含在 B29C39/00 ~ B29C65/00，B29C70/00 或 B29C73/00 组中的成形技术
B29C35	加热、冷却或凝固，如交联或硫化；所用的设备
B29C41	涂覆模型、型芯或其他基底成形，即用沉积材料和剥离成形制品的方法；所用的设备
C08J3	高分子物质的处理或配料的工艺过程
G06F17	特别适用于特定功能的数字计算设备、数据处理设备或数据处理方法
A61F5	骨骼或关节非外科处理的矫形方法或器具；护理器材
B29C64	增材加工
C08J9	高分子物质加工成多孔或蜂窝状制品或材料；它们的后处理
C08L77	由在主链中形成羧酸酰胺键合反应得到的聚酰胺的组合物；这些聚合物的衍生物的组合物
C08G69	由在高分子主链中形成羧酸酰胺键合反应得到的高分子化合物

图 4-18 所示为 3D Systems 公司主要技术分支申请趋势，表 4-9 为 3D Systems 公司专利前 10 位 IPC 分类号及其含义。B29C 即关于高分子材料的成形及后处理一直呈现连续申请的趋势；A61F 即关于医疗植入物及辅助器具的申请从 2008 年开始，2013 年和 2015 年是集中申请的两个年份；关于高分子材料的申请比较少。鉴于工艺和装置的对应关系，二者发展趋势基本一致，2001—2006 年申请量较多，2007—2012 年基本保持了平稳发展的趋势，2013 年申请量又开始回升；关于材料方面的申请并不存在连续性的特征，2015 年以前在个别年份会有申请，近几年来关于材料的申请才逐年增加；关于应用方面的专利申请在 2001—2007 年间很少，从 2008 年开始逐渐增长，2016 年以后又很少申请。其他方面的专利包括数据和模型处理、图像处理、控制数据传输、检测反馈等，这些方面的专利基本上处于平稳发展状态。

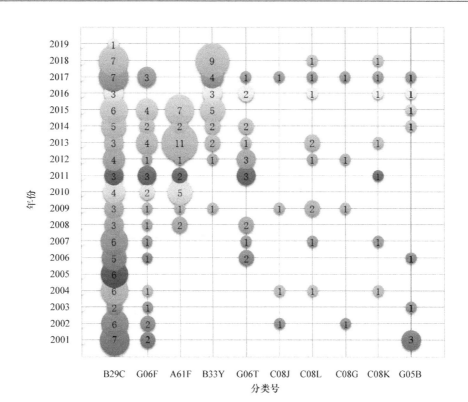

图 4-18　3D Systems 公司主要技术分支申请趋势

表 4-9　**3D Systems 公司专利前 10 位 IPC 分类号及其含义**

IPC 分类号	含　　义
B29C	塑料的成形或连接；塑性状态材料的成形，不包含在其他类目中的
G06F	电数字数据处理
A61F	可植入血管内的滤器，假体，为人体管状结构提供开口或防止其塌陷的装置
B33Y	附加制造，即三维（3D）物品制造
G06T	一般的图像数据处理或产生〔2006.01〕
C08J	加工，配料的一般工艺过程，不包括在 C08B、C08C、C08F、C08G 或 C08H 小类中的后处理（塑料的加工，如成形入 B29）
C08L	高分子化合物的组合物
C08G	用碳－碳不饱和键以外的反应得到的高分子化合物
C08K	使用无机物或非高分子有机物作为配料
G05B	一般的控制或调节系统，这种系统的功能单元，用于这种系统或单元的监视或测试装置

3. 发明人分析

3D Systems 公司 SLS 专利发明人专利申请分布如图 4-19 所示。发明量在 30 件以上的有 2 人，10～20 件有 5 人，5～10 件有 14 人，其余申请人均在 5 件以下，绝大多数申请人只有一两件申请量。作为一家国际化公司，其发明人分布在美国、瑞士、以色列、英国、比利时、德国、法国、荷兰。主要发明人均是在美国。

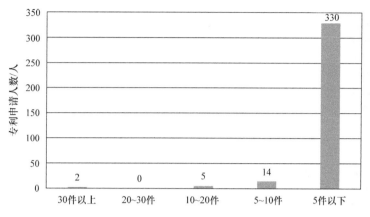

图 4-19　3D Systems 公司 SLS 专利发明人专利申请分布

图 4-20 所示为 3D Systems 公司前 10 位发明人的排名情况，发明人超过 350 人。Scott Summit 和 Kenneth. B. Trauner 为该公司的天才级发明人，处于研发第一梯队；Forderhase Paul. F、Mcalea Kevin. P、Partanen Jouni. P、Hull Charles. W 属于第二梯队；NG Hendra、Lee Biing Lin、Magistro Angelo Joseph、Raffaele Martinoni 等人为第三梯队。

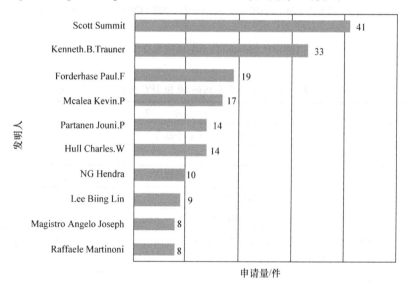

图 4-20　3D Systems 公司前 10 位发明人的排名情况

3D Systems 公司主要专利见表 4-10。

表 4-10　3D Systems 公司主要专利

公开（公告）号	保护内容	保护主体	当前法律状态
US20180290237	一种三维打印系统，包括粉末输送系统和控制器。粉末输送系统包括筒、粉末输送组件、真空源和惰性气体源	粉末输送系统	暂缺

（续）

公开（公告）号	保护内容	保护主体	当前法律状态
US20180236726	三维打印系统包括设备层、处理层和工作单元层。设备层定义用于接收给定生产作业的过程参数和数据管道参数的客户端接口，以及基于过程参数提供指令。处理层处理数据管道参数，并根据打印引擎平台输出一系列切片数据阵列。工作单元层包括工作单元服务器和多个功能单元。功能单元可以是打印引擎、后处理站、检查站或机器人传输机制。工作单元服务器将切片数据数组传输到一个或多个打印引擎。基于来自设备服务器层的指令，工作单元服务器顺序操作多功能单元以产生三维制造物品	打印系统	暂缺
US20180186074	该发明提供了用于在基于粉末的增材制造系统中使用空间光调制来控制粉末的温度的方法和设备。可以使用包括空间光调制器的辐射源来测量和选择性地控制粉末层温度。空间光调制器施加可见光辐射和/或 IR 辐射。除了控制粉末在图像平面中的预熔合温度之外，空间光调制器还可以施加辐射以熔合粉末	温度控制	暂缺
CN102325645B	该发明提供了一种粉末组合物、制品以及由这种粉末组合物形成制品的方法。在一个实施方式中，粉末组合物包含至少一种聚酯聚合物粉末和一定量的增强颗粒，增强颗粒具有优选至少 5∶1 的长径比。在另一实施方式中，粉末组合物包含至少一种聚酯聚合物粉末，该聚酯聚合物粉末具有中－高熔融温度、是芳香族的并且是半结晶的。在一个优选的实施方式中，粉末组合物能够经由激光烧结工艺形成在高温环境下具有一个或多个所需机械性质的三维制品	粉末及其制备方法	授权
US20180144516	该发明提供了可视化、模拟、修改和/或 3D 打印对象的方法和系统。该系统是一个端到端的系统，可以作为输入三维对象，并允许不同级别的用户干预，以产生预期的结果	图像数据处理	暂缺
US20160279874	该发明公开了一种对通过激光烧结工艺制备的制品的组合物进行渗透的方法。渗透过程保持了制品的尺寸和柔韧性，增加了制品的强度，改善了制品的物理和美学性能	后处理	暂缺
US9833953B2	该发明描述了一种 3D 打印方法，在与打印基板接触的至少一个表面上具有减小翘曲的可能。例如，在一些实施例中，3D 打印对象的方法包括沉积构建材料以形成 3D 打印对象的第一层，以及以预定模式沉积构建材料以形成与 3D 打印对象接触的第一层。沉积构建材料以形成第一层	减小变形方法	暂缺
US20130096708	该发明提供了用于构造、用于三维结构的用户可定制图像的三维打印指令集的系统和方法。方法包括：接收用于定制三维结构的图像的用户输入；控制电路，构造用于三维结构的定制图像的指令集；控制电路，将指令集呈现为可由三维打印机使用的可打印文件	图像数据处理及控制方式	暂缺
US9734629B2	该发明提供了一种用于向用户图形显示的预览压花网格的系统的创建方法。系统包括图形用户界面装置和计算机，计算机包括图形处理单元（GPU）和中央处理单元（CPU）。与计算机一起使用的存储器被配置为确定 3D 体积掩模，确定对应于 3D 体积掩模的距离图，以及渲染偏移几何形状。GPU 用于计算 3D 体积掩模内的距离图。距离图和 3D 体积掩模可由着色器访问，以提供用于图形显示的预览压花网格	图形交互	暂缺

（续）

公开（公告）号	保护内容	保护主体	当前法律状态
US20130150762	支撑件具有多个沿支撑件的长度平行延伸的细长梁。相邻的梁连接到支柱上，支柱以交错的方式围绕支撑的圆周延伸，并将梁保持在支撑周围的适当位置。梁和柱限定多个细长开孔。梁和窗的构造允许支撑在压缩和弯曲方面具有足够强度，并且还提供弹性径向膨胀	支撑件制作方法	暂缺
US9034237B2	该发明提供了制造三维物体的固体成像方法和装置。提供了一种具有膜底的托盘，以容纳被选择性地固化成正在构建的三维对象的横截面的固体成像材料。涂布机杆在膜上来回移动以从先前层去除任何未固化的固体成像材料并施加固体成像材料的新层。提供传感器以测量托盘中的树脂量，以确定要从盒中为下一层添加的固体成像材料的适当量。当打开固体成像设备的外部门以建立或移除三维物体时，覆盖托盘的梭也可用于移动涂布机杆并选择性地打开盒上的一个或多个阀以分配所需量的固体成像材料	成像装置和托盘	有效
US20140265045A1	该发明提供了改进的激光烧结系统，其增加粉末密度并减少烧结的粉末层的异常，其测量构建室中的激光功率以用于构建过程期间的自动校准，其通过斜槽将粉末沉积到构建室中以最小化灰尘，并且其用再循环的洗涤空气擦洗空气并冷却辐射加热器。这些改进使得激光烧结系统能够制造具有更高且更一致的质量、精度和强度的部件，同时使得激光烧结系统的用户能够重复使用更大比例的先前使用但未烧结的粉末	铺粉装置	暂缺
US8417487B2	整流罩可以安装在假肢上或支架上，以改变假肢或支架的外观。假肢的外表面可以是完整肢体的镜像，并且支架的外表面可以具有对应于受伤肢体的外表面。因为整流罩紧密配合在假肢或支架周围，整流罩的内表面具有与完整肢体的镜像或受伤肢体的外表面相对应的表面	支架	暂缺
JP2006248231A	要解决的问题：消除粉末的磨损和不确定的混合物。解决方案：制造三维制品的装置包括：一种装置，在该装置中，每一层都要制造一个三维物体，并有一个与之相对的第一面和第二面；一个粉末进料斗，设置在腔室的第一面，以使一定数量的粉末沉积到腔室中；一种涂覆器，其被布置成邻接进料斗以将一定量的粉末撒布到一个室中；一种接收装置，其被布置成邻接至少一个室侧以接收撒布器所馈送的溢出粉末；一个气动输送装置，其具有与接收装置的流量通信，以便将溢出的粉末返回到粉末进料斗	粉末涂覆和回收装置	有效
US6936212B1	该发明公开了一种以分层方式形成三维物体的方法。物体以这样的方式形成，即当形成物体的建筑材料固化和收缩时，物体基本上防止在所述分层建筑过程中发生不均匀变形。所形成的物体包括由壳体结构和位于物体内部体积内的内部网格结构限定的外表面。物体可以由各种材料通过任何选择性沉积造型设备形成	成形工艺	暂缺
US6678571B1	该发明公开了一种改进的切片技术，该技术通过识别STL数据中的中间三角形顶点并使切片层穿过每个中间顶点以创建具有更平滑轮廓的最终构建对象或部分，来使用微切片或中间切片，与使用现有切片方法获得的零件相比，具有更高的精度和改进的表面外观	切片方法	暂缺

（续）

公开（公告）号	保护内容	保护主体	当前法律状态
US6646728B1	该发明总体上涉及校准固体自由形状制造设备中的聚焦能量束，尤其涉及测量光束的传播特性以产生光束传播数据的方法。光束传播数据可用于验证光束在容差内操作，和/或产生可用于进一步校准光束的响应。该发明特别适用于确定光束中的不对称条件。光束传播数据是根据用于表征光束的 M2 标准产生的。在一个实施例中，响应指示光束不可接受地用于设备中。在一个实施例中，提供响应以校准光束的焦点位置；在另一个实施例中，提供对消除不对称条件的可调光束的响应	激光校准	暂缺
WO9630195A1	该发明公开了一种特别适用于选择性激光烧结的复合粉末。复合粉末包括与增强粉末干燥混合的聚合物粉末，其中聚合物粉末的熔化温度大大低于增强粉末的熔化温度。在将要形成接近完全致密部分的情况下，第一组分粉末优选为半结晶粉末，如尼龙 11，其成分适于在选择性激光烧结中未混合时形成接近完全致密部分；如果需要多孔部分，则聚合物粉末为非晶粉末，如聚碳酸酯、聚苯乙烯、丙烯酸酯和苯乙烯/丙烯酸酯共聚物。增强粉末优选为玻璃微球，优选涂覆以在进行选择性激光烧结时增强与聚合物粉末的润湿性和附着力	粉末	部分专利在指定国家失效
US6153312A	该发明公开了一种制备模压耐火制品的方法，其包括以下步骤：提供包括模压图案的模具、定义模腔的模具和模压图案；用包含耐火颗粒和热散性黏结剂的混合物填充模压图案周围的模腔；插入多个将相对高熔点的材料放入混合物中，以置换一部分混合物；固化混合物；将模具和成形模式从固化混合物中分离；烧结固化混合物和混合物置换元件的组合，以提供增强型耐火制品。混合置换元件优选地包括多个平行工具钢棒。该发明还公开了一种用于成形上述增强耐火制品的装置	装置和方法	授权后放弃

4.7.3　华曙高科选择性激光烧结技术专利分析

1. 公司介绍

华曙高科成立于 2009 年，位于湖南省长沙市国家高新技术产业开发区，拥有现代化的 3D 打印产业园、研发生产基地和生产车间，现有员工超过 280 人，是工信部颁布的 3D 打印智能制造试点示范项目企业。华曙高科公司已逐步建成集 3D 打印设备研发制造、3D 打印材料研发生产以及客户服务支持为一体的产业链格局。华曙高科自主研发了尼龙 3D 打印设备、开源金属 3D 打印设备、连续增材制造解决方案（continuous additive manufacturing solution，简称 CAMS），目前达到 1000mm 打印幅面的高温尼龙 3D 打印设备。华曙高科产品主要分为尼龙 3D 打印和金属 3D 打印及粉末原材料三大业务。

2. 专利申请趋势

截至 2020 年 1 月，华曙高科共拥有 SLS 相关专利 150 个，经申请号合并得 138 件，经简单同族合并得 138 个专利族。其中申请发明专利占 75%，实用新型占比 16%。华曙高科 SLS 专利申请趋势如图 4-21 所示，华曙高科 2009—2012 年都处于一个技术导入期，2013 年之后经过长时间的研发，产生大量成果，专利申请量急速上升，2018 年申请量达到 60 件。

2018—2020 年由于大部分发明申请尚在审查中，申请量数据下降不具参考意义。

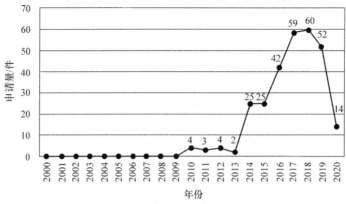

图 4-21　华曙高科 SLS 专利申请趋势

3. 专利技术构成

华曙高科专利及专利申请涉及装备机构、材料配方、工艺方法等多个技术课题，涵盖主体机械结构、设备外观、扫描方法、铺粉方式及控制、系统原理创新、过程控制、热学设计与控制、尼龙粉末材料及其制备方法等近 20 个领域，覆盖了 SLS 技术的主要方面。图 4-22 所示为华曙高科技术构成，40% 的专利集中在材料及其制备方面，33% 集中在装置，25% 的专利涉及工艺和过程，应用方面专利仅占 2%。

华曙高科前 10 位 IPC 分类号排列如图 4-23 所示。涉及 SLS 工艺和装置的占 65%，涉及材料制备的占 26%，其他占比 9.00%。图 4-24 所示为华曙高科主要技术分支申请趋势。华曙高科在专利申请方面呈现比较突出的特点，即先开始材

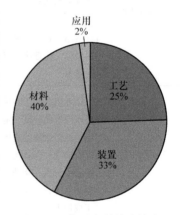

图 4-22　华曙高科技术构成

料的申请，然后随着技术的积累，关于设备和工艺的申请大幅增加。从 2015 年开始，关于工艺、装置、材料三个主要技术分支的申请数量都开始迅速增加，2017 年以后关于材料的申请开始下降，这一现象主要是因为经过多年在材料方面的持续研发，已经取得相当数量的专利，实现材料的稳定发展，所以减小了在材料方面的投入；关于装置和工艺的申请近些年来持续进行，根据其设备推出的时间点也可以判断，随着设备的推出，其专利也在随之申请。

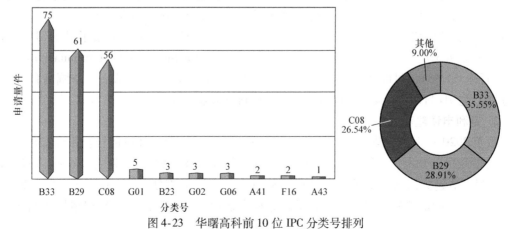

图 4-23　华曙高科前 10 位 IPC 分类号排列

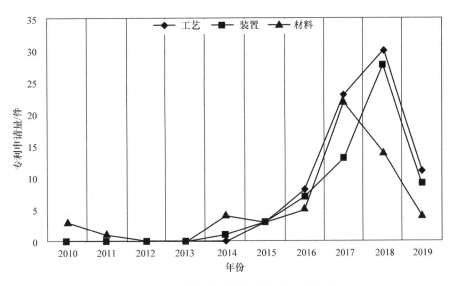

图 4-24　华曙高科主要技术分支申请趋势

图 4-25 所示为华曙高科 SLS 技术专利类型及法律状态。华曙高科公司除有 2 件专利在世界知识产权组织申请外，其余均在中国申请，可见其主要市场依然在国内，这与绝大多数中国 3D 打印企业一样，尚未开始国际化布局。从其专利类型来看，75% 的专利为发明申请专利，16% 为实用新型专利，9% 为外观设计专利。从专利当前法律状态来看，51.45% 的专利正处于实质审查当中，42.75% 的专利已获授权，驳回和撤回专利 5% 左右。

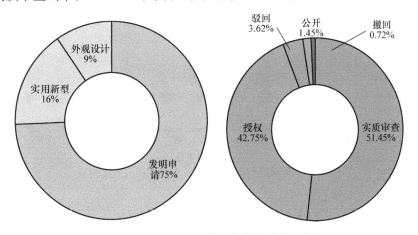

图 4-25　华曙高科 SLS 技术专利类型及法律状态

4. 发明人分析

华曙高科公司现有员工超过 280 人，其中研发人员超过 40%，共有发明人 84 位，发明人数量占研发人员 75% 左右，其中发明数量在 20 件以上的共有 5 人，10 ~ 20 件的共有 12 人，5 ~ 10 件的有 14 人，5 件以下 53 人。图 4-26 所示为华曙高科前 10 位发明人排名。

图 4-27 所示为华曙高科前 10 位 SLS 专利发明人技术构成。许小曙在前 10 个技术分支中都有涉及，申请重点在高分子材料的制备和烧结工艺方面；文杰斌、陈礼、谭锐、罗秋帆、袁博、杨云龙主要涉及高分子材料的制备；周智阳、刘鑫炎、陈虎清主要关注 SLS 相关

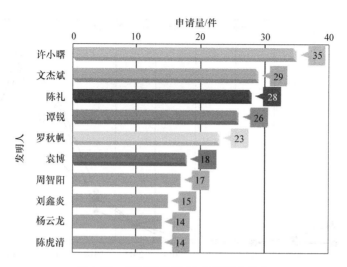

图 4-26　华曙高科前 10 位发明人排名

设备和装置的研发。

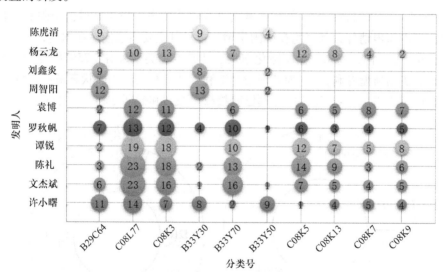

图 4-27　华曙高科前 10 位 SLS 专利发明人技术构成

华曙高科 SLS 技术核心专利见表 4-11。

表 4-11　华曙高科 SLS 技术核心专利

序号	公开（公告）号	保 护 内 容	保护主体	当前法律状态
1	CN110524883A	一种基于双激光器的扫描路径规划方法、装置以及三维物体制造设备，其中方法包括：工作包的当前层截面中至多有一个待打印工件由两个激光器进行扫描，工作包的当前层截面中的其他待打印工件都只由一个激光器进行扫描，而且由两个激光器进行扫描的待打印工件中属于轮廓，上表面填充和下表面填充的区域均采用同一个激光器进行扫描。该发明的基于双激光器的扫描路径规划方法、装置以及三维物体制造设备，通过预估当前层截面的扫描时间，合理分配每个激光器的扫描时间，减少了激光器闲置等待时间，即在保证扫描质量的前提下，尽可能减少激光器扫描等待时间	扫描策略	公开

（续）

序号	公开 (公告)号	保 护 内 容	保护主体	当前法律状态
2	CN110497618A	一种用于三维打印的光路系统及三维打印设备，其中光路系统包括光源模块、至少两个具有不同分光率的分光镜、至少两个全透射镜和一全反射镜，至少两个分光镜和一个全反射镜组成分光模块，分光模块中包含的所有镜片彼此平行设置，且所有镜片的正中心在第一直线上，全透射镜位于对应分光镜中反射激光的所属区域，且与对应分光镜的中心在一直线上，以使光源模块发射的激光依次经过分光模块、全透射镜分成为若干束相同分光束，以分别对烧结平面中所有镜片对应的区域进行扫描烧结。该发明巧妙设计分光模块中包含的分光镜和全反射镜，以及全透射镜的结构和布局，使得其可将光源模块发射的激光分成若干相同的光束，以确保多个待打印制件的高度一致性	光路系统	公开
3	CN209580486U	一种快速制造三维物体的设备，包括送粉装置、扫描装置、成形装置以及铺粉器，送粉装置包括多个并行设置的送粉槽，铺粉器设于送粉装置下方并与送粉装置一起运动，成形装置包括多个并行设置且与送粉槽对应的成形缸体，且当送粉装置移动送粉时，铺粉器将送粉槽的粉末铺送到对应的成形缸体上，以使粉末在扫描装置的选择性扫描下成形。本实用新型的快速制造三维物体的设备可同时独立地烧结不同材料或不同颜色的粉末，且各成形缸体的烧结温度等参数可以根据粉末的不同而自由调节，即相互独立而不受影响，而且，本实用新型还大大提高了设备的工作效率	送粉装置	授权
4	CN110358265A	一种用于选择性激光烧结的高熔点树脂粉末材料制备方法，其特征在于，包括如下步骤：将部分高熔点树脂粉末、表面经有机化处理的粉末流动助剂按照 $600 \sim 1800 r/min$ 的搅拌速度进行高速混合，生成高熔点树脂粉末预分散物，再将高熔点树脂粉末预分散物、粉末抗氧剂、经表面处理的无机填料和余下的高熔点树脂粉末混合搅拌均匀；过筛、筛选制得粒径范围为 $30 \sim 100\mu m$ 的用于选择性激光烧结的高熔点树脂粉末材料，其中各组分及质量分数比为：高熔点树脂粉末 $35\% \sim 99.8\%$，无机填料 $0\% \sim 60\%$，粉末流动助剂 $0.1\% \sim 2\%$，粉末抗氧剂 $0.1\% \sim 1\%$。该发明的高熔点树脂粉末材料在高温条件下具有优异的流动性，采用该粉末通过选择性激光烧结技术制备的零件具有良好的力学性能，特别适用于零件试制、小批量制造	树脂粉末制备方法	实质审查
5	CN110103472A	一种用于多区加热装置的校准方法、装置以及三维物体制造设备，其中，校准方法包括：获取基准点和若干检测点的温度，并将若干检测点温度与基准点温度进行比较，将温度高于基准点的检测点记作高温度检测点，温度低于基准点的检测点记作低温度检测点；将高温度检测点对应的加热管的输出功率降低，再提高所有检测点对应的加热管的输出功率；或者将低温度检测点对应的加热管的输出功率提高，再降低所有检测点对应的加热管的输出功率；获取工作区域中的基准点和若干检测点的温度，当所有检测点的温度与基准点的温度的差值在允许范围内时，校准完成。该发明可自动调节加热管输出功率，以保证每一次成形过程中工作区域各点温度的一致	校准方法、装置	实质审查

（续）

序号	公开（公告）号	保护内容	保护主体	当前法律状态
6	CN209208087U	本实用新型提供了一种光斑大小可调的三维打印设备，包括：光源，用于产生光束；光路系统，通过光路系统形成聚焦光，聚焦光聚焦在工作腔体的烧结区域，以实现烧结区域涂覆材料的选择性固化；工作腔体，底部设有活塞板和驱动机构，驱动机构通过与活塞板连接，控制工作腔体的上升或下降，用于改变聚焦光聚焦在烧结区域的光斑大小；校准装置，用于对上升或下降后的聚焦光光斑中心的 x、y 坐标值进行补偿。本实用新型通过提升或下降活塞板，让光斑处于离焦状态，并辅以一定的校准，能很简单地在打印过程中实现光斑大小的调节，大小光斑的变换烧结，既提高了打印速度，又提高了打印精度	光源系统	授权
7	CN109900707A	一种铺粉质量检测方法、设备以及可读存储介质，通过将当前图层图像中的像素按阵列式排列；从当前层图像的一侧依次逐行和/或逐列按照预设方向对像素点进行处理得到一张或两张中间图像，中间图像包含所有正常像素和异常像素；对中间图像进行腐蚀处理以去除噪声和待打印工件的正常烧结边缘后得到结果图像；统计结果图像中异常像素形成的至少一个区域的面积，并选取面积最大的区域的面积值作为结果值；根据结果值判断铺粉质量，使得该发明解决了现有技术中，对于每一层的变化增量较小，累积而来的较大质量问题无法采用之前方法检测出质量问题，从而导致粉面质量检测误判的技术问题，因此，该发明检测更准确，检测方法更简单	铺粉质量检测方法、设备以及可读存储介质	实质审查
8	CN109795109A	该发明提供一种增材制造方法，包括以下步骤：采用一种可拆卸、表面设有孔槽的基板，在基板上铺好一层熔体流动性优异的高分子聚合物粉末材料；通惰性气体，将设备腔体内氧气质量分数降至 0.5% 以下，加热高分子聚合物粉末材料至完全熔化为熔体，待熔体在基板的表面自然流平后停止加热，熔体冷却凝固成固体后，形成一层基板调平层，以完成对基板的校准、调平，载入 stl 文件，烧结完成后取走工件，去除基板调平层。该发明通过采用熔体流动性优异的材料在表面有孔槽的基板上生成一层流平层，无需复杂的基板校准、调平工艺，同时基板上的孔槽增强了基板与流平层的附着力	成形工艺，新型基板	实质审查
9	CN109535708A	该发明提供了一种高分子粉末混合材料的制备方法，包括以下步骤：将高分子粉末材料的新粉和其烧结后的高分子粉末材料的余粉按照（50% ~ 100%）：（0 ~ 50%）的质量百分比加入混粉桶，采用高温慢速搅拌的工艺，消除高分子粉末之间的静电，再采用高速搅拌工艺后筛分，制得一种高分子粉末混合材料。该发明的高分子粉末混合材料的流动性好，粉末松装密度高，烧结制件不产生橘皮，表面质量好，高分子粉末材料的余粉具有高循环利用性，大大降低了成本，对环境具有友好性	高分子粉末混合材料及其制备方法	实质审查
10	CN109517376A	该发明提供了一种用于选择性激光烧结的尼龙粉末材料制备方法，包括如下步骤：将尼龙原料、封端剂、去离子水和抗氧化剂加入到聚合釜中发生聚合反应，再经水冷拉条出料、切粒，得到尼龙粒料；将尼龙粒料和溶剂混合搅拌，采用溶剂法制粉，并通过离心过滤、干燥、筛分制得尼龙粉末；将尼龙粉末、流动助剂和封端剂混合，经过搅拌步骤后筛分，制得尼龙新粉；将尼龙新粉和其烧结后产生的尼龙余粉按照（50% ~ 100%）：（0 ~ 50%）的质量百分比加入混粉桶中，采用高速搅拌工艺后筛分，得到一种用于选择性激光烧结的尼龙粉末材料。该发明的尼龙粉末流动性好，粉末松装密度高，烧结制件不产生橘皮，表面质量好，余粉具有高循环利用性	尼龙粉末材料制备方法	实质审查

序号	公开 （公告）号	保护内容	保护主体	当前法律状态
11	CN208359477U	本实用新型涉及一种双向铺粉装置、供粉铺粉装置及增材制造设备，该双向铺粉装置包括铺粉机构。驱动机构和调节机构，铺粉机构包括供粉件、刮刀座和刮刀；供粉件设于刮刀座上，刮刀固定于刮刀座的底部；供粉件上开设有正向供粉槽及反向供粉槽，刮刀座上开设有正向落粉孔及反向落粉孔；驱动机构可驱动铺粉机构沿铺粉路线于正向落粉位置和反向落粉位置之间往复；在调节机构作用下刮刀座和供粉件之间可产生相对运动实现正向导通状态和反向导通状态之间的切换。该双向铺粉装置在刮刀总成带动供粉板沿工作台长度方向往返时可实现两次落粉和铺粉动作，铺粉效率高，结构简单，且设备投入成本低	双向铺粉装置、供粉铺粉装置	授权
12	CN109130192A	本申请涉及一种3D打印供粉量确定方法、装置、计算机设备和存储介质。具体方法包括：按照铺粉的垂直方向，对打印层的扫描区域进行划分；基于划分结果得到各划分线与扫描区域的交线总长；根据交线总长和成形区域的第一铺粉长度，确定第一供粉量的第一权重和第二供粉量的第二权重，第一供粉量为零扫描区域时的供粉量，第二供粉量为全扫描区域时的供粉量；根据第一供粉量、第二供粉量、第一权重和第二权重，得到打印层的供粉量。通过对扫描区域划分，根据各划分线与扫描区域交线总长，确定第一权重和第二权重，基于扫描区域所占权重得到打印层的供粉量，在确保整个烧结平面被粉末铺满的前提下，减少溢粉量，从而提高粉末的利用率	粉末计量方式及装置	实质审查
13	CN208305813U	本实用新型涉及一种增材制造设备，包括成形装置及铺粉装置。成形装置包括成形腔体和设于成形腔体内的成形基板及用于扫描烧结的多个激光头，成形基板为矩形，成形基板沿长度方向的尺寸大于沿宽度方向的尺寸，多个激光头设于成形基板的上方且沿成形基板的长度方向间隔分布于同一高度。铺粉装置设于成形腔体内且包括刮刀组件与导轨组件；刮刀组件与导轨组件连接且能够相对导轨组件沿成形基板的宽度方向滑动。该增材制造设备可一边继续进行铺粉，一边采用多个激光头同时对成形基板上完成铺粉的铺粉区进行扫描烧结，如此实现了扫描烧结和铺粉同时进行，相比原先的增材制造设备，提高了成形效率	多激光头装置及成形工艺	授权
14	CN108790180A	本申请涉及一种多振镜扫描控制方法、装置、计算机设备和存储介质，根据预设分区规则对当前烧结平面进行分区，得到多个待扫描区域；沿扫描方向将多个待扫描区域划分至不同的扫描时间段，其中，同一扫描时间段内的待扫描区域沿风场方向不重叠，扫描方向与风场方向垂直；控制激光扫描器分别对不同扫描时间段内的待扫描区域进行扫描。通过沿扫描方向对多个待扫描区域划分至不同的扫描时间段，划分原则为同一扫描时间段内的待扫描区域沿风场方向不重叠，控制激光扫描器分别对不同扫描时间段内的待扫描区域进行扫描，避免在激光扫描时产生的烟尘经过激光开启路径，最大限度地保证激光能量及烧结质量，不影响激光扫描效果	多振镜扫描控制方法、装置	实质审查
15	CN108648220A	一种三维打印扫描方法、可读存储介质及三维打印扫描控制设备。其中方法包括：将当前层待扫描截面实际轮廓的边界向内缩进第一预设距离形成虚拟轮廓，虚拟轮廓与实际轮廓形状相同；将实际轮廓与虚拟轮廓之间的区域形成第一扫描区域，虚拟轮廓内区域形成第二扫描区域；分别对第一、第二扫描区域进行扫描，第一扫描区域的扫描方式为：获取实际轮廓的边界上的所有点分别对应的法线，或点所在的直线对应的垂直线，并以实际轮廓的边界上的每一点分别对应的法线，或点所在的直线对应的垂直线为扫描线对第一扫描区域进行扫描。该发明的第一扫描区域采用上述扫描方式保证了该发明截面轮廓切线方向与填充方向夹角呈较大角度，从而提高了工件侧面的成形质量	扫描策略及装置	实质审查

（续）

序号	公开 （公告）号	保护内容	保护主体	当前法律状态
16	CN108437455A	该发明涉及一种用于增材制造的多激光扫描方法，根据多激光扫描系统中各激光扫描头的位置关系，对三维模型切片后获得的各离散层进行对应的扫描区域划分，每层离散层的相邻扫描区域之间形成供对应的相邻激光扫描头共同扫描的扫描拼接线，扫描拼接线为非直线；至少一层离散层中的部分扫描拼接线在相邻离散层上的投影与该相邻离散层上对应的扫描拼接线不重合。该发明可显著减少因烧结能量集中带来的明显拼接痕迹和性能下降，从而提高多激光烧结成形工件表面质量和各项性能	多激光扫描方法	实质审查
17	CN104530472A	一种激光烧结用尼龙余粉的回收方法，其特征在于将尼龙余粉溶于溶剂，加入尼龙余粉质量分数为10%～30%的去离子水，加热至160～170℃，保温80～100min；体系以0.8～1.2℃/min的降温速度降温至80～85℃；体系降温至常温，过滤，离心，干燥得到回收粉末材料。通过该方法处理后的余粉，在粒径分布和表面形貌上接近或达到新粉的烧结水平，从而解决余粉的重复利用问题，降低生产成本，提高资源利用率	尼龙余粉的回收方法	授权
18	CN105797941A	一种增材制造尼龙制件的后处理方法，包括以下步骤：表面喷砂，采用喷料对制件表面进行喷砂处理；打磨，用砂纸对制件表面进行打磨；喷涂原子灰混合液，将透明原子灰、稀释剂、清漆和固化剂按照1:（0.4～0.5）:（0.2～0.3）:（0.1～0.15）的质量比例混合制得透明的原子灰混合液，并将制得的原子灰混合液对制件表面进行喷涂；打磨，待制件实干后，用砂纸打磨制件表面，该发明的增材制造尼龙制件的后处理方法不仅实现了制件表面高光洁度的要求，而且也保持了制件原色的需求；另外，相比于原先刮涂原子灰工艺，该发明采用喷涂透明原子灰混合液效率高，喷涂效果好，且相对于现有技术采用喷涂树脂，原子灰混合液的填补效果更好	制件的后处理方法	驳回

4.8　选择性激光烧结专利典型案例

案例1：用于制造三维物体，特别是激光烧结机的装置（US6554600B1）。

该专利是德国EOS公司2000年申请的发明专利，该专利拥有11个同族专利，并先后被引用339次。专利附图如图4-28所示。该专利公开了一种用于通过可固化材料的连续逐层固化来生产三维部件的设备，可固化材料在对应于部件的横截面的位置处固化。设备具有机壳和设置在机壳中的建筑空间。可互换的容器形成建筑空间内的材料的限定框架。容器具有工件平台。工件平台在设备运行期间支撑在支撑装置上。优选地，可互换容器具有后侧壁，后侧壁具有竖直延伸的凹槽，并且支撑装置通过凹槽接合工件平台。

案例2：激光烧结可熔粉体的控制致密化（US7569174B2）。

该专利是3D Systems公司2004年申请的发明专利，该专利先后被引用22次，于2009年获得发明授权。专利附图如图4-29所示。该专利公开了一种使用激光烧结生产部件的方法，其中可熔粉末在受控的能量水平下暴露于多个激光扫描下并持续一段时间以熔化和致密粉末，并且是在基本上不存在熔合边界外的颗粒结合的情况下。与以前的方法相比，强度提高了100%。一个示例包括相对高能量的初始扫描以熔化粉末，随后是较低能量的扫描以控制致密化熔体，并及时分离以向周围的部分饼散热。可以控制粉末颗粒熔合在一起的速度和程度，使得可以使用每次连续扫描以谨慎的增量步骤将颗粒熔合在一起。结果，与传统方法相比，可以提高零件的最终尺寸、密度和力学性能，并且避免零件生长。

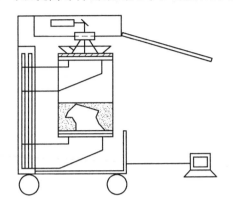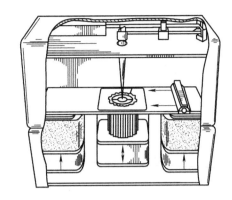

图 4-28　专利附图（来源：US6554600B1）　　　图 4-29　专利附图（来源：US7569174B2）

参 考 文 献

［1］TAGLIAFERRI V, TROVALUSCI F, GUARINO S, et al. Environmental and economic analysis of FDM, SLS and MJF additive manufacturing technologies ［J］. Materials, 2019, 12（24）：41 – 61.

［2］SCHMID M, AMADO A, WEGENER K. Polymer powders for selective laser sintering（SLS）［C］// PROCEEDINGS OF PPS – 30：The 30th International Conference of the Polymer Processing Society – Conference Papers. AIP Publishing LLC, 2015.

［3］BALASUBRAMANIAN N, HU Z H, XU S, et al. Development of micro selective laser melting：the state of the art and future perspectives ［J］. Engineering, 2019, 5（4）：702 – 720.

［4］史玉升，闫春泽，魏青松，等. 选择性激光烧结 3D 打印用高分子复合材料 ［J］. 中国科学：信息科学，2015, 45（2）：204 – 211.

［5］李双江，李基，肖横洋. 选择性激光烧结（SLS）专利技术综述 ［J］. 中国科技信息，2018（11）：46 – 47.

第 5 章　选择性激光熔化技术专利分析

5.1　选择性激光熔化技术原理

选择性激光熔化（selective laser melting，SLM）技术是在选择性激光烧结技术（selective laser sintering，SLS）基础上发展起来的，选择性激光熔化技术以粉末为成形材料，具有适用材料种类广泛、工艺流程简单、成形效率高、材料利用率高、可制造任意复杂形状零件等优点。选择性激光熔化技术以高能量激光束为载能束，按照预定的扫描路径，扫描预先铺覆好的金属粉末，并将其完全熔化，再经冷却凝固后成形的一种技术。SLM 成形技术原理如图 5-1 所示。

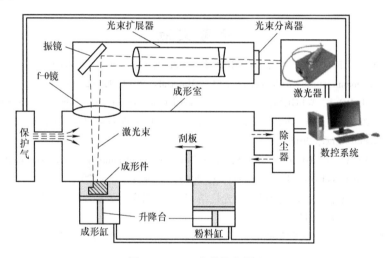

图 5-1　SLM 成形技术原理

选择性激光熔化技术具有以下特点：

1）原材料选择范围广泛，可以根据所需零件性能选择纯金属粉末或合金粉末，主要包括不锈钢、镍基高温合金、钛合金、钴铬合金、高强铝合金、贵重金属等。

2）激光器采用光纤激光器，发射的激光光束能量密度高，可迅速熔化金属粉末，聚集光斑可达微米级别，成形件表面稍经打磨、喷砂等简单后处理即可达到使用精度要求。

3）复杂精细结构零件直接制造，SLM 工艺不受零件几何形状复杂程度的约束与限制，能够突破空心、多孔、网格、薄壁、异形内流道等结构一体化成形的技术瓶颈，将从根本上改变产品的设计思路，使产品的设计从跟踪型、经验型和制造优先型发展到创新型、数学最优化型和功能优先型，可以通过结构的拓扑优化设计，极大地提升其性能，实现产品结构轻量化、复杂化和低成本化。

4）应用范围广泛，包括不限于机械领域的金属工具、模具及微器件，生物医疗领域的生物植入零件或替代零件，电子领域的散热器件，航空航天领域的超轻结构件、梯度复合材料零件等。

5.2　选择性激光熔化技术发展概况

5.2.1　国外选择性激光熔化技术发展概况

1995 年，德国 Fraunhofer 激光器研究所（institute for laser technology，ILT）最早提出了选择性激光熔化技术，用它直接成形出接近完全致密度的金属零件。自 1999 年德国 Fockele 和 Schwarze（F&S）开始研发选择性激光熔化技术，并于 2004 年发布了第一台商业化设备 MCP ReaLizer250。近些年选择性激光熔化设备得到了快速发展，其应用范围已拓展到航空航天、医疗、汽车、模具等领域。

目前国际上，SLM 设备供应商主要集中在德国、美国、英国、法国、日本、比利时等国家。其中，包括德国 EOS 公司、ReaLizer 公司、SLM Solutions 公司、Concept Laser 公司，美国 3D Systems 公司，英国 Renishaw PLC 公司和法国 Phenix Systems 公司等。上述厂家都开发出了不同型号的机型，包括不同的零件成形范围和针对不同领域的定制机型等，以适应市场的个性化需求。德国 EOS 公司是一家较早进行激光成形设备开发和生产的公司，其生产的 SLM 设备具有世界领先的技术，目前全球市场占有率最高。该公司开发了多款 SLM 产品，目前 EOS 市场销售主力机型 M290，2016 年发布了 M400 - 4 机，该机通过 4 个激光器和 400mm × 400mm × 400mm 的生成体积将生产率提升了近 4 倍。4 个 400W 激光器每个都有 250mm × 250mm 的构建区域（有 50mm 重叠），可同时制造 4 个部件。德国的 SLM Solution 开发的 SLM® 280HL 和 SLM® 500HL 是两款典型的金属成形设备，有别于 EOS 设备，采用上落粉结构，同时采用动态聚焦系统可实现两套光路系统，采用不同的扫描参数完成零件内部填充和轮廓扫描，提高了零件成形效率。英国 Renishaw 和美国 Concept Laser 公司分别推出了大型 SLM 成形设备，尤其是 Concept Laser 推出 2000R，成形尺寸可达到 800mm × 400mm × 500mm，是目前全球成形尺寸最大的 SLM 设备。Concept Laser 公司在 2016 年被通用电气公司（GE）以 5.99 亿美元的价格收购 75% 的股份，该公司设备囊括了 M1、M2、M3、Mlab、X - 1000R、Xline2000R。3D Systems 公司在 2008 年开始与 MTT 在北美合作销售 SLM 设备。此外，日本松浦机械（Matsuura）2010 年研发出选择性激光熔化复合机（SLM 成形 + 复合机加工）Avance - 25，在 SLM 成形过程中采用微切削方式提高表面光洁度。

5.2.2　国内选择性激光熔化技术发展概况

早期国内选择性激光熔化技术主要以高校研究团队及其孵化企业为主。2012 年后国内 50 余家高校和研究所进入该领域研究。国内研究重点集中在工艺、理论与设备的基础研究，对设备核心元器件的研发不足。近年来，国内 SLM 设备商发展迅速，西安铂力特、华曙高科、华科三维、江苏永年激光、广州雷佳增材都纷纷推出了商业化设备。

西安铂力特激光成形技术有限公司依托西北工业大学在军工国防领域的优势，通过代理和学习 EOS 设备，开发了系列 SLM 设备，快速在航空航天领域积累了竞争优势。开发的设备也在市场上得到了一定的应用，成为国内首个 3D 打印领域科创板上市的公司。南京中科煜宸激光有限公司和鑫精合等公司，从激光焊接和机床等传统领域转型升级，在 SLM 设备领域逐渐从单一的设备供应商，多元化发展成为设备销售、应用服务为一体的市场化公司。广东汉邦激光科技有限公司借助珠三角地区的产业和地域优势，开发了中小尺寸 SLM 设备，主攻民用市场，在齿科口腔领域设备占有率较高，主推的 SLM100 设备实现了量产，年销售达到 200 台。此外，国内激光企业如大族激光、金运激光等也逐步在金属 3D 打印领域发力。尽管国内 SLM 设备商数量众多，但与目前德国 EOS 公司、MCP 公司、Concept Laser 等国外成熟 SLM 设备制造商相比，国内 SLM 设备制造商设备在成形精度、过程控制、稳定性等方面都有很大的差距。相比国外成熟的设备机型，国内设备在成形精度和过程控制上尚有较大差距。

目前，国内外知名的增材制造设备供应商开发的 SLM 设备，基本都采用往复铺粉、逐层扫描的方式，设备技术原理类似，只是设备的成形尺寸等技术参数略有不同，设备的型号和规格也都比较固定。为了提高设备的成形效率，基本采用多激光拼接扫描方案，技术原理趋同。国家增材制造创新中心提出了自适应螺旋连续切片、环形循环连续铺粉、三头螺旋连续扫描的高效率粉末床激光成形方式，突破传统 SLM 设备逐层切片、实心粉缸全区域往复铺粉的技术壁垒，实现打印与铺粉过程同步进行，有望提高成形效率一倍以上。

5.3　选择性激光熔化技术专利申请趋势分析

5.3.1　专利检索策略

SLM 设备一般由光路单元、机械单元、控制单元、工艺软件和保护气密封单元等组成。光路单元主要包括光纤激光器、扩束镜、反射镜、扫描振镜和聚焦透镜等；机械单元主要包括铺粉装置、成形缸、粉料缸、成形室密封设备等；控制单元由计算机和多块控制卡组成，包括激光束扫描控制系统和设备成形控制系统；工艺软件主要有三类：切片软件、扫描路径生成软件和设备控制软件。为了更全面地检索 SLM 相关专利文献，以 SLM 设备各个主要功能部件为技术要素，归纳出表 5-1 选择性激光熔化技术分解。

利用 IncoPat 专利检索平台，根据选择性激光熔化技术分解表选取适当的关键词进行专利搜索。初步检索去噪后得到数据 7512 件，经申请号得 5475 件，经简单同族合并后得 3606 个专利族。

5.3.2　专利申请趋势分析

图 5-2 所示为全球 SLM 技术近 20 年的专利申请趋势，可以看出，其发展趋势呈现明显的三段式特征。

第一阶段为 2000—2005 年，处于技术平稳发展时期，共申请专利 254 件，年均申请量在 40 件左右。德国申请占 65%，近 35% 的专利为德国 EOS 公司申请，Concept Laser 公司申请量占 12%，两者申请总量接近总申请量的一半。美国申请量占总申请量的 14%，这一时期德国和美国为专利的主要申请国。因为 SLM 技术加工的速度和精度依赖于计算机离散运算能力及新材料的研发，2000 年以后，伴随计算机运算速度的大幅度提升，加之新材料研发的不断突破，促使 SLM 技术的研究也逐渐升温。

表 5-1　选择性激光熔化技术分解

要素	中文关键词	英文关键词
激光光路系统	选择性激光熔化、多激光、扫描策略、路径规划、变光斑、预热缓冷、激光拼接、大型设备	SLM, multi - laser, scanning strategy, path planning, variable spot, preheating slow cooling, laser stitching, large equipment
智能检测	激光功率检测、粉床检测、熔池监测、工艺过程检测	laser power detection, powder bed detection, weld pool monitoring, process inspection
铺粉系统	铺粉系统、上落粉、下送粉、粉末回收、落粉轴、分粉器、刮刀、铺粉结构、防尘	paving system, powder falling, powder feeding, powder recovery, powder shaft, powder separator, scraper, powder coating structure, dustproof
粉缸及成形腔	粉缸密封、基板预热、除烟除尘、气流均匀、基板调平、双向铺粉、成形腔均匀性	powder cylinder seal, substrate preheating, smoke removal and dust removal, uniform airflow, substrate leveling, two - way paving, forming cavity uniformity
主要申请人	EOS、SLM Solutions、Concept Laser、ReaLizer、3D Systems、Renishaw、Phenix Systems、Solidic OPM；西安铂力特、鑫精合、吴江中瑞、江苏永年激光、武汉华科三维、武汉滨湖机电、北京易加三维、北京隆源、湖南华曙高科、广东汉邦激光、广东信达雅三维、南京宇辰激光、珠海西通	

　　第二阶段为 2006—2012 年，这一时期的年均申请量较第一阶段翻倍，年均申请量接近 100 件，申请人数量大幅增长。经过前期的技术积累、软件及材料的发展，各主要厂商一系列设备的推出，新的技术也大量涌现，于是专利申请量迅速增加。

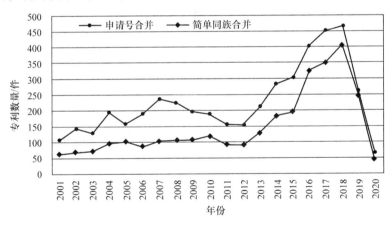

图 5-2　全球 SLM 技术近 20 年的专利申请趋势

　　第三阶段为 2013 年以后，SLM 技术相关专利进入快速发展阶段。中国 SLM 技术专利申请量从 2013 年开始进入指数增长模式，国内 3D 打印行业蓬勃发展，并且积极围绕 SLM 技术进行专利布局。2017 年的全球专利申请量已达到 871 件，由于专利申请的滞后性，部分专利数据尚未公开，2018 年和 2019 年全球的申请量达到 1000 件左右。

　　图 5-3 所示为 SLM 技术相关专利主要国家申请趋势，主要申请国家为中国、美国、德国、日本。国内 3D 打印领域选择性激光熔化成形技术较国外起步较晚，在技术发展初期即 2001—2012 年，选择性激光熔化成形技术分支专利申请数量增长缓慢。2013 年以后，中国

逐步在选择性激光熔化成形技术分支实现技术突破，并且年专利申请数量呈现井喷式快速增长趋势。

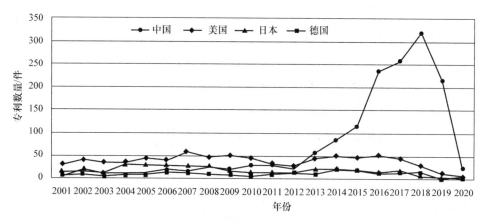

图 5-3　SLM 技术相关专利主要国家申请趋势

美国最先开始 SLM 专利的申请，而且基本上保持一个稳中有升的趋势，特别是在 2013 年之后又快速的增长；德国继美国之后很快以较高的申请量布局 SLM 相关专利，在 2001 年和 2006 年有过 2 次申请的高峰期，进入 2012 年之后也是呈现快速增长势头；日本在 2013 年以前在 SLM 相关领域的专利申请较少，2013 年之后申请量快速增加，由此可见，日本在近些年非常重视 SLM 相关技术的发展。

5.4　选择性激光熔化技术专利申请地域分析

SLM 相关专利的全球地域分布情况如图 5-4 所示。申请量最多的是中国，数量达到 1829 件，占据总专利的 41%，其次是美国，申请量为 627 件，占比 14%。结合中国申请趋势可知，中国的申请量如此之高毫无疑问是由近 5 年中国 SLM 专利申请井喷式发展造成的。美国和德国依次排名第二和第三，申请量虽远不及中国，但在专利质量及技术领先程度上还

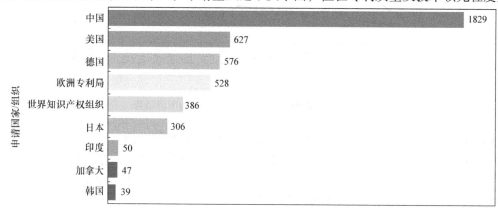

图 5-4　SLM 相关专利的全球地域分布情况

是优于中国的。欧洲专利局和世界知识产权组织的专利申请量排名第四和第五，也说明各国都非常注重依靠国际专利申请布局占据市场领先地位。

从专利公开类型来看，发明专利申请量占比 87%，实用新型占比 10%。总体来看，在选择性激光熔化成形技术分支发明类型的专利申请量远超过实用新型，说明该技术领域的发展前景广阔，技术还处于快速发展期，我们可以继续投入更多的人力、财力来进行该领域的研究。

中国的申请量虽然位居全球第一位，但主要是单边申请且集中在中国提交申请。综合中国首次申请提交的时间可知，中国是 SLM 技术中较新的参与者，在最近 7 年申请量有明显增长，基数也较大，但对于寻求其他国家保护的需求不明显，这与以本国市场为主，还没有进军他国市场有着密切关系。值得一提的是作为申请量排第六位的日本，其首次申请量虽位居第六位，且数量远小于排名第一位的中国，但其申请基本上都是多边申请，这与该国一向重视专利战略有着必然关系。

5.5 选择性激光熔化技术专利申请人分析

图 5-5 所示为全球 SLM 相关专利主要申请人排名，由图 5-5 可知，EOS 公司以 963 件专利排在第一位，Concept Laser 公司排在第二位，申请量为 804 件，二者以绝对优势领先于其余申请人，可见其专利之多、布局之广。SLM Solutions 和西安铂力特分别以 177 件和 148 件专利位居第三、四位，华南理工大学以 104 件排在第五位。西安增材制造国家研究院迄今为止申请了 12 件专利。前 10 位申请人中，中国申请人占据 6 位，可见中国近些年在该领域的巨大进步。

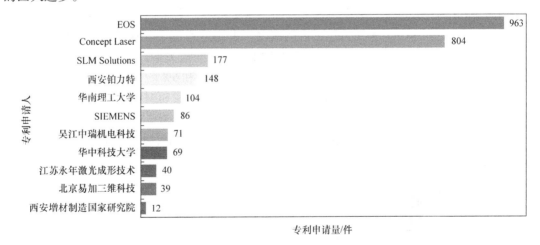

图 5-5 全球 SLM 相关专利主要申请人排名

图 5-6 所示为全球 SLM 相关专利主要申请人申请趋势，由图 5-6 可知，EOS 公司在 2007 年左右达到 SLM 相关专利申请高峰，2010—2013 年处于技术积累期，2014—2017 年 SLM 相关专利申请量保持在 50 件以上。Concept Laser 公司在 2011 年以前对技术领域内的专利布局较少，从 2012 年开始 SLM 技术专利申请呈现指数增长态势，已逐步超过同年份 EOS 公司专利申请数量。SLM Solutions 公司 SLM 技术专利申请量也是在 2012 年之后开始逐步增

加，但是增长趋势比 Concept Laser 缓慢。西安铂力特从 2015 年开始大量布局 SLM 相关专利，相比国外知名选择性激光熔化技术供应商起步较晚。

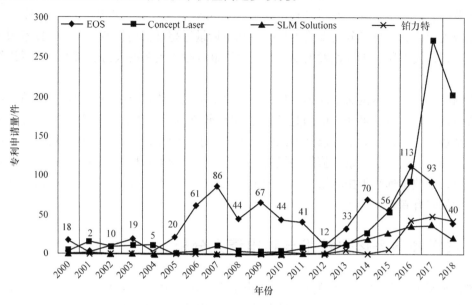

图 5-6　全球 SLM 相关专利主要申请人申请趋势

5.6　选择性激光熔化专利技术构成分析

选择性激光熔化技术专利申请技术分布如图 5-7 所示，全球 SLM 相关技术中，涉及装置的占比最多，达到 48%；关于方法工艺的次之，占比达到 38%。这是因为选择性激光熔化技术领域以装置或工艺为保护重点的专利之间普遍存在对应关系，所以二者专利申请量占比较为接近。材料和应用方面的专利数量较少，分别为 8% 和 6%。

全球 SLM 相关专利技术构成如图 5-8 所示，表 5-2 为全球 SLM 专利 IPC 分类号及其含义，在前 10 位技术分支中，分类号 B22F3 占比 34%，分类号 B33Y30 占比 17%，B33Y10 为 13%，B29C64 为 9%，总体占比接近 65%。综上所述，我们可以进一步看出，SLM 全球专利申请主要集中在金属零件的制造及其相关设备和附件方面。

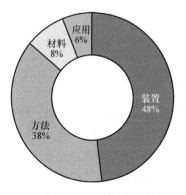

图 5-7　选择性激光熔化技术专利申请技术分布

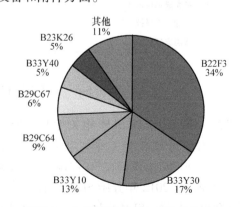

图 5-8　全球 SLM 相关专利技术构成

表 5-2　全球 SLM 专利 IPC 分类号及其含义

IPC 分类号	含义
B22F3	由金属粉末制造工件或制品，其特点为用压实或烧结的方法；所用的专用设备
B33Y30	附加制造设备及其零件或附件
B33Y10	附加制造的过程
B29C64	增材加工，即三维（3D）物体通过增材沉积、聚结或层压
B29C67	不包含在 B29C39/00 ~ B29C65/00，B29C70/00 或 B29C73/00 组中的成形技术
B33Y40	辅助操作或设备，如用于材料处理
B23K26	用激光束加工，如焊接、切割或打孔
B33Y50	附加制造的数据获得或数据处理
B33Y70	适用于附加制造的材料
B22F1	金属粉末的专门处理；金属粉末本身，如不同成分颗粒的混合物

全球 SLM 相关专利技术构成分布如图 5-9 所示。中国在前 10 位技术分支中均有专利申请，主要集中在 B22F3、B33Y30、B33Y10，主要涉及设备和工艺。美国专利技术构成与中国很接近，但是在 B23K26 分支方面申请最多，比中国多出 63 件。德国主要技术构成为 B22F3、B29C67、B23K26。日本的主要技术构成为 B22F3、B33Y30、B33Y10、B23K26。欧洲专利局的申请主要集中在 B22F3、B29C64。新材料开发及应用领域拓展是增材制造技术面临的普遍问题，选择性激光熔化技术作为金属增材制造的重要分支，需要加强材料与应用方面的研发投入。

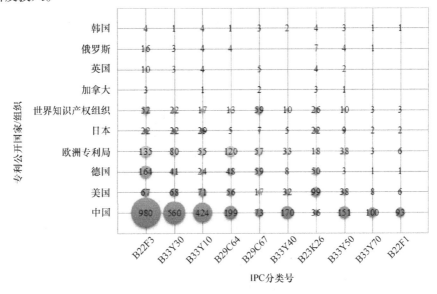

图 5-9　全球 SLM 相关专利技术构成分布

5.7　选择性激光熔化行业典型单位专利分析

5.7.1　SLM Solutions 选择性激光熔化专利分析

1. 公司背景及产品分析

SLM Solutions 作为金属增材制造领域的技术先驱者之一，直至 2000 年才推出 SLM 技术，在德国注册商标 SLM®，2006 年成为第一家在 SLM® 机器上加工铝和钛的公司。2011 年由德国 MTT Technologies GmbH 更名为 SLM Solutions GmbH。2014 年 5 月 9 日，SLM Solutions 在德国证券交易所首次公开上市。2015 年在上海设立了第一家全资子公司。2019 年 SLM Solutions 全年订单总额为 6770 万欧元，比 2018 年增长 21%。2019 年 12 月，SLM Solutions 与 Honeywell 加深合作开发适合更大打印层厚的新参数以提高打印效率。

SLM Solutions 公司的设备目前可支持的金属粉末包含有色金属、工具钢、不锈钢和轻合金，SLM Solutions 设备支持的材料及其应用见表 5-3。

表 5-3　SLM Solutions 设备支持的材料及其应用

材料种类	应用
钛	钛单个钛髋关节植入物
工具钢和不锈钢	内嵌随形冷却通道钢模
铝	用于赛艇的铝制螺旋桨，作为流量测量的比例模型
钴铬合金	钴铬合金的单独桥梁和冠
镍基合金	镍涡轮叶片带内部随形冷却通道，以提高喷气发动机的性能

SLM Solutions 公司的产品包括：SLM® 500、SLM® 280 2.0、SLM® 125、真空铸造系统、粉末供应单元（PSV）等，其各型号设备的具体信息见表 5-4。

表 5-4　SLM Solutions 各型号设备的具体信息

型号	成形尺寸/mm³	组成特点
SLM® 500	(500 × 280 × 365)	4 个光纤激光器、粉末供应单位 PSV、同轴熔池监测（MPM）、激光功率监测（LPM）、零件拆卸站（PRS）
SLM® 280 2.0	(280 × 280 × 365)	多配置光纤激光器、双向铺粉、高温基板加热（减少内应力和裂缝）、双粉缸全工位 1.6 倍过量铺粉、惰性气体循环气氛保护；2 +1 过滤器解决方案、开放式系统可选配：粉末供应单位 PSV、同轴熔池监测（MPM）、激光功率监测（LPM）、零件拆卸站（PRS）
SLM® 125	(125 × 125 × 125)	单光纤激光器（1 × 400W）、双向铺粉、粉末筛分机（PSM）、熔池监测（MPM）、激光功率监测（LPM）
真空铸造系统	(750 × 900 × 750)	快速原型制作、颜料填料杯，30min 完成，模具寿命：15 ~ 30 个铸件或模具，支持：所有树脂、硅橡胶 3 种、PA6 尼龙塑料（7 种）
粉末供应单元（PSV）	90L 粉缸	惰性气体保护、粉末超声筛分、真空运输、过量粉末返回、最终残粉回收、粉量监控

2. 申请趋势分析

SLM Solutions 公司 SLM 相关专利共有 193 件，经同族合并后为 66 件。图 5-10 所示为 SLM Solutions 公司 SLM 专利申请趋势。SLM Solutions 的选择性激光熔化技术相关专利申请趋势和全球选择性激光熔化技术专利申请趋势几乎一致，从 20 世纪 90 年代开始申请相关专利后，直到 2012 年之前是一个缓慢发展的过程，即技术导入期，而 2013 年研发瓶颈攻破之后呈现逐年递增趋势。

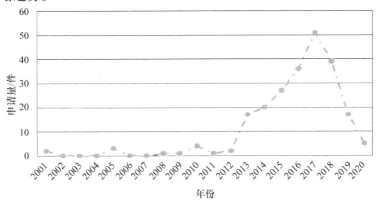

图 5-10　SLM Solutions 公司 SLM 专利申请趋势

3. 专利申请区域分布

SLM Solutions 公司 SLM 专利全球申请分布如图 5-11 所示，SLM Solutions 的专利布局主要分布在欧洲专利局、美国、世界知识产权组织、日本、中国、德国。其中，欧洲专利局和世界知识产权组织的申请量占据其整个申请量的40%。由此可见，SLM Solutions 非常重视通过国际专利申请优先布局，抢占时间先机，再通过选择进入需要布局的各个国家。其在美国、日本、中国、德国的申请量依次降低，可以体现 SLM Solutions 公司对不同地区市场的重视程度。

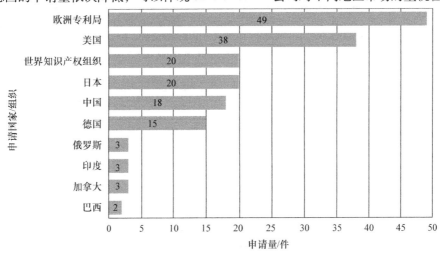

图 5-11　SLM Solutions 公司 SLM 专利全球申请分布

4. 技术构成分布

图 5-12 所示为 SLM Solutions 公司的 SLM 专利技术分布，表 5-5 为 SLM Solutions 公司 SLM 专利技术构成，表 5-6 为 SLM Solutions 公司选择性激光熔化技术重点专利列举。其在欧洲专利局的技术分布主要为 B22F3 和 B29C67；在美国的技术布局主要在 B22F3、

B33Y30；在日本的技术分支主要为 B22F3、B33Y10；在世界知识产权组织的技术分支主要
为 B22F3；在中国的专利申请主要为 B22F3、B33Y30；在德国的主要分支是
B22F3、B29C64。

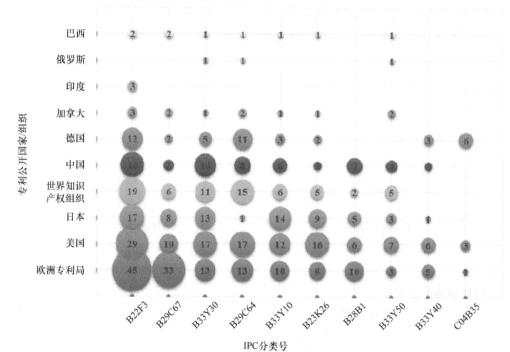

图 5-12　SLM Solutions 公司的 SLM 专利技术分布

表 5-5　SLM Solutions 公司 SLM 专利技术构成

IPC 分类号	含义
B22F3	由金属粉末制造工件或制品，其特点为用压实或烧结的方法；所用的专用设备
B29C67	不包含在 B29C39/00～B29C65/00，B29C70/00 或 B29C73/00 组中的成形技术
B33Y30	附加制造设备及其零件或附件
B29C64	增材加工，即三维（3D）物体通过增材沉积、聚结或层压
B33Y10	附加制造的过程
B23K26	用激光束加工，如焊接、切割或打孔
B28B1	由材料生产成形制品（使用压力机的入 B28B3/00，在移动传送带上成形的入 B28B5/00，生产管形制品的入 B28B21/00）
B33Y50	附加制造的数据获得或数据处理
B33Y40	辅助操作或设备，如用于材料处理
C04B35	以成分为特征的陶瓷成形制品；陶瓷组合物

表 5-6　SLM Solutions 公司选择性激光熔化技术重点专利列举

公开（公告）号	保护内容
US13513598 （20101203）	用于通过激光照射粉末层来生产工件的装置的光学照射元件
US13684601 （20121126）	用于通过使用激光照射粉末原料的粉末层来生产三维工件的系统的光学照射装置

（续）

公开（公告）号	保护内容
WOEP13053946 （20130227）	用于生产具有一个特定微结构工件的设备和方法
EP14183424 （20140903）	利用改进的再循环气体回路通过增材制造生产三维工件的设备及使用该设备的相关方法
US14511675 （20141010）	用于制造三维工件设备中的粉末处理装置和方法
EP16169572 （20160513）	用于将建筑数据集中的位置与设备的建筑部分中的位置相关联的装置和方法
WOEP18051422 （20180122）	使用从空间光调制器分解的单个激光源下的多个子激光束进行三维物体制造的增材制造装置和方法
US16015313 （20180622）	粉末施加装置和操作粉末施加装置的方法
US16273833 （20190212）	用于向粉末熔床装置的粉末使用设备提供原料粉材的送粉装置和送粉方法
DE202019103407 （20190618）	涂覆机

5.7.2　Concept Laser—GE Additive 选择性激光熔化专利分析

1. 公司背景及产品分析

Concept Laser GmbH 由 Frank Herzog 于 2000 年创立，目前是 GE Additive 的一个成员公司，它也是一家专业研发生产 SLM 成形设备的技术领先企业。Laser CUSING® 技术是 Concept Laser 的核心专利技术，用于制造高精度机械和热弹性金属部件。基于粉末床的选择性激光熔融设备为零件成形提供了更大的自由度，允许在相当小的批量尺寸下无需工具，经济地制造高度复杂的部件。其成形设备比较独特的一点是它并没有采用振镜扫描技术，而使用 x/y 轴数控系统带动激光头行走，所以其成形零件范围不受振镜扫描范围的限制，成形精度同样达到 50μm 以内。Concept Laser 设备对材料的支持也相对广泛，可处理不锈钢和热作钢，铝和钛合金的粉末材料，以及用于珠宝制造的贵金属。Concept Laser 的 SLM 设备已经成功应用到不同的行业领域，如医疗和牙科技术、航空航天工业、模具制造、汽车工业、钟表和珠宝行业。

GE Additive 成立于 2016 年，是全球领先的数字工业企业通用电气（GE）的一个部门，致力于通过软件定义工厂以及网络化，提供适应性和前瞻性的解决方案。GE 公司收购了 Concept Laser 公司 75% 的股份。除了来自 Concept Laser 的一流增材制造设备外，GE Additive 还为行业提供材料和广泛的开发咨询。

目前 Concept Laser 公司对外推出的产品和服务可以分为以下五大部分：machines（设备）、software（软件）、quality management（质量管理）、materials（材料）、financing（融资）。

Concept Laser 的自主研发设备主要有：M3 linear、M1 cusing、Mlab cusing、X LINE 1000R/Mlab cusing R、M2 cusing/M2 cusing Multilaser、X LINE 2000R、M LINE Factory/Mlab cusing 200R、AM Factory of Tomorrow。表 5-7 列出了 Concept Laser 公司选择性激光熔化设备主要机型。

表 5-7 Concept Laser 公司选择性激光熔化设备主要机型

产品型号	成形空间/mm³	激光器	数据准备软件	特点	发布时间	机型图片
Mlab cusing/ Mlab cusing R	(50×50×80) (70×70×80) (90×90×80)	光纤激光器 100W	Build Processor (Materialise 定制)	抽屉式系统、 快速更换材料、 紧凑设计	2012 年	
Mlab cusing 200R	(100×100×100) (70×70×80) (50×50×80)	光纤激光器 200W	Build Processor (Materialise 定制)	水浸式过滤器、 机器的模块化结构、 处理站与处理室物理隔离	2016 年	
M1 cusing	(250×250×250)	光纤激光器 200W 可选 400W	Build Processor (Materialise 定制)	中小型零件、 准备区域与处理室物理隔离	2007 年	

型号	成型尺寸	激光器	软件	特点	年份	图片
M2 cusing/ M2 cusing Multilaser	（250×250×350）	光纤激光器 200W 可选 400W	Build Processor （Materialise 定制）	激光源和滤波器集成在系统中，可注水的过滤器，数据分析由 Predix 提供支持	2014 年	
M LINE Factory	（500×500×400）	3D 光学系统 4×1kW	Build Processor （Materialise 定制）	新型模块化结构，不停机更换工具，批量生产	2016 年	
X LINE 2000R	（800×400×500）	光纤激光器 2×1kW	Build Processor （Materialise 定制）	自动粉末输送、双激光器、旋转机构	2015 年	

Concept Laser 的软件配套主要有：CL WRX 2.0 套件、CL WRX 3.0 套件、Predix 专业定制的数据分析软件。

在质量控制系统方面，Concept Laser 有 QM Meltpool 3D、QM Coating、QM Live View、QM Fiber Power、QM Cusing Power、QM Atmosphere、QM Powder、QM 文档 8 个模块可供选择，见表 5-8。

表 5-8　Concept Laser 的质量管理模块

组成模块	功能说明
QM Meltpool 3D	熔池监测，可实现 $35\mu m$ 的高分辨率
QM Coating	在成形过程中调节金属粉末的剂量因子，并监控其在构建表面上的均匀分布
QM Live View	将整个成形过程记录为视频，远程访问使得可以从办公室的桌面观察成形过程
QM Fiber Power	成形过程中监控激光光源，并提供有关其功率输出的信息
QM Cusing Power	在成形区域光路末端测量记录激光功率，记录所有干扰激光功率的因素
QM Atmosphere	监控处理室中的氧气浓度，并持续分析过滤器状态
QM Powder	监控和保持粉末质量：检查粉末材料、分析粒度和化学组成、进行耐久性和储存效果的研究
QM 文档	收集所有传感器数据存储日志，支持常见电子表格软件接口，可自动创建图表

在材料方面，Concept Laser 与认证实验室合作，对材料进行鉴定。通过详细的粉末分析，对所有材料面向机器进行定制，并提供相应的参数，Concept Laser 定制材料对比见表 5-9。

表 5-9　Concept Laser 定制材料对比

内部牌号	对应材料	适用领域
CL 20ES	316L 不锈钢	汽车、航天、医疗、珠宝
CL 30AL	AlSi12 铝合金	汽车、航天、医疗
CL 32AL	AlSi10Mg 铝合金	汽车、航天
CL 41TI ELI	TiAl6V4 钛合金	汽车、航天、珠宝
CL 42TI	Titan Grade 2 钛合金	牙科、医学
CL 50WS	马氏体时效钢	模具
CL 80CU	青铜 – 铜合金	珠宝、模具
CL 91RW	不锈钢	模具
CL 92PH	17 – 4 PH 不锈钢	汽车、航天、医疗、模具
CL 100NB	合金 718 镍基合金	汽车、航天
CL 101NB	合金 625 镍基合金	汽车、航天
remaniumstar® CL	CoCrW	牙科、医学
rematitan® CL	TiAl6V4	牙科、医学
贵金属	银合金（930‰）、黄金（18 克拉 3N）、玫瑰金（18 克拉 4N）、红色金（18 克拉 5N）、铂合金（950‰）	珠宝首饰

2. 申请趋势分析

Concept Laser 公司专利由 CL Schutzrechtsverwaltungs GmbH 公司（简称 CL 公司）、Concept Laser GmbH、CL 产权管理有限公司构成，CL 公司是一家专业的专利事务管理公司，Frank Herzog 为该公司 CEO，他作为发明人的申请大多数申请人都是 CL 公司，而且 CL 公司的所有专利申请几乎都是围绕 Concept Laser 的产品相关专利。由此我们可以推断 CL 公司以 Frank Herzog 为发明人的申请实际全部是 Concept Laser 公司的专利。

截至 2019 年 12 月，Concept Laser 公司共拥有 869 件专利，经申请号合并得 790 件专利，经简单同族合并后共有 259 个专利族，平均每件专利有 3~4 个同族专利。其中发明专利占比 96%，实用新型占比 2%，外观设计占比 1%。

图 5-13 所示为 Concept Laser 的专利申请趋势，由图 5-13 可知，其申请趋势跟全球 SLM 相关专利申请趋势走向一致，且在 2013 年之前，由于技术导入而呈现波动式缓慢增长，2013 年之后申请量急速上升，2017 年达到 273 件，由于专利申请的滞后性，2018—2020 年的部分专利尚未公开，所以申请趋势呈现下降。

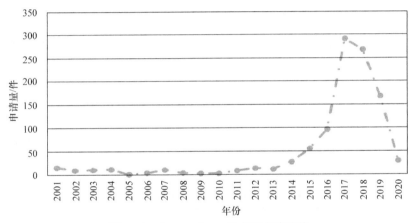

图 5-13　Concept Laser 的专利申请趋势

3. 专利申请区域分布

图 5-14 所示为 Concept Laser 公司 SLM 专利申请分布情况。Concept Laser 公司在全球的

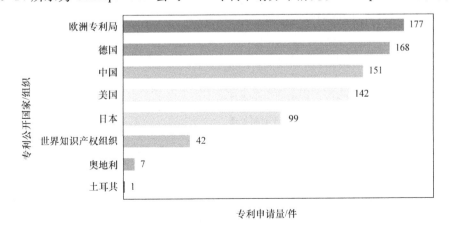

图 5-14　Concept Laser 公司 SLM 专利申请分布情况

布局相对广泛。除在欧洲专利局和世界知识产权组织的布局外，在全球 7 个国家都布局了相当数量的专利，采取多边申请的策略。排在首位的欧洲专利局专利申请量最多，高达 177 件；其次是德国申请 168 件专利；排名第三的中国，申请量为 151 件；美国排在第四，申请量与中国接近，达到 142 件，可见其对中国市场的重视；其次是世界知识产权组织、日本、奥地利、土耳其。由此可见，Concept Laser 公司除在其本土的布局外最关注的是中国和美国市场的专利布局，这点与 SLM Solutions 不同。不过综合来讲这些国际大公司的专利布局前四位市场几乎都离不开中国、德国、美国、日本，只是其侧重点不同。而且它们都善于利用欧洲专利局和世界知识产权组织的专利申请来为其在全球布局抢占先机。这点应该引起我国金属增材制造企业高度的重视和学习，目前我国已对 PCT 国际专利申请给予政策支持，企业在积极开拓海外市场的同时应践行"产品未动，专利先行"的布局策略，规避市场风险及知识产权纠纷可能带来的经济损失。

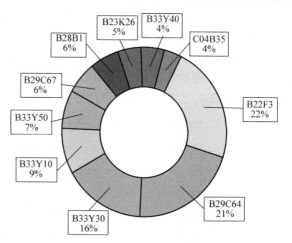

图 5-15　Concept Laser 公司 SLM 专利技术构成

4. 技术构成分布

图 5-15 所示为 Concept Laser 公司 SLM 专利技术构成分布，表 5-10 为 Concept Laser 公司 SLM 专利技术构成。Concept Laser 公司相关技术主要分布在 B22F3、B29C64、B33Y30 三个分支，综上可知，其专利申请主要集中在设备、附件和工艺方面。

表 5-10　Concept Laser 公司 SLM 专利技术构成

IPC 分类号	含义
B22F3	由金属粉末制造工件或制品，其特点为用压实或烧结的方法；所用的专用设备
B29C64	增材加工，即三维（3D）物体通过增材沉积、聚结或层压
B33Y30	附加制造设备及其零件或附件
B33Y10	附加制造的过程
B33Y50	附加制造的数据获得或数据处理
B29C67	不包含在 B29C39/00～B29C65/00，B29C70/00 或 B29C73/00 组中的成形技术
B28B1	由材料生产成形制品
B23K26	用激光束加工，如焊接、切割或打孔
B33Y40	辅助操作或设备，如用于材料处理
C04B35	以成分为特征的陶瓷成形制品，陶瓷组合物

图 5-16 所示为 Concept Laser 公司 SLM 专利技术分布，由图 5-16 可知，在前 10 项技术分支中，Concept Laser 公司在欧洲专利局、德国、中国、美国、日本、世界知识产权组织都有申请。其中欧洲专利局的申请主要集中于 B22F3、B29C64、B33Y30；德国的申请主要集中在 B22F3、B29C64、B29C67；中国的专利申请集中在 B22F3、B29C64、B33Y30；美国的

专利申请与中国相似，但是在 B23K26 分支中国只有 2 件而美国有 40 件；日本的专利申请与中国类似；世界知识产权组织主要集中在 B22F3、B29C67。

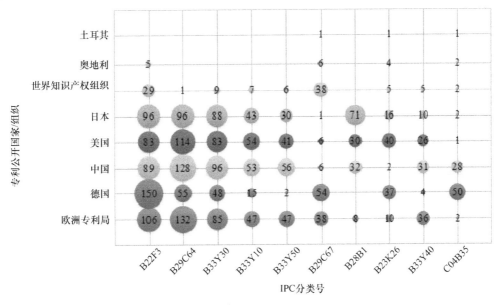

图 5-16 Concept Laser 公司 SLM 专利技术分布

在核心专利方面，Concept Laser 于 1998 年提出 Laser CUSING technology 专利，1999 年提出 stochastic exposure strategy 专利，2002 年提出 hybrid design 专利，2005 年提出 Parallel and surface cooling 专利。由于 Concept Laser 公司专利数量较多，将其根据同族个数排列后，列举出排名前 15 位，也就是 Concept Laser 公司市场布局范围最广，也可以理解为其最核心、最基础的专利。Concept Laser 公司 SLM 技术核心专利列举见表 5-11。

表 5-11 Concept Laser 公司 SLM 技术核心专利列举

序号	申请号（申请日）	专利名称
1	US16276434（20190214）	增材制造三维物体的装置
2	EP17172789（20170524）	增材制造三维物体装置的粉末模块
3	EP18150597（20180108）	增材制造三维物体的装置
4	CN201910343692.2（20190426）	制造三维物体的增材制造设备
5	EP17172785（20170524）	制造三维物体的增材制造设备的加工仓
6	EP18164762（20180328）	包括至少一个用于增材制造三维物体的装置的设备
7	EP18165729（20180404）	用于制造三维物体的增材制造装置

（续）

序号	申请号（申请日）	专利名称
8	DE102014016679（20141112）	控制选择性激光熔化装置内部曝光的方法和装置
9	EP18156130（20180209）	用于增材制造三维物体的装置
10	US16184883（20181108）	增材制造三维物体的装置
11	US16181178（20181105）	用于增材制造至少一件三维物体的装置
12	EP18150597（20180108）	增材制造三维物体的装置
13	EP18150788（20180109）	包含至少一个用于增材制造三维物体装置的设备
14	US16251015（20190117）	用于增材制造三维物体的设备的粉末模块的负载生成装置
15	EP18151411（20180112）	制造至少一件三维物体的增材制造方法

5.7.3　铂力特选择性激光熔化专利分析

1. 公司背景及产品分析

相较国外金属增材制造企业，西安铂力特激光有限公司的发展历程较短，但是成长迅速，其创始人为西北工业大学黄卫东教授，于 1995 年开始研究金属增材制造技术，并于 2007 年售出第一台金属 3D 打印商用化设备。2011 年西安铂力特激光成形技术有限公司正式成立。其业务范围涵盖金属 3D 打印服务、设备、原材料、工艺设计开发、软件等，拥有各种金属增材制造设备 80 余套，面向航空航天、汽车制造、电子、能源动力、齿科、工业模具、发动机、文创等领域提供整体解决方案。铂力特现有员工 500 余人，研发人员占 29.83%。2019 年 7 月 22 日，铂力特正式在上海证券交易所科创板挂牌上市。

西安铂力特使用 SLM 工艺的产品主要有 BLT - A100、BLT - A300、BLT - S210、BLT - S310、BLT - S320、BLT - S400、BLT - S450 系列。其中 BLT - S310 是铂力特的主打产品之一，也是提供空客 A330 增材制造项目的专用机型。BLT - A100 是针对齿科领域的专用机型，满足齿科加工高精度、高效率、高稳定性的要求。2020 年 3 月铂力特发布新一代 SLM 打印设备 BLT - S450 系列，该系列机型可选择 3 种成形尺寸及 2 种功率激光器，最大成形效率达 100cm³/h，支持双向变速铺粉，将铺粉效率提升 60%。西安铂力特主要 SLM 设备的参数对比见表 5-12。

表 5-12 西安铂力特主要 SLM 设备的参数对比

产品型号	材料支持	激光器功率	铺粉机构	成形尺寸/mm³	机型图片
BLT - S450	钛合金、铝合金、高温合金、不锈钢、高强钢、模具钢等	500W/1000W（可选）	双向变速铺粉	(400×400×500) (400×450×500) (450×450×500)	
BLT - A100	不锈钢、钴铬合金、钛合金	200W	单向变速铺粉	(100×100×100)	
BLT - A300	不锈钢、模具钢	500W	单向变速铺粉	(250×250×300)	
BLT - S400	钛合金、铝合金、钴铬合金、不锈钢、高强钢、模具钢	500W×2	单/双向铺粉	(400×250×400)	

面向大尺寸零部件的增材制造需求，铂力特公司又先后开发了系列大尺寸选择性激光熔化铺粉装备，如铂力特 BLT - S510、BLT - S600、BLT - S800 等系列设备。其中，BLT - S510 设备首次在全球实现单向 1000mm 级大尺寸 SLM 3D 打印，填补了国内外空白，达到国际先进水平；BLT - S600 型号设备突破了四光束联动扫描与拼接等关键技术，实现了三向 600mm 大尺寸 3D 打印，成形尺寸、成形精度处于国际先进水平；BLT - S800 设备配备 10 个激光器，设备最高打印效率可达 250cm³/h（与零件的形状、尺寸、材料和参数有关，与设备激光数量有关），相较 6 光设备效率可提升 30% 以上，大幅提升打印效率，最大成形尺寸突破至 800mm×800mm×600mm，可更大程度上满足大尺寸零件的成形要求。

2. 专利申请趋势分析

图 5-17 所示为西安铂力特公司 SLM 专利申请趋势。截至 2020 年 12 月，西安铂力特公司拥有选择性激光熔化技术发明专利申请 120 件，发明专利授权 51 件，实用新型授权 85 件，外观设计授权 14 件，PCT 专利 2 件。西安铂力特公司成立于 2011 年，同年铂力特申请铝合金导向叶片缺陷激光快速修复方法、设备及激光立体成形金属零件质量追溯装置三件专利。2011—2014 年铂力特公司处于技术导入期，专利申请也呈现震荡态势。2015 年以后铂力特公司选择性激光熔化技术相关专利布局进入快速增长期，2016—2018 年专利申请量均达到 60 件左右，2018 年申请量达到 69 件，考虑发明专利公布时间的规定，近两年铂力特公司发明专利实际申请量应大于检索到的数据。

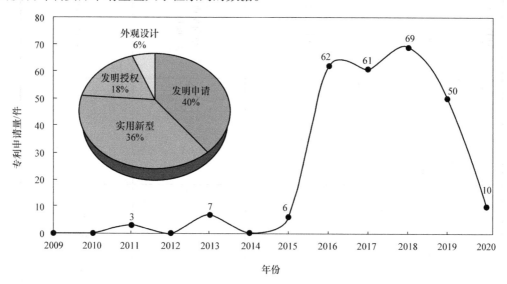

图 5-17　西安铂力特公司 SLM 专利申请趋势

对 2015—2020 年铂力特公司 SLM 技术各类型专利申请量进行对比（见图 5-18），可发现自 2015 年以来，铂力特发明专利与实用新型专利申请量均稳步上升。2017 年发明与实用新型专利申请数量与 2018 年相差不多。实用新型专利是我国专利制度的重要组成部分，因其审查周期短、手续便捷、成本较低、创造性要求低于发明专利，保护效力与发明专利相同等突出优势，成为许多高新技术企业专利布局及市场竞争的利器。该现象说明铂力特公司在积极布局发明专利的同时，也非常重视实用新型专利的布局，实用新型专利申请量达到总申请量的 36%。

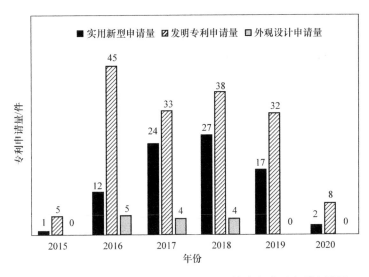

图 5-18 2015—2020 年铂力特公司 SLM 技术各类型专利申请量

3. 专利申请地域分布

西安铂力特公司从 2017 年开始通过世界知识产权组织进行全球专利布局，目前仅有两件专利提出 PCT 专利申请，分别为：WO2018133375 "一种铺粉质量监控方法及增材制造设备" 和 WO2018024210 "一种检验铺粉质量的方法及增材制造和设备"。2017 年铂力特也积极向欧洲等海外市场进行设备销售，PCT 专利的申请将有效保护其产品在海外的知识产权安全。可以预见，随着铂力特公司针对海外市场的重视，后期将会有更加密集的海外专利布局。

4. 技术构成分布

针对西安铂力特公司的选择性激光熔化专利申请技术构成进行分析，并将专利 IPC 分类号及数量进行整理，结果见图 5-19 和表 5-13。分析发现，铂力特公司选择性激光熔化技术专利的布局较为全面，重点为 SLM 装置及其附件结构（如 B22F3、B33Y30）和 SLM 工艺流程（如 B22F3、B33Y10、B29C64），兼具数据处理（B33Y50）、材料制备（B22F1、B22F9）等方面。

铂力特公司 SLM 技术专利申请路线如图 5-20 所示。分析发现，铂力特公司在选择性激光熔化技术专利布局方面侧重于保护选择性激光熔化装置结构及相应的工艺流程，尤其是在金属粉末处理装置方面，包括供粉装置、铺粉装置、落粉装置、收粉装置及粉末预热装置等近年专利产出数量较多。由此现象可以推测金属粉末铺粉及处理是铂力特 SLM 设备研发的重点。从 2015 年的皮秒激光器复合加工 SLM 设备到 2017 年申请的连续扫描式 SLM 设备和大型零件 3D 打印设备，逐步迭代到 2018 年大功率零件成形装置，铂力特公司装置结构申请的技术路线也体现在其主推产品的更新上，如 2020 年 3 月新上线的金属打印机 BLT - S450 即瞄准大型零件的高效率 3D 打印。在数据处理方面，主要有扫描、路径规划及检测控制类专利，扫描包括棋盘式扫描、逐层扫描及条带式扫描等多种方案，监控与检测则包含熔池状态检测、成形质量检测、铺粉质量检测等。材料方面专利申请也呈现逐年递增的趋势，已有针对高温耐磨耐蚀钢材料、超细金属粉末、金属基碳纳米管复合材料、高强度铝合金粉末、铜铬合金、镁合金等 SLM 材料制备的专利布局。另外，铂力特公司已申请钛合金叶片、透气型头盔、钛合金多孔融合器（医疗领域）、LED 灯罩等 SLM 技术应用领域专利。表 5-14 为铂力特公司 SLM 技术重点专利列举。

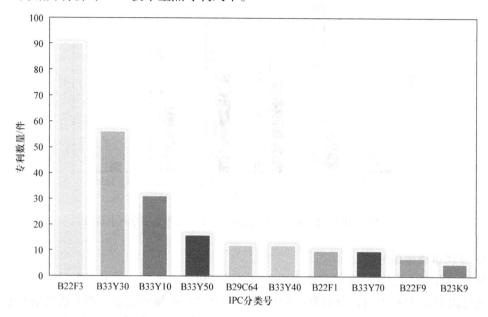

图 5-19　西安铂力特公司 SLM 专利技术构成分布

表 5-13　西安铂力特 SLM 专利主要 IPC 分类号

IPC 分类号	含义
B22F3	由金属粉末制造工件或制品，其特点为用压实或烧结的方法；所用的专用设备
B33Y30	附加制造设备及其零件或附件
B33Y10	附加制造的过程
B33Y50	附加制造的数据获得或数据处理
B29C64	增材加工，即三维（3D）物体通过增材沉积、聚结或层压
B33Y40	辅助操作或设备，如用于材料处理
B22F1	金属粉末的专门处理；如使之易于加工，改善其性质；金属粉末本身，如不同成分颗粒的混合物
B33Y70	适用于附加制造的材料
B22F9	制造金属粉末或其悬浮物；所用的专用装置或设备
B23K9	用激光束加工，如焊接、切割或打孔

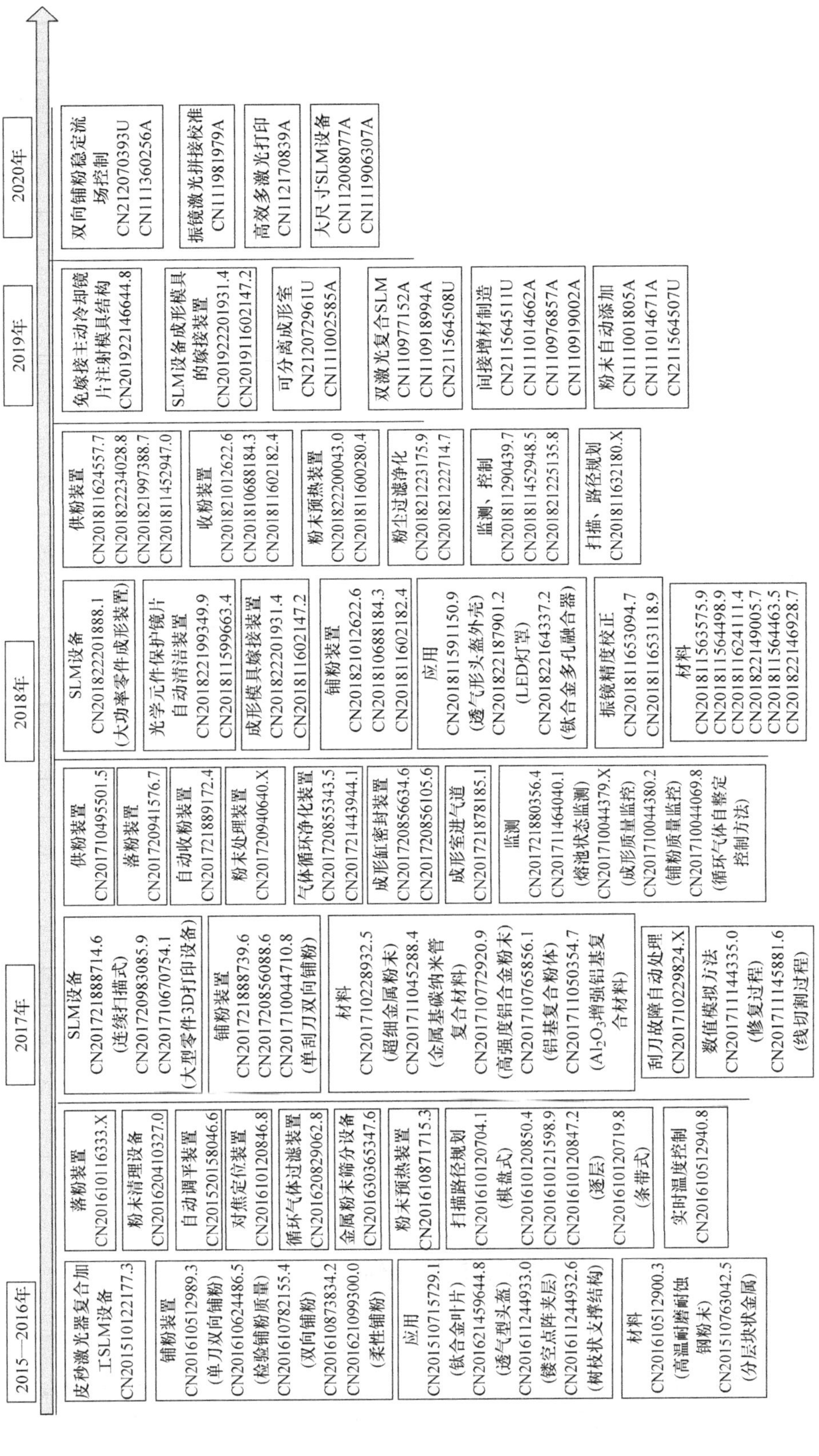

图 5-20　铂力特公司 SLM 技术专利申请路线

表 5-14　铂力特公司 SLM 技术重点专利列举

申请号	专利名称	法律状态
CN201110432662.2	一种铝合金导向叶片缺陷的激光快速修复方法和设备	已授权
CN201510122177.3	一种皮秒激光器复合加工 SLM 设备及激光快速成形方法	已授权
CN201610120847.2	用于逐层制造三维物体的扫描路径规划方法及扫描方法	已授权
CN201610120704.1	一种棋盘式激光扫描路径规划方法	已授权
CN201610121598.9	一种用于逐层制造三维物体的扫描方法	已授权
CN201610120719.8	一种条带式激光扫描路径规划方法	已授权
CN201610120720.0	一种用于增材制造三维物体的扫描方法	已授权
CN201610512990.6	一种 SLM 成形过程的温度场监控装置及方法	已授权
CN201610512989.3	选择性激光熔化单刀双向铺粉装置及选择性激光熔化设备	已授权
CN201610782155.4	一种双向铺粉装置及选择性激光熔化设备	已授权
CN201610873834.2	一种柔性铺粉装置及其制作方法	已授权
CN201710044710.8	单刮刀双向铺粉装置、增材制造设备及铺粉方法	已授权
CN201710044380.2	一种铺粉质量监控方法及增材制造设备	实质审查中
CN201720368326.9	一种超细金属粉末的制备装置	已授权
CN201720856088.6	一种单刮刀双向铺粉装置	已授权
CN201720983085.9	一种用于大型零件的 3D 打印设备	已授权
CN201710772920.9	用于增材制造的高强铝合金金属粉末材料及其制备方法	实质审查中
CN201711045288.4	一种金属基碳纳米管复合材料零件的成形方法	实质审查中
CN201721880356.4	一种 SLM 成形过程中熔池状态实时监测装置	已授权
CN201721888739.6	一种单刮刀双向铺粉装置	已授权
CN201821997388.7	一种 SLM 设备的粉体自动输送装置	已授权
CN201822149005.7	一种超细金属粉末制备的设备	已授权
CN201822146928.7	一种雾化金属粉末的分级处理系统	已授权
CN201822201888.1	一种 SLM 大功率零件成形装置	已授权
CN201822199349.9	3D 打印设备光学元件保护镜片自动清洁装置	已授权
CN201822200043.0	一种用于 SLM 设备的粉末预热装置	已授权
CN201822201839.8	一种 SLM 零件打印过程粉末回收装置	已授权
CN201822234028.8	一种送粉管喷嘴及 3D 打印用送粉管	已授权
CN201910880962.3	一种振镜校正系统及其校正方法	实质审查中

5.8　选择性激光熔化技术专利典型案例

案例 1：用于生产三维工件的方法和设备（US20140301883A1）。

该专利是 SLM Solutions 公司 2014 年申请的发明专利，该专利有 7 个同族专利，并先后被引用 69 次。该专利附图如图 5-21 所示。该专利公开了一种用于生产三维工件的方法，包括以下步骤：将气体供应到容纳载体和粉末施加装置的处理室，通过粉末施加装置将原料粉末层施加到载体上，通过照射装置选择性地将电磁辐射或粒子辐射照射到施加到载体上的原料粉末上，从处理室排出含有颗粒杂质的气体，并通过控制单元控制照射装置的操作，使得由照射装置的至少一个辐射源发射的辐射束根据包含多个扫描矢量的辐射图案在施加到载体上的原料粉末层上被引导。

案例 2：用于增材制造三维物体的设备（US10836109B2）。

该专利是 Concept Laser GmbH 公司 2018 年申请的发明专利，共有 7 个同族专利，并于 2020 年获得发明专利授权。该专利附图如图 5-22 所示。该专利公开了一种用于增材制造三维物体的设备，该设备通过对可借助能量束固化的构建材料的层进行连续的分层选择性照射和固化来制造三维物体，该设备包括：第一检测装置，适于检测至少一个第一过程参数 P1，特别是在设备的操作期间，生成包括与所检测的第一过程参数 P1 相关的信息的第一数据集 DS1；至少一个第二检测设备，其适于检测至少一个第二过程参数 P2，特别是在设备的操作期间，并生成至少一个第二数据集 DS2，该第二数据集包括与所检测的第二过程参数 P2 相关的信息；数据处理设备适于将第一数据集与至少一个第二数据集链接。

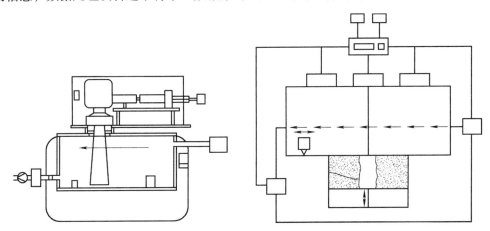

图 5-21　专利附图（来源：US20140301883A1）　　图 5-22　专利附图（来源：US10836109B2）

参 考 文 献

［1］杨强，鲁中良，黄福享，等. 激光增材制造技术的研究现状及发展趋势［J］. 航空制造技术，2016（12）：26 - 31.

［2］杨永强，陈杰，宋长辉，等. 金属零件激光选区熔化技术的现状及进展［J］. 激光与光电子学进展，2018，55（1）：3 - 15.

［3］WU G，HU Y，ZHU W，et al. Research status and development trend of laser additive manufacturing technology［C］. IEEE computer society，2017.

第6章 电子束选区熔化技术专利分析

6.1 电子束选区熔化技术原理

电子束选区熔化成形（electron beam melting，EBM）增材制造金属打印技术由于真空打印环境，成形金属内在质量好，成形速度快，残余应力小，材料成本及使用成本低，材料利用率接近100%，尤其在光亮金属、高温合金、活泼金属、难熔金属领域具备独特的技术能力，使其成为主流的金属打印技术方向之一，也得到国内外广泛研究。电子束选区熔化设备的结构如图 6-1 所示。其工作原理是：取粉器铺放一层预设厚度的粉末（通常为 30 ~ 70μm）；电子束按照 CAD 文件规划的路径扫描并熔化粉末材料；扫描完成后成形台下降，铺粉器重新铺放新一层粉末。这个逐层铺粉－熔化的过程反复进行直到零件成形完毕。

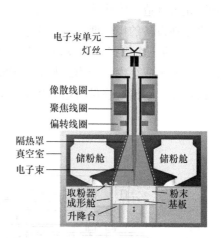

图 6-1 电子束选区熔化设备的结构

EBM 技术的主要特点为：近净成形，尺寸精度达到 + 0.2mm；可制造形状复杂的零件，如空腔、网格结构；成形在真空环境中进行，避免了材料氧化；成形环境温度高（700℃以上），零件残余应力小；表面质量较高，粗糙度 Ra 值为 25 ~ 35；成形效率较高，达到 55 ~ 80cm³/h；成形过后的剩余粉末可以回收再利用。SLM 技术和 EBM 技术对比见表 6-1。EBM 技术采用金属粉末为原材料，3D 打印成形过程是在高真空环境保护下进行，电子束可以快速扫描、预热粉床，使温度均匀上升至较高温度（ > 700℃），具有打印速度更快，减小热应力集中，应用范围广的优点，尤其在难熔、难加工材料方面有突出用途，包括钛合金、钛基金属间化合物、不锈钢、钴铬合金、镍合金等，成形件的残余应力更低，降低制造过程中成形件翘曲变形的风险，其制品能实现高度复杂性并达到较高的力学性能，可以省去后续的热处理工序。此技术可用于人在关节等医疗器械、航空飞行器及发动机多联叶片、机匣、散热器、支座、吊耳等结构的制造。

表 6-1 SLM 技术和 EBM 技术对比

项目	SLM	EBM
热源类型	激光束	电子束
热源功率/kW	< 1	≥3
能量吸收率	更低	>90%
成形效率/（cm³/h）	20 ~ 35	>80

（续）

项目	SLM	EBM
致密度	更低	>99.9%
气氛	氩气保护	高真空环境，更少氧化
粉床加热	无：热应力大，裂纹倾向大	有：热应力小，避免开裂
支撑密度	更大	更低，节省材料
粉末粒径	更细，价格高	更粗，价格低
适用金属材料	大部分金属材料	适应性更广，如难熔金属、脆性材料、高反射性材料

6.2　电子束选区熔化技术发展概况

6.2.1　国外研究机构整体发展概况

近年来 EBM 技术在医疗、航空航天等领域被广泛认可和应用。针对 EBM 系统的开发应用也逐渐被国内外研究机构高度关注。瑞典 Arcam 公司是国际上最早开发 EBM 技术与装备的机构，代表了国际上 EBM 技术的最高水平，相继开发了 3 大系列（S 系列、A 系列、Q 系列）、9 种型号的工业级单电子枪 SEBM 装备，其装备最大成形尺寸为 $\phi350mm \times 380mm$，成形尺寸精度 $\pm0.3mm$。

美国橡树岭国家实验室（ORNL）也是最早开展 EBM 成形技术研究的机构之一，从 2010 年开始就与洛克希德·马丁公司开展合作，研究领域主要集中在钛合金、镍合金等高附加价值材料上，F-35 飞机靠近发动机高温部分的空气泄漏检测支架（bleed air leak detect，BALD），采用了 EBM 成形 Ti-6Al-4V 材料。意大利 GE-Avio 公司在 EBM 成形技术方面也处于国际领先地位，其利用 EBM 成形的钛合金除油器（Deoiler）部件已经通过飞行测试，并将该技术应用到钛基金属间化合物零件的制造上，以代替原有的铸造成形技术。美国加利福尼亚航空航天零件制造商派克航空（Parker Aerospace）使用 EBM 技术成形 Vericor Power System 的油田燃气轮机的燃油雾化喷嘴和双燃料歧管组件。EBM 成形的喷嘴，燃料流动路径得到了改善，从而能够在发动机燃烧室内实现更好的燃料雾化和分配。

美国金属 3D 打印机制造商 Sciaky 开发的 EBAM 110，成形尺寸为 1778mm×1194mm×2794mm，由于成形尺寸较大，获得较大的关注，但是成形最小尺寸只有 1mm，对于一些精度要求较高的精细件尚不能成形。

目前全球范围内已成功开发出 EBM 设备的主要有瑞典 Arcam 公司、美国 Sciaky、天津清研智束、西安智熔、西安赛隆等寥寥数家。

6.2.2　国内研究机构整体发展概况

我国在 EBM 技术研究方面起步略晚。早在 2004 年，以清华大学林峰教授为带头人的技术团队即开始瞄准 EBM 技术，成功开发了国内首台试验系统 EBSM-150，随后与西北有色院联合开发了 EBSM-250，装备功率为 3.5kW，最大成形尺寸为 200mm×200mm×200mm，成形精度为 $\pm0.2mm$，沉积效率为 $10cm^3/h$。2015 年，该技术通过天津清研智束科技有限公司进行产业化。2017 年年底，天津清研智束科技有限公司在国内率先推出商业化电子束选区熔化增材制造装备 QbeamLab，致力推动 EBM 技术的产业化。西北有色院控股的西安赛隆公司联合西安交通大学，开发出了满足 EBM 工艺要求的钨阴极电子枪，并在此基础上研制出了具有自主知识产权 EBM 装备，大成形尺寸为 200mm × 200mm × 240mm，成形精度 ±0.3mm。智束科技也发布了其最大尺寸的 EBM 设备 QbeamAero，该装备电子束最大功率为 3kW，最大成形尺寸为 350mm × 350mm × 400mm，成形精度为 ±0.2mm。在电子束熔丝方面，西安智熔金属打印系统有限公司发布的最大尺寸设备为 Zcomplex X5，其最大成形尺寸为 3000mm × 1200mm × 3500mm，沉积最大效率为 15kg/h，成形最小尺寸为 1mm，可见不能用于精度要求高、精细结构的成形。

近年来，国内其他相关单位也关注 EBM 成形技术发展，在成形工艺、材料及应用方面做了大量工作。中航工业制造所、国家增材制造创新中心等先后开发了电子束扫描技术、精密铺粉技术、成形控制技术等装备核心技术。中航工业制造所针对航空应用开展了钛合金、TiAl 基金属间化合物的大量研究，并成形了多个飞机和发动机结构工艺试验件。TiAl 基合金，或称 TiAl 基金属间化合物，是一种新型轻质的高温结构材料，被认为是最有希望代替镍基高温合金的备用材料之一。研究表明，由于电子束的预热温度高，EBM 成形技术可以有效避免成形过程中的开裂，是具有良好前景的 TiAl 基合金先进制造技术之一。在 EBM 工艺研究过程中发现，预置的粉末层会在电子束的作用下溃散，即吹粉现象，相关单位在吹粉现象、原因及措施方面做了大量研究。分析发现，吹粉的产生会导致成形件孔隙缺陷，甚至导致成形中断或失败。吹粉现象的原因一方面与粉末材料本身的性质有关，另一方面取决于扫描方法、气氛环境等工艺因素。降低粉末流动性、增加粉末材料的导电性可以减少吹粉发生风险。在工艺方面，沉积前电子束预热底板、电子束光栅式扫描预热粉末层可以有效防止粉末层的溃散。在线监控工艺过程、避免内部缺陷是 EBM 工艺研究的重要内容之一。国内外已经有多个研究团队开始利用热像仪测量粉床上表面的温度场，据此判断粉末材料状态、熔池形态与温度、截面形状、热应力、孔隙缺陷等成形信息，以期实现闭环的工艺控制。

个性化医疗是 EBM 增材制造技术在医疗领域方面的重要趋势。由于钛合金具有良好的生物相容性，在医疗领域应用广泛。国内外学者对 EBM 工艺成形的实体或多孔钛合金植入体的生物相容性、力学性能、耐蚀性等性能进行大量研究，证明利用 EBM 工艺成形的钛合金植入体具有应用可行性。随着个性化医疗相关标准的确立与成熟，EBM 成形的个性化医疗植入体将走向更大规模的临床应用。

随着 EBM 技术应用的不断拓展和深入，对 EBM 成形工艺和设备提出了更高的要求，EBM 制造工艺和粉末回收处理的自动化与智能化、大尺寸多模扫描电子枪成形系统、电子束与激光束等多热源复合成形技术等成为未来 EBM 成形系统的主要研发趋势。

6.3　电子束选区熔化技术专利申请趋势分析

6.3.1　专利检索策略

EBM 技术的成形装备最重要的两个部分包括：真空室、电子枪。其中，电子枪包括阴极、阳极和聚焦扫描系统，真空室内安装有粉末料斗、铺粉器、成形平台等。EBM 技术的 3D 打印过程是在高真空环境保护下进行。

为了更全面地检索 EBM 相关专利文献，根据 EBM 设备各个主要功能部件为技术要素，分析归纳出的技术分解见表 6-2。这是后续专利检索需要确定相关关键词的依据。

表 6-2 EBM 技术分解

要素	中文关键词	英文关键词
电子枪	电子枪、电子束发生器、阴极、阳极	electron gun, electron beam generator, cathode, anode
聚焦扫描系统	扫描系统、聚焦扫描	scanning systems, focus scanning
铺粉系统	铺粉系统、上落粉、下送粉、粉末回收、落粉轴、分粉器、刮刀、铺粉结构、防尘	paving systems, powder falling, powder feeding, powder recovery, powder shaft, powder separator, scraper, powder coating structure, dustproof
粉缸及成形腔	粉缸密封、基板预热、除烟除尘、真空室、基板调平	powder cylinder seal, substrate preheating, smoke removal and dust removal, vacuum chamber, substrate leveling
主要申请人	Arcam AB、天津清研智、西安智熔	

基于对 EBM 激光的技术分解，EBM 激光领域专利分析所用数据库为 IncoPat 全球数据库，在我国发明申请、发明授权、实用新型、中国外观及国外申请、授权、外观范围内检索，使用的关键词为"EBM""EBSM""电子束""粉床""选区熔化""铺粉""粉末""electron beam"等。除此之外使用 IPC 分类号 B22F3/105 "电子束烧结金属粉末成形"，结合关键词进行初步检索，之后补充检索了行业领军企业 ARCAM 等公司，得到数据 1941 件。经申请号合并后经人工逐篇阅读去噪，最终获得有效专利 939 件。本章后续分析均以此检索结果为数据基础。

6.3.2 专利申请趋势分析

全球电子束选区熔化专利申请趋势如图 6-2 所示。Arcam AB 公司最早在 1991 年就提出了早期的电子束选区熔化雏形专利，用能量产生装置在电极间产生介质，该介质通过在选定区域改变颗粒的物理特性，完成某层成形。之后 10 年全球电子束选区熔化专利申请开始零星出现，表明这一技术还处于前期摸索阶段。在 2000 年，Arcam AB 公司将射线枪的概念和粉末颗粒 3D 打印成形结合起来提出了新的专利，之后全球 EBM 专利申请量有一个快速的

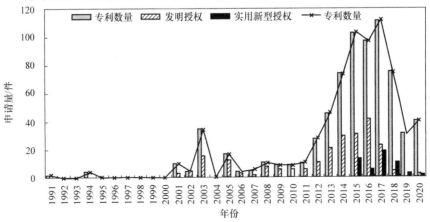

图 6-2 全球电子束选区熔化专利申请趋势

增长。在 2006—2011 年期间，全球 EBM 技术专利申请量趋于平缓。自 2012 年开始，随着 GE 公司和其他公司提出了利用 SLM 和 EBM 来改善难焊接材料的性能，国内清华大学团队等也开始了该领域的技术研发，所以该领域专利申请量开始呈现出持续快速增长的态势。

EBSM 相关专利主要国家申请趋势如图 6-3 所示，EBM 相关技术的专利申请相较其他金属打印相关的专利申请发展较晚，且相对缓慢。在 1994 年直到 2011 年之前，该技术及相关专利都一直掌握在美国 Arcam AB 公司的手中；在 2012 年之后国外的一些公司如 Alstom Technology Ltd、GE 公司，以及国内的一些高校及研究单位如西北有色金属研究院、北京航空航天大学等开始申请 EBM 相关技术应用的专利，专利申请量增速提高；自 2014 年开始，国内一些单位如上海通用电气、华中科技大学开始研究高能束增材制造设备，申请了一些 EBM 相关的专利；自 2015 年开始，国内清华大学及天津清研智束开始申请 EBSM 相关成形专利，研究了粉床式电子束增材制造方法及设备。

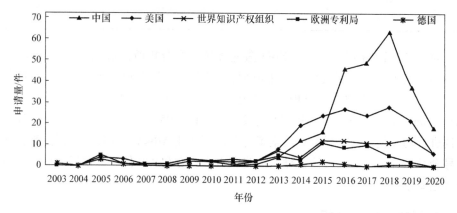

图 6-3　EBSM 相关专利主要国家申请趋势

6.4　电子束选区熔化技术专利申请地域分布

全球电子束选区熔化相关专利地域分布如图 6-4 所示。分析发现，中国的相关专利申请量属于后来居上，排在第一位；美国排名第二位，申请量虽表面上不及中国，但实际上在专

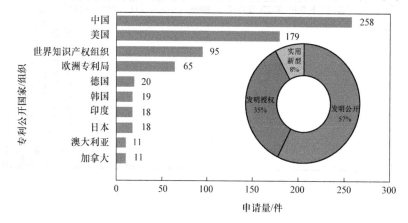

图 6-4　全球电子束选区熔化相关专利地域分布

利质量及技术领先程度上还是优于中国；世界知识产权组织和欧洲专利局的专利申请量排到第三位和第四位，也说明各国都开始注重依靠国际专利申请布局占据市场领先地位。

从专利类型来看，发明专利申请量占比92%，实用新型专利申请量占比8%。总体来看，在全球电子束选区熔化技术分支的发明类型的专利申请量远超过实用新型，说明该技术领域的发展前景广阔，技术还处于发展期，相关单位可以继续投入更多的人力、财力来进行该领域的研究。

6.5　电子束选区熔化技术构成分析

全球电子束选区熔化相关专利技术构成分布如图6-5所示，全球EBM技术专利的IPC分类号及其含义。

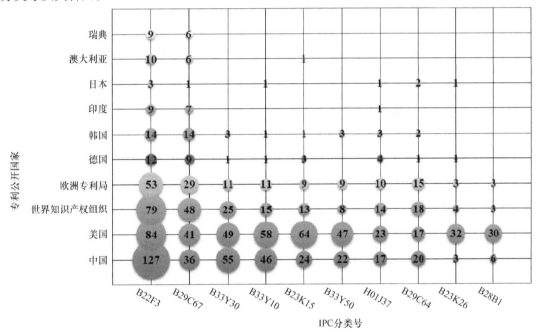

图 6-5　全球电子束选区熔化相关专利技术构成分布

表 6-3　全球 EBM 技术专利的 IPC 分类号及其含义

IPC 分类号	含义
B22F3	由金属粉末制造工件或制品，其特点为用压实或烧结的方法；所用的专用设备
B29C67	不包含在 B29C39/00～B29C65/00，B29C70/00 或 B29C73/00 组中的成形技术
B33Y30	附加制造设备及其零件或附件
B33Y10	附加制造的过程
B23K15	电子束焊接或切割（电子束管或离子束管入 H01J37/00）
B33Y50	附加制造的数据获得或数据处理
H01J37	有把物质或材料引入使受到放电作用的结构的电子管
B29C64	增材加工，即三维（3D）物体通过增材沉积、聚结或层压

（续）

IPC 分类号	含义
B23K26	用激光束加工，如焊接、切割或打孔
B28B1	由材料生产成形制品

分析发现，中国、美国、世界知识产权组织和欧洲专利局在各大技术方向均有分布，基础分支为 B22F3；美国在 B23K15、B33Y50、B23K26 这几个方向上的专利布局要远大于其他地区。中国、世界知识产权组织和欧洲专利局在各个分支的专利布局比例趋于一致；其他地区布局主要集中在基础的两大分支 B22F3 和 B29C67。在我国的专利布局中，B23K26 和 B28B1 领域专利较少。

6.6　电子束选区熔化技术专利申请人分析

全球电子束选区熔化相关专利主要申请人排名如图 6-6 所示。分析发现，Arcam AB 公司以绝对的优势排在第一位，申请量为 413 件；排名第二位的是西安赛隆金属材料有限责任公司，天津清研智束科技有限公司位列第三位；桂林狮达机电技术工程有限公司、西安智熔金属打印系统有限公司依次靠后；作为国外 EBM 技术第二大企业的 Sciaky Inc 专利申请量共计 22 件，排名第六位；排名第七位的 Ferranti Sciaky Inc 专利申请主要集中在电子枪方面。清华大学关于 EBM 技术的专利申请达到 10 个，申请量排在第八位。第九位、第十位依次为 Alstom Technology Ltd 和 GE 公司（美国通用电气）。

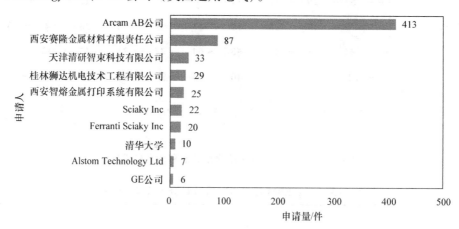

图 6-6　全球电子束选区熔化相关专利主要申请人排名

6.7　电子束选区熔化行业典型单位专利分析

6.7.1　Arcam 公司电子束选区熔化专利分析

1．公司背景及产品介绍

瑞典 Arcam AB 公司于 1997 年成立，但早在公司成立之前就与哥德堡的查尔姆斯理工大学合作，于 1993 年申请了一项专利。该专利描述了用电子束逐层熔化导电粉末的原理，用于制造三维体。Arcam AB 公司从 2001 年开始研究 EBM 成形设备，2002 年底推出第一台设备 EBM S12。随后又相继推出 EBM A2、EBM A2X、EBM Q10、EBM Q20 设备，并同时向用户提供 Ti6Al4V、Ti6Al4V ELI、Ti Grade – 2 和 ASTM F75 Co – Cr4 种标准配置的球形粉末材料。2016 年 Arcam AB 公司和 Concept Laser 公司被通用电气（GE）公司收购，作为其增材制造中心 GE Additive。目前，Arcam AB 公司拥有约 285 名员工，全球有超过 90 台该公司的设备投入使用，主要应用在医疗植入体和航空航天领域。

瑞典 Arcam AB 公司不仅致力于开发金属增材制造的电子束熔融设备，还生产 3D 打印用的高级金属粉末（包括钛、钛合金和钴铬）。2019 年 Arcam AB 位于加拿大蒙特利尔的粉末制造子公司的第三个雾化反应堆投入运营，该反应器采用专有的等离子雾化技术，专用于 Inconel 和其他合金，为其粉末生产业务增加显著的产能，扩建后其每年的雾化能力超过 150t 钛合金。尽管 Arcam 公司研发的 EBSM 设备性能稳定，但对标准配置材料以外的其他材料的兼容性不足。

Arcam AB 公司以其创新的电子束熔化技术而闻名，其产品各型号具体信息见表 6-4。

2. 专利申请趋势分析

截至 2020 年 11 月，Arcam AB 公司共拥有 448 件专利。图 6-7 所示为 Arcam AB 公司的专利申请趋势。最早在 1991 年就开始了专利申请，早期申请量稍小；2000 年之后申请量大增并呈阶段性波动增长。2010 年后呈连续式大幅增长，2014 年达到年申请量 54 件，近几年也维持在 50 件左右。这里需要说明的是，由于发明专利审查的周期，图 6-7 所示的近 3 年数量下降不具参考意义。

Arcam AB 专利申请在全球区域分布如图 6-8 所示。分析发现，Arcam AB 的专利布局主要分布在美国、世界知识产权组织、中国和欧洲专利局；美国排名首位，申请量占据了其整个申请量的 40%；排名第三位和第四位的中国和欧洲专利局申请量占比均达到 12%；Arcam AB 在世界知识产权组织申请的 PCT 专利占比达到 20%，仅次于美国。由此可见，Arcam AB 非常重视美国、中国和欧洲的市场，并且常常通过国际专利申请优先布局，抢占时间先机，再通过选择进入需要布局的各个国家。由图 6-8 可以体现 Arcam AB 公司对不同地区市场的重视程度。

Arcam AB 公司的技术构成时间分布如图 6-9 所示。表 6-5 为 Arcam AB 涉及技术分支 IPC 分类号及其含义。这里结合图 6-9 与表 6-5 的 IPC 分类号可知：其长期的布局重点都集中在 B22F3/105，其次是 B23K15/00；2013 年和 2014 年共布局了 6 个电子枪方向的专利；2012 年和 2014 年共布局了 4 个金属粉末处理方面的专利。由于 Arcam AB 专利数量很多，将其根据同族个数排列后，列举出排名前 10 位，也就是 Arcam AB 公司市场布局范围最广，也可以理解为其最核心的专利。

表 6-4 Arcam AB 公司产品各型号具体信息

产品名称	Arcam Spectra H	Arcam Q10plus	Arcam Q20plus	Arcam A2X
特征	1) 扩展平台是高热材料的最大 EBM 构建量 2) 直径为 250mm, 高为 430mm 3) 在超过 1000°C 的温度下加入易产生裂纹的金属 4) 自动校准 6kW 光束 5) 闭环系统, 防尘环境 6) 可移动的隔热罩, 可提高隔热效果 7) 自动粉末分配和粉末回收系统 8) 旋风分离器和磁力分离器可实现最佳粉末控制	1) 易于使用的操作员界面 2) 最新一代 EB 枪 3) Arcam xQam™ 可实现高精度自动校准 4) Arcam LayerQam™ 用于构建验证 5) 高效的粉末处理 6) 适用于批量生产的软件	1) 易于使用的操作员界面 2) 最新一代 EB 枪 3) Arcam xQam™ 可实现高精度自动校准 4) Arcam LayerQam™ 用于构建验证 5) 高效的粉末处理 6) 适用于批量生产的软件	1) Arcam A2X 设计用于加工钛合金以及需要提高工艺温度的材料 2) Arcam A2X 系统设计用于生产航空航天领域的功能部件, 以及各种材料的一般工业 3) Arcam A2X 的构建室专门设计用于承受高达 1100°C 的极高工艺温度。这使其特别适用于制造 TiAl 和 718 合金的部件 4) 除生产外, Arcam A2X 非常适合研究和开发新材料的工艺。Arcam 有一个开放的材料策略, 可以积极支持使用自己流程开发的客户
图片				

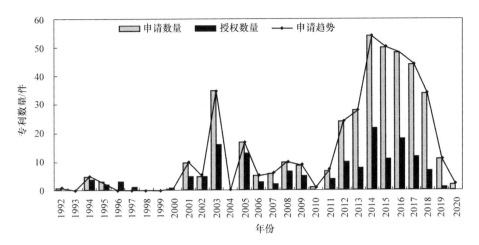

图 6-7　Arcam AB 公司的专利申请趋势

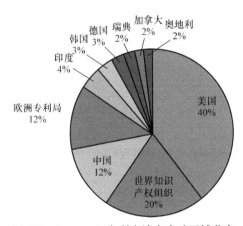

图 6-8　Arcam AB 专利申请在全球区域分布

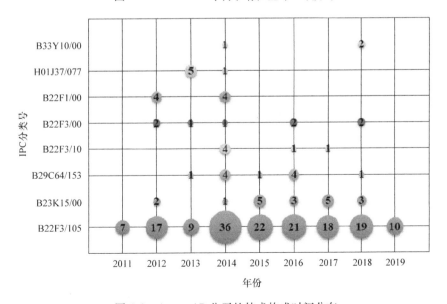

图 6-9　Arcam AB 公司的技术构成时间分布

表 6-5　Arcam AB 涉及技术分支 IPC 分类号及其含义

IPC 分类号	含义
B22F3/105	利用电流、激光或等离子体烧结金属粉末
B23K15/00	电子束焊接或切割
B29C64/153	粉末选择性激光烧结或融化
B22F3/10	金属粉末烧结成形
B22F3/00	金属粉末成形
B22F1/00	金属粉末的专门处理，如使之易于加工，或改善其性质
H01J37/077	用气体或蒸汽放电做电子源的电子枪
B33Y10/00	增材制造的过程

表 6-6 列出了 Arcam AB 公司电子束选区熔化重点专利。

表 6-6　Arcam AB 公司电子束选区熔化重点专利

申请号	专利简介	法律状态
US10538276	本发明涉及一种用电子枪选区融化生产三维产品的装置，该布置包括一个壳体，在该壳体中压力相对于大气压力减小，并且工作台和电子枪位于该壳体中，粉末分配器或连接到粉末分配器的供应管部分地布置在壳体外部	授权
US10536897	本发明涉及一种用电子枪选区融化生产三维产品的装置	有效
US10258490	一种用电子枪选区融化生产三维产品的装置	授权
US10539587	一种用于通过将粉末床的选定区域相继熔合在一起来生产三维物体的装置和方法	授权
US11918376	在用于生产三维物体的工作区域上供给和分配粉末的系统、设备和方法	有效
US13471737	涉及一种使用粉末状材料层层制造三维物体的设备，粉末状材料可以通过用能量束照射来固化，设备包括用于产生能量束的电子枪和工作区域，粉末状材料分布在工作区域上并且在照射期间能量束扫过工作区域	暂缺
US14636607	涉及一种用于焊接工件的方法，包括以下步骤：用高能束在工件上的第一位置进行第一次焊接，用至少一个偏转透镜偏转高能束，以便在工件上的第二位置进行第二次焊接，用至少一个聚焦透镜将高能束聚焦在工件上，用至少一个散光透镜对工件上的高能束进行整形，使得工件上的高能束的形状在平行于所述高能束的偏转方向的方向上比在垂直于偏转方向的方向上长，本发明还涉及散光透镜的用途和用于形成三维制品的方法	暂缺
US12309849	一种从粉末材料生产三维物体的方法和装置，粉末材料能够通过用高能束照射而固化。该方法包括用高能束沿预定路径在预热区域上均匀地预热粉末材料，使得连续的路径以最小安全距离隔开，最小安全距离适于防止预热区域中的不希望的求和效应，然后通过将粉末材料熔合在一起来固化粉末材料	有效
US13144451	涉及一种用于使用粉末状材料逐层制造三维物体的设备	授权
WOSE11050093	涉及一种通过相继提供粉末层并将层的选定区域熔合在一起来生产三维物体的方法	部分进入指定国家
US08549687	制造三维物体的方法和设备	授权后失效

（续）

申请号	专利简介	法律状态
US14349052	在三维制品过程中提高分辨率的方法，该方法包括提供一个真空室，提供一种电子枪，提供粉层上工作台在真空室等	有效
US14390978	增材制造过程的粉末分布器	有效
US13881597	制造三维物体的方法	有效
US14230922	增材制造方法和设备	授权
US13828112	产生电子枪的方法和设备	有效
US14252984	增材制造过程的粉末分布	授权
US14547530	三维制品的增材制造	授权

6.7.2 　天津清研智束科技有限公司电子选区熔化专利分析

1. 公司背景及产品介绍

2004 年，清华大学林峰教授的 3D 打印团队研发出第一台电子束选区熔化试验系统 EB-SM – 150，同时取得国内首个电子束选区熔化金属 3D 打印技术专利。2007—2014 年间，清华大学与西北有色院合作，自主研发出更大成形尺寸的 EBSM – 250 试验系统，先后制造了 3 台应用于科研院所。2015 年依托清华大学，天津高端装备研究院成立了天津清研智束科技有限公司，专业提供高端金属 3D 打印"装备＋工艺＋应用"集成解决方案。2017 年之后，天津清研智束科技有限公司推出了商业化开源电子束金属 3D 打印机 QbeamLab，QbeamMed 和 QbeamAero 等型号，开始应用于国内外航空航天、船舶、工业制造等领域。

QbeamLab 设备属于单向铺粉，最大成形尺寸为 200nm×200nm×240nm，采用钨灯丝直热，最小束斑直径为 200μm，适用于新材料开发及科研。QbeamMed 属于双向铺粉，最大成形尺寸为 200nm×200nm×240nm，采用电加热单晶，最小束斑直径为 150μm，适用于医疗骨科植入体制造。QbeamAero 属于双向铺粉，最大成形尺寸为 350mm×350mm×400mm，采用电加热单晶，最小束斑直径为 180μm，适用于航空航天及工业制造。其设备有以下共性特点：工艺参数开源、模块化可定制、主动式供粉、网格扫描加热、电子束自动校准、过程在线监控。目前支持的材料有 316L 不锈钢、钛合金、高温金属、Co – Cr 等。天津清研智束科技有限公司产品各型号具体信息见表 6-7。

表 6-7 　天津清研智束科技有限公司产品各型号具体信息

型号	QbeamLab	QbeamMed	QbeamAero
最大成形尺寸	200nm×200nm×240nm	200nm×200nm×240nm	350nm×350nm×400mm
成形精度/mm	±0.2	±0.2	±0.2
电子束最大功率/kW	3	3	3
电子加速电压/V	60	60	60
电子束流/mA	0～50	0～50	0～50
阴极类型	钨灯丝直热	电加热单晶	电加热单晶
最小束斑直径/μm	200	150	180

（续）

型号	QbeamLab	QbeamMed	QbeamAero
电子束跳转速度/(m/s)	最大 10000	最大 10000	最大 7500
极限真空度/Pa	$<10^{-2}$	$<10^{-2}$	$<10^{-2}$
粉床温度/℃	取决于材料，最大 1100	取决于材料，最大 1100	取决于材料和底板尺寸，最大 1100
刮粉方式	单向	双向	双向
零件冷却	主动式水冷块	主动式水冷块	主动式水冷块
工艺观察	光学摄像头	光学摄像头	光学摄像头
CAD 接口	STL，CLI	STL，CLI	STL，CLI
控制软件	MetaBuikl V1.2，PC	MetaBuikl V1.2，PC	MetaBuikl V1.2，PC
尺寸/mm	≈2470×1300×2580	≈2470×1300×2580	≈4100×15100×3300
质量/kg	≈2500	≈2500	≈3600
电源	3×380V，36A，8kW	3×380V，36A，8kW	3×380V，36A，8kW
使用场景	新材料开发及科研	医疗骨科植入体制造	航空航天及工业制造
外观			

2. 专利申请趋势及地域分析

经过检索，截至 2020 年 11 月，天津清研智束科技有限公司共拥有 40 件专利，21 件已授权专利，其中发明授权 9 件，实用新型授权 12 件。图 6-10 所示为天津清研智束科技有限公司专利申请趋势。分析发现，2015 年公司成立后就申请了 12 件专利，7 件授权，其中发明 3 件，实用新型 4 件；2016 年申请专利 6 件，授权 4 件，其中发明、实用新型各 2 件；2017 年申请专利 10 件，授权 5 件，其中发明 2 件，实用新型 3 件；2018 年申请专利 4 件，授权 1 件实用新型；2019 年申请 5 件专利；由于 2017 年、2018 年、2019 年还有一部分专利

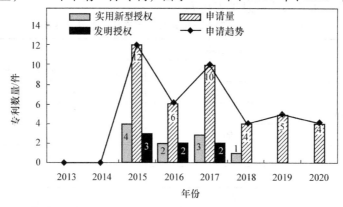

图 6-10 天津清研智束科技有限公司专利申请趋势

在审查中，所以之后各年份授权量还会变动。

图 6-11 所示为天津清研智束科技有限公司所有审结专利法律状态，由图 6-11 可知，天津清研智束科技有限公司的专利授权率相当的高，在审结的专利申请中授权率达到 68%，其他失效的 8 件专利中，被驳回的 5 件，同日申请发明授权后撤回的 2 件，被视为撤回的 1 件。

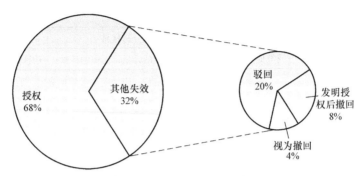

图 6-11　天津清研智束科技有限公司所有审结专利法律状态

天津清研智束科技有限公司相关专利的全球布局如图 6-12 所示，天津清研智束科技有限公司目前主要的专利申请区域还是中国，占到 89%，近三年通过在世界知识产权组织申请 PCT 准备在全球范围内布局，2017 年 2 个 PCT，2019 年 1 个 PCT。2017 年的两个 PCT 已经过了有效期，2017 年的 PCT 专利 WOCN17095786 在有效期间曾申请进入欧洲和德国，均未成功授权，仅成功进入印度，获得 1 个专利授权。2019 年的 PCT 还可以在 32 个月之内进入全球各个国家，目前尚无法预测。

图 6-12　天津清研智束科技有限公司相关专利的全球布局

3. 技术构成分布

图 6-13 所示为天津清研智束科技有限公司的全球技术构成分布，结合表 6-8 的 IPC 分类号可知：其在中国的技术分支和世界知识产权组织的主要分支都为 B22F、B29C 和 B33Y。

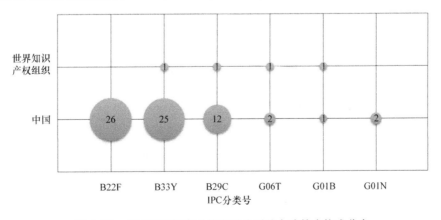

图 6-13　天津清研智束科技有限公司的全球技术构成分布

表6-8　天津清研智束科技有限公司涉及技术分支IPC分类号

IPC 分类号	含义
B22F	金属粉末的加工；由金属粉末制造制品；金属粉末的制造（用粉末冶金法制造合金入C22C）；金属粉末的专用装置或设备
B29C	塑料的成形或连接；塑性状态材料的成形，不包含在其他类目中的；已成形产品的后处理
G06T	一般的图像数据处理或产生
G01N	借助于测定材料的化学或物理性质来测试或分析材料
G01B	长度、厚度或类似线性尺寸的计量；角度的计量；面积的计量；不规则的表面或轮廓的计量
B33Y	附加制造，即三维物品制造，通过附加沉积、附加凝聚或附加分层，如3D打印、立体照片或选择性激光烧结

　　天津清研智束科技有限公司的专利类型分布如图6-14所示。天津清研智束科技有限公司的专利技术发展历程如图6-15~图6-17所示。可看出在装置、装置+方法、方法和应用的分布比例，装置、装置+方法两类专利占比较高，合计占比89%，纯方法和应用类专利占比很小，合计占比11%。

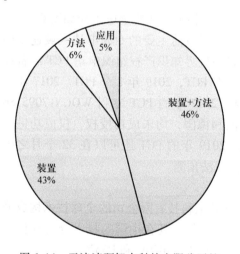

图6-14　天津清研智束科技有限公司的
专利类型分布

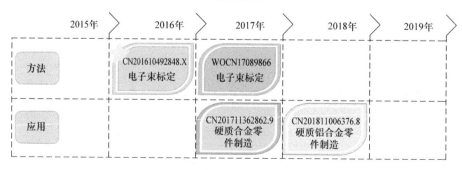

图6-15　天津清研智束科技有限公司的专利技术发展历程（一）

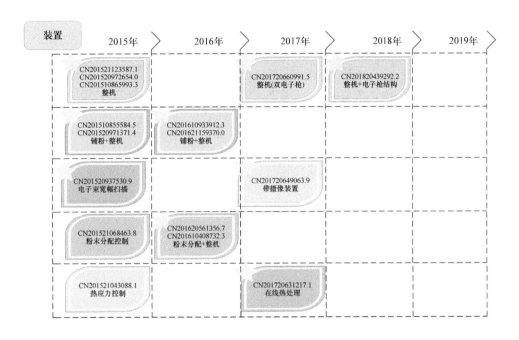

图 6-16　天津清研智束科技有限公司的专利技术发展历程（二）

结合以上技术发展历程可以发现，天津清研智束科技有限公司成立之初 2015 年专利主要是围绕 EBM 技术的整机、铺粉及粉末分配控制，获得专利授权 6 件。2016 年在技术升级的基础上提出电子束标定方法和实时粉床检测粉床变形装置及方法并获得专利授权 4 件。2017 年将授权后的电子束标定方法和实时粉床检测粉床变形装置及方法申请 PCT，同时提出新的预热功能和在线热处理功能，并开始研究硬质合金零件的制造应用，获得专利授权 2 件。2018 年开始研究电子枪，2019 年开始进一步研究电子枪发明电子束能量密度分布测量装置、电子束斑标定装置及实时原位检测技术。

天津清研智束科技有限公司的技术路线非常清晰，以装备为主导，以检测控制类为辅，从刚开始单向铺粉发展到双向铺粉，从钨灯丝直热到电加热单晶，并不断加大成形尺寸。2019 年又开始研究电子枪，申请"射线发生装置""电子束斑标定""电子束能量密度测量"等专利，可以看出其研发重点的转移。总体来说，设备相对成熟，开始重点突破核心元器件电子枪。

天津清研智束科技有限公司重点专利列举见表 6-9。

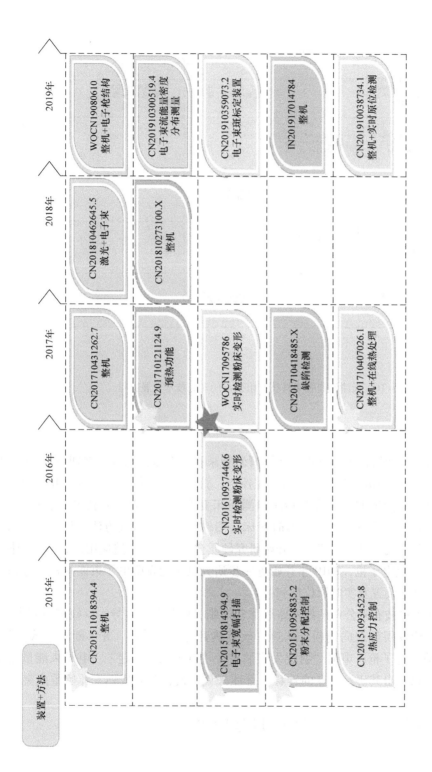

图 6-17　天津清研智束科技有限公司的专利技术发展历程（三）

表 6-9　天津清研智束科技有限公司重点专利列举

申请号	标题	摘要	法律状态
CN201910300519.4	电子束流能量密度分布测量系统及方法	该发明公开了一种电子束流能量密度分布测量系统及方法，其中，该系统包括：电子束发生偏转聚焦装置用于控制电子束的产生、聚焦和偏转；电子束能量密度测量装置用于测量漏过电子束能量密度测量装置顶部直角缺口的电子束流强度，并记录电子束的偏转信号；控制器用于控制电子束发生偏转聚焦装置产生、聚焦和偏转电子束，同时控制电子束能量密度测量装置采集电子束强度信号和记录电子束偏转信号；数据处理装置用于将电子束流强度信号根据电子束偏转信号构建成二维数据矩阵，以采用二阶微分方法计算获得电子束能量密度分布	实质审查
CN201910359073.2	电子束斑标定装置和方法	本申请提出一种电子束斑标定装置和方法，装置包括：电子束发生装置、信号采集装置、标定板、真空室和计算机设备。该装置基于计算机设备和信号采集装置的结构，通过计算机设备控制电子束发生装置产生和驱使电子束按照预设轨迹扫描标定板产生过程信号，利用信号采集装置实时采集过程信号，利用计算机设备对过程信号进行处理，确定电子束位置偏差、束斑圆度和束斑尺寸，根据位置偏差、束斑圆度和束斑尺寸，调整电子束发生装置的位置状态矩阵、像散状态矩阵和聚焦状态矩阵	实质审查
CN201910038734.1	具有实时原位检测功能的增材制造装置及方法	该发明公开了一种具有实时原位检测功能的增材制造装置及方法，增材制造装置利用二次电子逐层检测成形件质量，其中，增材制造装置包括：成形区域、电子束发射聚焦扫描装置、二次电子采集装置和控制器。控制器控制电子束发射聚集扫描装置对成形区域进行扫描，同时控制二次电子采集装置采集电子束扫描过程中的二次电子信号和电子束偏转信号，并对信号进行数据处理生成图像、分析成形质量和进行工艺反馈控制。该发明的增材制造装置可以实时对电子束选区熔化熔融层和粉末床质量进行监测，及时发现和识别缺陷并进行修复，提高电子束选区熔化工艺的良品率并有效避免打印异常造成的材料和时间的浪费	实质审查
CN201810462645.5	复合增材制造方法及复合增材制造设备	该发明属于增材制造技术领域，公开了一种复合增材制造方法，包括以下步骤：在铺粉的过程中通过激光束对已铺设好的粉末层扫描烧结；通过电子束对烧结后的粉末层扫描预热；通过激光束和/或电子束对预设截面内预热后的粉末层扫描熔化。该发明还提供了一种采用上述复合增材制造方法的复合增材制造设备。该发明通过上述增材制造方法，在铺粉的同时由激光束对粉末层扫描烧结，一方面，通过烧结粉末层，使得粉末层的导电性得到增加，进而提高了粉末层对电子束"吹粉"的抵抗性，保证了增材制造的成功率；另一方面，铺粉与激光束对粉末层扫描烧结同步进行，极大地提高了整个增材制造的效率	实质审查

（续）

申请号	标题	摘要	法律状态
CN201810273100.X	一种增材制造装置及增材制造方法	该发明属于增材制造技术领域，公开了一种增材制造装置及增材制造方法，其中增材制造装置包括射线发生装置，射线发生装置包括：阴极，受热后能够逸出电子；激光器，用于产生激光，激光用于加热阴极；栅极，用于汇聚电子形成电子束；阳极，位于阴极下方且接地设置，阳极中间开设有孔，阳极和阴极之间形成有用于使电子束穿过孔的电位差。该发明通过激光器产生激光，并由激光加热阴极，使得阴极产生电子并形成电子束，其相较于现有技术的电加热阴极的方式，无需大电流加热，避免了因电流产生磁场会影响电子的分布，提高了阴极的寿命，也提高了增材制造时束斑的质量以及增材制造的质量和效率	实质审查
CN201711362862.9	一种硬质合金零件的制造方法	该发明属于硬质合金零件加工技术领域，公开了一种硬质合金零件的制造方法，包括：通过高能束扫描粉床上的底板或底板上已成形的零件截面，使底板或底板上已成形的零件截面温度达到预设温度；在底板上或底板上已成形的零件截面上铺设球形硬质合金粉末；对铺设好的硬质合金粉末层进行扫描预热；对预热后的硬质合金粉末层进行扫描熔化，成形出新的零件截面；重复硬质合金粉末层的铺设、预热及熔化步骤，直至成形出硬质合金零件。该发明通过高能束扫描使底板或已成形的零件截面处于较高的温度状态，使得硬质合金零件成形应力低，打印过程硬质合金零件不会开裂或开裂倾向小，成形出的硬质合金零件致密度高	撤回
CN201720631217.1	可在线热处理的增材制造装置	本实用新型属于3D打印领域，公开了一种可在线热处理的增材制造装置，包括成形室，内部具有预设的低真空度，且其上设有气体入口和气体出口；等离子体发生器，连通于成形室，用于产生电子束对成形室内的粉末层扫描预热；激光发生器，安装在成形室上且位于气体入口的一侧，用于产生激光束来熔化粉末层；控制器，连接于等离子体发生器以及激光发生器。本实用新型采用等离子体发生器产生的电子束对粉末扫描预热，不需要高真空环境，只需低真空度即可使用，使加工过程应力低，零件加工完成后无需额外进行热处理，保证了加工产品的精度和表面质量。采用激光发生器产生的激光束对粉末层进行熔化，精确地熔化截面	授权
CN201720649063.9	增材制造装置	本实用新型属于增材制造领域，公开了一种增材制造装置，包括成形室，安装在成形室内部或外部的图像拍摄装置，安装在成形室内部或外部的电子成像装置，以及连接于图像拍摄装置和电子成像装置的控制装置，图像拍摄装置用于在预热和/或熔化阶段获取可见光图像和/或红外线图像，电子成像装置用于在预热和/或熔化阶段获取电子成像图像。本实用新型通过图像拍摄装置获取可见光图像和/或红外线图像，并通过电子成像装置获取电子成像图像，并单独或融合后与标准图像对比，能够根据对比结果判断是否存在缺陷，检测准确且不易造成误检或漏检，且避免了现有缺陷检测存在的缺陷检测滞后的问题	授权

（续）

申请号	标题	摘要	法律状态
CN201720660991.5	一种增材制造装置	本实用新型属于增材制造领域，公开了一种增材制造装置，包括：成形室，顶部设有至少一个射线发生器；成形缸，可拆卸的位于成形室内，且内部设有活塞，铺粉平台，可拆卸的安装在成形室内，与成形缸配套使用且设置在成形缸的两侧；驱动轴，可拆卸地连接在活塞上，驱动轴设置有至少一个，以连接支撑不同尺寸成形缸的活塞。本实用新型通过设置至少一个射线发生器，并将成形缸、铺粉平台可拆卸的安装在成形室内，通过驱动轴可拆卸连接成形缸的活塞，当需要制造不同尺寸零件时，可直接更换成形缸以及与其配套的铺粉平台，满足对不同尺寸零件的制造，能够兼具大尺寸零件的打印能力和小尺寸零件打印的经济性	授权
CN201710431262.7	一种增材制造装置及方法	该发明属于增材制造领域，公开了一种增材制造装置及方法，装置包括成形室，顶部设有至少一个射线发生器；成形缸，可拆卸的位于成形室内，且内部设有活塞，铺粉平台，可拆卸的安装在成形室内，与成形缸配套使用且设置在成形缸的两侧；驱动轴，动密封且可移动的穿设于成形室上，并可拆卸的连接于活塞，驱动轴设置有至少一个，以连接支撑不同尺寸的成形缸的活塞。通过设置至少一个射线发生器，并将成形缸、铺粉平台可拆卸的安装在成形室内，通过驱动轴可拆卸连接成形缸的活塞，当需要制造不同尺寸的零件时，可以直接更换成形缸以及与其配套的铺粉平台，进而满足对不同尺寸的零件的制造，能够兼具大尺寸零件的打印能力和小尺寸零件打印的经济性	实质审查
CN201710407026.1	可在线热处理的增材制造装置及方法	该发明属于3D打印领域，公开了一种可在线热处理的增材制造装置，包括成形室，内部具有预设的低真空度，且其上设有气体入口和气体出口；等离子体发生器，连通于成形室，用于产生电子束对成形室内的粉末层扫描预热；激光发生器，安装在成形室上且位于气体入口的一侧，用于产生激光束来熔化粉末层；控制器，连接于等离子体发生器及激光发生器。该发明还公开了一种可在线热处理的增材制造方法。采用等离子体发生器产生的电子束对粉末层扫描预热，不需要高真空环境，只需低真空度即可使用，使加工过程应力低，零件加工完成后无需额外进行热处理，保证了加工产品的精度和表面质量。采用激光发生器产生的激光束对粉末层进行熔化，精确地熔化截面	授权

（续）

申请号	标题	摘要	法律状态
CN201710418485.X	增材制造缺陷检测方法及增材制造装置	该发明属于增材制造领域，公开了一种增材制造缺陷检测方法，包括：至少在预热和/或熔化阶段，通过图像拍摄装置获取可见光图像和/或红外线图像，并通过电子成像装置获取电子成像图像；将可见光图像和/或红外线图像与电子成像图像单独或融合后与标准图像进行对比，在存在差异时，确定预热和/或熔化阶段存在缺陷。该发明还公开了一种增材制造装置，包括成形室、图像拍摄装置及电子成像装置。该发明通过图像拍摄装置获取可见光图像和/或红外线图像，并通过电子成像装置获取电子成像图像，并单独或融合后与标准图像对比，能够根据对比结果判断是否存在缺陷，检测准确且不易造成误检或漏检，且避免了现有缺陷检测存在的缺陷检测滞后的问题	实质审查
CN201710121124.9	具有预热功能的增材制造方法及增材制造装置	该发明属于增材制造技术领域，公开了一种具有预热功能的增材制造方法及增材制造装置，该方法包括控制射线对粉床表面进行光栅式的预热扫描，光栅式的预热扫描为：射线沿水平方向的扫描路径和竖直方向的扫描路径交替地对粉床表面扫描。该发明还包括一种增材制造装置。该发明能够实现对粉床表面的全面预热，而且通过沿水平方向的扫描路径和竖直方向的扫描路径交替地扫描，能够使得预热所形成的温度场更加均匀，最大限度地避免电荷集中，为3D打印奠定了良好的基础。该发明能够有效地解决现有增材制造装置因无法检测粉床表面变形或检测可靠性低、检测结果不准确导致的三维实体零件成为废品的问题，避免了材料与时间的浪费	授权
CN201610937446.6	实时检测粉床表面变形的增材制造方法及增材制造装置	该发明属于增材制造技术领域，公开了一种实时检测粉床表面变形的增材制造方法及增材制造装置，该方法包括以下步骤：控制射线对粉床表面光栅式扫描，形成光栅线；控制成像装置对光栅线进行成像，并根据成像结果判断光栅线是否存在变形；在光栅线存在变形且变形量大于允许值时，停止增材制造。该发明通过上述增材制造方法，能够有效地解决现有增材制造装置因无法检测粉床表面变形或检测可靠性低、检测结果不准确导致的三维实体零件成为废品的问题，避免了材料与时间的浪费。而且上述射线既是热源，同时也是检测的光源，检测方法可靠性高	授权
CN201520937530.9	实现电子束宽幅扫描的控制装置以及增材制造设备	本实用新型公开了一种能够实现电子束宽幅扫描的控制装置以及能够实现电子束宽幅扫描的增材制造设备，其中实现电子束宽幅扫描的控制装置，包括：阴极、栅极、阳极、聚焦线圈、偏转线圈、消像散线圈和DA转换器，消像散线圈，用以产生消像散磁，通过产生的消像散磁场来控制像散程度；不仅可以通过改变聚焦线圈电流来使电子束良好聚焦，还可以通过改变消像散线圈电流来消除电子束的像散，使得束斑仍然保持较高质量。另外本实用新型还大大提升了电子束选区熔化增材制造（3D打印）的成形质量，特别是打印较大零件的精度和质量。而本实用新型中的电子束宽幅扫描的控制方法，方法可操作性强，使的电子束能够在宽幅范围内实现任意路径的高质量扫描	授权

（续）

申请号	标题	摘要	法律状态
CN201621159370.0	一种铺粉装置及增材制造装置	本实用新型属于3D打印技术领域，公开了一种铺粉装置及增材制造装置，其中铺粉装置包括铺粉平台，位于铺粉平台两侧上方且放有粉末材料的料斗，还包括设置于铺粉平台上的刮刀，刮刀竖直设置且沿水平方向可移动，刮刀上设有连通铺粉平台的放置腔，料斗内的粉末材料输送至放置腔内，并由刮刀带动移动。本实用新型的增材制造装置包括上述铺粉装置。通过上述铺粉装置，将刮刀竖直设置且沿水平方向可移动，能够实现粉末材料的双向铺设，而且在刮刀上设有放置腔，粉末材料置于该放置腔内，相对于现有的双向铺粉的增材制造装置，本实用新型的刮刀无需上升、水平和下降的运动，只需水平移动即可完成双向铺粉，避免了时间的浪费，有效地提高了铺粉效率	授权
CN201610933912.3	一种铺粉装置及增材制造装置	该发明属于3D打印技术领域，公开了一种铺粉装置及增材制造装置，其中铺粉装置包括铺粉平台，位于铺粉平台两侧上方且放有粉末材料的料斗，还包括设置于铺粉平台上的刮刀，刮刀竖直设置且沿水平方向可移动，刮刀上设有连通铺粉平台的放置腔，料斗内的粉末材料输送至放置腔内，并由刮刀带动移动。该发明的增材制造装置包括上述铺粉装置。通过上述铺粉装置，将刮刀竖直设置且沿水平方向可移动，能够实现粉末材料的双向铺设，而且在刮刀上设有放置腔，粉末材料置于该放置腔内，相对于现有的双向铺粉的增材制造装置，该发明的刮刀无需上升、水平和下降的运动，只需水平移动即可完成双向铺粉，避免了时间的浪费，有效地提高了铺粉效率	驳回
CN201521123587.1	一种增材制造装置	本实用新型公开了增材制造装置，增材制造装置包括射线发生装置和成形室，射线发生装置位于成形室的上方，射线发生装置用以产生熔化粉末材料的射线，在成形室中还包括粉末接收盒和粉箱，粉末接收盒位于粉箱的下方出口处，在粉末接收盒内安装有发热装置，在粉末接收盒下方连接有称重传感器。在本实用新型的增材制造装置，其中粉末接收盒可对粉末材料进行预处理，将粉末材料加热至预定温度去除水分，在增材制造逐层铺粉的过程中，对粉末逐层进行预处理，粉末材料的预处理不占用额外的时间，不会降低增材制造的效率	授权
CN201610492848.X	一种高能束斑的标定方法	该发明涉及一种标定方法，公开了一种高能束斑的标定方法，包括：调节束斑至预设坐标处，使束斑处于预设状态，记录束斑处于预设状态时的圆形度；在保持束斑像散不变的情况下，改变至少一次束斑的聚焦值；生成束斑位置参数与聚焦值之间的函数关系。该发明通过生成束斑位置参数与聚焦值之间的函数关系，并根据该函数关系以及束斑处于预设状态时的圆形度，能够实现对束斑位置的标定校准，并可以标定聚焦对束斑位置的影响，对束斑进行标定时不会受图像畸变的影响，无需求解成像装置相对束斑所在平面之间的复杂的位姿关系	授权

（续）

申请号	标题	摘要	法律状态
CN201620561356.7	一种粉末分配装置及增材制造装置	本实用新型属于增材制造相关领域，公开了一种粉末分配装置及增材制造装置，粉末分配装置包括铺粉平台，设置于铺粉平台两侧上方且放有粉末材料的料斗，铺粉平台两侧设有粉末材料放置处，料斗向粉末材料放置处输送粉末材料，铺粉平台上方设有刮刀，刮刀竖直设置且可沿水平方向及竖直方向移动，刮刀沿竖直方向上移动时，其位于粉末材料放置处的一侧。本实用新型的粉末分配装置通过可沿水平方向以及竖直方向移动的刮刀，实现了双向刮粉，相对于现有的单向刮粉，使得粉末层的厚度更加均匀，且提高了铺粉效率。而且刮刀呈竖直设置，能够更好地实现双向刮粉，且不会浪费粉末材料	授权
CN201610408732.3	一种粉末分配装置及增材制造装置	该发明属于增材制造相关领域，公开了一种粉末分配装置及增材制造装置，粉末分配装置包括铺粉平台，设置于铺粉平台两侧上方且放有粉末材料的料斗，铺粉平台两侧设有粉末材料放置处，料斗向粉末材料放置处输送粉末材料，铺粉平台上方设有刮刀，刮刀竖直设置且可沿水平方向及竖直方向移动，刮刀沿竖直方向上移动时，其位于粉末材料放置处的一侧。该发明的粉末分配装置通过可沿水平方向及竖直方向移动的刮刀，实现了双向刮粉，相对于现有的单向刮粉，使得粉末层的厚度更加均匀，且提高了铺粉效率。而且刮刀呈竖直设置，能够更好地实现双向刮粉，且不会浪费粉末材料	驳回
CN201521068463.8	一种增材制造中粉末分配量的控制装置	本实用新型涉及一种增材制造技术，具体公开了一种增材制造中粉末分配量的控制装置，设置在成形室内，成形室内设有粉末接收盒，粉末接收盒上设有重量检测装置，粉末接收盒下方设有铺粉平台，控制装置包括设置在铺粉平台至少一端下方的至少两对光产生装置和光强感应装置，剩余粉末从铺粉平台的端部掉落，且其掉落轨迹位于光产生装置和光强感应装置之间；重量检测装置、光产生装置及光强感应装置均连接于控制器。通过设置光产生装置和光强感应装置能够检测掉落的粉末余量，通过控制器将粉末余量值与预设范围进行比较，并根据比较结果调整分配的粉末总量，多次调整后确定最佳的粉末分配量，既能保证铺设的粉末层完整，又尽可能地减少粉末的消耗	放弃
CN201521043088.1	粉床式电子束增材制造中热应力的控制装置	本实用新型公开了一种粉床式电子束增材制造中热应力的控制装置，包括位于真空室上且沿摄像机拍摄方向设置的透明的玻璃窗口，摄像机透过玻璃窗口对真空室内部拍摄图像，且拍摄的图像包含粉末层以及其温度分布信息；玻璃窗口的一侧设有密封穿过真空室且可转动的转轴，转轴固接于真空室内的挡板，挡板由转轴带动在遮挡玻璃窗口的位置与错开玻璃窗口的位置之间切换。本实用新型采用摄像机透过玻璃窗口对真空室内部拍摄图像，且拍摄的图像包含粉末层及其温度分布信息，能够更好地实现对增材制造中热应力的控制；通过设置挡板，能够有效地保持玻璃窗口的透明度，降低了玻璃窗口的更换频率	放弃

（续）

申请号	标题	摘要	法律状态
CN201510934523.8	粉床式电子束增材制造中热应力的控制装置及方法	该发明公开了一种粉床式电子束增材制造中热应力的控制装置，包括位于真空室上且沿摄像机拍摄方向设置的透明的玻璃窗口，摄像机透过玻璃窗口对真空室内部拍摄图像，且拍摄的图像包含粉末层以及其温度分布信息；玻璃窗口的一侧设有密封穿过真空室且可转动的转轴，转轴固接于真空室内的挡板，挡板由转轴带动在遮挡玻璃窗口的位置与错开玻璃窗口的位置之间切换。该发明还提供一种控制方法，用于对增材制造中热应力的控制。该发明采用摄像机透过玻璃窗口对真空室内部拍摄图像，且拍摄的图像包含粉末层以及其温度分布信息，能够更好地实现对增材制造中热应力的控制；通过设置挡板，能够有效地保持玻璃窗口的透明度，降低了玻璃窗口的更换频率	授权
CN201520972654.0	一种增材制造装置	本实用新型公开了一种增材制造装置，包括成形室及位于成形室内的粉末操作装置，还包括安装框架，安装框架可拆卸的连接于成形室的内壁上；粉末操作装置包括至少一个粉箱、铺粉平台、铺粉装置及成形缸，其中粉箱、铺粉平台及成形缸均可拆卸地连接于安装框架。本实用新型通过设置安装框架，并且将安装框架与成形室以及粉末操作装置的各部件可拆卸的连接，能够将成形室内的安装框架和/或粉末操作装置的各部件移出成形室外，随后对成形室和/或各部件上的粉末进行清理，使粉末清理更加彻底，耗时更短。而且可在成形室外更换粉末材料，具有更大的操作空间，更换速度更快，2次增材成形的间隔时间短，提高了增材成形的效率	授权
CN201520971371.4	一种铺粉装置及增材制造装置	本实用新型公开了一种铺粉装置，包括：铺粉平台，放置待铺设的粉末材料；刮刀，设于铺粉平台的上方，铺设粉末材料；升降机构，其固接刮刀，并带动刮刀沿竖直方向升降；水平移动机构，连接升降机构，并带动升降机构沿水平方向移动；控制器，分别连接于升降机构与水平移动机构。通过升降机构、水平移动机构可调整刮刀下端与铺粉平台之间的间隙，减少遗漏在铺粉平台上的上一层粉末材料，避免对下一层粉末材料的配比造成影响；本实用新型还提供一种增材制造装置，采用上述铺粉装置，能够对每一层粉末材料的配比进行指定，可制造出具有多种材料成分的实体零件	授权
CN201511018394.4	一种增材制造装置及方法	该发明公开了增材制造装置及方法，装置包括电子束发生装置和成形室，电子束发生装置位于成形室的上方，电子束发生装置用以产生熔化粉末材料的射线，成形室用以提供制造所需的密闭腔室；在成形室中还包括粉末接收盒和粉箱，粉末接收盒设置于粉箱的下方出口处，用于承接该粉箱送出的粉末材料并进行预处理，预处理包括，将粉末材料加热至预定温度后将粉末材料倾倒出。在该发明的增材制造方法中，逐层铺粉的过程中，对粉末逐层进行预处理；粉末材料的预处理不占用额外的时间，不会降低增材制造的效率。在该发明的增材制造装置每次加热的粉末材料等于一个层厚度的材料，材料量少，水分去除更彻底	授权

（续）

申请号	标题	摘要	法律状态
CN201510958835.2	一种增材制造中粉末分配量的控制装置及方法	该发明涉及一种增材制造技术，具体公开了一种增材制造中粉末分配量的控制装置，设置在成形室内，成形室内设有粉末接收盒，粉末接收盒上设有重量检测装置，粉末接收盒下方设有铺粉平台，控制装置包括设置在铺粉平台至少一端下方的至少两对光产生装置和光强感应装置，剩余粉末从铺粉平台的端部掉落，且其掉落轨迹位于光产生装置和光强感应装置之间；重量检测装置、光产生装置以及光强感应装置均连接于控制器。通过设置光产生装置和光强感应装置能够检测掉落的粉末余量，通过控制器将粉末余量值与预设范围进行比较，并根据比较结果调整分配的粉末总量，多次调整后确定最佳的粉末分配量，既能保证铺设的粉末层完整，又尽可能地减少粉末的消耗	授权
CN201510814394.9	实现电子束宽幅扫描的控制装置、方法及增材制造设备	该发明公开了一种能够实现电子束宽幅扫描的控制装置、方法以及能够实现电子束宽幅扫描的增材制造设备，其中实现电子束宽幅扫描的控制装置，包括：阴极、栅极、阳极、聚焦线圈、偏转线圈、消像散线圈和DA转换器，消像散线圈，用以产生消像散磁，通过产生的消像散磁场来控制像散程度；不仅可以通过改变聚焦线圈电流来使电子束良好聚焦，还可以通过改变消像散线圈电流来消除电子束的像散，使得束斑仍然保持较高质量	驳回
CN201510865993.3	一种增材制造装置	该发明公开了一种增材制造装置，包括成形室及位于成形室内的粉末操作装置，还包括安装框架，安装框架可拆卸的连接于成形室的内壁上；粉末操作装置包括至少一个粉箱、铺粉平台、铺粉装置及成形缸，其中粉箱、铺粉平台及成形缸均可拆卸的连接于安装框架。该发明通过设置安装框架，并且将安装框架与成形室及粉末操作装置的各部件可拆卸的连接，能够将成形室内的安装框架和/或粉末操作装置的各部件移出成形室外，随后对成形室和/或各部件上的粉末进行清理，使粉末清理更加彻底	驳回
CN201510855584.5	一种铺粉装置及增材制造装置	该发明公开了一种铺粉装置，包括：铺粉平台，放置待铺设的粉末材料；刮刀，设于铺粉平台的上方，铺设粉末材料；升降机构，其固接刮刀，并带动刮刀沿竖直方向升降；水平移动机构，连接升降机构，并带动升降机构沿水平方向移动；控制器，分别连接于升降机构及水平移动机构。通过升降机构及水平移动机构可调整刮刀下端与铺粉平台之间的间隙，减少遗漏在铺粉平台上的上一层粉末材料，避免对下一层粉末材料的配比造成影响	驳回

6.8　电子束选区熔化技术专利典型案例

案例1：用于制造三维物体的装置和方法（US7537722B2）。

该专利是Arcam AB公司2003年申请的发明专利，该专利具有21个同族专利，并先后被引用117次。该专利附图如图6-18所示。该专利公开了一种用于制造三维产品的装置。

该装置包括工作台，三维产品将被构建在工作台上，一种粉末分配器，其布置在工作台上铺设薄层粉末以形成粉末床，射线枪用于向粉末发射能量，由此发生粉末的熔化，控制射线枪穿过粉末床释放光束的构件，用于通过熔化粉末床的部分而形成三维产品的横截面，控制计算机，其中存储关于三维产品的连续横截面的信息，该横截面构造三维产品，该控制计算机用于根据形成三维主体的横截面的运行时间表控制用于引导射线枪穿过粉末床的构件，由此三维产品通过由粉末分配器连续铺设的粉末层连续形成横截面的连续熔合而形成。

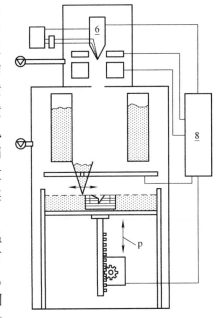

　　该专利通过提供用于检测位于粉末床上表面层温度分布的元件，可以测量和校正表面的特性，从而可以获得与所需尺寸和表面不规则性偏差减小的产品。该发明使得有可能确定熔融发生在限定的温度范围内，由此降低了缺陷出现的风险，如通过材料的蒸发或沸腾。材料的蒸发和沸腾可能导致焊接火花或其他

图 6-18　专利附图（来源：US7537722B2）

表面不规则性。该元件还允许测量粉末层中特定熔凝部分的冷却温度，由此可以降低熔凝部分中任何表面张力的出现风险和尺寸，从而减少不希望的形状变化。此外，可以测量横截面的尺寸，由此可以将形成的横截面的尺寸与目标的预期横截面进行比较，以校准射线枪的控制元件。该元件还允许测量未熔化粉末床的温度，由此可以从工艺的角度监测有利温度的保持。

　　案例 2：一种增材制造装置及方法（CN105458260B）。

　　该专利是天津清研智束科技有限公司 2015 年申请的发明专利，该专利有两个同族专利，并于 2019 年获得发明授权。该专利附图如图 6-19 所示。该专利公开了一种增材制造装置及方法，装置包括电子束发生装置和成形室，电子束发生装置位于成形室的上方，电子束发生装置用以产生熔化粉末材料的射线，成形室用以提供制造所需要的密闭腔室；在成形室中还包括粉末接收盒和粉箱，所述粉末接收盒设置于粉箱的下方出口处，用于承接该粉箱送出的粉末材料并进行预处理，预处理包括，将粉末材料加热至预定温度后将粉末材料倾倒出。在该发明的增材制造方法中，逐层铺粉的过程中，对粉末逐层进行预处理；粉末材料的预处理不占用额外的时间，不会降低增材制造的效率。在该发明的增材制造装置每次加热的粉末材料等于

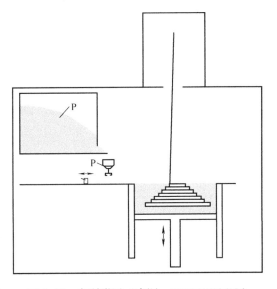

图 6-19　专利附图（来源：CN105458260B）

一个层厚度的材料，材料量少，水分去除更彻底。

参 考 文 献

［1］LOPERA L，RODRIGUEZ R，YAKOUT M，et al. Current and Potential Applications of Additive Manufacturing for Power Electronics ［J］. IEEE Open Journal of Power Electronics，2021（2）：33 – 42.

［2］汤慧萍，王建，逯圣路，等. 电子束选区熔化成形技术研究进展 ［J］. 中国材料进展，2015，34（3）：225 – 235.

［3］冉江涛，赵鸿，高华兵，等. 电子束选区熔化成形技术及应用 ［J］. 航空制造技术，2019，62（1）：48 – 59.

［4］郭超，张平平，林峰. 电子束选区熔化增材制造技术研究进展 ［J］. 工业技术创新，2017（4）：10 – 18.

［5］邢希学，潘丽华，王勇，等. 电子束选区熔化增材制造技术研究现状分析 ［J］. 焊接，2016（7）：22 – 26.

［6］郭超，林峰，张平平. 增材制造让生产线更柔性——增材制造技术之电子束选区熔化 ［J］. 现代制造，2016（47）：10 – 13.

第 7 章　激光近净成形技术专利分析

7.1　激光近净成形技术原理

激光近净成形（laser engineered net shaping，LENS）也叫激光熔化沉积（laser metal deposition，LMD）。美国密歇根大学称为直接金属沉积（direct metal deposition，DMD），英国伯明翰大学称为直接激光成形（directed laser fabrication，DLF），加拿大国家科学院集成制造技术研究所称为激光合成即 LC（laser consolidation）系统，我国西北工业大学黄卫东教授称其为激光快速成形（laser rapid forming，LRF）。由于 LENS 技术是由全球各个大学和机构分别独立进行研究，所以对这一技术的称呼名称较多。美国材料与试验协会（ASTM）标准中将该技术统一规范为金属直接沉积制造（directed energy depositioin，DED）技术的一部分。本章将 DMD（direct metal deposition）技术、LSF（laser solid forming）技术、LMD（laser melt deposition）技术、激光立体成形技术等金属粉末的激光熔覆净成形技术统一归为激光近净成形技术。

激光近净成形技术原理如图 7-1 所示。通过激光在沉积区域产生熔池并持续熔化粉末或丝状材料而逐层沉积生成三维制件。以金属粉末为成形原材料，以高能束的激光作为热源，根据成形零件 CAD 模型的分层切片信息规划加工路径，将同步送出的金属粉末进行逐层熔化、快速凝固、逐层沉积，从而实现整个金属零件的直接制造。激光近净成形技术可适应多重金属材料的成形，成形得到的零件具有组织致密、快速熔凝特征，力学性能较高，并可实现非均质和梯度材料零件的制造。激光近净成形系统主要包括：激光器、冷水机、CNC 数控工作台、同轴送粉喷嘴、送粉器及其他辅助装置。

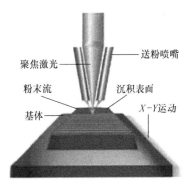

图 7-1　激光近净成形技术原理

激光近净成形技术将选择性激光烧结技术和激光熔覆技术相结合，既保持了选择性激光烧结技术成形零件的优点，又克服了其成形零件密度低、性能差的缺点。其优点是结合在线强化手段，可以以小制大，制备大型致密结构件无需大型锻造工业装备，且具有零件机械加工余量小、数控加工时间短、材料利用率高、生产周期短、制造成本低的特点。但是该技术要使用高功率激光器，设备造价较高，成形时热应力较大，成形制件表面精度不高。目前，激光近净成形技术可用于制造和修复金属模具、大型金属零件、大尺寸薄壁零件，也可用于加工活性金属，如钛、镍、钽、钨、铼及其他特殊金属。目前主要用于打印比较成熟的商业化金属合金粉末材料，包括不锈钢、钛合金、镍基合金等。

7.2　激光近净成形技术发展概况

激光近净成形技术是 20 世纪 90 年代首先从美国发展起来的。1995 年，美国 Sandia 国家实验室开发出了直接由激光束逐层熔化金属粉末来制造致密金属零件的快速近净成形技术。此后，Sandia 国家实验室利用 LENS 技术针对镍基高温合金、钛合金、奥氏体型不锈钢、工具钢、钨等多种金属材料开展了大量的成形工艺研究。在 1999 年 9 月 10 日申请了专利号为 US6459951A 的专利申请，在该专利中将激光熔敷技术和激光烧结技术进行有机的结合，提出了激光近净成形的概念，并对激光近净成形的原理和装置进行了专利保护。Sandia 国家实验室还组织 11 家美国单位组成激光近净成形联盟进行后续研发，最后由美国 Optomec 公司对激光近净成形技术进行商业运作。

1995 年，美国国防部高级研究计划署和海军研究所联合出资，由约翰霍普金斯大学、宾州州立大学和 MTS 公司共同开发一项名为"钛合金的柔性制造技术"的项目，目标是利用大功率 CO_2 激光器实现大尺寸钛合金零件的制造。基于这一项目的研究成果，1997 年 MTS 公司出资与约翰霍普金斯大学、宾州州立大学合作成立了 AeroMet 公司。为了提高沉积效率并生产大型钛合金零件，AeroMet 公司采用 14~18kW 大功率 CO_2 激光器和 3.0m × 3.0m × 1.2m 大型加工舱室，Ti-6Al-4V 合金的沉积速度达 1~2kg/h。AeroMet 公司获得了美国空军、国防部及三大美国军机制造商波音、洛克希德·马丁、格鲁曼公司的经费支持，开展了飞机机身钛合金结构件的激光直接沉积技术研究，先后完成了激光直接沉积钛合金结构件的性能考核和技术标准制定，并于 2002 年在世界上率先实现激光直接沉积 Ti-6Al-4V 钛合金次承力构件在 F/A-18 等飞机上的装机应用。

2000 年由 Optomec 公司成功推出商业化的激光近净成形系统，该公司另外还涉及气溶胶喷射技术（Aerosol Jet）。美国 Optomec 公司从 1999—2020 年共申请了 130 余件专利技术，对其生产销售的激光近净成形设备从喷枪、装置、激光发射头、金属合成材料、保护装置等进行专利保护。同时应用 LENS 技术修复传统焊接方法无法修复的零件。成功修复发动机高温合金和钛合金叶片以及 T700 一级涡轮整体叶盘，其性能优于原始材料的性能。

德国弗劳恩霍夫研究所在激光同轴送粉工艺方面，采用 10kW 盘形激光器和共轴电源递送系统的 DMD 设备，能够在不到 2min 时间内生产出一个单独的整体叶盘叶片。瑞士洛桑理工学院利用其开发的 LMF 技术，开展了单晶涡轮叶片修复技术研究，修复区界面的电子背散射衍射晶粒结构图显示沉积层具有定向外延生长特征。另外 MTU 公司也利用激光同轴送粉工艺对单晶高涡叶片进行修复研究，对低涡工作叶片进行 Z 形齿阻尼面耐磨层制备。美国 GE 公司还利用直接金属激光熔化技术（DMLM）打印航空发动机的高压涡轮叶片，该高压涡轮叶片包含若干个复杂的冷却凹槽，材料为钴铬合金。2017 年德国增材制造公司 TRUMPF 提出新的 EHLA 激光金属涂层工艺技术。EHLA 是一种高速的激光沉积焊接技术，最新的 EHLA 工艺对于金属涂层来说更加快速、更加高效，可以实现每秒制作 $250cm^2$ 的涂层，这相对于传统工艺的 $10~40cm^2/s$ 而言，是一次巨大的飞跃。

　　经过十几年的发展，国外激光直接沉积增材制造系统典型代表包括美国 Optomec 公司 Lens850、德国 Trumpf 和美国 POM 集团公司 DMD505、美国 Huffman 公司 HP - 205 等。国外利用这些商业化的技术及设备已经取得了实质性的成果，可制备叠层材料、功能复合材料、"变成分"材料的零件，以及制造整体叶盘、框、梁等关键构件，其力学性能达到锻件的水平。该技术相关成果已在武装直升机、AIM 导弹、波音 7 × 7 客机、F/A - 18 E/F、F22 战机等方面均有实际应用，已成为美国航空航天国防武器装备金属结构件的核心制造新技术之一。

　　国内在激光近净成形方面的研究起步比国外稍晚 2 年，但也取得了不错的成果。从 1997 年开始，北京航空航天大学王华明院士团队、西北工业大学黄卫东教授团队、中航工业北京航空制造工程研究所等国内多个研究机构开展了激光直接沉积工艺研究、力学性能控制、成套装备研发及工程应用，并且获得了多项发明专利授权。其中，大型关键金属构件激光增材制造过程中，对凝固晶粒形态和显微组织控制相关工艺研究是热点。北京航空航天大学在飞机大型整体钛合金主承力结构件激光快速成形及装机应用关键技术研究方面取得突破性进展，研制出某型号飞机钛合金前起落架整体支撑框、C919 接头窗框等金属零部件；中航工业北京航空制造工程研究所成功修复了某型号 TC11 钛合金整体叶轮，并通过试车考核。国内激光近净成形技术的典型企业代表有北京航空航天大学、西北工业大学、西安交通大学、沈阳大陆激光集团、铂力特、中科煜宸、鑫精合、南京煜辰等。

　　目前，集成激光近净成形技术、数控机床、在线热处理以及检测等诸多功能为一体的复合制造装备是国内外研究热点。其中，增减材复合制造一体机床被市场看好。继 DMG MORI 公司推出 LASERTEC 65 3D 和 LASERTEC 4300 3D 型增减材复合制造机床后，有多个公司已推出了商品化的增减材复合制造设备，包括 Hamul 公司的 HYBRID HSTM1000、MAZAK 公司的 INTEGR EXi - 400AM、OPTOMEC 公司的 LENS 3D METAL HYBRID 等。国内外相关产业化的设备，只是功能有一些差别，有些设备主要侧重于不锈钢、高温合金，有些设备则能兼顾钛合金等易氧化材料。

　　国家增材制造创新中心和西安交通大学等单位推出 5 轴激光增减材复合制造装备，能够实现增材成形和减材加工的自由切换，形成了不锈钢、模具钢、高温合金、钛合金、铜合金等多种材料的复合制造工艺能力。国家增材制造创新中心研发的 5 轴联动增减材装备及应用如图 7-2 所示。由于融合了增材制造和减材制造技术的优势，通过增材可以实现零件的近净成形，通过减材可以保证表面质量和精度。同时增减材复合制造还可以实现边增边减，对于具有内腔、内孔、内流道的复杂零件，在工艺制定阶段，可以将其分段制造，逐段增材、逐段切削，实现内腔的加工来保证质量。当前，增减材一体化制造应用的难点在于工艺的复合，即怎样把增材和减材两个不同原理的加工工艺有效复合，因为增材本身有热输入，会引起变形，而减材则需要冷却，因此增减材的复合需要考虑两者之间的相互影响。

LMDH600S	LMDH600A	LMDH1000A	LMDH320A
台面尺寸：φ625mm 行程：800mm/800mm/550mm	台面尺寸：φ625mm 行程：800mm/800mm/550mm	台面尺寸：φ1000mm 行程：1200mm/1425mm/1000mm	台面尺寸：φ320mm 行程：420mm/320mm/320mm
气氛保护	开放环境		
钛合金	不锈钢、模具钢、高温合金、铜合金等		

图 7-2　国家增材制造创新中心研发的 5 轴联动增减材装备及应用

7.3　激光近净成形技术专利申请趋势分析

7.3.1　专利检索策略

　　激光近净成形设备一般由光路单元、机械单元、控制单元、工艺软件和保护气密封单元几个部分组成。光路单元主要包括光纤激光器等；机械单元主要包括送粉装置、成形室、粉料缸、成形室密封设备等；控制单元由计算机和多块控制卡组成，包括激光束扫描控制系统和设备成形控制系统；工艺软件主要有：切片软件、扫描路径生成软件和设备控制软件。专利检索要素与关键词见表 7-1。

表 7-1　专利检索要素与关键词

检索要素	中文关键词	英文关键词
激光系统	激光器、激光功率、光斑、离焦量	scanning strategy, path planning, variable spot, preheating slow cooling, laser stitching.
扫描控制	扫描策略、路径规划、反馈控制	scanning strategy, path planning, feedback control
送粉系统	送粉器、送粉喷嘴、同轴喷嘴、熔覆头、激光头、保护气体、同轴送粉、偏置式送粉、旁轴送粉、同步送粉、送粉速度	powder feeder, powder – feeder nozzle, coaxial nozzle, cladding head, protective gas, coaxial powder – feeding, paraxial powder feeding, side feeding powder, synchronous powder feeding, powder feeding rate
成形装置	熔覆工艺、基板预热、除烟除尘、基板调平、预热、缓冷、提升量、沉积速度、水氧含量、整体气氛防护、局部气氛防护、应力消减、连续激光、准连续激光、脉冲激光、异种金属熔覆	cladding process, powder cylinder seal, substrate preheating, smoke removal and dust removal, uniform airflow, substrate leveling, two – way paving, forming cavity uniformity, cladding rate, water and oxygen content, overall atmosphere protection, local atmosphere protection, stress reduction, continuous/quasi – continuous/pulsed laser, dissimilar metal cladding
过程检测	激光功率检测、熔池监测、工艺过程检测	laser power detection, powder bed detection, weld pool monitoring, process inspection
主要 IPC 分类号	C23C24、B23K26、B22F3/105	
主要申请人	美国 Sandia 国家实验室、Optomec 公司、美国 POM 集团公司、Rolls – Royce 公司、美国通用电气公司、苏州大学、浙江工业大学、江苏大学、北京航空航天大学、西北工业大学、沈阳大陆激光集团、铂力特、中科煜宸、鑫精合、BeAM、德玛吉、马扎克	

　　基于前文对激光近净成形技术概念及发展现状的分析基础，下面利用 IncoPat 全球数据库针对激光近净成形专利进行分析。主要检索对象包括在我国申请和授权的发明申请、发明授权、实用新型、外观专利，其他国家申请和授权专利、外观专利等，使用的关键词包括激光近净成形、激光快速成形、直接金属沉积、激光近形制造、激光熔覆、送粉器等。除此之外使用 IPC 分类号 B22F3/105、C23C24/10、B23K26/342、B23K26/354 结合关键词进行初步检索，之后补充检索了行业有影响力企业 Optomec、德玛吉、马扎克等公司，得到数据 2921 件。经申请号合并后去噪，最终获得有效专利 2185 件。本章后续分析均以此检索结果为数据基础。

7.3.2　专利申请趋势分析

　　全球激光近净成形相关专利申请趋势如图 7-3 所示。全球范围内关于激光近净成形的专利申请从 1995 年开始出现，1995—2000 年处于一个增长的阶段。2000 年之后到 2013 年之间激光近净成形的专利申请呈现一个波动式上升的过程，每 3 年左右出现一个小的峰值，整体处于一个缓慢增长的过程，2013 年申请量快速增长，年申请量达到 205 件，增长率达到 107%。2014—2017 年，激光近净成形专利申请量持续稳定增长，2016 年和 2017 年年申请量高达 230 件。最近 3 年左右的专利文献数据不完整，我国发明专利申请通常自申请日起 18 个月（要求提前公布的申请除外）才能被公布，部分专利申请尚未完全公开。此外 PCT

专利申请可能自申请日起 30 个月甚至更长时间之后才进入国家阶段，从而导致与之相对应的国家公布时间更晚。因此，导致所采集的数据中专利申请的统计数量比实际的申请量要少，近 3 年的申请量仅供参考。

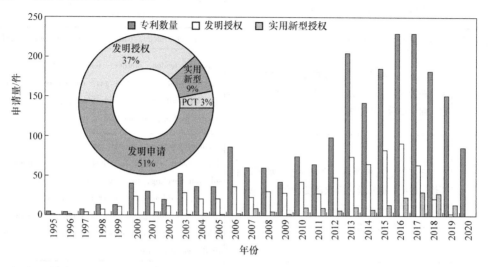

图 7-3　全球激光近净成形相关专利申请趋势

全球范围内关于激光近净成形的专利申请中发明申请占 51%，发明授权达 37%，实用新型占比 9%，国际 PCT 专利占比 3%。结合其专利申请和授权的趋势看，在 2012 年之前，激光近净成形相关的发明授权率较高，均高于 50%，近几年专利申请量迅速增长，发明授权率稍有下降，年平均授权率 40% 左右。另一方面，从发明专利和实用新型专利的申请数量比例进行分析，也反映了激光近净成形技术还处于发展期，未进入成熟期。

为达到分析激光近净成形专利申请趋势的目的，选取 CRn 指数（concentration ratio）中的申请人集中度进行量化。通过计算 2016—2020 年激光近净成形专利前 5 位和前 10 位申请人专利申请量占当年专利申请总量的比值，得到表 7-2 的结果。分析发现，激光近净成形技术专利申请人集中度较低，不超过 30%，而且下降趋势明显，由 30% 下降至 16.67% 左右，说明有更多的企业开始研发激光近净成形技术，也说明激光近净成形技术行业不存在明显的行业垄断，发展比较均衡。

表 7-2　激光近净成形技术 CRn 指数

年份	TOP5 申请人 专利申请量/件	TOP10 申请人 专利申请量/件	专利申请量/件	TOP5 CRn 指数	TOP10 CRn 指数
2016	41	67	230	17.83%	29.13%
2017	30	48	230	13.04%	20.87%
2018	17	31	182	9.34%	17.03%
2019	17	27	151	11.26%	17.88%
2020	0	1	6	0.00%	16.67%

7.4　激光近净成形技术专利申请地域分布

根据专利检索结果，我们对激光近净成形技术领域的专利进行全球区域分布、国家及申请人的分析。

全球激光近净成形专利申请区域分布如图 7-4 所示。我国关于激光近净成形专利的申请量目前以绝对的优势居于全球首位。结合图 7-5 所示的全球激光近净成形专利国家申请趋势可知，我国比美国、日本等国外的激光近净成形相关专利申请晚几年出现，但是发展相当迅速，截至目前的激光近净成形相关专利申请量达 1113 件。美国的激光近净成形相关专利申请排名第二，美国的激光近净成形专利申请开始较早在 1995 年就已出现，但相关专利申请量低速稳步增长，仅次于我国的相关专利申请量。日本关于激光近净成形的专利申请量排名第三，申请趋势图也表明，日本的相关技术研究在 1995 年就已经开始，主要是马扎克的激光加工头和日本钢管株式会社的激光熔覆方法。世界知识产权组织和欧洲专利局的专利申请分别排名第四位、第五位，通过这两种方式来进行全球专利布局的申请越来越多。韩国、德国和加拿大的激光近净成形相关专利申请量依次排名第六至八名。

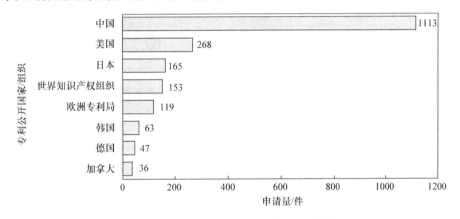

图 7-4　全球激光近净成形专利申请区域分布

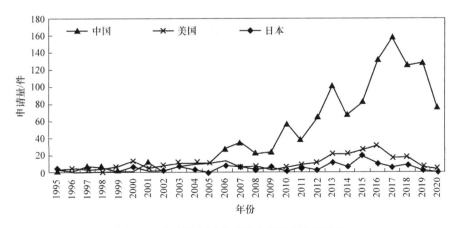

图 7-5　全球激光近净成形专利国家申请趋势

7.5　激光近净成形技术专利申请技术构成分析

采用 CITESPACE 软件对全球激光近净成形专利进行聚类分析，输出如图 7-6 所示的关系图。图 7-6 中，球形大小表示专利中该关键词出现的频次，每个关键词小球之前的距离及连线表示关键词之前的联系。可以发现，激光近净成形专利关键词基本存在 5 个聚类主题：激光快速成形装备（激光快速成形装置、快速成形系统、激光立体成形机等）、激光近净成形工艺（激光熔覆、激光快速成形工艺、路径生成、非线性规划等）、激光快速修复技术（激光修复、激光再制造、修复成形等）、金属粉末制备（高温合金、表面改性、双增强相合成等）、激光近净成形制造应用技术（航空航天部件成形、汽轮机合金层、涡轮叶片成形、翼型件成形方法等）。

图 7-6　全球激光近净成形专利技术分布聚类

7.6　激光近净成形技术专利申请人分析

激光近净成形专利申请人排名如图 7-7 所示。沈阳大陆激光技术有限公司位列第一位，是前五位中唯一一家中国企业，激光近净成形专利申请量 81 件。沈阳大陆激光技术有限公司的激光近净成形专利主要针对各类重大关键设备的激光再制造技术。第二位是通用电气公司，它主要研究的是直接金属激光熔化技术（DMLM）的装备及一些航空关键零部件的制造应用。第三位是 DMG，它的专利申请主要集中于激光熔覆制造设备及增减材一体设备和一些加工方法。第四位 Optomec 是一家专业典型的激光近净成形设备制造企业，专利申请相对全面，包含金属沉积整体设备、沉积头、送粉系统和控制系统等。第五位西门子公司，它的专利申请主要集中于一些激光近净成形的制造应用和修复方法。第六位苏州大学，它的申请集中于一些激光熔覆装置和工艺方法。第七位 Trumpf，它的专利申请也比较全面，包含整体设备，侧重于送粉系统、沉积头及激光的处理方法等专利。排名第八位、第九位、第十位的依次是西北工业大学、北京航空航天大学、南京中科煜宸激光技术有限公司等。西北工业大学和北京航空航天大学偏向于成形工艺、制造应用、修复、粉末制备等方面。南京中科煜宸激光技术有限公司的申请涉及整体的激光近净成形装备、送粉器、粉末制备、工艺方法和夹具等。

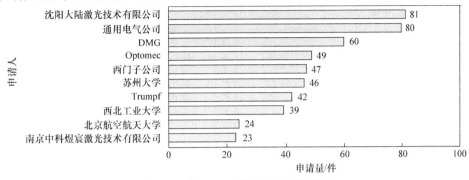

图 7-7　激光近净成形专利申请人排名

7.7　激光近净成形行业典型单位专利分析

7.7.1　Optomec 公司激光近净成形技术专利分析

1. 公司背景及产品介绍

Optomec 公司成立于 1997 年，总部位于美国新墨西哥州的阿尔伯克基。Optomec 公司与多个增材制造实施领域的领先工业公司和研究机构进行了合作，如 ARDEC 的增材制造工厂、内布拉斯加大学、NASA 和空军研究实验室等，并已经在 15 个国家安装了 140 多个系统。其客户包括 GE、波音和飞机制造商联合技术公司。

Optomec 公司产品主要涉及两种 3D 打印技术——气溶胶喷射 3D 打印技术和 LENS 金属 3D 打印技术。气溶胶喷射 3D 打印使用空气动力学聚焦，精准地将电子墨水沉积到基板上，实现电子打印。LENS 金属 3D 打印技术是使用高功率的激光将金属粉末熔合成致密的 3D 结构。该过程在密封室中进行，用氩气吹扫，使氧气和水分含量保持在 $1/10^6$ 以下，保持部件的清洁并防止氧化。粉末通过专门的进料系统输送到沉积头，从而能够精确地调节粉末的流量。Optomec 公司的 LENS 打印机支持许多种金属，包括钛、不锈钢。该方法与铺粉式增材制造方法不同，这种工艺可以在现有的几乎是任意的三维形状的基底上添加金属，而铺粉式工艺则需要一个平面二维水平基底。Optomec 的 LENS 打印机可与其他金属加工制造的工作平台（如数控机床、机器人或特制结构构架）组成混合式的生产加工系统。当 LENS 打印头装置被集成到 CNC 立式铣床后，就可以在一台机器构架上对同一金属部件进行局部堆积材料（增材）、减材加工制造或修复。

Optomec 公司的 LENS 打印机产品主要有以下 2 个系列：CS 系列，如 CS150、CS600、CS800、CS1500；MTS 系列，如 MTS500、MTS860、MTS1400 等，将一个 LENS 系统模块 LENS Print Engine（包括 SteadyFlow 送粉器、水冷 LENS 加工头及可替换喷粉头、SmartAM 闭环控制）和西门子控制系统集成为新的增减材复合系统。LENS Print Engine 作为一个独立的模块可以快速与其他金属工作平台集成，如数控铣床、车床、机器人、定制龙门系统及激光切割和焊接系统。Optomec 最近还推出了新的激光沉积头，称为 LDH 3. X，作为 LENS 系统模型的可选升级组件。Optomec 公司 LENS 相关产品的参数见表 7-3。

表 7-3　Optomec 公司 LENS 相关产品的参数

型号	LENS CS150	LENS CS600	LENS CS800	LENS CS1500
参数	成形尺寸 150mm×150mm×150mm 一级激光密封舱 三轴数控控制系统 氩气净化系统 综合送粉器 400W IPG 光纤激光器	成形尺寸 600mm×400mm×400mm 一级激光密封舱 镜头激光沉积头（LDH 3.X）与喷嘴 0.67mm 聚焦光斑尺寸（可变） 500W 光纤激光器（可增至 2kW） SteadyFlow TM 粉末进给系统 西门子 840d3 轴数控系统 综合气体净化系统	成形尺寸 800mm×600mm×600mm 一级激光密封舱 镜头激光沉积头（LDH 3.X）与喷嘴 0.67mm 聚焦光斑尺寸（可变） 500W 光纤激光器（可增至 3kW） SteadyFlow TM 粉末进给系统 西门子 840d3 轴数控系统 综合气体净化系统	成形尺寸 900mm×1500mm×900mm 一级激光密封舱 西门子 840D 互轴控制系统 XYZ 龙门架＋倾斜－旋转表 集成双粉给料机 1kW IPG 光纤激光器（可增至 3kW） 综合气体净化系统
外观				

型号	MTS500	MTS860	LENS Print Engine
参数	成形尺寸 500mm×325mm×500mm 铸铁加工平台 全面 CNC 加工能力 全面 LENS 增材成形系统 5 轴数控系统 光纤激光器 闭环控制 材料：工具钢，不锈钢，铬镍铁合金，钴，钨	成形尺寸 860mm×600mm×610mm 铸铁加工平台 全面 CNC 加工能力 全面 LENS 增材成形系统 5 轴数控系统 光纤激光器 闭环控制 材料：工具钢，不锈钢，铬镍铁合金，钴，钨	LENS 打印头 可互换的打印头喷嘴 SteadyFlow TM 送粉器 500WIPG 光纤激光器 PartPrep TM 工具路径软件 机床安全升级
外观			

2. 专利申请分析

根据专利检索结果可知，Optomec 公司目前共有 134 件专利，其中 LENS 激光近净成形技术 49 件专利，将该 49 件 LENS 相关专利结果进行同族合并后得到 39 个专利族。Optomec 公司专利申请趋势如图 7-8 所示。

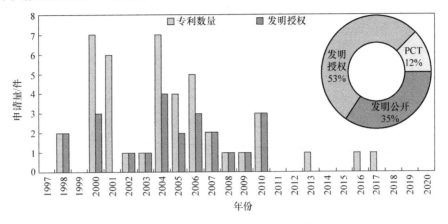

图 7-8　Optomec 公司专利申请趋势

从 20 世纪 90 年代开始 Optomec 就开始了研发并申请专利，1998 年首次申请 LENS 专利 "US6268584B1、US5993554A 增加沉积速度的多激光束喷嘴获得授权。2000 年、2001 年申请量增加，授权了 3 个发明专利，如 US6391251B1 在 CAD 模型中嵌入特征和控制材料组成的方法和设备、WO0102160A1 激光金属沉积中的热管理方法，该 PCT 专利最后在美国和澳大利亚均获得发明专利授权。2002 年、2003 年申请量较少，2004 年又迅速增加，随后至 2009 年逐年下降。2010 年年申请量回升至 3 件，之后仅在 2013 年、2016 年和 2017 年 3 年分别有 1 件专利申请。Optomec 公司专利申请全部为发明专利，纵观其专利法律状态，授权率达到 53%，PCT 专利达到 12%。

Optomec 公司专利全球布局情况如图 7-9 所示。Optomec 公司的专利在美国布局相对份额较大，占总申请量 50% 左右，通过世界知识产权组织申请的 PCT 达到 18%，位列第二。其次是澳大利亚、印度和欧洲专利局，布局数量依次为 5 件、4 件、3 件。在中国共布局 3 件，其他地区如加拿大、韩国布局相对较少。

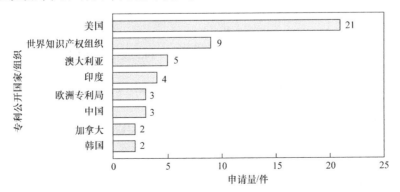

图 7-9　Optomec 公司专利全球布局情况

　　根据 Optomec 公司专利布局的时间脉络，绘制出 Optomec 公司 LENS 相关专利的技术发展历程如图 7-10 所示。Optomec 公司 LENS 重点专利见表 7-4。

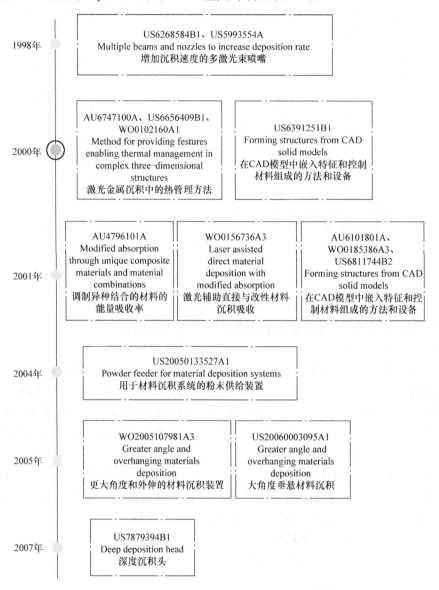

图 7-10　Optomec 公司 LENS 相关专利的技术发展历程

表 7-4　Optomec 公司 LENS 重点专利

公开（公告）号	专利简介	法律状态
US7879394B1	深度沉积头，用于在难以到达工件位置进行激光沉积材料的方法和装置。该方法和装置可用于制造部件或修复现有部分	发明授权有效
WO2005107981A3	用于生产更大的角度或外伸的沉积物在一种结构。喷嘴围绕激光束被设置单独喷嘴或围绕成环形。该单独喷嘴可与环形喷嘴互换。离散喷嘴可被添加到或在其他地方使用，允许角度大约为 180°。喷嘴可以被设置与目标相对平移或绕多轴线旋转	部分专利在指定国家失效

（续）

公开（公告）号	专利简介	法律状态
US20050133527A1	用于材料沉积系统的粉末供给装置	未授权失效
US6811744B2	从 CAD 实体模型形成结构	发明授权
US6656409B1	用于热管理的可制造的复杂三维几何形状	授权后失效
US6391251B1	从 CAD 固体模型形成结构	授权后失效
WO0185386A3	从 CAD 固体模型形成结构	PCT - 有效期满
WO0156736A3	激光辅助直接与改性材料沉积吸收	PCT - 有效期满
AU4796101A	通过唯一的复合材料和材料组合改性能量吸收率，特别是工艺中使用这种材料作为激光 - 辅助直接材料沉积	失效
US6268584B1	增加沉积速度的多激光束和喷嘴	授权后失效
WO0102160A1	一种用于提供特征的方法实现复杂三维结构中的热管理	PCT - 有效期满
US5993554A	增加沉积速度的多激光束和喷嘴	授权后失效

7.7.2　法国 BeAM 公司激光近净成形技术专利分析

1. 公司背景及产品介绍

BeAM 公司成立于 2012 年，总部位于法国斯特拉斯堡。BeAM 实际上是从激光工艺和材料研发公司 Irepa Laser 分拆出来的，使用的技术也是多年研发的成果。此外，这家公司还拥有众多的合作伙伴和用户，比如航空航天公司赛峰集团（Safran）、Avantis Engineering 和 Fives Machining。其中 Fives Machining 是 Fives Group 的子公司，主要向 BeAM 提供在机器的开发、制造和国际销售方面的支持。

BeAM 公司主要致力于开发和制造各种工业级金属 3D 打印机、高性能激光喷嘴（打印头关键器件）。BeAM 通过与斯特拉斯堡大学（University of Strasbourg）的密切合作，开发出 CLAD 喷嘴系统，该喷嘴能够喷出两个金属粉末流，同时喷嘴中间有一束高功率激光束。在喷嘴根据数控系统输入指令沿着 X、Y 轴移动的同时，激光束能够瞬间熔化喷出的金属粉末。该技术不需要粉末床也不需要进行粉末的筛选。

目前，BeAM 公司主要提供 2 个系列的工业级激光近净成形设备：Mobile 是专门用于直接制造和维修薄而且复杂的零部件；Magic 2.0 主要是为一些高精尖行业开发的，它使用五轴工艺直接制造金属零部件，BeAM 公司产品参数见表 7-5 和表 7-6。

表 7-5　BeAM 公司产品参数表（一）

型号	主要参数
Mobile CLAD	设备尺寸：$1200\,mm \times 1500\,mm \times 2000\,mm$ 构建尺寸：$400\,mm \times 250\,mm \times 250\,mm$ 运动轴配置：3 轴（XYZ） 打印层厚：$0.1 \sim 0.3\,mm$ 粉末尺寸：$45 \sim 75\,\mu m$

（续）

型号	主要参数
CLAD Unit	设备尺寸：1000mm×700mm×700mm 运动轴配置：3 轴（*XYZ*），最多 5 轴（BC） 打印层厚：0.2~0.8mm 粉末尺寸：45~90μm 喷头数量：1 个或 2 个可选 粉槽数量：1 个或 2 个可选，可装载不同粉末
Magic	构建尺寸：1500mm×800mm×800mm 运动轴配置：3 轴（*XYZ*），最多 5 轴（BC） 打印层厚：0.2~0.8mm 粉末尺寸：45~90μm、50~150μm 喷头数量：1 个或 2 个可选 粉槽数量：1 个或 2 个可选，可装载不同粉末

另外，BeAM 公司近年来的三款主打产品为 Modulo 250、Modulo 400、Magic 800。

表 7-6　BeAM 公司产品参数表（二）

型号	Modulo 250	Modulo 400	Magic 800
主要参数	5 轴西门子 840D 数控系统成形尺寸 400mm×250mm×300mm，10Vx/24Vx 沉积头，500W 激光，气氛和净化系统（选配），1.5L 粉仓（选配 2 个），Renishaw OPM40（选配）	5 轴西门子 840D 数控系统成形尺寸 600mm×400mm×400mm，10Vx/24Vx 沉积头，500W 激光，24Vx 沉积头，2kW 激光（选配），气氛和净化系统（选配），1.5L 粉仓（最多选配 5 个），Renishaw RMP40（选配）	5 轴西门子 840D 数控系统成形尺寸 1200mm×800mm×800mm，10Vx/24Vx 沉积头，24Vx 沉积头，2 个 1.5L 粉仓（最多选配 5 个），气氛和净化系统（选配），3 轴附加成形室 700mm×500mm×1400mm（选配），Renishaw RMP40（选配）
特点	结构紧凑，适用于研发、培训和小尺寸零件的生产	扩大成形尺寸，将所有必需的外围设备完全集成到机柜中，方便整体运输	适用于需要特定的工作区域来制造或修理 5 轴的金属大部件

2. 专利申请分析

根据专利检索结果可知，BeAM 公司目前共有 4 件专利，全部是其 CLAD 喷头的相关专利。2018 年申请了 2 件法国发明专利，2019 年将已申请的 2 件法国发明专利同时申请了 PCT，准备通过 PCT 进入其他国家和地区。

BeAM 公司的专利数量虽少，但在其两个专利中，详细地描述了其 CLAD 喷头的内部构造及其零部件之前的连接关系。专利文本通过较为详尽的实施例，介绍了其 CLAD 喷头工作时各部件之间的配合和响应关系，以及整体的粉末及激光控制原理，具体内容详见其专利文本。

BeAM 公司在其发明专利 FR3081366A1 "Device and method for detecting the position of a laser beam" 中，公开了一种检测激光光束位置的装置和检测激光光束位置的方法，见

图 7-11。检测激光光束位置包括以下步骤：发射具有确定直径的激光束；在扫描区域上扫描激光束，扫描区域被确定，扫描区域包括直径基本等于激光束直径的圆形孔和被确定的位置，扫描包括激光束的多个位置；在扫描期间针对激光束的每个位置检测由激光束传输的能量的一部分；发射对应于在扫描期间针对激光束的每个位置检测到的能量的电信号；确定峰值电信号的值；搜索与制造头的位置相对应的时间 t，以获得峰值电信号的值；确定激光束的位置。一种检测激光光束位置的装置包括上部，上部包括激光束的扫描区域，扫描区域在其中心包括直径基本等于激光束直径的圆孔，并且圆孔的位置被确定；感测装置包括下部，下部包括至少一个传感器，用于感测由激光束传输能量的一部分；使得当激光束根据多个位置扫描区域时，传感器为每个位置拾取激光束传输能量的一部分，当激光束与圆孔对准时，传输的能量的一部分最大。

　　BeAM 公司的另一个发明专利 FR3081365A1 "Analysis system and method for metal powder jet"，见图 7-12。该专利公开了一种用于增材制造的粉末射流的分析系统，粉末喷射器包括粉末和气体，分析系统包括分离装置，分离装置包括隔板元件、限定圆筒的圆形侧壁和至少一个适于分隔元件的内部容积的分隔壁，分离元件分成 N 等份，N 等份相对于圆柱体的对称轴线对称，分离元件适于在至少一个分离壁上在分离元件的中心处接收初始粉末射流，以便将初始粉末射流分离成 N 个粉末射流部分；用于检测每个粉末喷射部分中的粉末量的装置。

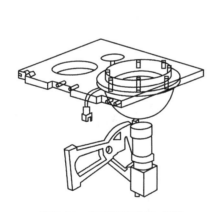

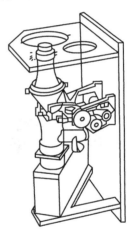

图 7-11　FR3081366A1 专利　　　　　　　图 7-12　FR3081365A1 专利

7.8　激光近净成形技术专利典型案例

　　案例 1：增加沉积速度的多束和喷嘴（US6268584B1）。

　　该专利是 Optomec 公司 1998 年申请的发明专利，该专利先后被引用 317 次，于 2001 年获得发明授权。专利附图如图 7-13 所示。该专利开发了一种利用由低功率激光材料沉积系统提供的所需材料和工艺特性，同时克服由相同工艺施加的低材料沉积速度的方法。该发明的一个特别重要的应用是从 CAD 实体模型直接制造功能性实体对象。该制造方法使用软件解释器以电子方式将 CAD 模型切割成薄的水平层，该水平层随后被用于驱动沉积设备。该设备使用一个单独的激光束来描绘固体物体的特征，然后使用一系列等间距的激光束来快速填充无特征区域。使用较低功率的激光器提供了产生非常精确的部件的能力,其材料性能满足或超过常规处理和退火的类似成分样品的材料性能。同时,使用多个激光束填充无特征区域使得制造工艺时间显著缩短。

　　案例 2:用于激光净成形的喷嘴(CN101024881B)。

　　该发明是通用电气公司 2007 年申请的发明专利,共有 7 个同族专利,于 2011 年获得发明授权。该专利公开了一个激光近净成形的喷嘴及近净成形系统,专利附图如图 7-14 所示。激光净成形系统可以包括热源。热源可以是按照特定的应用任何适合生产热能的合适的热装置。合适的热源的实例可以包括,但不局限于相干的激光源、电子束源、离子束源、电弧焊枪[如气体钨电弧焊枪(GTAW)]或类似装置,虽然在这方面权利要求的主题范畴不受限制。热源可以与喷嘴连接操作以便通过喷嘴供给热能。喷嘴中热入口孔可以与主体相连,并适合从热源接受热能。可以为热入口孔装设热入口紧固件。按照特定的应用热入口紧固件可以是任何适合固定热源一部分的合适装置。热入口孔至少通过连接器体可以与主体相连。连接器体可以包括第一表面,它适合与位于主体上的对应的第二表面相匹配。如果通过第一表面和第二表面调节在连接器体和主体之间的相对距离,那么可以获得不同的聚焦特征。位于锁定件上的第三表面也可与连接器体的第一表面相匹配。如果将锁定件紧固在连接器体上,那么可以操作锁定件来限制连接器体相对主体的移动。

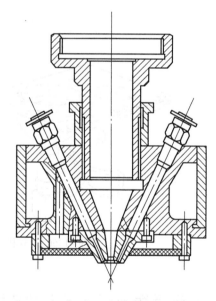

图 7-13　专利附图(来源:US6268584B1)　　　图 7-14　专利附图(来源:CN101024881B)

参 考 文 献

[1] 王华明. 高性能大型金属构件激光增材制造:若干材料基础问题[J]. 航空学报,2014(10):2690-2698.

[2] 汤海波,吴宇,张述泉,等. 高性能大型金属构件激光增材制造技术研究现状与发展趋势[J]. 精密成形工程,2019,11(4):58-63.

[3] 陈勇,陈辉,姜亦帅,等. 高性能金属材料激光增材制造应力变形调控研究现状[J]. 材料工程,

2019，47（11）：1-10.

［4］林鑫，黄卫东. 高性能金属构件的激光增材制造［J］. 中国科学：信息科学，2015，9（9）：1111.

［5］朱忠良，赵凯，郭立杰，等. 大型金属构件增材制造技术在航空航天制造中的应用及其发展趋势［J］. 电焊机，2020，50（1）：1-14.

［6］郭绍庆，刘伟，黄帅，向巧. 金属激光增材制造技术发展研究［J］. 中国工程科学，2020，22（3）：56-62.

第 8 章　电弧熔丝增材制造技术专利分析

8.1　电弧熔丝增材制造技术原理

电弧熔丝增材制造技术（wire arc additive manufacture，WAAM）是指以电弧为载能束，通过送丝系统输送金属丝材连续进行逐层堆焊的快速成形技术。其数字化控制系统主要包括 3D 模型几何数据输入、成形宽度与高度变化、工艺过程控制算法、数据分层切片处理、路径和工艺参数控制、成形策略规划；其基本成形硬件系统应包括成形热源、送丝系统及运动执行机构。目前主要使用的成形热源有：电弧稳定、无飞溅的非熔化极气体保护焊（tungsten inert gas，TIG）和冷金属过渡技术（cold metal tramsfer，CMT）。运动执行机构目前使用较多的是数控机床和机器人。图 8-1 所示为机器人电弧熔丝增材制造系统。

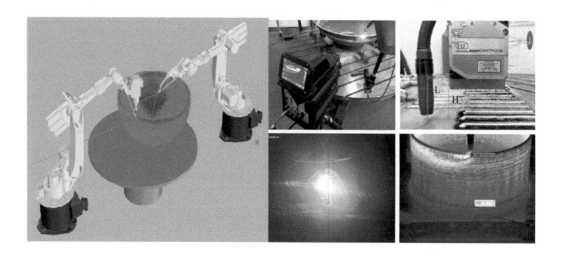

图 8-1　机器人电弧熔丝增材制造系统（国家增材制造创新中心）

WAAM 技术根据焊接技术的方式分为埋弧焊（submerged arc welding，SAW）、等离子弧焊（plasma arc welding，PAW）、熔化极气体保护焊（gas metal arc welding，GMAW）、非熔化极气体保护焊/钨极惰性气体保护焊（gas tungsten arc welding，GTAW）。其中常见的熔化极气体保护焊又分为熔化极惰性气体保护焊（metal inert gas arc welding，MIG）和熔化极活性气体保护焊（metal active gas arc welding，MAG）。近年来由非熔化极气体保护焊技术和熔化极气体保护焊技术开发出的冷金属过渡技术已逐渐成为主要使用的热源提供方式。电弧熔丝增材制造技术分类见表 8-1。

表 8-1　电弧熔丝增材制造技术分类

电弧熔丝增材制造技术分类	技术简介	技术原理图	应用范围
埋弧焊（SAW）	埋弧焊（SAW）是利用电弧作为热源，将金属丝材原材料进行熔融沉积 SAW 具有生产率高、焊接质量好的优点 SAW 主要技术缺点为成形零件精度极低，后期机械加工难度大	焊剂漏斗　焊丝电动机　焊丝盘　焊接小车　送丝滚轮　电源和控制箱　送丝方向　导电嘴　电弧　渣壳　焊缝　堆敷焊剂　焊件　焊接方向	球形容器或压力容器半球形顶盖，厚壁零件，对精度要求较低的大尺寸零件毛坯零件
等离子弧焊（PAW）	等离子弧焊（PAW）是利用等离子弧高能量密度束流作为焊接热源的熔焊方法 PAW 具有电弧能量集中、高效率、高精度、低成本的优点，但设备比较复杂，气体耗量大 根据操作形式和等离子气流流速，PAW 可分为：微束等离子弧焊、熔透型等离子弧焊、穿透型等离子弧焊	送丝机　机器人　焊枪　机器人控制柜　等离子弧控制器　电压传感器　电流传感器　电压信号　电流信号　转换滤波模块　数据采集卡　工控机　工艺过程监测　工艺数据统计分析　弧长智能预测	尺寸较大但精度要求较低的成品或毛坯零件
熔化极气体保护焊（GMAW）	熔化极气体保护焊（GMAW）增材制造技术在保护气体下利用金属焊丝作为熔化极，在焊丝和焊件之间产生电弧将焊丝熔化过渡到熔池中进行快速成形 需要根据零件的尺寸与焊道基础尺寸参数来设计焊接枪头的行走路径，存在焊丝和计算，层间温度等各种干扰因素，监测系统、成形件精度和表面质量低	个人计算机　步进电机　D/A　D/O　GMAW 电源　焊炬喷嘴　电弧　焊丝　滤波器　CCD　薄壁　基板　夹子　工作平台　运动方向　x y z	主要用于生产结构不复杂的大尺寸零件

（续）

电弧熔丝增材制造技术分类	技术简介	技术原理图	应用范围
非熔化极气体保护焊/钨极惰性气体保护焊（TIG/GTAW）	非熔化极惰性气体保护焊/钨极惰性气体保护焊（TIG/GTAW）是利用非熔化的材料做电极，惰性气体作为保护介质的一种电弧焊方法。惰性气体作为保护介质可见性好，外加优点为电弧和熔池。操作方便，设备及后续使用成本低，力学性能优异。控制系统精度和可靠性不高，成形精度控制较难，易出现成形成品率不等的情况，使制件性能受度硬度不等的情况，使制件性能受到影响		适用于绝大多数金属材料，异种金属材料增材制造及梯度材料及复杂工件的柔性化制造
冷金属过渡技术（CMT）	冷金属过渡技术（CMT）是对传统熔化极气体保护焊中短路过渡方式的一种改进，传统的短路过渡方式是通过爆断方式实现熔滴过渡。而CMT焊接方式是通过焊丝抽拉的机械方式实现熔滴过渡，熔滴过渡过程中电流降至几乎为零。CMT在成形过程中具有热输入量低，没有飞溅，热影响区较小，成形效率高，成形精度高，尺寸误差小，制造成本低的特点。在多层焊接过程中容易出现未融合或夹渣等缺陷		广泛应用于汽车制造、航空航天及桥梁建造等行业，几乎可以应用于所有已知的材料

与其他制造技术相比，WAAM 技术比铸造技术制造材料的显微组织及力学性能优异，比锻造技术产品节约原材料，尤其是贵重金属材料。与以激光和电子束为热源的增材制造技术相比，它具有沉积效率高、制造成本低等优势。与以激光为热源的增材制造技术相比，它对金属材质不敏感，可以成形对激光反射率高的材质，如铝合金、铜合金等。与 SLM 技术和电子束增材制造技术相比，WAAM 技术还具有制造零件尺寸不受设备成形缸和真空室尺寸限制的优点。总之，电弧熔丝增材制造的技术特点归纳为：沉积效率高，制造成本低，对金属材质不敏感，可以成形铝合金和铜合金等对激光反射率高的材料，制造过程不受设备成形缸或真空炉体尺寸限制，因而适用于结构复杂的大尺寸零件的制造成形。

8.2 电弧熔丝增材制造技术发展概况

8.2.1 国外电弧熔丝增材制造技术发展概况

采用电弧或电子束熔丝增材技术在国外航空航天领域已经有较多的探索和应用。BAE 公司采用电弧熔丝增材技术制造的钛合金飞机翼梁如图 8-2 所示。英国以克兰菲尔德大学焊接工程研究为代表与 BAE 系统公司合作，将七轴机器人系统与等离子热源相结合制造了 1.2m 长的钛合金飞机翼梁结构，在降低应力和变形的基础上采用双面对称结构打印，将材料利用率提升 29%，沉积率达到 0.8kg/h。图 8-3 所示为 Fokker 公司采用电弧熔丝增材技术制造的钛合金机翼框架，该结构采用传统切削加工的 BTF 值达到了 69，采用对面双面熔丝增材技术将成本降低 69%，BTF 值为 8。图 8-4 所示为 GKN 采用电弧熔丝增材技术制造的测试件，其质量为 20kg，将 BTF 比例由 12 降到了 2.3，成本降低了 70%。图 8-5 所示为加拿大庞巴迪公司采用电弧熔丝增材技术制造的外起落架总成，其质量为 24kg 的钛合金，节约材料 220kg，成形时间为 24h，成本降低 55%。英国飞机研究协会通过电弧熔丝增材技术制造了如图 8-6 所示的中空结构的高强度钢机翼风洞模型，用于快速获取设计所需的数据信息，成形效率达到 3.5kg/h。Norsk Titanium 公司从 2017 年开始采用等离子熔丝增材制造技术为波音 787 飞机批量生产钛合金零件，如图 8-7 所示，它是目前唯一通过美国联邦航空管理局认证的增材制造钛合金构件。

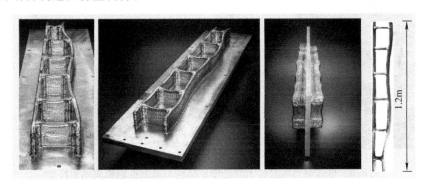

图 8-2　BAE 公司采用电弧熔丝增材技术制造的钛合金飞机翼梁

图 8-3　Fokker 公司采用电弧熔丝增材技术制造的钛合金机翼框架

图 8-4　GKN 采用电弧熔丝增材技术制造的测试件

图 8-5　加拿大庞巴迪公司采用电弧熔丝增材技术制造的外起落架总成

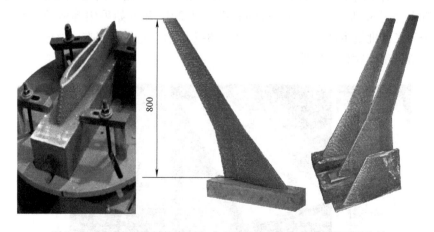

图 8-6　电弧熔丝增材技术制造中空结构的高强度钢机翼风洞模型

图 8-7　Norsk Titanium 公司为波音 787 飞机制造的钛合金零件

8.2.2　国内电弧熔丝增材制造发展概况

在国内，中国兵器科学研究院宁波分院采用电弧熔丝增材技术制造的连接器壳体，已经成功应用于微厘空间一号试验卫星。中国航天科工三院二三九厂完成了 2 个舱段壳体毛坯件的电弧熔丝增材制造，并通过验收。中航工业北京航空制造工程研究所开发了电子束熔丝沉积成形设备，该设备有效加工范围为 1.5m×0.8m×3m，采用 5 轴联动，双通道送丝。在此基础上，研究了 TC4、TA15、TC11、TC18、TC21 等钛合金及 A100 超高强度钢的力学性能，研制了大量钛合金零件和试验件。2012 年，采用电子束熔丝成形制造的钛合金零件在国内飞机结构上率先实现了装机应用。基于电弧熔丝增材制造技术，针对航天领域的铝合金支座、舱段、框梁、网格等典型结构，首都航天机械有限公司、北京航星机器制造公司、华中科技大学等单位分别开展了应用试制（见图 8-8a～d）；西安增材制造国家研究院有限公司成形了直径 2.1m 的夹层壳体（见图 8-8e），为下一步成形直径 5m 的夹层壳体奠定了基础。表 8-2 为国内外 WAAM 研究机构及其成形系统基本构成。

a) 管路支架(2219,首都　　　　b) 壳体模拟件(4043,首都　　　　c) 框梁结构(5B06,
　航天机械有限公司)　　　　　　航天机械有限公司)　　　　　　北京航星机器制造公司)

d) 网格结构(4043,　　　　　　e) 壳体结构(2219,西安增材
　华中科技大学)　　　　　　　　制造国家研究院有限公司)

图 8-8　电弧熔丝增材制造成形件

针对重型运载火箭贮箱、捆绑支架等大型金属结构件制造难题，国家增材制造创新中心、西安交通大学卢秉恒院士团队利用电弧熔丝增减材一体化制造技术，制造完成了世界上

首件10m级高强度铝合金重型运载火箭连接环样件，在整体制造的工艺稳定性、精度控制及变形与应力调控等方面均实现重大技术突破，如图8-9所示。10m级超大型铝合金环件是连接重型运载火箭贮箱的筒段、前后底与火箭的箱间段之间的关键结构件。该样件重约1t，创新采用多丝协同工艺装备，制造工艺大为简化、成本大幅降低，制造周期缩短至1个月。

表8-2　国内外WAAM研究机构及其成形系统基本构成

研究机构	WAAM成形系统基本构成
克兰菲尔德大学、南卫理公会大学、卡塔尼亚大学、瑞典西部大学、哈尔滨工业大学、国家增材制造创新中心、西北工业大学、天津大学、南昌大学	TIG + 数控机床/工作台
克兰菲尔德大学、鲁汶大学、谢菲尔德大学、国家增材制造创新中心、哈尔滨工业大学、南昌大学	TIG + 机器人
克兰菲尔德大学、肯塔基大学、华南理工大学、国家增材制造创新中心、华中科技大学	CMT（MIG） + 数控机床
克兰菲尔德大学、诺丁汉大学、伍伦贡大学、米尼奥大学、罗尔斯·罗伊斯公司、国家增材制造创新中心、华中科技大学、西安交通大学	CMT（MIG/MAG） + 机器人
克兰菲尔德大学、西安交通大学、国家增材制造创新中心	PAW + 数控机床（工作台）

图8-9　国家增材制造创新中心电弧熔丝打印的10m连接环

8.3　电弧熔丝增材制造技术专利申请趋势分析

8.3.1　专利检索策略

基于前文对电弧熔丝增材制造概念及发展现状的分析，电弧熔丝增材制造技术是以电弧（等离子弧）为热源，在熔化极或非熔化极气体保护下，对金属丝材进行逐层快速堆积的增材制造技术。对该技术领域内专利分析使用IncoPat全球专利数据库，主要从热源、工艺两部分选取检索要素。热源部分中文关键词为"电弧""等离子弧""熔化极气体保护焊""非熔化极气体保护焊""钨极惰性气体保护焊""冷金属过渡"。热源部分英文关键词为"WAAM""SAW""PAW""MIG""MAG""CMT""TIG"等。工艺部分中文关键词为"增材""3D打印""增减材"，工艺部分英文关键为"AM""Additive Manufacturing"等。除此之外使用IPC分类号B23K9/00"电弧焊接或电弧切割"、B23K10/02"等离子焊接"和B33Y"附加制造，即三维物品制造"，结合关键词进行初步检索，初步检索出668条专利信息。

逐步完善检索要素表后，排除"陶瓷""塑料""粉末"及归属于分类号 B29C64/00 "塑料的增材加工"的主要数据噪声来源，后经人工逐篇阅读去噪，最终获得有效专利数据 565 条，申请号合并处理后显示技术范围内共有 468 件专利。电弧熔丝增材制造技术专利检索要素见表 8-3。本章后续专利分析均以此次检索结果为数据库基础。

表 8-3　电弧熔丝增材制造技术专利检索要素

检索要素	检索要素 1（热源）	检索要素 2（工艺）	其他要素
要素名称	电弧	增材制造	去噪
关键词	电弧、埋弧、等离子弧、熔化极气体保护焊、非熔化极气体保护焊、钨极惰性气体保护焊、冷金属过渡、WAAM、SAW、PAW、GMAW（GMA）、GTAW（GTA）、TIG、MIG、MAG、CMT	增材、3D 打印、增减材、Additive Manufacture、AM	陶瓷、塑料、粉末
IPC 号	B23K9/00（电弧焊接或电弧切割）、B23K10/02（等离子焊接）	B33Y（附加制造）	B29C64/00（塑料的增材加工）

8.3.2　专利申请趋势分析

电弧熔丝增材制造技术全球专利申请趋势如图 8-10 所示。从电弧熔丝增材制造技术专利申请趋势来看，2012—2014 年电弧熔丝增材制造技术专利申请量呈现缓慢增长趋势。2015 年至今，伴随熔化极惰性气体保护焊（MIG）、钨极惰性气体保护焊（TIG）、冷金属过渡技术（CMT）的持续发展，电弧熔丝增材制造技术在成形精度、成形质量、制件力学性能方面不断提高，该技术在大尺寸复杂金属构件低成本制造方面的优势日益突出，许多大型航空航天企业及科研院校积极投入到电弧熔丝增材制造技术的研发中。因此，2015 年以后电弧熔丝增材制造技术专利申请量迅速增长，尤其是 2016—2017 年，领域内专利申请总量及发明专利申请量均增长 1 倍多。由于发明专利审查的特殊性，2018—2020 年近三年发明

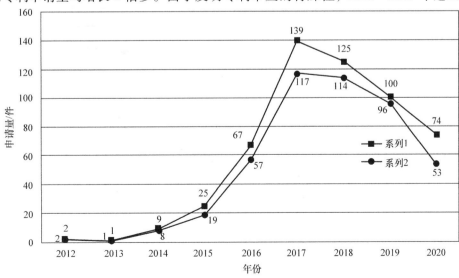

图 8-10　电弧熔丝增材制造技术全球专利申请趋势

专利申请存在部分未公开,故影响统计的准确性。基于目前数据可以推测,近两年电弧熔丝增材制造技术专利申请量仍将保持稳定增长趋势。

8.3.3　技术生命周期分析

利用专利指数法量化电弧熔丝增材制造技术生命周期,分别计算 2014—2018 年领域内专利申请的技术生长率 v、技术成熟系数 α、技术衰老系数 β 及新技术特征系数 N,计算方法如下:

1)技术生长率 v,指某技术领域发明专利申请量占过去 5 年该技术领域发明专利申请或授权总量的比率。如果连续几年技术生长率持续增大,则说明该技术处于成长阶段。

2)技术成熟系数 α,指某技术领域发明专利申请量占该技术领域发明专利和实用新型专利申请总量的比率。如果技术成熟系数逐年变小,说明该技术处于成熟阶段。

3)技术衰老系数 β,指某技术领域发明和实用新型专利申请量占该技术领域发明专利、实用新型和外观设计专利申请总量的比率。如果技术衰老系数逐年变小,说明该技术处于衰老期。

4)新技术特征系数 N,由技术生长率和技术成熟系数推算而来,计算公式为:$N = \sqrt{v+\alpha}$。某一技术领域新技术特征系数越大,说明该技术的新技术特征越强。

电弧熔丝增材制造技术专利指数计算结果见表 8-4,电弧熔丝增材制造技术专利指数示意图如图 8-11 所示。由表 8-4 和图 8-11 可知,2014—2018 年电弧熔丝增材制造技术技术生长率逐年上升且增速明显,技术成熟系数有小幅震荡但基本保持在 85% 左右,技术衰老系数稳定高位,综合指标新技术特征系数不断增加。综合这四项指标,可以推测电弧熔丝增材制造技术目前正处于成长期(2019—2020 年数据因部分尚未公开,不能用来评价相关专利指数)。

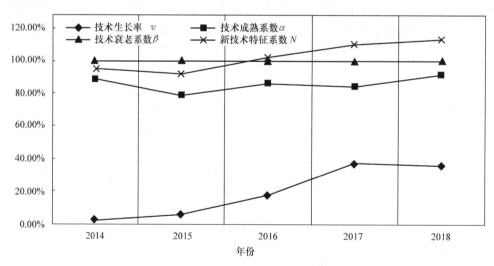

图 8-11　电弧熔丝增材制造技术专利指数示意图

表8-4　电弧熔丝增材制造技术专利指数计算结果

年　份	技术生长率 v	技术成熟系数 α	技术衰老系数 β	新技术特征系数 N
2014	2.54%	88.89%	100.00%	95.62%
2015	6.03%	79.17%	100.00%	92.30%
2016	18.10%	86.36%	100.00%	102.21%
2017	37.14%	84.78%	99.28%	110.42%
2018	36.19%	91.94%	100.00%	113.19%

8.4　电弧熔丝增材制造技术专利申请人分析

电弧熔丝增材制造技术专利主要申请人排名如图8-12所示。由图8-12可知，目前电弧熔丝增材制造技术专利申请量排名前五位均为高校，排名顺序为西南交通大学、华中科技大学、南京理工大学、华南理工大学和西安交通大学。企业中申请量排名靠前的有北京航星机器制造有限公司（航天三院二三九厂）、西安增材制造国家研究院有限公司（国家增材制造创新中心）及全球知名的航空航天级钛部件制造商 Norsk Titanium AS。

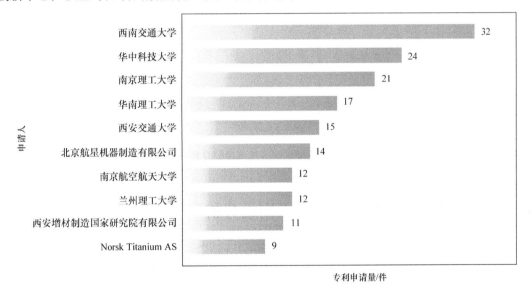

图8-12　电弧熔丝增材制造技术专利主要申请人排名

为达到考察 WAAM 专利申请趋势的目的，选取 CRn 指数（concentration ratio）中的申请人集中度进行量化，即计算2015—2018年 WAAM 专利前五位及前十位申请人专利申请量占当年专利申请总量的比值。电弧熔丝增材制造技术 CRn 指数见表8-5。分析发现，WAAM 技术专利申请人集中度基本呈现平稳增长趋势，近年来前五位专利申请人领域内专利申请数量占比20%以上，前十位专利申请人领域内专利申请数量占比30%以上，集中程度不高，说明电弧熔丝增材制造行业技术垄断程度较低，研发机构各有侧重点，这与电弧熔丝增材制造技术处于成长期的技术周期判断恰好吻合。

表 8-5　电弧熔丝增材制造技术 CRn 指数

年份	TOP5 申请人 专利申请量/件	TOP10 申请人 专利申请量/件	专利申请量/件	TOP5 CRn 指数	TOP10 CRn 指数
2015	6	6	25	24%	24%
2016	18	26	67	27%	39%
2017	39	52	139	28%	37%
2018	29	40	125	23%	32%

电弧熔丝增材制造技术我国专利申请人构成如图 8-13 所示。由图 8-13 可知，我国电弧熔丝增材制造技术专利申请人构成中，62% 为大专院校，30% 为企业，而个人、科研单位及机关团体申请占比较少。目前国内众多高校以电弧熔丝增材制造的成形工艺与控制系统为研究热点。随着 WAAM 成形件力学性能不断提高，由此预测 WAAM 技术产业化程度将在未来几年逐步提升。

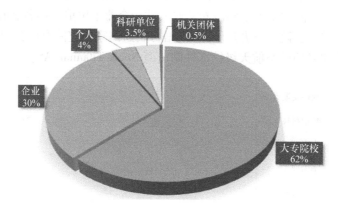

图 8-13　电弧熔丝增材制造技术我国专利申请人构成

8.5　电弧熔丝增材制造专利技术构成分析

电弧熔丝增材制造专利申请技术构成如图 8-14所示，电弧熔丝增材制造专利申请技术 IPC 分类号见表 8-6。

分析发现，该技术专利 41% 位于 B23K "钎焊或脱焊、焊接" 分类下，且大部分属于 B23K9 "电弧焊或电弧切割"。分类号为 B33Y "附加制造" 的专利占比 25%，即增材制造技术。分类号归于 B22F "金属粉末加工" 的专利占比 11%，此分类下出现的高频次小组为 B22F3/105 "利用电流、激光辐射或等离子体对金属粉末进行加工"，相关专利涉及电弧制造使用的粉芯线材制备、金属表面冷喷涂处理和丝 – 粉同轴电弧增材系统等。分

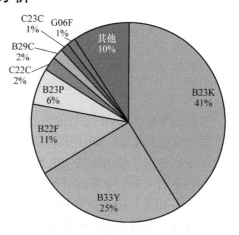

图 8-14　电弧熔丝增材制造专利申请技术构成

类号为 B23P "金属的其他加工，万能机床" 的专利占比 6%，此分类号下出现的高频次小组为 B23P15/00 "特定金属物品的加工，如大型铝合金复杂结构件、大幅面零部件"。分类号归于 C22C "合金" 的专利占比 2%，归于 B29C "已成形产品的后处理" 的专利占比 2%，归于 C23C "金属材料的镀膜" 及 G06F "电数字数据处理" 的专利均占 1%。

表 8-6　电弧熔丝增材制造专利申请技术 IPC 分类号

IPC 分类号	含义	占比（%）
B23K	钎焊或脱焊、焊接	41
B33Y	附加制造，即三维（3D）物品制造，如 3D 打印	25
B22F	金属粉末加工	11
B23P	金属的其他加工、组合加工、万能机床	6
C22C	合金	2
B29C	已成形产品的后处理	2
C23C	金属材料的镀覆、用金属材料对材料的镀覆	1
G06F	电数字数据处理	1

依照检出专利的保护重点对其进行技术分布的标引，电弧熔丝增材制造技术专利申请技术分布如图 8-15 所示。目前电弧熔丝增材制造技术专利多以保护工艺流程为主，装置结构

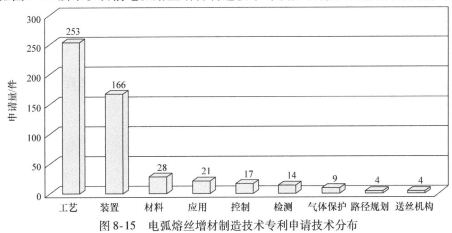

图 8-15　电弧熔丝增材制造技术专利申请技术分布

为辅，材料制备、应用模块、控制模块、检测系统相关专利数量有待提升，均在 20 件左右。以气体保护、路径规划及送丝机构为重点的专利数量较少。

对领域内专利热源使用情况进行标引，电弧熔丝增材制造技术不同热源申请量雷达图如图 8-16 所示，电弧熔丝增材制造技术不同热源申请趋势如图 8-17 所示。有 274 件专利文件中未标明具体热源类型，整理其余专利热源类型，结果显示以等离子弧为热源的专利申请数

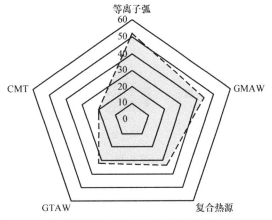

图 8-16　电弧熔丝增材制造技术不同热源申请量雷达图

量最多。由于等离子弧增材制造具有热输入低、热影响区小、加工精度高的优势，又具有类似于激光、电子束等热源温度高、集束性好的特点，近年来相关研究较为活跃。其次为使用熔化极气体保护焊（GMAW）的专利，在使用 GMAW 技术的专利中，熔化极惰性气体保护焊（MIG）专利数量远多于熔化极活性气体保护焊（MAG）。复合热源也是近年来研究的热点，对复合热源类专利申请进行统计分析后发现，该类热源大致可分为激光＋电弧和双电弧两大类。使用钨极惰性气体保护焊（GTAW）和冷金属过渡技术（CMT）的专利申请数量相对较少，但近两年来申请数量呈明显上升趋势。

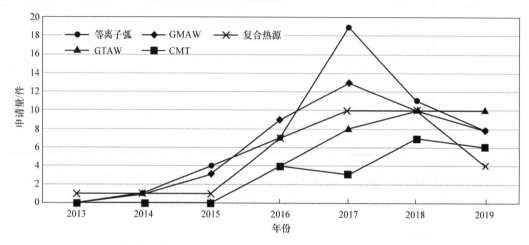

图 8-17　电弧熔丝增材制造技术不同热源申请趋势

从热源与材料两个维度分析领域内专利，并整理为电弧熔丝增材制造专利热源与材料构成矩阵，如图 8-18 所示。

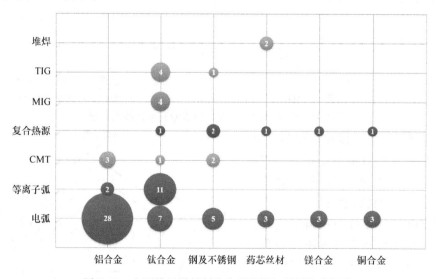

图 8-18　电弧熔丝增材制造专利热源与材料构成矩阵

分析发现，铝合金材料（如铝铜合金、铝镁合金、铝硅基焊丝）相关专利大多数未标明电弧类别，少部分专利标明使用 CMT 或等离子弧为热源。钛合金丝材使用的电弧热源多为等离子弧，MIG、TIG 热源也较为常见。除此之外，使用冷金属过渡技术复合超声冲击处理（ultrasonic peening treatment，UPT）有助于改善钛合金综合性能；MIG + TIG 复合热源可以解决单一 TIG 热源电弧熔丝增材制造焊枪移动速度低的问题，在不增加形件热输入的情况下，提高钛合金送丝电弧熔丝增材制造的效率。药芯丝材是电弧熔丝增材制造技术近年来材料方面的重要创新点，焊丝药芯材料多为具有抗剥落性、耐磨性的共晶 Fe – Cr – C 合金及其改进成分。镁合金化学性质活泼，在铸造时需要严密的气体保护，一般采用氩气保护下的电弧熔丝增材制造。铜合金由于具有优良的导电性、导热性、耐磨性、耐蚀性及加工性能，在化工领域中的能源运输管道和船舶制造领域中广泛应用。铜合金电弧增材成形时的主要难点是其热导率较高，难于熔化，且热胀系数较高，易出现增材构件成形较差、层间未熔合，易产生气孔、裂纹等问题，从而降低了增材零件的性能。借助冷却辊压辅助电弧或 CMT + 激光复合热源的方法，可改善铜合金零件的尺寸精度与表面粗糙度。

8.6　电弧熔丝增材制造专利申请技术热点

8.6.1　热源 – 复合热源

使用单一热源的电弧熔丝增材制造常常由于热源的限制，导致加工效率不高、制件精度及力学性能不足等问题。例如，非熔化极气体保护焊（GTAW）虽电弧稳定，易于操作，但生产率较低；熔化极气体保护焊（GMAW）加工效率高，但热输入量较大、热影响区较宽，因而对成形结构的组织和性能影响较大；等离子弧电稳定性高，成形过程稳定可控，但其丝材熔敷速度相对于熔化极气体保护焊较低，生产周期长，制造成本较高。

复合热源的类型大致分为电弧 + 激光及双电弧，整理的电弧熔丝增材制造技术复合热源优势见表 8-7。由表 8-7 可知，电弧 + 激光复合热源主要有 CMT + 激光、TIG + 激光、MIG + 激光、PAW + SLM，双电弧复合热源主要分为 MIG + TIG、MIG + PAW。

8.6.2　钛合金电弧熔丝增材制造

钛合金具有低密度、高比强度和比刚度，良好的耐蚀性、高温力学性能、抗疲劳及蠕变性能，已经广泛应用于先进飞机、航空发动机、舰艇及兵器等军品制造。然而，由于钛合金的熔点高、易氧化、导热性较低、化学活性较高，采用传统的铸造、锻造及切削加工相结合的工艺方法制备钛合金结构件周期长、成本高。因此，采用成形效率高、制造成本低、制造形式灵活的电弧熔丝增材制造技术制备钛合金结构件具有重要的实际意义，已逐步成为电弧熔丝增材制造专利申请材料方面的热点。

在钛合金电弧熔丝增材制造中的控形及控性难题很大程度上制约了该技术的发展。控形是指成形精度控制问题，主要包括几何尺寸精度和表面粗糙度两个指标。控性是指成形组织和性能控制问题，例如电弧熔丝增材制造过程中，成形件易形成粗大的柱状晶及偏析导致的化学成分不均匀现象，进而导致性能恶化（晶界脆性、晶间腐蚀等）。或者在电弧熔丝增材制造过程中易出现气孔、热裂纹等缺陷问题，降低了沉积金属的致密度及耐蚀性，减小了增材零件的有效承载面积，易造成应力集中，从而降低了增材零件的强度和塑性。对电弧钛合金相关专利进行深入分析可知，针对控形问题，目前主要通过优化工艺参数和路径规划等控制热输入手段以解决流淌和塌陷问题。另外，采用成形后精加工或成形过程中使用复合热源的方式可解决成形件表面粗糙问题。而针对控性问题，钛合金电弧熔丝增材制造技术相关专利中引入锻造、辊压、轧制、搅拌摩擦加工（friction stir processing，FSP）、超声冲击处理等手段以消除气孔、破碎枝晶、细化成形组织，进而达到改善性能的目的。

表 8-7　电弧熔丝增材制造技术复合热源优势

复合热源类型		复合热源优势	适用材料
电弧 + 激光	CMT + 激光	冷金属过渡（CMT）在增材制造成形时具有材料相容性好、界面结合强度高、成形效率高、能量转换率高等显著优势。激光辅助 CMT 可以有效克服 CMT 弧焊焊缝铺展性不佳等不足，提高成形精度，实现精准增材制造。采用激光 – 冷金属过渡（CMT）复合增材制造具有高效、高精度和低成本的优势	铝合金、铜合金、马氏体型耐热钢
	TIG + 激光	TIG + 激光作为复合热源可改善成形质量，减少成形缺陷。一方面，激光辅助增加电弧稳定性，使得加热时间变短，不易产生晶粒过大，而且使热影响区减小，改善焊缝组织性能；另一方面电弧强化激光，稀释等离子，预热工件，提高铝合金对激光的吸收率。复合热源能够减缓熔池的凝固时间，使得熔池的相变充分进行，而且有利于气体的溢出，能够有效地减少气孔、裂纹、咬边等缺陷	铝合金、镁合金
	MIG + 激光	MIG 增材制造过程中热输入量大、成形效率高，但焊接过程中电弧稳定性较差、可控性不好、易形成熔池外溢和坍塌等成形缺陷，最终影响零件精度。引入激光后能够引导和稳定 MIG 电弧，进一步提高焊接过程稳定性，大大提高了成形速度及成形试件的精度和性能	铝合金
	PAW + SLM	等离子弧（PAW）+ 选区激光熔化（SLM）增材制造使用 SLM 技术打印大型零件的最外层结构，通过等离子弧增材技术打印大型零件除最外层以外的其他部分，可以实现快速打印大型复杂零件，而且可以打印最外层与内部材料不同的多种材料	异种金属
双电弧	MIG + TIG	MIG + TIG 复合热源有效利用两种电弧的热作用改善焊缝成形，有助于实现工件低热输入、大熔敷率、高速焊接过程，提高钢板、铝镁合金、钛合金等材料的增材制造效率；有效减少单一 TIG 电弧热流密度小、移动速度慢，单一 MIG 电弧热影响大，易导致制件组织及力学性能急剧下降的弊端	钛合金、不锈钢
	MIG + PAW	等离子弧（PAW）辅助 MIG 增材制造可以有效降低热输入量和热影响区宽度，提高成形可靠性。其中等离子弧电弧稳定性较高，成形过程稳定可控，既可以预热铝合金等金属材料，又可以有效对金属表面进行重熔整形，提高制件成形的可靠性	铝合金

8.6.3　运动执行机构 – 机器人

随着科学技术的进步，电弧熔丝增材制造运动执行机构呈多元化发展趋势。数控机床、关节机器人、并联运动机构已经与电弧熔丝增材制造技术相融合。其中，机器人作为电弧熔丝增材制造运动执行单位主要具有以下优点：

1）机器人可以预先规划电弧熔丝增材制造路线，减小设备投资。

2）机器人焊缝识别跟踪技术，可以提高成形精度及制件性能。

3）可以将智能机床与机器人有机结合，并借助远程控制技术进行统一调控，使电弧熔丝增材制造更加智能化、集成化。

机器人电弧熔丝增材制造技术发展路线如图 8-19 所示。

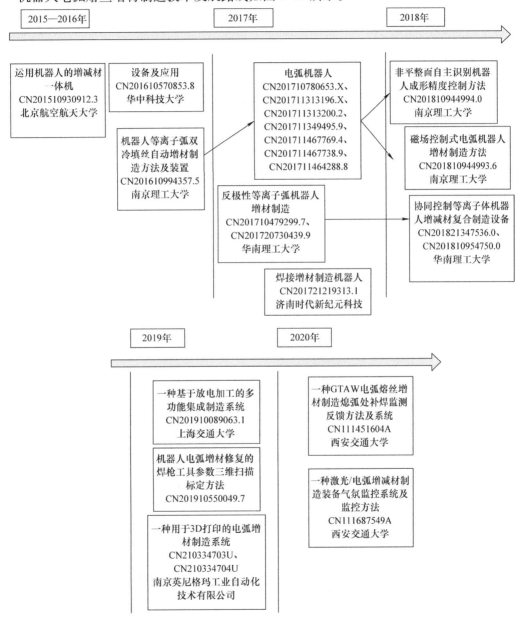

图 8-19　机器人电弧熔丝增材制造技术发展路线

由图 8-19 可知，近年来相关领域专利申请较为密集，其中南京理工大学、华南理工大学相关专利数量占比较多，2017 年，南京理工大学申请了 7 项与电弧熔丝增材制造技术相关的发明专利,磁场控制式、调压控制式、高频脉冲控制式机器人电弧熔丝增材制造技术均有涉及。华南理工大学主要集中在等离子弧为热源的机器人电弧熔丝增材制造技术开发。2019 年,上海交通大学申请了专利"一种基于放电加工的多功能集成制造系统",该系统包括机器人、运动控制单元、多功能复合放电电源、工作介质供给回收单元、送丝装置、工具头快换夹持单元、放电加工工具头、焊接工具头、检测工具头和工作台,可在多种介质中实施,摆脱了环境的限制。

8.6.4 电弧增减材一体机

电弧增减材一体机技术发展路线如图 8-20 所示。电弧增减材一体机设备将电弧熔丝增

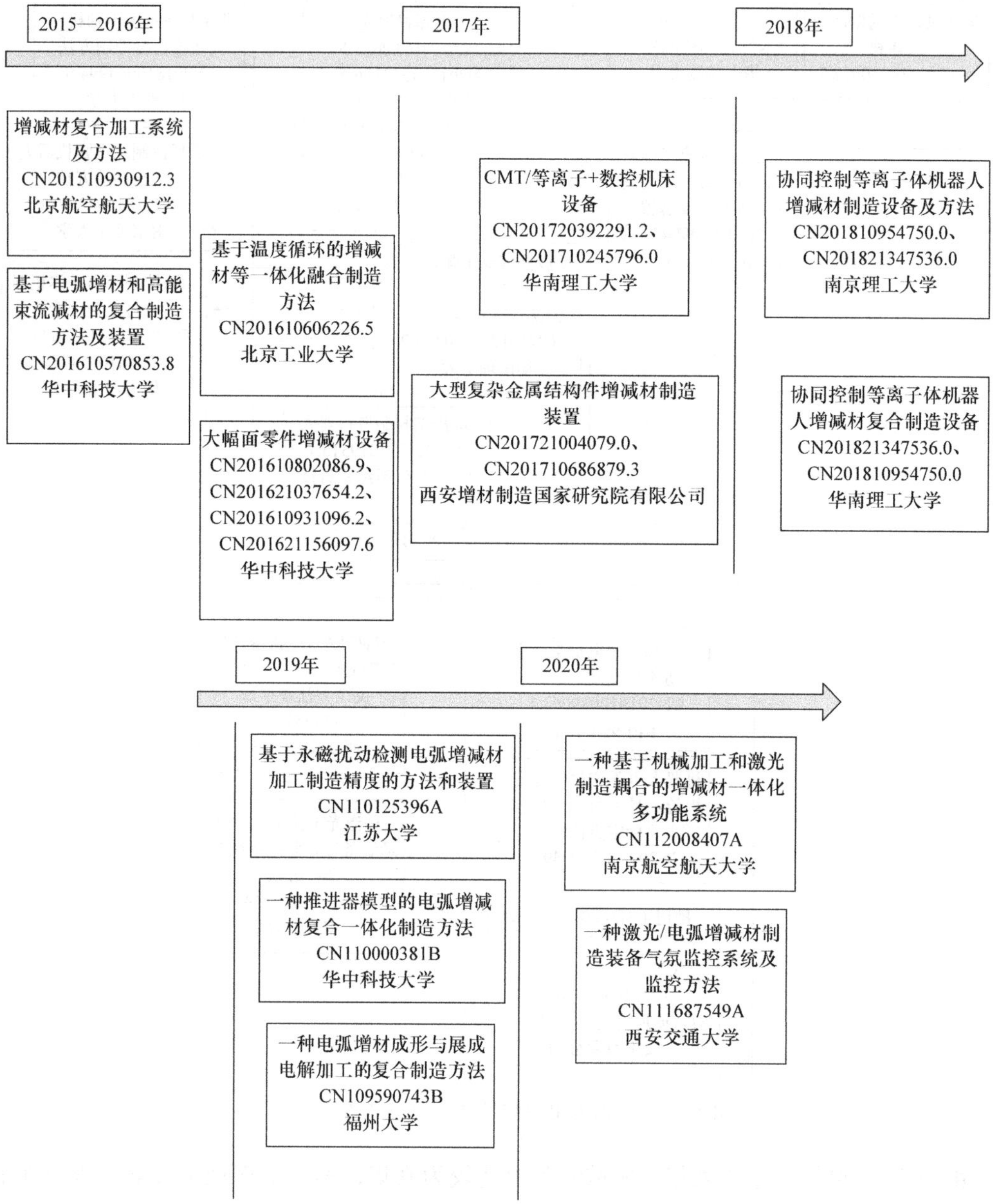

图 8-20 电弧增减材一体机技术发展路线

材制造与减材加工有机结合，充分发挥两种工艺的优势，既能克服单纯电弧增材技术在尺寸精度和表面质量等方面的缺陷，也可以减少传统减材工艺对制件结构复杂程度的制约，有利于大幅度提高加工效率和制件的力学性能，已成为电弧熔丝增材制造装置领域专利申请的技术热点。华中科技大学、华南理工大学、南京理工大学、北京工业大学、西安增材制造国家研究院有限公司在该领域均有专利申请，其中华中科技大学专利申请数量较多。未来高智能化、高集成化的电弧增减材一体化设备将成为新的专利技术和市场增长点。

8.7 电弧熔丝增材制造技术行业典型单位专利分析

目前，电弧熔丝增材制造技术正处于成长期，相关电弧熔丝增材制造技术专利的申请都比较少。本节以申请量排名为依据，对排名前三位的西南交通大学、华中科技大学、南京理工大学的相关专利情况进行介绍。

8.7.1 西南交通大学电弧熔丝增材制造技术专利分析

1. 研发团队简介

西南交通大学材料科学与工程学院以熊俊教授研发团队为代表开展了金属构件电弧填丝增材制造控形控性基础研究：聚焦于增材制造过程尺寸在线检测与智能控制、温度－流场－应力数值计算、构件组织性能表征研究、焊接过程传感与智能控制领域的研究。西南交通大学激光及其复合焊接如图 8-21 所示，西南交通大学 CMT 智能焊接技术如图 8-22 所示。

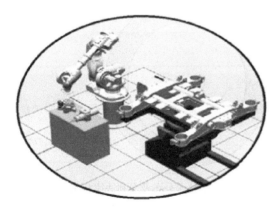 

图 8-21 西南交通大学激光及其复合焊接　　　　图 8-22 西南交通大学 CMT 智能焊接技术

西南交通大学电弧熔丝增材制造主要发明人分析如图 8-23 所示，熊俊、陈辉、李蓉、李沿江、雷洋洋专利申请量排序靠前。其中熊俊博士主要研究方向为：金属构件电弧填丝增材制造控形控性基础研究，聚焦于增材制造过程尺寸在线检测与智能控制、温度－流场－应力数值计算、构件组织性能表征研究，焊接过程传感与智能控制。

2. 专利布局情况分析

西南交通大学电弧熔丝增材制造专利申请技术分布及专利法律状态如图 8-24 所示。对西南交通大学电弧熔丝增材制造相关专利分析可知，西南交通大学相关领域内专利布局中保护主体最多的是制造方法，其次是装置、检测、控制模块，算法、气氛保护、送丝机构相关专利数量较少。目前，西南交通大学有 7 件电弧熔丝增材制造相关发明专利获得授权，仍有 25 件发明专利在实质审查中。进一步分析团队专利布局及技术分支情况，可发现以下特征：

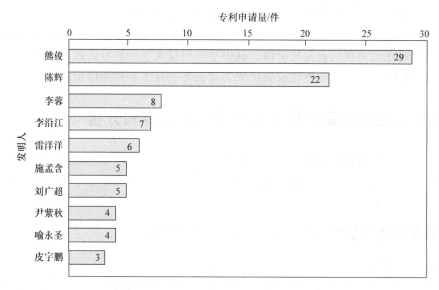

图 8-23　西南交通大学电弧熔丝增材制造主要发明人分析

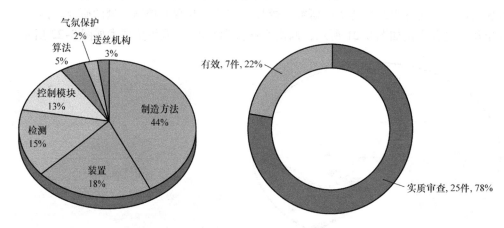

图 8-24　西南交通大学电弧熔丝增材制造专利申请技术分布及专利法律状态

1）专利申请热源以钨极氩弧（GTAM）和熔化极气体保护焊（GMAW）为主。侧重于使用单一或复杂热源进行金属交叉结构件、非封闭薄壁、倾斜薄壁、封闭几何构件、列车制动盘类构件等轨道交通车辆、高速列车零部件的增材制造技术研究。2019 年开始出现以冷金属过渡技术（CMT）为热源的专利申请。

2）复合热源的应用为西南交通大学电弧熔丝增材制造专利申请亮点。其中双 GTA 辅助 GMA 成形热源是基于双 GTA 对 GMA 电弧的分流作用，在不锈钢成形层通过电流的同时，能够在单位时间内熔化更多的不锈钢丝材，从而进一步提高不锈钢 GMA 增材制造技术的成形效率。微束等离子弧与 GTA 复合热源能有效解决 GTA 填丝增材制造过程丝材的熔化效率低、电弧对堆积层的过度损伤等难题。

3）异种金属电弧熔丝增材制造为最新申请热点。2019 年公开的专利中，有多项专利围绕异种金属材料的电弧熔丝增材制造。申请号为 CN201910642156.2 的专利披露了一种可以实现不同层间的异种金属构件制造，也可实现同层内不同路径或同路径上异种金属构件制造的技术。申请号为 CN201910425101.6 的专利展示了一种基于多 CMT 系统的异种金属材料复合结构增材制造系统。

西南交通大学电弧熔丝增材制造专利技术路线见表 8-8，西南交通大学电弧熔丝增材制造重点专利见表 8-9。

表 8-8　西南交通大学电弧熔丝增材制造专利技术路线

年份	2015—2016 年	2017—2018 年	2019 年
工艺及装置	CN201610408053.6、CN201610729202.9 薄壁结构件电弧增材制造方法 CN201610948272.3 封闭几何构件 GMAW 制造方法	CN201810067957.6、CN201811284792.4、CN201710022025.5、CN201710857552.8 单一热源金属构件增材制造 CN201710482559.6、CN201811285899.0 GTA 辅助 GMA 复合热源	CN201910642753.5、CN201910476384.7 金属丝 GTAW 增材制造方法及装置 CN201910642156.2、CN201910425101.6 异种金属结构件增材制造（复合热源）
检测模块	CN201510282713.6 GMA 增材制造双被动视觉传感检测装置及其检测方法 CN201610940496.X GTAW 增材制造过程稳定性检测方法	CN201710283828.6 表面质量自动检测 CN201710038712.6 温度场预测方法 CN201710630390.4 GTAW 视觉检测方法	CN201910062915.8 弧压辅助的 GTA 增材制造熔宽检测
控制系统	CN201610399000.2 GMAW 成形形貌控制	CN201711229471.X、CN201810524076.2、CN201810090693.6 GTAW 成形控制 CN201810523263.9 GMAW 堆积道形态调控	
算法		CN201810973005.0 热场计算方法 CN201711226189.6 切片工艺变量自动计算方法	

表8-9 西南交通大学电弧熔丝增材制造重点专利

序号	申请号	保护内容	保护主体	法律状态	热源/材料
1	CN201610399000.2	该发明提供一种GMAW增材制造同向式成形方式成形貌控制方法，包括以下步骤：完成GMAW增材制造过程起弧与熄弧动作；在熄弧端长度内逐渐减小成形电流，成形电压回到起弧端处；将GMAW焊枪升高一个层高，控制焊枪回到起弧端处；使成形件上表面温度冷却到20～300℃；完成剩余层的成形，直到整个结构件成形完成为止。该发明确保了GMAW增材制造在同向式成形方式中获得较高的成形尺寸精度	控制方法	授权	GMAW/金属、合金丝材
2	CN201610408053.6	该发明提供一种倾斜薄壁结构件电弧填丝增材制造方法，用于制造与基板成一定夹角的倾斜薄壁结构件。堆积多层单道倾斜薄壁件时，第一层由两条堆积层焊道搭接而成，有效克服了现有倾斜薄壁成形构件成形存在的设备成本高、系统复杂、堆积件成形精度低等问题	制造方法	授权	电弧/金属、合金丝材
3	CN201610729202.9	该发明提供一种非封闭薄壁结构件GTAW双重同步填丝增材制造方法。非封闭薄壁结构件为首尾不相连的多层单道结构件，分别在GTAW焊枪左右两侧对称安装一送丝系统。焊枪沿堆积路径方向移动时，同一个送丝系统在从焊枪后端送丝时为后送丝系统，在从焊枪前端送丝时为前送丝系统，左右两侧的送丝系统分别交替充当前、后送丝系统，独立调节前、后送丝系统的送丝量，前送丝系统负责高效熔丝，同时通过后送丝系统交错式堆积过程中后送丝方式送丝冷却速度及成形质量差的难题，有效克服了少量克服冷却速度，并提高了成形构件的力学性能	检测系统	授权	GTAW/金属、合金丝材

				复合热源/金属、合金丝材
4	CN201710482559.6	该发明提供一种不锈钢构件双 GTA 辅助 GMA 增材制造方法及系统，采用独立电源的 GTA 枪，构成复合电弧并熔化不锈钢丝材，形成复合电弧与传统 GMA 增材制造技术相比，该发明使得通过 GMA 枪丝材的电流，一方面，在保证 GMA 增材制造技术成形效率不变的同时，减小不锈钢构件的打印电流，降低不锈钢构件的成形部量，另一方面，在保证不锈钢成形层通过相同件的热输入和热积累，从而提高不锈钢构件的成形质量电流时，可进一步提高不锈钢电弧熔丝增材制造技术的成形效率。在 GMA 枪两侧分别安装一套成形过程中相继引燃 GMA 电弧与两侧成形不锈钢构件层片。在基板上逐层成形径由下至上逐层成形不锈钢构件成形层的电流，减小不锈钢成形层层通过相同	制造方法	实质审查	
5	CN201811084778.X	该发明提供了一种金属零部件损伤的 3D 打印原位修复系统及其修复方法，可对高速列车零部件的损伤进行快速原位地修复、修复质量好，效率高。系统包括机械臂、层间温度监测装置，打印径设计装置、安装在机械臂末端的激光 TIG 复合焊枪和送丝装置，空间扫描摄像装置及控制终端；空间扫描摄像装置包括对零部件缺损部位的激光轮廓扫描控制装置和控制器；打印径设计装置用于确定将打印层面的打印路径；层间仪；打印径设计装置用于确定将打印层面的打印路径；层间质量控制装置包括层间温度控制子装置和熔覆层质量优化子装置	制造方法	授权	激光-TIG 复合热源、金属、合金丝材
6	CN201811285899.0	该发明提供一种微束等离子弧与 GTA 分流协同作用的增材制造方法及装置。采用微束等离子弧对送入电弧前的丝材进行加热，微束等离子弧挺直性好，电弧密度高，加热局域小，其加热效率高于传统的电阻热丝、电弧热丝、激光热丝等方法，可有效提高丝材的熔化效率，铜等低电阻率的任何类型金属丝材。该发明将高了金属丝材进行预热，有效提高了金属丝材的熔化效率，导丝管内的丝与丝材连接，另一支路与基板连接，使得通过正极分为两个支路，其中一个支路通过钨极将电流入金属丝材，同时减小了对堆积层的热损伤，产过堆积层的电流小于通过钨极的电流，同时部分电流入金属丝材，生的电阻热可对丝材进行有效预热	制造方法/装置	实质审查	复合热源/低热导率金属丝材

（续）

序号	申请号	保护内容	保护主体	法律状态	热源/材料
7	CN201910425101.6	该发明公开了一种基于多 CMT 系统的异种材料复合结构增材制造方法。该方法包括以下步骤：材料设计，确定焊丝，搭建多 CMT 系统，装填焊丝；调节多 CMT 系统中的每个具备独立焊接能力的 CMT 子系统在增材制造过程中的熔接数量保持一致；逐层分析，确定增材制造路径；对多 CMT 系统离线编程，生成程序，启动多 CMT 系统，在程序控制下，每个具备独立焊接能力的 CMT 子系统协同运作，逐层增材制造，直至全部完成，得到复合结构。该方法操作简单灵活，适应性强，受材料限制小，且通过材料协调调节及每个 CMT 子系统的协调运作，不但能够实现具有功能梯度的三维复合结构的增材制造，同时能满足工业生产的精度要求，功能要求和形状要求	制造方法	实质审查	CMT/异种材料复合
8	CN201910476384.7	该发明提供一种脉冲 GTA 填丝增材制造堆积层片双变量控制方法及系统。堆积层片双变量分别为堆积层宽度和高度。堆积层宽度 W 由视觉传感系统获取，堆积层高度 H 由弧压 U 间接表征，而弧压 U 由电压传感系统采集。同时基于双变量解耦器，堆积宽度控制器和弧压控制器，以堆积层宽度偏差量 ΔW 和弧压偏差量 ΔU 为控制器的输入信号，通过在线调节变量与第二控制变量，实现 GTA 填丝增材制造过程中堆积层宽度与高度的稳定控制。该发明通过调节两组工艺参数的同时控制实现高度双变量的同时控制。实现脉冲 GTA 填丝增材制造过程中堆积层宽度与高度双变量的稳定控制的方法，实现脉冲 GTA 填丝增材制造堆积层片双变量控制	控制方法	实质审查	GTA/金属、合金丝材
9	CN201910642156.2	该发明提供一种异种金属结构件低热输入多丝电弧熔丝增材制造方法及装置。该方法包括如下步骤：将 GTA 电源的负极与钨极夹连接，电源的正极通过并联方式分为多个回路，每个回路中金属丝送丝方向围合成圆锥，闭合对应金属丝信号之间；根据规划层片上的成形路径及其填充的金属材质，闭合对应金属丝所在回路上的 IGBT 开关，开启需要填充金属的异种金属丝材，并断开其余回路上的 IGBT 开关，不同金属丝材的填充可通过切换回路实现；重复以上步骤，直到成形异种金属构件达到设定尺寸和设定区域要求为止。该发明可灵活地实现多种材质的异种金属填充的厚度，同时有效减小了异种结构件金属界面间金属化合物的厚度，提高了异种结构件的力学性能	制造方法/装置	实质审查	GTA/金属、合金丝材

8.7.2　华中科技大学电弧熔丝增材制造技术专利分析

1. 研发团队简介

华中科技大学金属丝材增材制造研发团队中，材料科学与工程学院以史玉升、余圣甫、张李超、杨秀芝、华文林等教授、专家学者为代表，武汉光电国家实验室以曾晓雁教授为代表，机械学院以张海鸥教授为代表。涉及的相关研究领域为电弧熔丝增材制造技术与装备、激光焊接、激光－电弧复合焊接技术、装备与应用。图 8-25 所示为华中科技大学电弧熔丝增材制造技术主要发明人。华中科技大学研发了电弧熔丝增材制造设备与专用丝材，实现了复杂金属零件的增材制造。研发的电弧熔丝增材制造金属丝材已应用于模具的制造、军用车辆的履带、导向轮的修复与复杂结构件的制造。

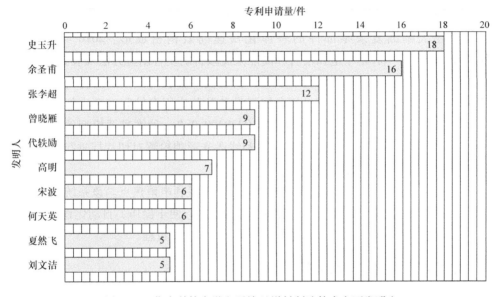

图 8-25　华中科技大学电弧熔丝增材制造技术主要发明人

2. 专利布局情况分析

华中科技大学电弧熔丝增材制造专利申请技术分布及专利法律状态如图 8-26 所示。华

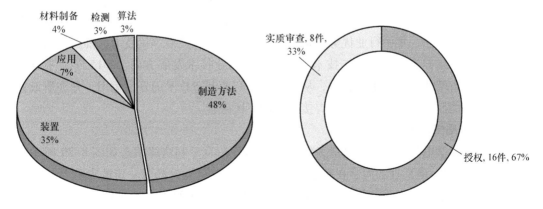

图 8-26　华中科技大学电弧熔丝增材制造专利申请技术分布及专利法律状态

中科技大学电弧熔丝增材制造相关专利布局中 48% 的专利围绕制造方法，35% 的专利主要保护装置结构，其余专利分布在应用、材料制备、检测模块及分层、路径规划等方面。华中科技大学电弧熔丝增材制造领域内申请的专利，已有 16 件获得授权，其中 3 件为实用新型授权，13 件为发明专利授权，目前仍有 8 件处于发明专利实质审查状态。

通过对华中科技大学电弧熔丝增材制造相关专利（见图 8-27 和表 8-10）进行深入分析，可以总结出以下申请特点：

1）基于复杂热源或电弧与机械切削加工结合的增减材一体机为专利申请亮点。从 2015 年专利 CN201521086953.0 "一种电弧增材和铣削加工装置" 开始，华中科技大学在电弧增减材一体机技术方面不断突破，并积极布局专利申请。2016 年专利 CN201621156097.6 "一种大幅面零部件的增减材复合制造设备"，利用六自由度倒挂机器人和五轴联动龙门铣床将增材技术与减材切削有效结合，增材和减材既可独立进行，也可分区域同时进行，能够实现对大幅面及超大幅面复杂零部件的一体化快速高效精密成形。2016 年申请的专利 CN201610570853.8 "一种基于电弧增材和高能束流减材的复合制造方法及装置"，则是利用复合热源电弧与高能束分别进行增材、减材，实现复杂形貌特征金属零件的一次性快速成形。CN201610802086.9 "一种增减材复合加工设备及其应用多轴联动精密加工系统实现增减材一体"。2019 年申请的发明专利 CN201910228400.0 "一种推进器模型的电弧增减材复合一体化制造方法"，利用红外热像缺陷检测和线激光形貌检测对切片层进行实时检测，由此实现增材和减材复合一体化的制造。

2）形性一体化协同增材制造系统为该团队近年来专利申请热点。该系统通过搭载多电弧协同作业模块或改进多电弧枪结构，能够以结构紧凑、便于操作、自动化程度高和制造精度高的方式来执行各类大型金属构件的电弧熔丝增材制造全过程。

8.7.3　南京理工大学增材制造技术专利分析

1. 研发团队简介

南京理工大学电弧熔丝增材制造主要发明人如图 8-28 所示，南京理工大学以王克鸿教授研发团队为代表，在电弧熔丝增材制造专利申请方面，申请发明专利 20 件。目前，王克鸿教授任南京理工大学大型构件焊接技术应用研究中心副主任，该应用中心正式成立于 2007 年 8 月。大型构件焊接技术应用研究中心以船舶和兵器行业为背景，针对舰船、坦克装甲车辆等军工产品，集中行业优势力量，研究开发瓶颈和关键焊接技术，推广应用先进适用的焊接技术，培养培训行业焊接技术人才，规划行业技术发展方向。2015 年，王克鸿教授团队与江苏省靖江市政府密切合作，从事机器人智能制造技术的开发运用，并注册成立靖江市机器人智能制造有限公司，推动焊接技术的军民融合。

2. 专利布局情况分析

南京理工大学电弧熔丝增材制造专利申请技术分布及专利法律状态如图 8-29 所示，从图 8-29 可以看出，南京理工大学在制造方法、装置、控制方面都有一定的专利产出。在专利授权方面，南京理工大学目前只有发明专利 CN201611023002.8 "一种 CMT 增材制造复合材料构件的方法" 获得授权，其余发明专利均处于公开或实质审查状态。

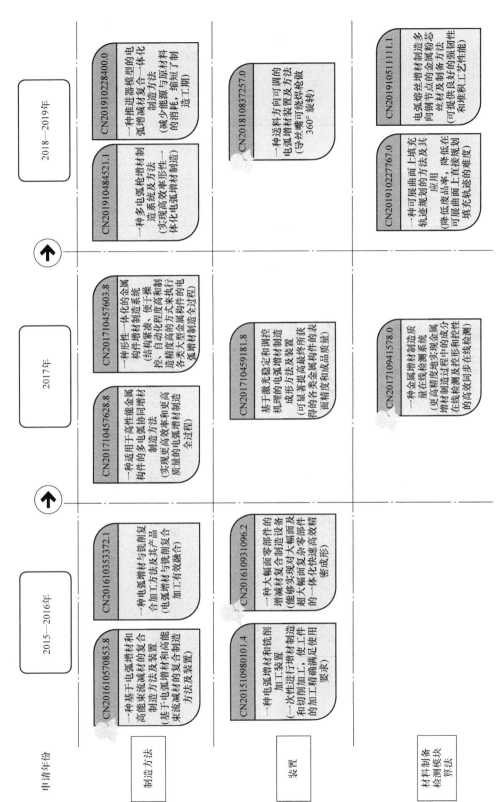

图 8-27　华中科技大学电弧熔丝增材制造专利技术路线

表 8-10　华中科技大学电弧熔丝材增材制造重点专利列举

序号	申请号	保护内容	保护主体	法律状态	热源/材料
1	CN201610931096.2	该发明公开了一种大幅面零部件的增减材复合制造设备。床身上安装有多个用于增材制造的六自由度倒挂机器人和五轴联动龙门铣床，多个倒挂机器人分布在龙门铣床的铣削头周围；倒挂机器人上设有增材制造设备，所使用的热源可以是高功率激光束或电弧；增材制造设备在工作平台上进行平面毛坯或多层或单层毛坯制造，龙门铣床铣削头对单层或多层的毛坯体进行精加工和修整。该发明克服以下大幅面复杂零部件铣削加工的困难和增材制造技术在尺寸和形状等方面的不足	装置	授权	电弧/金属、合金丝材
2	CN201610802086.9	该发明公开了一种增材复合加工设备，包括在线金属弧焊增材制造装置和数控多轴联动加工装置。在线金属弧焊增材制造装置包括焊接机器人和焊机系统，焊机系统安装在焊接机器人。数控多轴联动加工装置包括三维测量装置和多轴联动精密加工系统。三维测量装置用于测量零件的轮廓信息并发送给计算机，计算机通过接收的轮廓信息获得零件的实际轮廓，再与理论三维模型进行比较得到误差；多轴联动精密加工系统用于对零件实施减材加工，以使实际轮廓与理论三维模型的所述轮廓误差控制在设定范围内	装置/应用	授权	电弧/金属、合金丝材
3	CN201610353372.1	该发明公开了一种电弧增材与铣削复合加工的方法。该方法包括：①将需要加工零件的STL三维模型进行分层切片及路径规划，生成相应的G代码，然后导入至电弧增材和铣削加工复合装置中进行加工；②控制焊枪的开关，氩气的开关与复合装置的运动，来进行电弧熔丝材增材制造；③当使用焊枪堆积达到需要铣削加工的阈值时，暂停电弧增材加工，同时G代码控制焊枪相对于铣刀抬升，成形体移动至电弧增材顶面的铣削加工；④如果加工满足结束条件，结束加工，获得加工零件，否则转回步骤②，循环执行。该发明可使电弧增材与铣削复合加工能够有效融合，加工效率高，加工零件的精度和形貌尺寸控制得更好。该发明还公开了相应的产品	制造方法/产品	授权	电弧/金属、合金丝材

序号	申请号	摘要	分类	法律状态	技术领域
4	CN201710457628.8	该发明属于增材制造相关技术领域，更具体地，涉及一种适用于高性能金属构件的多电弧协同多角度转动的金属构件制造方法。该方法包括：针对待成形的金属构件，布置多个相互独立且可执行XYZ三轴平动和角度转动的电弧枪，由此使得它们之间的相对位置和工作姿态发生自由改变，并根据工况需求，采用共熔池、非共熔池、部分共熔池多种熔池组合来执行金属构件的多电弧系统增材制造过程。该发明能够很好地调节堆积体积金属的温度场，显著改善金属组织结构	制造方法	授权	电弧/金属、合金丝材
5	CN201710457603.8	该发明属于增材制造相关技术领域，更具体地，涉及一种形性一体化的金属构件增材制造系统，其包括成形物料平台、多电弧成形模块、电弧摄像检测模块、成形尺寸三维测量单元，堆积成形数字化监测平台等等，并通过负反馈监控单元执行统一控制。其中多电弧协同作业模块配备有多个相互独立的电弧枪，并且它们彼此之间的相对位置和工作姿态可来执行自由改变。该发明能够以结构紧凑、便于操控、自动化程度高的方式来执行各类大型金属构件的电弧熔丝增材制造全过程，同时还可得到较好地满足形性一体化同步增材制造的要求	制造方法	授权	电弧/金属、合金丝材
6	CN201710459181.8	该发明属于增材制造相关技术领域，并公开了一种基于激光稳定和调控机理的电弧熔丝增材制造成形方法。该方法包括：在采用电弧作为热源熔化丝材的过程中，对电弧的弧柱施加稳定的激光激励，并使得激光束斑距离弧柱中心的离焦量为±0.5mm以内；以此方式，在激光的直接作用下，弧柱中的金属成分发生气化和电离成为大量的带电粒子，由此提高了电弧的稳定性；此外弧柱中中性粒子也发生电离成为等离子体并发生压缩现象，由此使得电弧的直径缩小，进而改善金属构件的表面成形精度。该发明还公开了相应的成形装置	制造方法/装置	授权	电弧/金属、合金丝材
7	CN201710941578.0	该发明属于增材制造相关技术领域，并公开了一种金属增材制造质量在线检测系统，其包括电弧熔丝增材制造模块、光谱采集模块、光谱采集与焊接同步触发模块等。电弧熔丝增材制造模块用于按照预定的工艺参数执行电弧熔丝增材制造；光谱采集头模块经由采集光路执行对准模块执行XYZ三轴方向上的移动调节，然后对焊接电弧等离子体的弧光进行采集，并传递给光谱仪进行元素损量等方面的分析；光谱采集模块发触发模块用于确保电弧熔丝增材制造与焊接同步触发	检测模块	实质审查	电弧/金属、合金丝材

序号	申请号	保护内容	保护主体	法律状态	热源材料
8	CN201810972589.X	该发明属于舰船舰艉轴架制备工艺相关技术领域，并公开了一种船舶舰艉轴架电弧熔丝3D打印制造方法。该方法包括：①对舰轴架建立对应的三维模型，并将其划分为舰轴毂、横臂和支撑臂3个分区；②针对不同分区，基于不同的原理来规划设计打印路径，并获得每一层均为圆形形状的舰轴毂打印路径，以及每一层均为矩形形状的横臂打印路径与支撑臂打印路径；③依照所获得的不同制造路径，采用电弧熔丝3D打印制造工艺进行相应的成形加工	制造方法/产品	授权	电弧/金属、合金丝材
9	CN201810972135.2	该发明属于螺桨制备工艺相关技术领域，涉及一种螺旋桨电弧熔丝增材制造方法。该方法包括：①对螺旋桨构件进行针对性的分区处理，得到桨毂部分和桨叶部分；②对两种不同部分，基于不同的原理来规划设计制造路径，其中桨毂采用平面切片和偏置填充方式规划得到路径，桨叶采用柱面切片和偏置填充方式填充完成的螺旋桨路径，采用电弧熔丝增材制造工艺进行相应的组合加工；③依照还公开了相应的螺旋桨产品。该发明还公开了相应的螺旋桨产品。该发明仅能够与螺旋桨三维构造的复杂三维构造特征更好地相适应，使得电弧熔丝增材制造螺旋桨的精度和外形轮廓控制得更好，而且能够显著提高最终产品的尺寸精度，同时大幅缩短其制造周期	制造方法	授权	电弧/金属、合金丝材
10	CN201810837257.0	该发明属于增材制造技术领域，具体公开了一种送料方向可调的电弧增材装置及方法。该装置包括环形导向调节机构、送丝机构和焊枪。环形导向调节机构包括环形导轨及与环形导向轨道滑动配合的三维调节机构，三维调节机构上设有导丝嘴，三维调节机构和导丝嘴沿环形导轨可做360°旋转，以调节的出丝方向使其丝与增材沉积路径相切。该方法采用电弧焊丝轨上。焊枪与环形导轨同轴设置，并位于焊丝的正上方，且送丝嘴可绕焊枪做360°旋转，以保证沿着扫描路径的切向的匀速增材制造，在增材制造过程中导丝嘴可绕焊枪做360°旋转，以保证沿着扫描路径的切向的匀速送丝。该发明可有效解决旁轴送料增材制造在成形具有非线性轮廓零件时沉积方向和填充材料方向不一致的问题	制造方法/装置	实质审查中	电弧/金属、合金丝材

序号	专利号	技术内容	分类	状态	关键词
11	CN201910228400.0	该发明属于电弧增材制造领域，并公开了一种推进器模型的电弧增减材复合一体化制造方法。该方法包括：①将推进器模型分为三个部分，分别对该三个部分在芯轴所在的方向进行分层和每个切片层填充轨迹的规划，转子和定子切片轮廓中规划每个切片层的填充轨迹，以此获得每个切片层的填充轨迹；②成形芯轴；③成形转子和定子。在对切片层逐层加工的过程中，利用红外热像缺陷检测和线激光形貌检测，对切片层进行实时检测，由此实现增材和减材复合一体化的制造	制造方法	实质审查中	电弧/金属、合金丝材
12	CN201910227767.0	该发明属于电弧增材制造领域，并公开了一种可展曲面的可展曲面，将填充轨迹规划的方法及其应用。该方法包括：对于表面有切片轮廓的可展曲面，将填充轨迹规划至可展曲面中，在展开平面中规划切片轮廓的填充轨迹；当展开线与切片轮廓相交时，将填充轨迹逆射映至可展曲面中，将可展曲面旋转后再展开为平面，在获得可展曲面旋转后的填充轨迹后，再将可展曲面反方向旋转，即获得所需填充的可展曲面面中填充轨迹	路径规划	实质审查中	电弧/金属、合金丝材
13	CN201910484521.1	该发明属于电弧熔丝增材制造领域，并具体公开了一种多电弧枪增材制造系统及方法。该系统包括快拆法兰、住复运动单元、转动单元和弧焊单元。住复运动单元安装在快拆法兰下端，其包括三个滚珠丝杠滑台。转动单元在住复运动单元上，并在住复运动单元多个转动单元转动。转动单元下可住复直线运动；成形时，通过转动轮廓弧焊枪打印出构件的外形轮廓，然后通过填充轮廓弧焊枪对此外形轮廓进行填充。该发明解决了电弧熔丝增材制造大型金属构件时尺寸精度低、残余应力和变形较大、效率低的问题	制造方法	实质审查中	电弧/金属、合金丝材

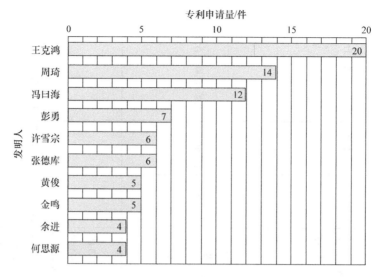

图 8-28　南京理工大学电弧熔丝增材制造主要发明人

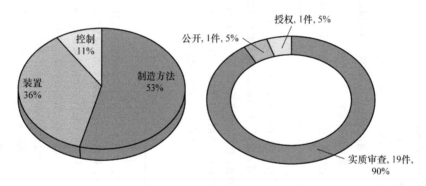

图 8-29　南京理工大学电弧熔丝增材制造专利申请技术分布及专利法律状态

基于南京理工大学领域内专利申请技术路线整理及重点专利筛选，可以总结出该团队电弧熔丝增材制造专利申请的特点如下：

1) 侧重以机器人为智能化电弧熔丝增材制造执行单位。该团队约有 10 件专利申请围绕电弧机器人增材制造布局，磁场控制式、调压控制式、高频脉冲控制式电弧机器人技术均有涉及，多采用电弧、等离子、TIG 等单一热源，2017 年申请的专利 CN201711467738.9 "一种电弧－激光复合式机器人增材制造系统"为复合热源下的机器人增材制造系统。

2) 双丝异种金属增材制造技术特点突出。专利 CN201711349518.6 "一种机器人用单机同嘴双填丝非熔化极电弧熔丝增材制造方法与装置"，将单机双送丝机构固定于机器人臂上，两根丝材送入同一个导电嘴，夹具体积较小，调节裕度大幅增加。专利 CN201711349495.9 "一种用于机器人的等离子弧双电源双热丝增材制造方法及装置" 及 CN201610994357.5 "一种机器人等离子弧双冷填丝自动增材制造方法及装置"，都是以等离子弧为热源的机器人电弧双丝增材制造技术的重要专利。

南京理工大学电弧熔丝增材制造专利技术路线如图 8-30 所示，南京理工大学电弧熔丝增材制造重点专利列举见表 8-11。

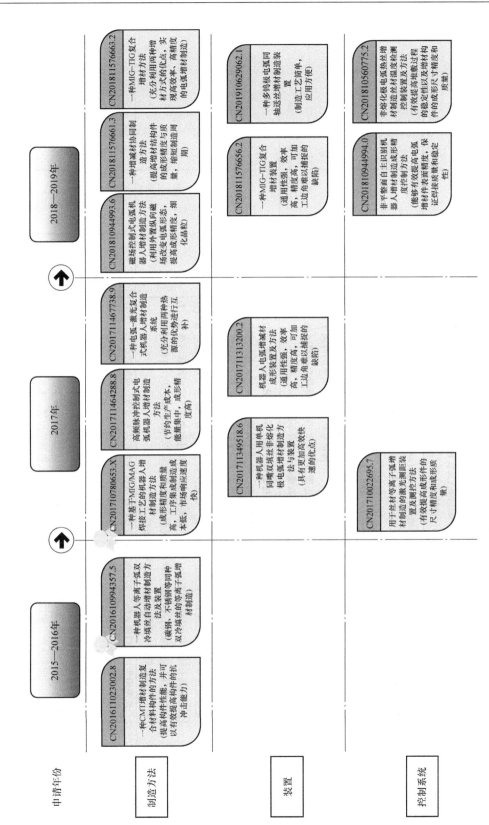

图8-30 南京理工大学电弧熔丝增材制造专利技术路线

表8-11 南京理工大学电弧熔丝增材制造重点专利列举

申请号	保护内容	保护主体	法律状态	热源材料
CN201611023002.8	该发明是一利用CMT增材制造复合材料构件的方法，涉及快速成形领域。具体是：以陶瓷为增强材料，配合金属外壳中，并复合至CMT增材制造形成的具有凹槽结构的构件。该发明利用CMT增材制造复合材料构件，可提高构件性能以满足生产中的多种要求，并可以有效地提高构件的抗冲击能力	制造方法	授权	CMT/金属、合金丝材
CN201610994357.5	该发明公开了一种机器人等离子双冷填丝自动增材制造方法及装置。该装置包括工作平台、基板、等离子焊枪、两个送丝夹具及其夹具、两台送丝机、机器人控制柜等。其方法主要是采用两个送丝机送进冷丝材，控制两个送丝机同步或交替送进；控制柜同时控制焊机，实现送丝与电弧引燃的同步。装置通过机器人旋转实现同种和异种丝材的等离子双冷填丝的增材制造。该发明实现碳钢、不锈钢等同种双冷填丝的等离子填丝的双冷填丝的增材制造，还能够实现双焊丝异种丝材的等离子填丝的双冷结构件制造，并可实现新型复合丝材质结构件的低成本、高效率制造	制造方法/装置	实质审查中	等离子弧/碳钢、不锈钢等同种或异种丝材
CN201610399787.2	该发明提供一种碳钢构件自压缩电弧熔丝增材制造方法。其采用独立填丝配合自压缩电弧熔丝增材制造的分层旋转堆敷成形，即送丝机填充丝材，自压缩电弧作为热源熔化丝材进行堆敷成形，利用焊枪的垂直移动及变位机翻转运动合成堆敷路径，使实结构转件成一层焊枪始终沿垂直方向移动固定高度。每堆敷一层圆环绕垂直方向堆敷数层，如此任复循环，最终各圆环层堆敷层层积叠，重复上述堆敷方式成下一层圆环形堆敷层。结构件具有特征几何特征的碳钢结构件。达到或通过同成分材料的传统组合工艺制成的碳钢结构件水平，成形精度高，力学性能好，金属沉积速度快，制造工序精简，生产率高	制造方法	实质审查中	电弧/碳钢丝材
CN201711349495.9	该发明为用于机器人的等离子弧双电源双热丝增材制造方法及装置。该装置包括：工业机器人、等离子弧焊接装置、双丝送丝装置和双热丝加热装置，其中双热丝加热装置包括热丝加热电源Ⅰ、热丝加热电源Ⅱ、双丝协调控制模块。其方法通过双丝送丝装置送出两根丝材，利用双热丝加热装置的加热电源加热丝材，实现双热丝加热，控制柜同时控制加热、实现双热丝、控制送丝送进；控制柜同时控制加热，控制由机器人控制柜控制，焊机由机器人双热丝增材制造，加热与电弧燃烧三者的同时同利温度，实现脉动热送进，焊机与等离子弧双热丝增材制造时，在相同的工艺参数时，丝材的送进速度提高1.5倍以上，能够实现更高熔敷效率的增材制造	制造方法/装置	实质审查中	等离子弧/双丝材

CN201711349518.6	该发明公开了一种机器人用单机同嘴双填丝非熔化极电弧熔丝增材制造方法与装置。该装置由非熔化极焊接电源、两根焊接丝送入同一个导电嘴、焊枪、机器人、机器人控制柜通过送丝通信模块控制送丝，从而实现双丝机构的同步协调控制。该发明采用的单机同嘴双送丝机构质量轻、体积小，可方便地实现双丝机构的近距离送丝；双丝共用导电嘴，与两个分立的导电嘴相比，夹具体积减小，调节幅度大幅增加	制造方法/装置	实质审查中	电弧/双丝材
CN201710780653.X	该发明公开了一种基于MIG/MAG焊接工艺的机器人增材制造方法。该方法包括：①建立金属零件的CAD模型；②进行焊接工艺试验，建立焊接参数与焊缝几何特征之间的映射关系；③对焊缝和焊缝截面进行建模；④根据金属零件的形状确定堆积方向，根据建立的焊缝模型对三维模型进行一次开发，实现对模型的切片功能；⑤提取切片步骤得到的截面轮廓，根据建立的焊缝模型自动确定堆积焊道，设计合适的路径规划算法，生成数控程序；⑥将数控程序导入仿真软件进行测试后，导出机器人驱动程序进行金属零件的生产。该发明具有成形精度和质量高，工序集成度高，并且制造成本低，市场响应速度快	制造方法	实质审查中	MIG-MAG/金属、合金丝材
CN201711313196.X	该发明公开了一种磁场控制式电弧机器人增材成形方法。该方法为：将电弧熔丝增材制造的控制器根据制造参数的实时变化，驱动磁场发生装置中的励磁电源产生不同强度的纵向磁场；磁激磁线圈内将产生环形磁场，当增材件表面出现气孔时，通过空心轴电动机控制激磁线圈的旋转产生环形磁场，对熔池进行不同程度的振荡搅拌；机器人将熔融丝按照环形磁场堆积路径逐层熔敷成形，能够加快熔池中的气孔等杂物的上浮速度，采用环形磁场搅拌，可控性好的旋转射流过渡，从而大幅减少增材制造件中的气孔等缺陷，提高电弧机器人增材成形件成形形貌的连续一致性	制造方法	实质审查中	电弧/金属、合金丝材
CN201711467769.4	该发明公开了一种调压式电弧增材成形系统。采用弧压控制方法，实现电弧压控制成形成受控电弧增材工艺，主要从焊枪的结构进行改进，改进后的焊枪在外观上大致与等离子弧焊枪相似。该发明的增材成形系统通过设置调压调距式焊枪，能够实现在增材成形的过程中通过焊丝与工件之间的距离来实现增材与减，此外，该发明的系统中焊枪的通孔直径较是可以实时反馈电压来实现增材与减，从而控制焊枪输出电弧的形态，进而调整熔滴的过渡形式和过渡频率，最终实现增材成形的过程控制	制造方法	实质审查中	电弧/金属、合金丝材

（续）

申请号	保护内容	保护主体	法律状态	热源材料
CN201711467738.9	该发明公开了一种电弧-激光复合式机器人增材制造系统，包括由两台六轴机器人与变位机组成的机械及控制系统，由焊接电源、控制器、激光器、送丝机、激光焊枪和电弧焊枪分别装在两台六轴机器人的手臂上，CCD摄像机及计算机。其中，激光焊枪垂直固定在激光焊枪上，并且与计算机相连。该发明利用电弧作为热源熔化焊丝进行增材，但电弧的精度较低，增材过后的表面不平整；再利用激光焊枪对其每层表面的缺陷都进行增材填补。这样充分利用两种热源的优势进行互补，精度高且成本相对来说较低的增材制品	制造方法	实质审查中	电弧-激光/金属、合金丝材
CN201810944994.0	该发明公开了一种非平整面自主识别机器人增材制造成形精度控制方法。该方法为：将CMOS摄像机与投影仪组成三维图像，采集工件表面图像，利用基于结构光的双目视觉系统，提取工件表面的特征数据，控制器重建三维模型并确定电弧熔化设定对应的平峰填合操作；再根据测量的表面平整度对实际表面平整度，与标准的表面平整度进行对比，若不达标则重复此过程，直到合格为止	控制方法	实质审查中	TIG/金属、合金丝材
CN201811576656.2	该发明公开了一种MIG-TIG复合增材装置。该装置由MIG焊接机器人、TIG焊接机器人、工作台、MIG增材机器人、CCD相机、红外测温仪、基板水冷装置。计算机分别与MIG焊接机器人、TIG焊接机器人、CCD相机、红外测温仪相连，协同控制整个复合增材装置。该发明充分结合了两种增材装置的优点，在提高增材效率的同时也提高增材精度	装置	实质审查中	MIG-TIG/金属、合金丝材
CN201811576661.3	该发明公开了一种增材减材协同制造方法。该方法为：利用CAD进行模型建立，由计算机自动生成增材轨迹，安装清理基板，增材机器人在基板正面进行增材；基板进行180°翻转；增材机器人在基板背面进行减材，并用气枪进行空冷；红外测温仪实时监测基板背面温度，控制基板背面温度，减少基板热积变形，背面冷却后再次进行翻转；重复上述步骤，直至完成增材制造	制造方法	实质审查中	电弧-激光/金属、合金丝材
CN201910629062.1	该发明公开了一种多钨极电弧同轴送丝增材制造装置。其中，装置主体为壳状，装置主体包括送丝管，焊丝通过送丝管相连送，送丝单元包括送丝机和送丝绞，焊丝通过送丝机与送丝绞相连进行输送，多个钨极周向均匀分布，多个钨极的尖端在同一平面X平面内，且每个钨极与X平面成同一夹角；送丝机将焊丝通过送丝管送至多钨极与X平面成同一夹角。该发明将多钨极均匀周向分布，且多钨极尖端所在平面采用有空心结构，从而产生同轴送丝，多个钨极设置内部，多个钨极的尖端的中心处为送丝的中心处上方。该发明设置了陶瓷喷嘴，体下部为陶瓷喷嘴，送丝单元包括送丝机和送丝绞，多个钨极成同一夹角，送丝绞通过送丝管送至多钨极与X平面成同一夹角，送丝机同时工作，且多钨极不需要采用同轴送丝的效果，制造工艺简单，应用方便	装置	实质审查中	电弧-激光/金属、合金丝材

8.8　电弧熔丝增材制造技术专利典型案例

案例 1：基于电弧电压反馈的 GTAW 增材制造过程稳定性检测方法（CN1063-63275A）。

该专利是西南交通大学 2016 年申请的发明专利，专利附图如图 8-31 所示。该专利先后被引用了 14 次。该专利公开了一种基于电弧电压反馈的 GTAW 增材制造过程稳定性检测方法，过程稳定性通过电弧弧长反映，电弧弧长采用电弧电压间接反馈。调节 GTAW 焊枪在基板上的初始位置，成形第一层时，电压传感器配合数据采集卡获得电弧电压沿成形路径的变化信号，利用标定关系将电弧电压转化为电弧弧长，获得电弧弧长沿成形路径的变化信号，继续完成第二层、第三层～第 n 层的成形，获得第 n 层电弧弧长沿成形路径的变化信号。如果电弧弧长在一定范围内，则判定成形过程稳定。该发明方法有效地解决了 GTAW 增材制造过程稳定性实时检测的难题，检测过程操作简单，稳定性强，不易受强烈电弧光的干扰，计算速度快，易于实现自动化，适合于现场实时检测的工程化应用。

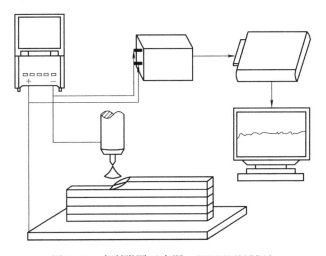

图 8-31　专利附图（来源：CN106363275A）

案例 2：一种基于电弧增材和高能束流减材的复合制造方法及装置（CN106216862A）。

该专利是华中科技大学 2016 年申请的发明专利，专利附图如图 8-32 所示。该专利先后被引用了 12 次。该专利公开了一种基于电弧增材和高能束流减材的复合制造方法及装置。首先，建立待加工金属零件的三维模型，获得三维模型的 STL 文件，对该 STL 文件进行切片处理，获得电弧增材加工路径和高能束流减材加工路径，并设定电弧增材加工参数和高能束流减材加工参数；然后，利用电弧增材制造机器人和高能束流减材制造机器人，分别根据增材加工路径、加工参数以及减材加工路径、加工参数，进行增减材协同制造，进而实现金属零件的增减材制造。该发明可一次性快速生产出高精度、高性能且具有复杂形貌特征的金属零件，具有金属零件加工精度高、表面质量好等优点。

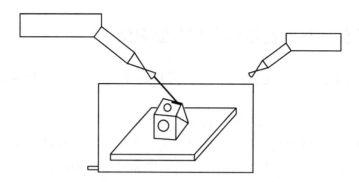

图 8-32　专利附图（来源：CN106216862A）

参 考 文 献

［1］李权，王福德，王国庆，等. 航空航天轻质金属材料电弧熔丝增材制造技术［J］. 航空制造技术，2018，61（3）：74－82.

［2］代轶励，余圣甫，史玉升，等. 电弧熔丝增材制造 460MPa 级建筑钢十向节点用药芯丝材的开发及应用［J］. 机械工程材料，2019，43（10）：24－29，52.

［3］李明祥，张涛，于飞，等. 金属电弧熔丝增材制造及其复合制造技术研究进展［J］. 航空制造技术，2019，62（17）：14－21.

［4］FANG X，BAI H，YAO Y，et al. Research on multi－bead overlapping process of wire and arc additive manufacturing based on cold metal transfer［J］. Journal of Mechanical Engineering，2020，56（1）：141.

第9章　三维印刷技术专利分析

9.1　三维印刷技术原理

三维印刷（three dimensional printing，3DP）技术又称为三维喷射打印、喷墨粉末打印、黏结剂喷射成形。美国材料与测试协会增材制造技术委员会（SATM F42）将3DP技术的学名定为Binder Printing（黏结物喷射）。该工艺与SLS（选择性激光烧结）工艺类似，采取粉末材料（如淀粉、金属粉、陶瓷粉、高分子材料、复合材料粉末等）成形，所不同的是其材料粉末不是通过激光烧结连接起来的，而是通过喷头用黏结剂（如硅胶）将零件的截面黏结起来。

3DP技术原理如图9-1所示，首先使用铺粉器按设定的流砂量逐层铺粉并紧实，随后控制打印头用黏结剂将切片分层好的零件的每一层截面印刷在基体粉末原料之上，每一层印刷完毕后，升降平台下降0.3～0.5mm，铺粉器再一次铺粉，打印喷头再一次印刷，由下而上，层层叠加，直到把一个零件的所有层打印完毕得到打印坯，最后经过一定的后处理（如烧结等）得到最终的打印制件。

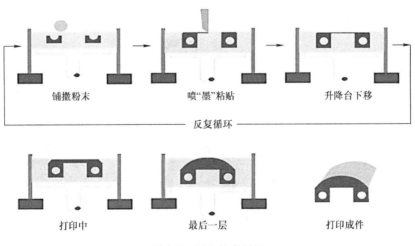

铺撒粉末　　　　　喷"墨"粘贴　　　　　升降台下移

反复循环

打印中　　　　　　最后一层　　　　　　打印成件

图9-1　3DP技术原理

3DP技术的优点如下：加工速度快、制造成本低，而且能够直接制造彩色零部件，成形材料多样化且环保，生产过程不受零件的形状结构等多种因素的限制，能够完成各种复杂形状的制造。3DP技术的缺点有：制件由粉末材料黏结而成属于无压力加工方式，材质内部呈多孔状，易导致成形精度不高且制件强度较差。

9.2 三维印刷技术发展概况

9.2.1 三维印刷技术发展历程

3DP 技术的创始团队是美国麻省理工学院的 Emanual Sachs 等人。1989 年 Emanual Sachs 团队对 3DP 技术申请了专利，并获得批准。并于 1993 年研发设计出第一台基于三维打印黏结技术的 3D 打印机，1997 年成立以 3DP 打印机为核心产品的 Z 公司，开始系列化生产该类 3D 打印机，凭借技术优势开辟市场。2012 年 Z 公司被世界知名三维打印设备厂商 3D Systems 公司并购，成为 3D Systems 的一个分公司继续进行商业活动，并陆续推出 Z Printer 和 Project 两个系列的 3DP 打印成形设备，这两个系列可以自由实现 3D 打印的全彩色制造。目前市场上领先的 3DP 设备还有德国 Voxeljet 公司的 VX 系列以及 Exone 公司的 M 系列产品，以色列 Objet 公司的 Connex 和 Eden 系列产品。

国内 3DP 技术引入时间较晚，因而相对于发达国家技术起步较晚，虽然在近年来也获得了较为迅速的发展，但仍与国外水平有着一定的差距。目前国内主要研究 3DP 技术的高校有华中科技大学、上海交通大学、清华大学、西安理工大学、西安交通大学等，研究方向也各有侧重。自主研发各类型 3DP 成形设备的企业有南京宝岩自动化有限公司、杭州先临三维科技股份有限公司。目前，3DP 技术已开始应用于生物医学、医疗教学、航空航天、模具制造、工艺品制造等诸多领域，特别是 3DP 技术已广泛应用于船舶动力、航天科技、汽车制造三大领域的砂型打印。三维印刷技术制造的复杂特征零件如图 9-2 所示，三维印刷技术制造的医疗植入物如图 9-3 所示。

 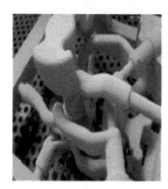 

a) 发动机缸体砂型　　　　　　　　b) 液压铸件　　　　　　　　c) 飞机舱门实物

图 9-2　三维印刷技术制造的复杂特征零件

9.2.2 三维印刷技术研究现状

目前国内外学者针对 3DP 技术的主要研究方向有黏结剂、打印材料、打印工艺过程、后处理工艺见图 9-4。由于 3DP 成形技术在成形精度和制件强度方面存在的问题，后处理方面逐步成为相关研究人员关注的重点领域。

三维印刷技术使用的黏结剂大致分为液体和固体两种，实际应用中液体黏结剂的使用范

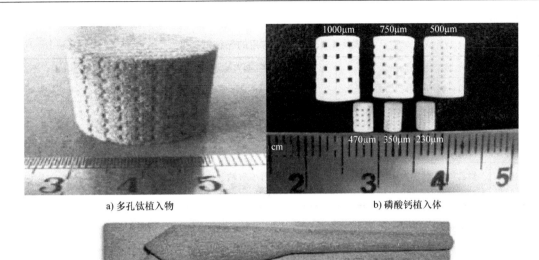

a) 多孔钛植入物　　　　　　　　　　b) 磷酸钙植入体

c) Co–Cr–Mo合金股骨头

图 9-3　三维印刷技术制造的医疗植入物

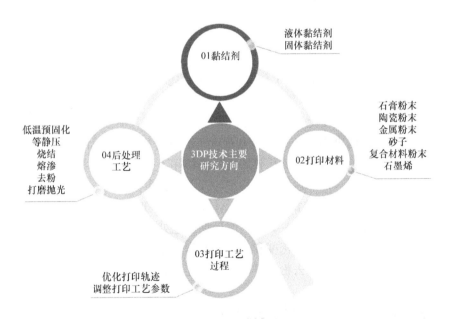

图 9-4　3DP 技术主要研究方向

围更加广泛。液体黏结剂又分为以下三种类型：①自身具有黏结作用的，如 UV 固化胶；②本身不具备黏结作用，而是用来触发粉末之间的黏结反应的，如去离子水等；③本身与粉末之间会发生反应而达到黏结成形作用的，如用于氧化铝粉末的酸性硫酸钙黏结剂。除此之外，为了满足打印产品的各种性能要求，针对不同的黏结剂类型，经常需要在黏结剂中添加促凝剂、增流剂、保湿剂、润滑剂、pH 调节剂等不同作用的添加剂。3DP 技术常用的黏结剂类型见表 9-1。

表 9-1　3DP 技术常用的黏结剂类型

黏结剂		添加剂	应用粉末类型
液体黏结剂	不具备黏结作用：如去离子水	甲醇、乙醇、聚乙二醇、丙三醇、柠檬酸、硫酸铝钾、异丙酮等	淀粉、石膏粉末
	具有黏结作用：如 UV 胶		陶瓷粉末、金属粉末、砂子、复合材料粉末
	与粉末反应：如酸性硫酸钙		陶瓷粉末、复合材料粉末
固体粉末黏结剂	聚乙烯醇（PVA）粉、糊精粉末、速溶泡花碱等	柠檬酸、聚丙烯酸钠、聚乙烯吡咯烷酮（PVP）	陶瓷粉末、金属粉末、复合材料粉末

目前 3DP 技术原材料基本包括较为传统的石膏粉末、淀粉、砂子、陶瓷粉末、金属粉末，以及近年来逐步成为热点的复合材料粉末及石墨烯材料。3DP 使用的成形粉末需要具备材料成形性好、成形强度高、粉末粒径小、不易团聚、滚动性好、密度和孔隙率适宜、干燥硬化快等性质。石膏粉末由于其价格低廉、环保安全、可实现彩色打印等优点，已成为 3DP 技术应用较早、较为成熟的原料之一，在生物医疗、食品加工、工艺品等行业有了较为广泛的应用；陶瓷材料应用于三维印刷技术，可以省掉制模过程，大幅度降低成本，提高生产率；金属材料包括铁基金属、钛合金、镍基金属基铝合金，与传统的金属材料选择性激光烧结制造相比，3DP 技术打印金属材料设备成本低廉且能耗较少；复合材料是近年来 3DP 技术材料领域研究的热点，如梯度功能材料、非金属与金属混合材料、合金等；石墨烯作为目前最薄、强度最高、导电导热性能最强的明星材料，逐渐受到国内外 3DP 技术研究者的青睐，包括全球石墨烯行业巨头 Lomiko 金属公司在内的多家公司都建立起合作关系来开发多种基于石墨烯的三维印刷新材料。

打印工艺过程在很大程度上决定了三维印刷技术制件的各项性能，进而通过改善打印工艺参数能够较为有效地解决 3DP 打印精度和强度不高的弊端。借助计算机仿真、正交试验、各类算法和数学模型建模能够有效优化打印轨迹和打印工艺参数，如温度、层厚、制件的摆放形式、喷头距粉层高度、打印速度、铺粉辊转速等工艺参数。

因为 3DP 技术是基于粉末堆积、黏结剂黏结的技术原理，制造的成形件存在材质内部连结力较弱、内部孔隙较大等缺点，必须实施后期工艺处理，以提高零件的致密度、强度和表面色彩还原度。目前，打印件致密度和强度方面常采用低温预固化、等静压、烧结、熔渗等方法来保证，精度方面常采用去粉、打磨、抛光等方式来改善。

9.3　三维印刷技术专利申请趋势分析

9.3.1　专利检索策略

针对三维打印技术特点，采取关键词与 IPC 号结合的方法进行专利检索，三维印刷技术专利检索要素见表 9-2。中文关键词主要有"三维印刷""三维喷射""喷墨粉末打印""黏结剂喷射""黏结物喷射"等，英文关键词主要为"three dimensional print*（3DP）""binder print*""binder jet*"等。由于英文关键词"three dimensional print*（3DP）"引起的检索噪声较大，在对专利进行筛选时以"熔融""丝材""激光""电弧""光固化""立体平面印刷"
等关键词进行去噪处理，最终得到三维印刷技术专利3224条，申请号合并后为2448件
专利。

表9-2 三维印刷技术专利检索要素

	检索要素		去噪
关键词 （中文）	三维印刷、三维喷射、喷墨粉末打印、黏结剂喷 射、黏结物喷射、三维打印黏结		熔融、丝材、激光、电弧、光固化、立体平面印刷
关键词 （英文）	three dimensional print* （3DP），binder print*， binder jet*		stereolithograph*，wire arc，filament，laser，melt
IPC号	B29C67、B29C64 （塑料的增材制造加工）、 B33Y10 （附加制造过程）		B23K9/00 （电弧焊接或电弧切割）
备注	模糊检索关键词：*代替词尾多个英文单词		

9.3.2 专利申请趋势分析

图9-5所示为三维印刷技术专利申请趋势。全球3DP专利申请始于1993年，最早的一
批专利是由麻省理工学院申请的"Three-dimensional printing techniques"专利族。1993—
2013年期间，全球3DP技术专利申请趋势平缓，全球3DP技术专利年申请量均未突破百
件。2014年至今为3DP专利申请的爆发期，其中2014年全球3DP专利申请量较2013年提
高2倍，之后的2015—2017年，全球3DP专利年申请量保持在350件左右。我国3DP专利
申请起步较晚，最初关于3DP技术的专利申请人都是海外公司，例如Z公司、新加坡研究
局等。2015年以来我国3DP技术相关专利申请量有所上升，但与全球3DP专利2014年后集
中爆发的现象相比较，我国3DP专利申请数量上升幅度偏小。值得注意的是，因为我国专
利发明公开时限规定的影响，导致近三年发明专利数量有所偏差。

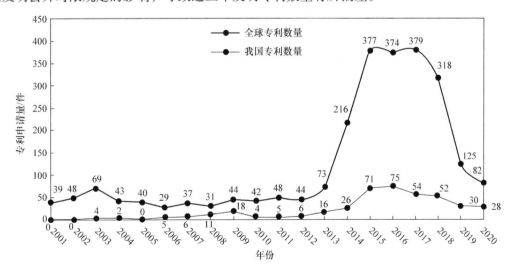

图9-5 三维印刷技术专利申请趋势

在专利技术发展的不同阶段，专利申请量与申请人的数量一般会呈现周期性规律，由于近几年专利数量存在一定的误差，可以利用2008—2017年三维印刷技术专利申请量与专利申请人数量随时间的变化来帮助分析3DP当前技术生命周期所处的阶段。三维印刷技术生命周期如图9-6所示，2008—2013年三维打印技术相关专利申请人及专利数量较少，这一时期3DP技术仍处于萌芽期。2014年对于3DP技术的发展是一个重要的转折点，2014年以后专利申请人和专利数量有了大幅度的跃升，侧面反映出该阶段3DP技术有了重大进展，市场份额也进一步扩大，介入3DP技术的研发机构快速增加。由图9-6推断，目前3DP技术仍处于重要的技术成长期。

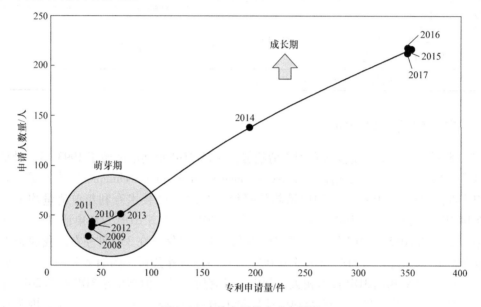

图9-6　三维印刷技术生命周期

三维印刷技术专利申请类型占比如图9-7所示。全球三维印刷技术专利申请类型中发明申请占比71%，发明授权占比23%，实用新型和外观设计占比分别为5%和1%，该现象与3DP技术生命周期相符合，说明3DP技术目前处于技术研发的密集时期。

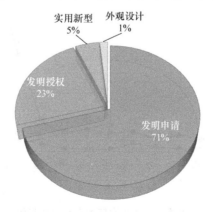

图9-7　三维印刷技术专利申请类型占比

9.4 三维印刷技术专利申请人分析

全球三维印刷技术专利申请人如图 9-8 所示。惠普研发公司以 418 件专利申请排名第一，惠普作为传统平面打印机的龙头企业，为应对逐渐下滑的平面打印机市场于 2014 年开始正式入局 3D 打印市场。2016 年 5 月惠普首次推出基于多射流熔融（Multi Jet Fusion）技术的 3D 打印机系列，随后连续推出拥有自主知识产权的 Jet Fusion 4200 系列 3D 打印机及 500/300 系列全彩原型打印机。专利申请数量排名第二的是 ExOne 公司，该公司是一家领先的工业级金属黏结剂喷射 3D 打印制造商。麻省理工学院以 64 件专利申请量排名第三，麻省理工学院是 3DP 技术的开创者，在 3DP 领域一直保持较大优势。3D Systems 和 Z 公司分别以 43 件、39 件专利申请量，排名第 4 位、第 5 位，Z 公司的核心系列产品是多色 3D 打印机 Z Printer，2012 年 3D Systems 对 Z 公司进行收购，合并后推出了彩色 3D 打印机 ProJet 系列。除此之外，通用电气公司（General Electric Company）、施乐公司（Xerox Corporation）、研能科技股份有限公司、三纬国际（XYZ Printing）、Desktop Metal 公司三维印刷技术专利申请量排名也位于前十。

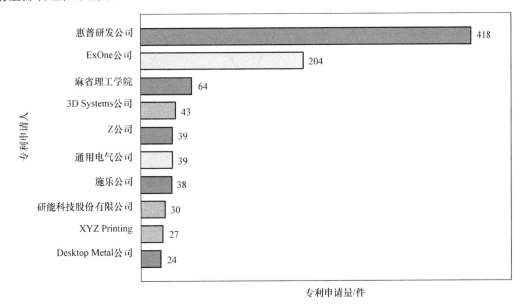

图 9-8 全球三维印刷技术专利申请人

专利集中度又称为专利聚集度，其中申请人专利集中度通过分析该技术领域排名前 10 位申请人的专利申请量占该领域申请总量的比例，来判断该领域某一阶段内竞争的激烈程度和垄断性。全球三维打印技术专利申请人集中度分析如图 9-9 所示，2001—2018 年三维印刷技术专利申请人集中度整体呈现波动下行趋势，2001 年 3DP 专利申请人集中度为 65%，而 2018 年专利申请人集中度仅为 28.13%。这一现象表明 3DP 领域产业垄断程度不断降低，准入门槛也随之降低，但是企业间的竞争会愈发激烈。

对 2016—2019 年内首次提交 3DP 相关专利申请的申请人（见图 9-10）进行分析，需要重点关注的 3DP 专利新申请人主要有：Desktop Metal Inc、Evonik、共享智能铸造产业创新

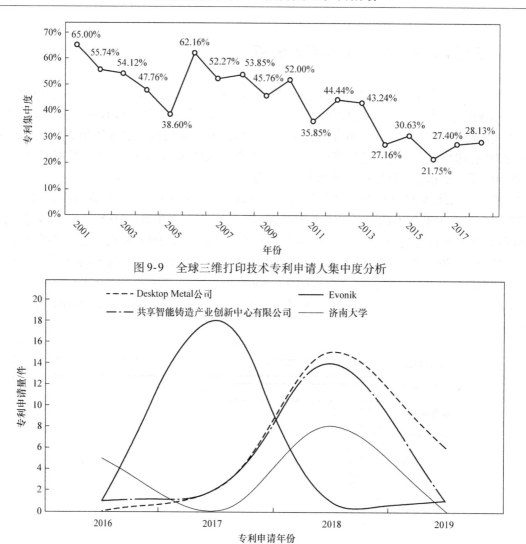

图9-9　全球三维打印技术专利申请人集中度分析

图9-10　全球三维打印技术新进入申请人

中心有限公司、济南大学。

　　其中，Desktop Metal 公司成立于2015年10月，七位联合创始人中有四位是来自麻省理工学院的教授，包括黏结剂喷射（Binder Jet）技术的发明人 Ely Sachs 教授、MIT 材料科学与工程学院院长 Chris Schuh 等领域内著名专家。Desktop Metal 公司目标是为工程和制造业提供金属3D 打印普及化服务，目前主要推出的产品系列有适用于办公环境快速成形应用的金属3D 打印系统——Studio System，以及采用单通道喷射技术的 Production System 机型。虽然 Desktop Metal 公司成立时间不久，但是从创立初始便一直受到业内人士及资本的青睐，2017年 Desktop Metal 公司被世界经济论坛评选为"全球最具发展前景的前30大技术先锋之一"，2017年 Desktop Metal 公司估值超过10亿美元，并跻身独角兽俱乐部。目前 Desktop Metal 公司已经通过七轮融资获得总计4. 368亿美元的资金，投资方包括福特、宝马、通用电气和创科等制造商，另外还有 NEA、Lux Capital 和 Alphabet 旗下 GV 等风投公司，Desktop Metal 公司已成为3DP 行业内融资次数最多、融资金额最多的业内黑马。

赢创（Evonik）是德国领先的化学公司，主要从事特种化工产品行业，自 2007 年成立以来因生产 PEBA、PEEK 等特种聚合物粉末而声誉卓著。Evonik 公司从 2016 年开始为惠普等公司提供用于 3DP 制造的 VESTOSINT PA 12 型材料。2019 年 Evonik 与工业级 3D 打印机品牌维捷 Voxeljet 签订了研发协议，将共同开发应用于下一代黏结剂喷射技术的材料，助力实现 3DP 技术对工业应用最终部件的直接制造。

共享智能铸造产业创新中心有限公司是我国国家智能铸造产业创新中心的依托公司和主体，于 2017 年 6 月 2 日正式成立。目前共享智能铸造产业创新中心已申请 7 件 3DP 相关专利，主要围绕砂型三维打印成形。济南大学 2016 年申请了用于 3DP 打印的 YAG 透明陶瓷材料、石膏粉末材料、氮化锆粉末材料、黑陶粉末材料及快速成形覆膜砂型制备方法 5 件专利，2018 年提交申请钛酸锶陶瓷粉末、气敏陶瓷粉体、铌酸锶钡铁电陶瓷粉体、钛酸锶铋介电陶瓷粉体、碳化钛陶瓷粉末等 7 件 3DP 技术适用材料的专利。

9.5　三维印刷技术专利申请地域分析

三维印刷技术来源国如图 9-11 所示。美国是目前 3DP 技术主要的来源国和专利输出国，在 3DP 专利产出方面占有绝对优势。美国 3DP 专利主要申请人有惠普、麻省理工学院、ExOne 公司、Z 公司、通用电气、Therics 等。德国、日本、韩国、中国也是重要的 3DP 技术来源国，其次为英国、法国。

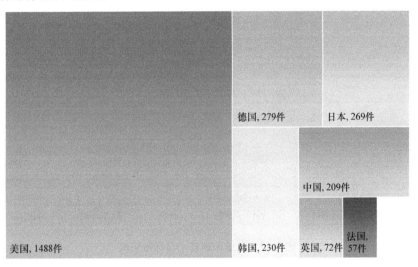

图 9-11　三维印刷技术来源国

美国申请人三维印刷技术如图 9-12 所示。美国有 33.6% 的专利在本土申请，其次有 27.4%、16.3% 的专利分别通过世界知识产权组织和欧洲专利局进行国际专利布局，我国也是美国 3DP 技术布局的重点国家之一。图 9-13 所示为三维印刷技术目标市场国。

对 3DP 专利公开国家进行统计，可以分析技术主要布局在那些国家/地区，专利申请量在一定程度上反映了该目标市场的受关注程度。由图 9-13 可知，美国、日本、韩国、中国、德国、加拿大、印度、英国是 3DP 技术最受关注的目标市场，与图 9-11 相比，目标市场比重的分布较为平均，尤其是美国三维印刷技术申请人所占比重远大于专利公开国家所占比重。

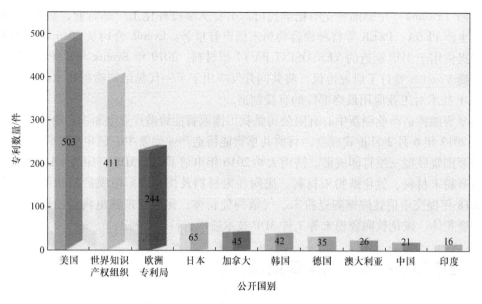

图 9-12　美国申请人三维印刷技术

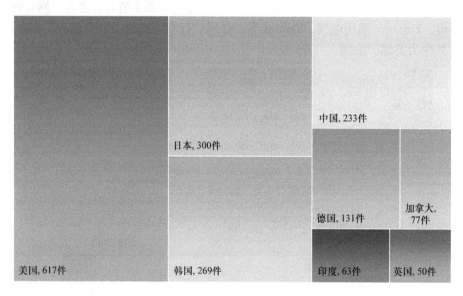

图 9-13　三维印刷技术目标市场国

9.6　三维印刷专利技术构成分析

按照年度总结 IPC 分类号下的专利申请量，对 2010—2019 年三维印刷专利技术申请技术分布趋势进行分析，见图 9-14。三维印刷专利技术分布 IPC 分类号及其含义见表 9-3，2010—2012 年 3DP 专利申请技术分布主要集中在成形技术（B29C67）方面，砂型铸造（B22C9）、植入物、假体、血管支架（A61F2）、假体材料（A61L27）等初步涉及。伴随三维印刷技术进入成长期，3DP 专利涉及的 IPC 分类号也逐渐多样化，2013—2015 年成形技术方面的专利数量最多, 随后关于打印材料尤其是陶瓷材料、金属粉末材料、复合材料及材料处理设备的专利数量不断增多。在应用方面, 3DP 技术用于血管支架、医疗假体、植入物相关的专利申请数量仍较多。因为目前 2018 年、2019 年有部分专利未公开, 所以这两年3DP 专利技术申请趋势仅供参考。

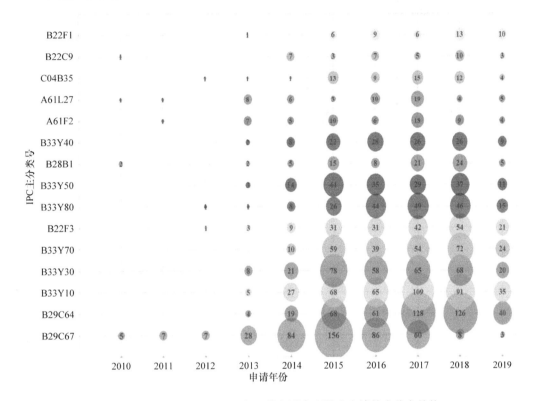

图 9-14   2010—2019 年三维印刷专利技术申请技术分布趋势

表 9-3   三维印刷专利技术分布 IPC 分类号及其含义

IPC 分类号	含 义
B29C67	不包含在 B29C39/00 ~ B29C65/00, B29C70/00 或 B29C73/00 组中的成形技术
B29C64	增材加工
B33Y10	附加制造的过程
B33Y30	附加制造设备及其零件或附件
B33Y70	适用于附加制造的材料
B22F3	由金属粉末制造工件或制品
B33Y80	附加制造的产品
B33Y50	附加制造的数据获得或数据处理
B28B1	由材料生产成形制品
B33Y40	辅助操作或设备, 如用于材料处理
A61F2	可植入血管中的滤器; 假体, 即用于人体各部分的人造代用品或取代物; 用于假体与人体相连的器械; 对人体管状结构提供开口或防止塌陷的装置

（续）

IPC 分类号	含　义
A61L27	假体材料或假体被覆材料
C04B35	以成分为特征的陶瓷成形制品；陶瓷组合物
B22C9	铸型或型芯
B22F1	金属粉末的专门处理；如使之易于加工，改善其性质；金属粉末本身，如不同成分颗粒的混合物

　　三维印刷技术专利聚类分析可视化图如图 9-15 所示。图 9-15 中的点代表高价值专利，图 9-15 中高峰显示的是专利申请较为密集的区域。某区域专利申请数量越多，该区域便会隆起一座与专利数量相对应的高峰，反之则为大海区域。

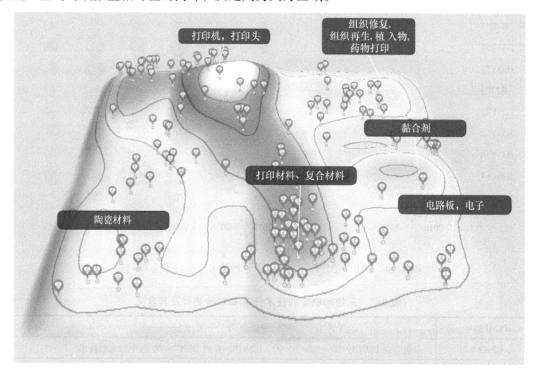

图 9-15　三维印刷技术专利聚类分析可视化图

　　由图 9-15 可以看出，打印机和打印头等设备的专利申请地图等高线最为密集，可以解读为该技术区域专利聚类簇最大。3DP 打印头为三维印刷技术核心元器件，其中打印头相关专利保护重点围绕提高喷射精度、材料兼容性和使用可靠性、防止堵塞等方面。打印材料、复合材料为第二大专利申请热点，采用增材制造技术制造复合材料零部件一直是领域内人员关注的焦点，但是目前能够直接使用复合材料进行 3D 打印的方法较少，而 3DP 技术就是其中之一。目前对 3DP 材料尤其是复合材料的研发热度较高，相应的技术成果也较为丰富。除此之外，黏结剂和陶瓷基材料也是专利申请较为密集的区域。

　　在应用领域方面，3DP 技术用于组织修复、组织再生、医疗植入物及药物打印的专利申请热度较高。另外，使用 3DP 技术进行电子元器件及电路板制造属于新兴电子增材制造技术，与传统电子加工方法相比，印刷电子在大面积、柔性化、低成本方面具有优势，因此逐渐成为专利申请的热点。

9.7　三维印刷技术行业典型单位专利分析

本节以领域内专利申请量为依据，选取惠普研发公司和 ExOne 公司进行 3DP 相关专利申请情况的深入分析。

9.7.1　惠普公司三维印刷技术专利分析

惠普（HP）诞生于 20 世纪 30 年代末，总部位于美国加利福尼亚州帕洛阿尔托市，惠普因长期以来在全球个人计算机和平面喷墨打印机市场占据主要份额而跻身世界 IT 巨头。近些年由于惠普在个人计算机和传统打印机市场份额的日渐萎缩，惠普公司开始积极转型入局 3D 打印领域以寻求突破。2014 年惠普公司宣布将原公司拆分为 HP Enterprise（惠普企业）和 HP Inc 两家独立的上市公司。拆分后的 HP Inc 能够更为自由地将研发经费和资本支出投入到 3D 打印业务中去，这一改革显示出惠普公司对于进军 3D 打印市场以重塑惠普支柱的决心。2014 年惠普宣布成功研发出多射流熔融技术（Multi Jet Fusion，MJF），该技术为其商用 3D 打印解决方案的核心技术。

2016 年 5 月 17 日，惠普公司正式推出两款 3D 打印产品，分别是 HP Jet Fusion 3D 3200 和 HP Jet Fusion 3D 4200。其中 3200 主要是为快速原型而设计的，而 4200 则主要用于快速制造。而且这两款产品都包括了一系列的配套工具，如软件、处理站和冷却系统等。2017 年，汉高成为惠普 Jet Fusion 3D 打印机的第一家全球经销商，惠普大力度推广自身 3D 打印设备，与英国汽车制造商捷豹、丹麦技术领导者丹佛斯、苏黎世大学、奥地利摩托车和跑车制造商 KTM 及英国国家增材制造创新中心达成合作。并在法国、德国、荷兰、西班牙、英国、奥地利、丹麦、葡萄牙等不同国家开设 25 家惠普 3D 打印体验中心。2018 年惠普 3D 打印技术取得另一项重要进步，发布了专为大批量生产工业级金属零件而研发的 3D 打印技术 HP Metal Jet（惠普金属打印机）。除此之外，推出新款全色彩 3D 打印机 The Jet Fusion 300/500 系列。2018 年 6 月，惠普在广东省佛山市部署了中国第一个工业级 3D 打印定制中心，这也是亚太及日本地区规模最大的中心。2019 年随着惠普客户通过 3D 打印实现大规模生产，惠普提供了各种新的订购服务，以帮助他们提高业务敏捷性并加快向数字制造的转型，其中包括新的惠普 3D 即服务（3DaaS）。通过这种新的业务模式，基本服务可为客户提供 HP 3D 耗材的自动补货、简化的账单、使用情况跟踪以及可靠的远程和现场支持服务。同时惠普还将与新的合作伙伴欧洲的 Prototal 和日本的 Solize 进一步扩展其惠普数字制造网络。2020 年以来惠普与西门子、BASF、捷豹、路虎、维斯塔斯等行业领导者加深 3D 打印业务的合作，逐步建立起全球数字化制造商网络，实现高品质部件大规模批量化生产。惠普公司三维印刷技术发展历程如图 9-16 所示。

惠普基于三维印刷技术原理研发出的多射流熔融技术成形步骤如图 9-17 所示。

采用惠普 MJF 技术的 3D 打印设备核心是位于工作台上的铺粉模块和热喷头模块，其中铺粉模块是用来在打印台上铺设粉末材料的，而热喷头模块用以喷射熔融剂（fusing agent）和细化剂（detailing agent）两种化学试剂的，该模块也是惠普 MJF 系列打印机的核心元器

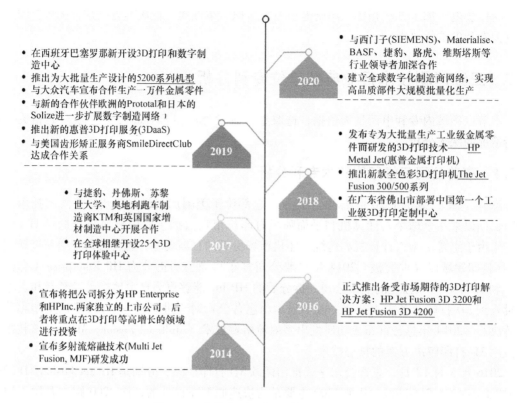

图 9-16　惠普公司三维印刷技术发展历程

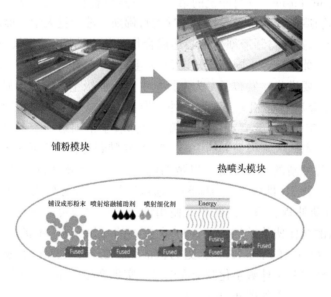

图 9-17　惠普公司多射流熔融技术成形步骤

件, 能够实现以每秒每英寸3000万滴的量喷射这两种试剂。实际的打印过程中铺粉模块会首先上下移动铺设一层均匀的粉末。然后, 热喷头模块会左右移动喷射两种试剂, 同时通过两侧的热源加热融化打印区域的材料。这个过程会往复进行, 直至最后打印完成。

简而言之，多射流熔融技术的主要成形步骤有：铺设成形粉末；喷射熔融辅助剂；喷射细化剂；在成形区域施加能量使粉末熔融。惠普多射流熔融技术拥有成形速度快、打印件质量高、精度高、成本较低等优势。

1. 产品介绍

HP Jet Fusion 540 属于惠普 2018 年发布的彩色打印机 HP Jet Fusion 500 系列中的一款机型，见图 9-18。惠普研发的这款全彩 3D 打印机可以实现具有最佳机械特性的工程级热塑性塑料部件的生产，对于小功能性部件实现较好的尺寸精度和精致的细节，并且可以在体素级控制下制作模型，使用户在很短的时间内生成功能性部件，加速创作工程流程。

直观的用户界面

封闭式自动化材料混合、装载和回收系统

在体素级控制下进行 Multi-Agent(多种打印剂)打印

为中小型产品开发团队、设计公司和大学量身打造

图 9-18 HP Jet Fusion 540 彩色 3D 打印机

2019 年惠普推出最新款工业级 3D 打印机 HP Jet Fusion 5200 系列，这是第一批复合大规模制造客户标准的量产系列 3D 打印设备，见图 9-19。该机型具有完善的生产预测管理体系，能够获得高质量的产品——精致的细节、锐利的边缘、清晰的纹理、最佳的产量和工业级整体设备效能，并且能够生产匀质性一流的功能性部件。支持柔性 TPU 材料及 PA11 和 PA12 等多种材料，可满足市场的广泛需求，并且未来还会有更多可应用的新材料。5200 系列具有自动化材料混合，封闭加工站和自然冷却装置大幅精简了工作流程，实现了经济实惠的连续 3D 打印。与行业领先软件解决方案供应商 AUTODESK、Materialise、SIEMENS 合作，该机型配备 HP 3D Process Control 工艺控制软件、HP 3D Center、HP Smart Stream 3D Build Manager 软件方案，提升用户使用体验和经济效益。

除了 Multi Jet Fusion 打印工艺及设备的不断推陈出新，惠普公司一直重视 3D 打印材料的研发，追求不断增长的 HP 3D 材料组合及行业领先的材料复用率。目前惠普公司 3D 打印材料性能如图 9-20 所示，主要分为 HP 3D 高复用率 PA11、HP 3D 高复用率 PA12、HP 3D 高复用率 PA12 玻璃珠及 BASF TPU 材料。其中，PA11 材料用于生产抗击性和延展性良好的功能性部件，是一种可再生资源制成的热塑性材料，具有行业领先的剩余粉末复用率，可提供较佳的机械属性和稳定的性能。PA12 是一种坚固的热塑性塑料，同样具有业内领先的剩余粉末复用率，用于生产复杂、坚固的功能性部件，可降低总体拥有成本。HP 3D 高复用率 PA12 玻璃珠采用玻璃珠填充的热塑性材料生产坚硬的功能性部件，剩余粉末复用率高达 70%，适合要求高硬度和尺寸稳定性的应用，例如机箱、外壳、固定装置和工具。而 BASF Ultrasint™TPU01 用于生产柔韧性 TPU 部件，具有产量高、质量出色、细节丰富、应用范围广泛等显著优势。

图 9-19　HP Jet Fusion 5200 系列 3D 打印解决方案

用法和特性	HP 3D 高复用率 PA11	HP 3D 高复用率 PA12	HP 3D 高复用率 PA12 玻璃珠	BASF Ultrasint™ TPU01
视觉辅助和演示模型	优秀	优秀	优秀	优秀
功能原型制作	优秀	优秀	优秀	优秀
最终用途部件	优秀	优秀	优秀	优秀
尺寸稳定性	良好	良好	优秀	良好
刚性功能部件(刚度较高)	良好	良好	优秀	不推荐
柔性部件(断裂伸长率更高)	优秀	良好	不推荐	优秀
抗冲击	优秀	良好	合格	优秀
HDT(热变形温度)	合格	良好	优秀	合格
医学生物相容性(满足美国药典I-VI、美国食品和药物管理局对完整皮肤表面器械的指导要求)	优秀	优秀	测试中	测试中
外观与风格	优秀	良好	良好	良好

图 9-20　惠普 3D 打印材料性能

2. 专利申请趋势及地域分布

惠普公司 3DP 专利申请开始于 2012 年，2012 年 1 月 31 日通过世界知识产权组织提交的专利 WO2013113372A1 "Techniques for three – dimensional printing（三维印刷技术）" 是其最早一批关于 3DP 技术的专利族。由此看出，虽然 2014 年惠普公司才对外宣布进军 3D 打印行业，但早在 2012 年之前惠普公司已将 3D 打印纳入其技术研发范围之内。2014 年惠普公司进行拆分后，3D 打印成为拆分后惠普公司的关键业务之一，3DP 专利申请量也随之快速上升。2014 年惠普公司申请的专利 US10544311B2 "Polymeric powder composition for three – dimensional（3D）printing［用于三维（3D）印刷的聚合物粉末组合物］" 是目前惠普公司 3DP 专利中引用次数最高的专利，这项专利及其同族专利在全球被引用次数达 207 次。2016 年惠普公司 3DP 技术相关专利申请达到最高峰，当年共申请专利 145 件。由于近年发明专利存在未公开情况而导致的误差，数据上显示惠普公司 3DP 相关专利申请数量有所下降。截至目前，惠普公司已申请 3DP 相关专利 418 件。图 9-21 所示为惠普公司三维印刷专利各年份申请量。

惠普公司三维印刷专利申请公开国家/组织分布如图 9-22 所示。

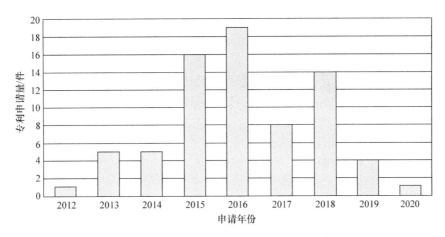

图 9-21　惠普公司三维印刷专利各年份申请量

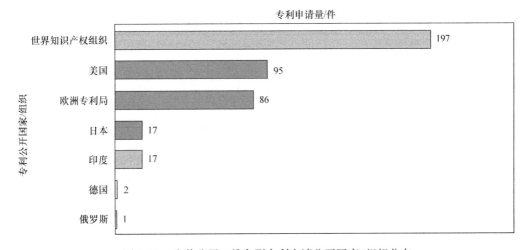

图 9-22　惠普公司三维印刷专利申请公开国家/组织分布

作为一家老牌全球性科技巨头公司，惠普十分重视国际专利的申请，约有 197 件 3DP 相关专利通过世界知识产权组织进行国际专利布局，86 件专利通过欧洲专利局提交。在专利公开国家/组织排名中，美国本土公开的专利数量为 95 件，在日本、印度公开的专利数量均为 17 件。其次，在德国、俄罗斯也有少量专利布局。

3. 专利布局情况分布

惠普公司三维印刷专利技术排名前 10 位 IPC 分类号如图 9-23 所示，惠普公司三维印刷专利技术排名前 10 位 IPC 分类号及其含义见表 9-4。分类号中专利申请数量排名前 10 位中有 8 项都位于 B29C "塑料的成形或连接"小类下，说明目前惠普公司针对塑料材料的 3DP 专利申请量占据绝对优势。针对塑料材料的 3DP 专利以保护成形技术流程（B29C67/00、B29C64/10）为重中之重，塑料类打印材料（B29C64/165）为第二大专利主题，其次装置设备结构（B29C64/20）尤其是送料机构（B29C64/321）及送料斗（B29C64/329）相关专利数量较多，数据获得、处理及控制（B29C64/393、B29C64/386）也有涉及。

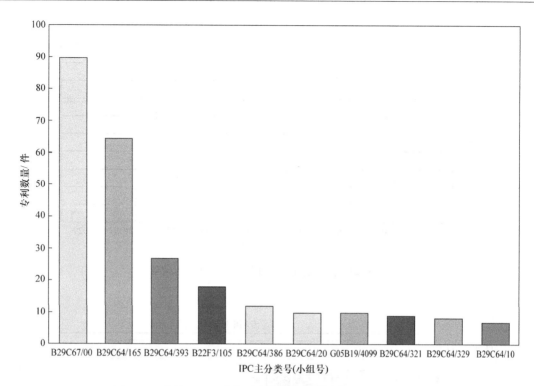

图 9-23　惠普公司三维印刷专利技术排名前 10 位 IPC 分类号

表 9-4　惠普公司三维印刷专利技术排名前 10 位 IPC 分类号及其含义

IPC 分类号	含　义
B29C67/00	不包含在 B29C39/00 ~ B29C65/00，B29C70/00 或 B29C73/00 组中的成形技术
B29C64/165	使用固体材料和液体材料的混合物，例如选择性结合有液体黏结剂
B29C64/393	用于控制或附加制造工艺
B22F3/105	利用电流、激光辐射或等离子体
B29C64/386	附加制造的数据获得或数据处理
B29C64/20	附加制造装置及其零件或附件
G05B19/4099	表面或曲线机械加工，制成 3D 物品
B29C64/321	送料
B29C64/329	用料斗
B29C64/10	增材加工的工艺

除此之外，分类号属于 B22F3/105 的专利技术为"利用电流、激光辐射或等离子体对金属粉末进行烧结加工工件"，该分类号下的专利均为惠普公司金属黏结成形技术——HP Metal Jet（惠普金属打印机）相关技术。还有 10 件专利属于 G05"控制、调节"大类下的"表面或曲线机械加工"小类，这些专利大多属于"Method for Setting Printing Properties of A Three – dimensional Object for Additive Manufacturing Process（增材制造过程中三维物体打印特性设定方法）"的同族专利。

对惠普公司 3DP 专利简单同族合并后逐项进行技术标引，可以得到如图 9-24 所示的技术分布饼状图。惠普公司 3DP 相关专利涵盖工艺流程、打印材料、装置设备、数据处理、控制模块、后处理、黏结剂和支撑结构等方面。其中工艺流程专利占比最多，其次为打印材料、装置设备。虽然惠普公司转型进入 3DP 成形领域的时间较晚，但其重视技术创新，技术研发投入比重大，专利布局意识突出。目前已经形成了以非金属材料 3DP 打印技术为重点，金属材料 3DP 打印技术为补充的专利组合，具有不可小觑的市场竞争力。

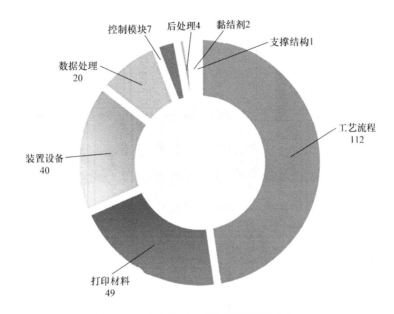

图 9-24　惠普公司三维印刷专利技术分布

图 9-25 所示为惠普公司 3DP 专利申请主要领域的发展历程。可以看出，在工艺流程领域惠普 3D 打印朝着非金属与金属材料三维印刷、多材料批量打印技术、全彩 3D 打印以及体素级 MJF 技术方向发展。其中，3D 打印体素相当于 2D 打印中的像素，是一种直径仅为 $50\mu m$ 的 3D 度量单位，相当于一根头发丝的宽度。Multi Jet Fusion 技术能够在体素级别彻底改变色彩、质感和力学性能。惠普公司关于体素级 3DP 技术的专利族最早申请于 2016 年，相关专利已通过国际知识产权组织进行 PCT 专利申请，并且在美国、德国进入国家阶段。

惠普公司在 3DP 打印材料方面专利布局也较为全面，目前已经涵盖细化剂、熔融剂、彩色油墨成膜助剂、陶瓷基材料烧结助剂、热分解材料、防结块剂等多种关键化学试剂，以及适用于 MJF 技术的多种金属、非金属聚合材料。

9.7.2　ExOne 公司三维印刷技术专利分析

1. 公司简介

ExOne 成立于 2005 年，总部位于美国宾夕法尼亚州。ExOne 是 Extrude Hone 公司的分拆公司。Extrude Hone 公司是一家全球供应商，是开发精密非传统加工工艺和自动化系统的公司，其已有 50 多年的历史。目前，ExOne 已逐步发展成为一家为工业客户提供 3D 打印机和印刷产品的全球供应商，提供包括砂类和金属等工业级材料的三维打印设备、材料、服务等一系列解决方案。2013 年，ExOne 登陆纳斯达克上市，成为首家将 Binder Jetting（黏结剂

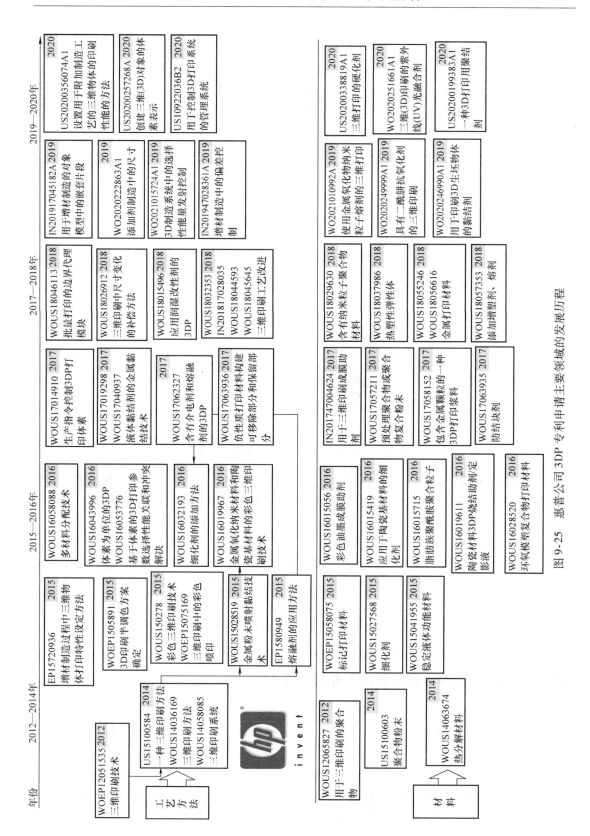

图 9-25　惠普公司 3DP 专利申请主要领域的发展历程

喷射）技术用于金属打印并成功商业化的公司。基于该技术，ExOne 陆续推出了覆盖砂型、金属及陶瓷的十几款打印机，公司营收不断扩张，以支持公司的全球增长战略。

ExOne 使用 Binder Jet 技术以工业级材料 3D 打印复杂零件，Binder Jet 可以选择性地沉积液体黏结剂以连接粉末颗粒，然后黏结材料层以形成三维物体，ExOne 公司 Binder Jet 技术成形步骤如图 9-26 所示。在制造过程中，打印头按照路径规划将黏结剂滴入粉末中，然后工作箱降低一层，再涂上另一层粉末并加入黏结剂，重复以上步骤，逐层进行黏结喷射。Binder Jet 技术原理类似于传统的平面印刷，黏结剂的作用类似于打印墨水。该技术的独特之处在于它在构建过程中不会产生热量，因而避免了热源引起的残余应力，且零件由工作箱中的松散粉末支撑，无需支撑结构，既可以完成精密的小型零件打印，也可以成形大尺寸构件。

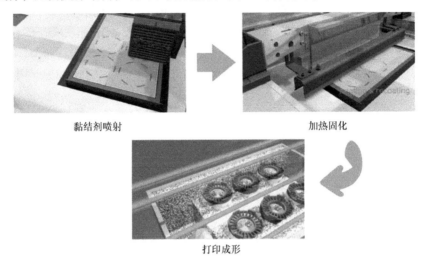

黏结剂喷射 加热固化

打印成形

图 9-26 ExOne 公司 Binder Jet 技术成形步骤

2. 产品介绍

作为黏结剂喷射技术工业 3D 打印系统的全球领导者，目前 ExOne 公司已实现金属、砂型、陶瓷材料及其他材料的黏结剂喷射技术。ExOne 公司开发的 Binder Jet 技术已经成为世界上最受关注的 3D 打印技术之一，已有超过 95 篇科学期刊及杂志文章引用，在航空航天、汽车制造、装饰艺术、军事国防、重型设备、油气设备、泵及液压设备等领域获得广泛应用。目前 ExOne 公司设备主要分为金属 3D 打印机和砂型 3D 打印机两类。

图 9-27 所示为 ExOne 公司金属 3D 打印机主要机型，其中 X1 160PRO™ 是 2019 年 ExOne推出的第十款金属 3D 打印机，也是其迄今为止生产的最大的金属 3D 打印机。X1 160PRO™ 的打印体积为 800mm × 500mm × 400mm，总打印量为 160L，可以生产大型零件，包括用于汽车、航空航天和国防工业等精密铸造零件。除此之外，X1 160PRO™ 采用 ExOne 的 Triple ACT（advanced compaction technology）技术，该技术可以实现粉末材料的分配、散布和压实，以确保粉末均匀一致的分布，进而用于生产一致密度的可重复高质量零件。X1 160PRO™ 还融合了一个开放材料系统，可以使用多种金属与陶瓷粉末，目前已经有 6 种金属粉末通过 3D 打印机验证，包括 316L、304L 和 17 – 4PH 不锈钢，以及一些陶瓷。用户在实际使用中也可以将专有材料带给 ExOne 进行工艺研发以确保通过黏结剂喷射实现稳定生产。该款机型还融合了工业 4.0 技术以改善性能，如 4.0 云连接和流程链接能力。

图 9-27　ExOne 公司金属 3D 打印机主要机型

　　ExOne 在砂型 3D 打印机领域属于龙头企业，目前其主推的砂型 3D 打印机型有 S - MAX 系列和 S - Print 系列，如图 9-28 所示。S - Print 可以直接使用 3D CAD 数据创建复杂的砂芯和模具，该机型系统具有紧凑的结构和极其广泛的应用范围，可以选择 ExOne 公司提供的任何黏结剂。2019 年 ExOne 发布新型 S - MAX Pro（一种工业砂型 3D 打印机）成为焦点，这款机型装配有新开发的打印头和全自动涂覆机，外形尺寸为 10.4m×3.52m×2.86m，构建体积为 1260L，它设计用于生产具有各种铸造材料的复杂零件。该系统打印速度高达 135L/h，能够在 24h 内生产两个 1800mm×1000mm×700mm 的作业箱，每个作业箱的容积为 1260L。

　　3. 专利申请趋势及地域分布

　　目前 ExOne 公司共申请 3DP 技术相关专利 288 件，申请号合并后为 204 件专利。ExOne 公司申请最早的一批专利是关于砂型喷墨打印技术，该技术由德国 Generis GmbH（现为 Voxeljet GmbH）的 Ingo Ederer 和 Hoechsmann Rainer 在 1998 年发明并申请专利（申请号 US09529721），该专利于 2014 年 7 月由 Voxeljet 公司转让给 ExOne 公司。从 2008 年起以 The ExOne Company 为申请人的专利开始出现，随后每年保持一定的专利申请量，至 2015 年达到申请高峰，当年专利申请量为 70 件。ExOne 公司专利申请趋势如图 9-29 所示。

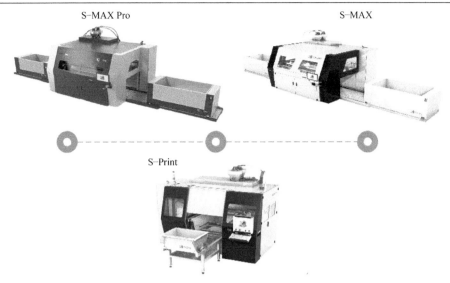

图 9-28　ExOne 公司砂型 3D 打印机主要机型

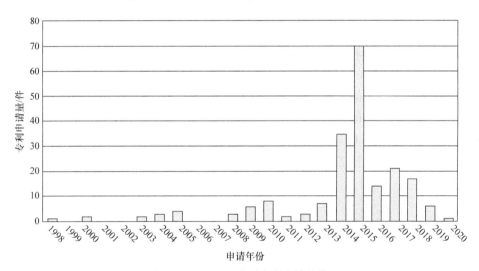

图 9-29　ExOne 公司专利申请趋势

对 ExOne 公司专利申请类型分布进行分析，分布情况如图 9-30 所示，发明申请占比为 63%，发明授权占比为 35%，实用新型占比为 2%，发明专利数量占有绝对优势。

某一区域专利布局数量可以侧面反映出该公司对某国家/区域市场的重视程度，ExOne 公司专利申请地域分布如图 9-31 所示，美国本土是其专利布局的重点，其次通过世界知识产权组织、欧洲专利局进行国际申请也是 ExOne 公司专利布局的重要策略。除此之外，其他国家专利布局数量排序依次为德国、中国、韩国、加拿大、俄罗斯、西班牙及

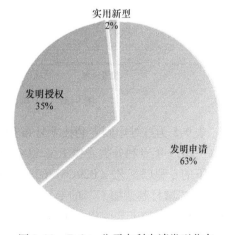

图 9-30　ExOne 公司专利申请类型分布

日本。

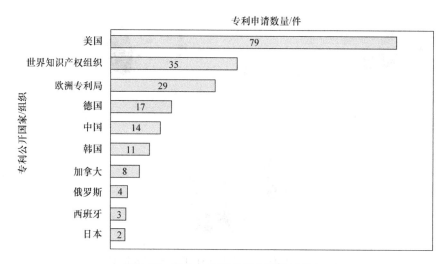

图 9-31　ExOne 公司专利申请地域分布

4. 专利布局情况分析

ExOne 公司 3DP 主要技术分支专利申请量如图 9-32 所示。ExOne 公司 3DP 相关专利申请技术分布趋势如图 9-33 所示，ExOne 公司以保护装置设备结构为重点的专利数量最多，其次为侧重保护工艺流程的专利，以打印材料为保护重点的专利数量大致有 34 件，模型构建、后处理及黏结剂方面的专利数量较少。进一步归纳 ExOne 公司专利申请技术分布趋势，需要对其各年度专利申请 IPC 分类号进行分析。

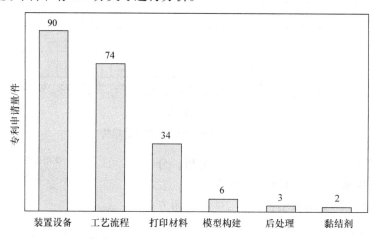

图 9-32　ExOne 公司 3DP 主要技术分支专利申请量

表9-5 为三维印刷专利技术分布 IPC 分类号及其含义，基于图 9-33 和表 9-5，不难看出 2011—2015 年专利分类号位于 B29C67 "塑性材料成形技术" 的专利数量最多，这一时期该类别下的专利以工艺（B29C67/00）例如砂型分层铸造方法为主。2015 年开始分类号位于 B29C64 "增材制造加工" 的专利申请数量逐渐增多，尤其是 B29C64/165 "使用液体黏结剂进行增材加工的工艺" 以及 B29C64/153 "使用选择性接合的粉末层进行增材加工的工艺" 占比较大。分类号 B33Y30 的含义为 "三维物体附加制造设备"，此分类号下的专利侧重保

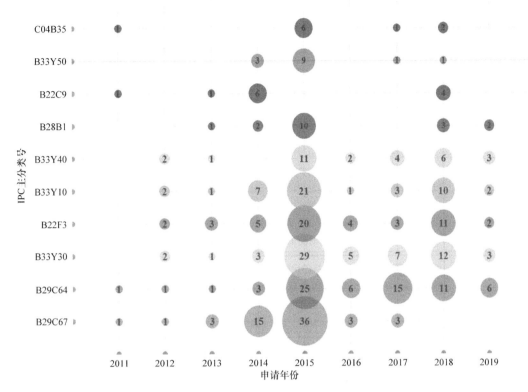

图 9-33　ExOne 公司 3DP 相关专利申请技术分布趋势

护装置机械结构，包括粉材涂覆装置、粉末分配装置、组件拆包装置、分层装置、印刷头清
洗装置等。分类号 B22F3 属于金属粉末加工范畴，因此 B22F3 节点上的专利都属于 ExOne
公司金属材料黏结技术，其中有多项专利是关于镍基高温合金的 Binder Jet 技术。分类号为
B22C9"铸型或型芯"的专利与砂型铸造技术有关，C04B35/52"以碳为基料的陶瓷组合
物"相关专利为适合三维印刷的碳材料制备。此外，增材制造工艺（B33Y10）、增材制造
材料处理设备及辅助操作（B33Y40）以及数据处理（B33Y50）也是 ExOne 公司专利布局的
重点。

表 9-5　三维印刷专利技术分布 IPC 分类号及其含义

IPC 分类号	含　义
B29C67	不包含在 B29C39/00 ~ B29C65/00，B29C70/00 或 B29C73/00 组中的成形技术
B29C64	增材加工
B33Y30	附加制造设备及其零件或附件
B22F3	由金属粉末制造工件或制品，其特点为用压实或烧结的方法；所用的专用设备
B33Y10	附加制造的过程
B33Y40	辅助操作或设备，如用于材料处理
B28B1	由材料生产成形制品
B22C9	铸型或型芯
B33Y50	附加制造的数据获得或数据处理
C04B35	以成分为特征的陶瓷成形制品；陶瓷组合物

ExOne 公司在我国申请专利法律状态详情见表9-6，其中8件专利已获得授权，6件发明专利仍处于实质审查阶段。

表9-6　ExOne 公司在我国申请专利法律状态详情

申请号	摘　要	法律状态
201480048954.8	该发明揭示了通过三维打印过程来制造金属铸造模具和其构件的方法。其中未经处理的砂用作构建材料，并且聚合物用作打印到构建材料上的黏结剂的组分	实质审查中
201580025285.7	该发明提供了用于在不使用切片堆叠文件的情况下进行制品的固体自由形式制造的方法，快速且高效地在计算资源方面转换表示要通过 SFFF 构建的一个或多个制品的 STL 文件而不使用传统切割程序。应用编程接口（API）被用来生成与要被从制品的 STL 文件直接打印的制品的每个特定层相对应的位图。这种转换可紧接在打印特定层之前基本实时地进行。在配置用于 SFFF 打印机构以打印该特定层的打印指令时使用该位图	实质审查中
201580028682.X	该发明涉及用于 3D 打印机的涂覆设备组合单元，包括涂覆设备和闭合设备，涂覆设备具有界定了用于容纳粒状构建材料内腔的容器，内腔通向用于将粒状构建材料输出到构建范围上的开口，闭合设备被配置成选择性地闭合用于输出粒状构建材料的开口	授权
201580029012.X	该发明涉及一种 3D 打印机的涂覆设备组合单元。其包括涂覆设备，涂覆设备具有容器，容器限定了通向用于输出粒状构建材料的开口，用于容纳粒状构建材料的内腔；刮抹构件，刮抹构件形成向下定向的刮抹表面，并且被配置成刮抹从开口输出的粒状构建材料，以由此抹平和/或压紧输出的粒状材料。涂覆设备组合单元还包括设定装置，设定装置被配置成可变地设定刮抹构件的倾斜角度	授权
201580028767.8	该发明涉及一种用于 3D 打印机的涂覆装置组合单元。其包括涂覆装置，具有承载件结构和固定于承载件结构的容器，容器限定了用于容纳粒状构建材料的内腔，内腔通向用于输出粒状构建材料的开口；振动装置，被构造成使容纳在容器内的粒状构建材料振动，由此影响构建材料从开口输出；刮抹构件，附接于涂覆装置，被构造成刮抹从开口输出的粒状构建材料，从而抹平和/或压紧输出的粒状材料；闭合装置，被构造成选择性地闭合开口，并且包括附接于涂覆装置的闭合构件，刮抹构件和/或闭合构件以与由振动装置在容器内产生的振动脱离振动的方式固定于承载件结构	授权
201580044447.1	该发明公开了 3D 打印机。被配置成通过形成粒状构建材料的、彼此堆叠的层以及通过选择性地固结相应的构建材料层的部分区域而分层地建立三维部件。3D 打印机被配置成第一构建空间中建立一个或多个第一三维部件，同时在 3D 打印机中距第一构建空间有水平距离地与第一构建空间相邻布置的第二构建空间中构建一个或多个第二三维部件	失效
201580046760.9	该发明公开了一种用于拆取通过增材制造方法由颗粒材料填料制造的部件的方法。在该方法中，将具有向下开口的、垂直的周壁结构的辅助架设置到构造箱的垂直的周壁结构上方。此外，将构造箱的构造平台向上移动，从而将包围部件的颗粒材料填料从构造箱输送至辅助架。此外，辅助架和包围部件的颗粒材料填料与构造箱彼此移动分离，并且从颗粒材料填料至少部分地拆取部件，从辅助架移除	授权

（续）

申请号	摘　要	法律状态
201580057622.0	该发明描述了一种用于由碳粉制造打印制品的方法。三维黏结剂喷射打印被用于由碳粉制造打印制品。还提供用于制造近终形碳化打印制品和石墨化打印制品的方法	实质审查
201580055911.7	该发明涉及用于控制 3DP BJ 制品的热处理期间的翘曲的方法。3DP BJ 制品具有从外表面向内延伸的空腔，其中 3DP BJ 制品由构造粉末 3DP BJ 打印，适于可接触式地插入至 3DP BJ 制品的空腔中的 3DP BJ 物体也是如此。对 3DP BJ 制品空腔表面的至少一部分和/或 3DP BJ 物体的表面的至少一部分进行处理以防止 3DP BJ 物体在热处理期间结合至 3DP BJ 制品。3DP BJ 物体被插入至 3DP BJ 制品空腔中，3DP BJ 制品和 3DP BJ 物体经热处理以将 3DP BJ 制品转变成所需的制品本身以及将 3DP BJ 物体转换成经热处理的 3DP BJ 物体。从制品中移除经热处理的 3DP BJ 物体	实质审查
201580075304.7	该发明描述了由碳粉末制造致密碳打印制品的方法。三维黏结剂喷射打印用于由碳粉末制造打印制品。打印制品用沥青进行浸润，并且可以加热到至少部分沥青石墨化，以提供近终形的致密碳打印制品	实质审查
201680023554.0	该发明公开了一种 3D 打印机，具有涂覆装置和涂覆装置清洁器。涂覆装置包括容器和细长的输出区域，容器限定用于容纳粒状构造材料的内腔，细长的输出区域用于输出粒状构造材料并且涂覆装置能够运动到清洁位置，在清洁位置中，涂覆装置被布置在涂覆装置清洁器上方，涂覆装置清洁器包括擦拭构件和用于使得擦拭构件运动的驱动装置，驱动装置被设计成当涂覆装置位于涂覆装置清洁器上方时使得擦拭构件沿着输出区域运动，以清洁输出区域。该发明还公开了一种用于清洁 3D 打印机涂覆装置的方法	授权
201790000849.6	本实用新型涉及一种具有涂覆装置和涂覆装置的清洁装置的 3D 打印机，其具有涂覆器和涂覆器清洁装置。涂覆器具有容器和用于排出颗粒状构造材料的排出区域，容器限定用于容纳颗粒状构造材料的内部中空空间，涂覆器可移动到清洁位置，在清洁位置处，涂覆器布置在涂覆器清洁装置上方。涂覆器清洁装置包括用于擦拭排出区域的擦拭构件，擦拭构件由吸收性的材料制成，吸收性的材料被配置成在材料内部容纳液体清洁剂	授权
201780031480.X	该发明公开了适用于细粉末的粉末层三维打印机涂覆器。涂覆器包括可控制振动的行进粉末分配器，该粉末分配器具有：适于容纳构建粉末的料斗部；开口，通过该开口可以将粉末可控制地横向排出进入腔室中，该腔室位于开口旁边并具有覆盖其底部至少一部分的网状物；涂覆器还包括振动器，该振动器可操作地连接到行进粉末分配器，并且适于选择性地使粉末从料斗流过开口并通过网状物排出。在一些实例中，涂覆器还包括平整装置，该平整装置适于平整通过网状物分配的粉末。在一些实例中，平整装置适于将分配的粉末水平的密度压缩可选择的量。该发明还公开了具有这种涂覆器的粉末层三维打印机	授权
201880050834.X	该发明涉及用于粉末层三维打印机中分布构造粉末以及用于收集已经变得悬浮在三维打印机构造平台附近气体大气中构造粉末的颗粒的装置。这些装置包括重涂覆器，其在跨构造平台或粉末床的宽度提供精细的构造粉末的均匀分布方面是特别有用的。该发明还包括粉末层三维打印机，其包括用于分布构造粉末的装置和/或用于收集此类悬浮微粒的装置。改进的细粉重涂覆器使用超声换能器使粉末移动通过片状网屏。可以将片状网屏呈现给在狭窄的分配槽中被馈送到该片状网屏上的粉末，以限制来自分配器的粉末的流速并提供对所分配的粉末量的控制。槽的宽度可以延伸以覆盖整个构造箱填充区。超声换能器优选地适于在操作期间周期地扫过频率范围。超声振动系统可以扩充有低频振动系统。粉尘收集系统从构造箱的周边吸取空气，使空气向下穿过打印机的台面板，并离开打印机的壳体而到外部粉尘收集器	实质审查中

（续）

申请号	摘　要	法律状态
201790000849.6	本实用新型涉及一种具有涂覆装置和涂覆装置清洁装置的3D打印机，其具有涂覆器和涂覆器清洁装置。涂覆器具有容器和用于排出颗粒状构造材料的排出区域，容器限定用于容纳颗粒状构造材料的内部中空空间，涂覆器可移动到清洁位置，在清洁位置处，涂覆器布置在涂覆器清洁装置上方。涂覆器清洁装置包括用于擦拭排出区域的擦拭构件，擦拭构件由吸收性的材料制成，吸收性的材料被配置成在材料内部容纳液体清洁剂	授权

9.8　三维印刷技术专利典型案例

案例1：一种三维印刷方法（US10583612B2）。

该专利是惠普公司2014年申请的发明专利，2020年3月已经获得发明授权，专利附图如图9-34所示。该专利公开了一种3D打印方法，在该3D打印方法中，选择用于形成3D对象的聚结分散体。该分散体包括水性载体和溶解或分散在其中的红外或近红外黏结剂。黏结剂是具有连接到每个侧链上的极性基团的酞菁或具有连接到每个侧链上的极性基团的萘菁。沉积可烧结材料并将其加热到50～350℃。将分散体选择性地施加在至少一部分可烧结材料上。将可烧结材料和施加在其上的分散体暴露于红外或近红外辐射。黏结剂吸收辐射并将其转化为热能。至少可烧结材料与黏结剂接触的部分被至少固化以形成3D物体的第一层。

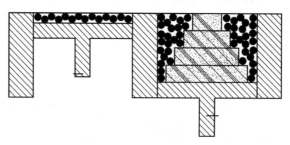

图9-34　专利附图（来源：US10583612B2）

案例2：用于3D打印机的涂布装置（WO2019042681A1）。

该专利是ExOne公司2018年申请的PCT国际专利，该专利已先后在德国、美国、日本及欧洲专利局申请相关专利。该专利附图如图9-35所示。该专利公开了一种用于3D打印机的涂层装置，包括一个涂布机，该涂布机具有一个容器，该容器限定了一个内部中空空间，用于容纳颗粒状构建材料，内部中空空间通向容器开口，用于将粒状构建材料从容器中排出；排出区域，限定用于将粒状构建材料从涂布机输送到构建现场的涂料排出开口。容器可相对于涂料排出口移动，从而通过容器的移动可改变内部中空空间，并通过容器开口和涂料排出口向构建现场的颗粒状构建材料的排放，相对于涂层排放开口。

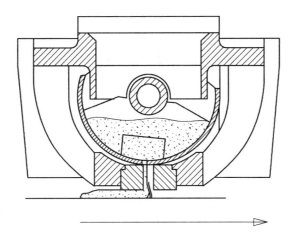

图 9-35 专利附图（来源：WO2019042681A1）

参 考 文 献

［1］UTELA B，STORTI D，ANDERSON R，et al. A review of process development steps for new material systems in three dimensional printing（3DP）［J］. Journal of Manufacturing Processes，2008，10（2）：96 – 104.

［2］ODERINDE O，LIU S，LI K，et al. Multifaceted polymeric materials in three – dimensional processing（3DP）technologies：Current progress and prospects［J］. Polymers for Advanced Technologies，2018，29（129）：1586 – 1602.

［3］陈现伦，杨建明，黄大志，等. 3DP 法三维打印技术制备骨科植入物的发展现状［J］. 热加工工艺，2018（4）：35 – 39.

［4］孙明雪. 三维可打印的多重网络水凝胶的研究［D］. 沈阳：辽宁大学，2018.

［5］谢丹，朱红，侯高雁. 基于 3DP 成形的零件后处理工艺研究［J］. 武汉职业技术学院学报，2018，17（1）：113 – 115.

［6］王运赣，王宣. 3D 打印技术［M］. 武汉：华中科技大学出版社，2014.

［7］张迪涅，杨建明，黄大志，等. 3DP 法三维打印技术的发展与研究现状［J］. 制造技术与机床，2017（3）：38 – 43.

［8］徐路钊. 基于 UV 光固化微滴喷射工艺的异质材料数字化制造技术研究［D］. 南京：南京师范大学，2014.

第10章 熔融沉积成形技术专利分析

10.1 熔融沉积成形技术原理

熔融沉积成形（fused deposition modeling，FDM）工艺原理是指将丝状、热塑性材料或其混合物在挤出头上加热融化后挤出，并按照模型切片的预定轨迹使挤出头在平台上有选择地堆积材料，形成所需结构的相应截面层，待材料冷却后，计算机控制挤出头下降一个分层厚的高度，进行下一层材料的堆积，然后重复以上步骤，并与之前已经成形的层材料黏结，层层堆积最终形成目标结构。熔融沉积成形技术原理如图 10-1 所示。

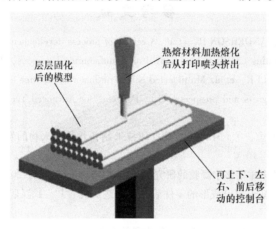

图 10-1　熔融沉积成形技术原理

熔融沉积成形技术具体工艺如下：建立三维实体模型、STL 立体文件数据转换、模型数据的分层切片及加入支撑、材料叠加成形制造、打印成形及表面处理等。在打印过程中，打印头温度较高，材料进入挤出头时会迅速融化，挤出后瞬间凝结。根据材料种类及模型设计温度的不同，挤出头的温度相对也不同。在 FDM 打印设备上，为了防止被打印物体翘边等问题，一般打印平台配置有加热功能，大部分设备在打印平台上覆盖粘贴纸以便于打印成品的剥离。

相较其他制造技术，FDM 技术有其独特的优势：首先，适用的材料种类较多、易于操作、成形工艺简单且不需要借助激光等复杂器件或条件；其次，可制造较为精细的机械零部件，工业应用领域一般设备的成形尺寸精度可达 ±0.1mm，在微纳领域成形精度更高；再次，制作中产生废料较少、无污染、量产的打印物品可在一定程度上降低生产成本。受价格越来越低、打印成本越来越低、操作越来越简单等因素影响，当前，基于 FDM 技术的 3D 打印机应用领域最为广泛，医疗、建筑、运输、航天、考古、教育以及工业制造等领域都有涉及。在中小学教育领域，FDM 工艺的 3D 打印机已普遍被接受和使用。

10.2　熔融沉积成形技术发展概况

FDM 工艺由美国学者 Scott Crump 博士于 1988 年率先提出，随后于 1991 年开发了第一台商用成形机。FDM 成形机主要由挤出头（液化器）、送丝机构、运动机构、加热工作室、工作台等部件组成。图 10-2 所示为熔融沉积成形系统。

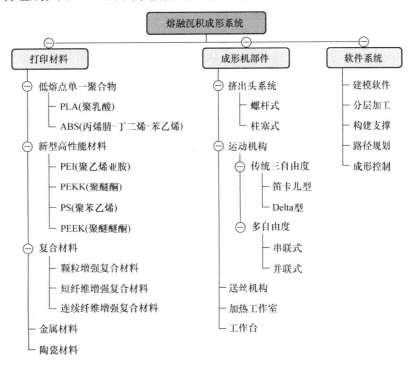

图 10-2　熔融沉积成形系统

目前其相关研究内容主要为：

1）运动机构：FDM 打印机按照运动机构主要分为笛卡儿型 3D 打印机和 Delta 型 3D 打印机。笛卡儿型 3D 打印机是基于笛卡儿坐标系的机构，通过控制 X、Y、Z 轴的平移来完成预定轨迹的打印。Delta 型 3D 打印机运用 Delta 并联臂机构作为机械部分。近年来，多自由度 FDM 打印机因打印轨迹灵活性佳，有效避免阶梯误差，减少支撑材料使用等特点，成为研究热点。多自由度 FDM 打印机的机械系统分为串联式、并联式两种。串联式结构如 WuC 等将打印挤出头固定，将加热床安装于机械臂末端，可以避免送丝管与机械臂的干涉问题。另外一种典型机构是基于 Stewart 机构开发的 FDM 多自由度 3D 打印机。

2）挤出头（液化器）系统：挤出头是 FDM 成形机中最为复杂的部分，也是实现产品快速成形的关键部件之一。FDM 技术在堆积成形过程中，主要依靠控制器控制挤出头系统进行工作。目前 FDM 挤出头系统主要有 2 种工作形式：螺杆式和柱塞式。挤出头系统在工作中分为进丝区、熔丝区和增材区三个区域。围绕 FDM 成形机挤出头系统的研究主要有 FDM 流道结构、散热装置、加热装置和喷嘴等。

3）打印材料：当前，常见的 FDM 打印的材料多是由 PLA（聚乳酸）与 ABS（丙烯腈－丁二烯－苯乙烯）等低熔点单一聚合物制成丝材。随着 FDM 技术的不断优化，越来越多的高化学性能和高耐热性的高性能聚合物材料，如聚乙烯亚胺（PEI）、聚醚酮（PEKK）、聚苯乙烯（PS）和聚醚醚酮（PEEK）等应用于 FDM 技术成形。另外，鉴于 FDM 技术适合制造梯度材料与中空结构等优点，适用于陶瓷材料打印的 FDM 技术的研究也获得较多关注。在复合材料方面，颗粒增强复合材料、短纤维增强复合材料及连续纤维增强复合材料，被广泛用于聚合物性能的改变及提升。近年来，复合材料、水溶性支撑材料、多彩混合材料等 FDM 技术成形工艺与装备的研究也逐渐增多。

4）软件系统：由于软件开发的特点，适用于 FDM 技术的软件开发获得较多的关注。有代表性的如 Stratasys 公司开发针对 FDM 的 QuickSlice，Helisys 公司开发了面向 Windows 的 LOMSlice 软件，Solid Concepts 公司开发了 SolidView3.0 软件。国内在相关软件开发与应用方面也取得了显著成绩。

以往 FDM 技术主要面向桌面级 3D 打印，但面对工业级尺寸零部件时，普通的 FDM 设备的打印效率低下，不能完美地对打印材料续料，且打印件性能较差，层间结合力仅为注射件的 30%～50%，极大地限制了 FDM 设备在工业领域的应用。如何实现低成本、真正工业级熔融沉积打印，是当前国内外研究的热点。国家增材制造创新中心以商业化颗粒料为打印原材料，使用螺杆转动作为树脂熔融和送进的动力来源，达到树脂材料快速熔融和高效率挤出的目的，研发了挤出成形工艺（EDP）系列设备。最大挤出速度为 1～25kg/h，其打印效率约为传统 FDM 设备的 30～200 倍。图 10-3 所示为大型 FDM 设备及其打印试件。

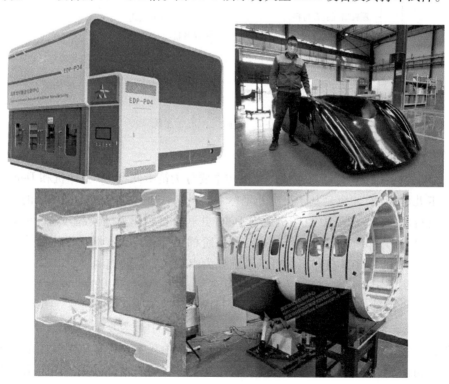

图 10-3　大型 FDM 设备及其打印试件

10.3　熔融沉积成形技术专利申请趋势分析

10.3.1　专利检索策略

在合享（IncoPat）全球专利检索平台对熔融沉积成形技术专利进行检索，检索要素见表 10-1。检索使用的中文关键词有：熔融沉积、熔丝沉积等，英文关键词有：fused deposition model＊，FDM 等。除此之外使用 IPC 分类号"B29C64/118"和"B33Y"结合关键词进行初步检索，对检索出的专利进行数据噪声来源分析，筛除因熔融沉积成形技术英文缩写"FDM"检出的电通信技术相关专利及电子束、激光选区熔化技术噪声后，最终确定截至 2020 年 12 月，全球熔融沉积成形技术相关专利共 3113 件，申请号合并后为 2654 件。

表 10-1　熔融沉积成形技术专利检索要素

检索要素	检索要素 1	检索要素 2	噪声来源
关键词（中文）	熔融沉积、熔丝沉积	增材制造、3D 打印	通信、信号、信道、电子束、激光
关键词（英文）	fused deposition model＊，FDM	additive manufacture＊，3D print＊	frequency division multiplex＊
IPC 分类号	B29C64/118（使用被熔化的细丝材料，如沉积熔融模型成形）	B29C64（增材加工，通过光固化或选择性激光烧结） B33Y［附加制造，即三维（3D）物品制造，通过附加沉积］	H04 电通信技术
备注	模糊检索关键词：＊代替词尾多个英文单词		

10.3.2　熔融沉积成形技术专利申请趋势分析

熔融沉积成形技术专利申请趋势如图 10-4 所示，2001—2012 年熔融沉积成形技术专利申请量呈震荡上升趋势。自 2013 年至今全球 FDM 专利申请量增长迅猛，其中 2013—2017年全球熔融沉积成形技术专利申请量平均年增长率达到 77.13%，2017 年领域内专利申请量

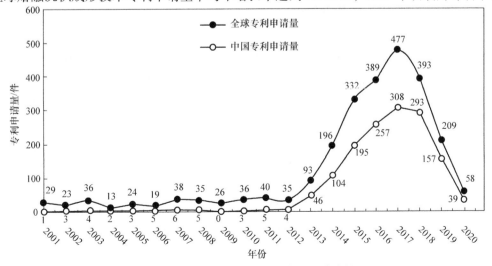

图 10-4　熔融沉积成形技术专利申请趋势

创新高，达到 477 件。同时，2001—2012 年中国 FDM 技术相关专利申请量很少，2013 年后中国 FDM 技术专利申请量呈爆发式增长，不难看出中国 FDM 专利产出的大幅度提升是全球数据快速增长的主要因素。由于发明专利的审查公开制度，近两年熔融沉积成形专利申请量存在发明专利未公开而导致的误差。

10.4　熔融沉积成形技术专利申请地域分析

全球熔融沉积成形技术专利优先权国家统计数据如图 10-5 所示。熔融沉积成形技术专利有 473 件原创申请来自美国，占总申请量的 19.52%，说明美国是研发实力最强的国家。排名第二位的是欧洲专利局；排名第三位的是日本，有 115 件熔融沉积成形技术原创申请由日本提出，约占 4.75%；中国暂列第四位，有 62 件原创专利申请来自中国，约占 2.56%。其次为德国、韩国、英国、法国、荷兰。另外，有 122 件专利通过欧洲专利局进行国际布局，世界知识产权组织有 21 件专利申请。

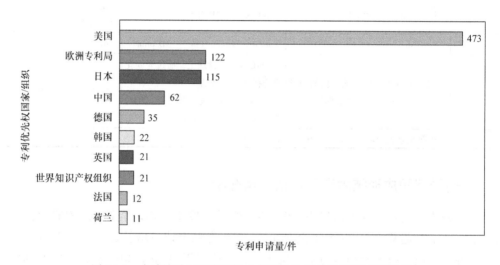

图 10-5　全球熔融沉积成形技术专利优先权国家/组织统计数据

熔融沉积成形技术全球专利目标市场分析如图 10-6 所示。分析发现，中国是熔融沉积成形技术专利最大的目标市场，有 1402 件专利的公开国家为中国；其次为美国、日本、韩国、德国、印度、澳大利亚等国。这说明目前熔融沉积成形技术在中国市场的研究最为活跃，同时在美国、日本、德国等国家也有比较好的市场。

美国、日本、中国、德国熔融沉积成形技术专利申请人国家及目标国家/组织见表 10-2。美国申请人不仅在本土进行专利布局，还积极申请 PCT 专利，并向日本、中国、澳大利亚、韩国等输出专利，美国申请人在美国以外布局的专利数量占比达 56.7%。日本与德国也非常重视多边专利的申请，其中日本对美国、中国、欧洲专利输出量较大，而德国对美国、中国专利布局量较多。相比而言，中国熔融沉积成形专利申请基本集中在本土，极少走出国门，仅有 1.4% 的专利选择海外布局或多边申请。

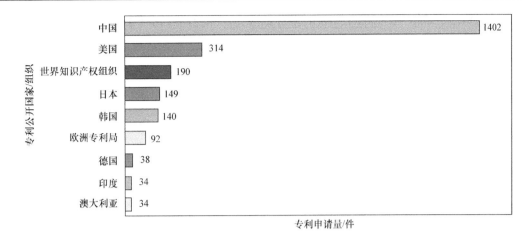

图 10-6 熔融沉积成形技术全球专利目标市场分析

表 10-2 美国、日本、中国、德国熔融沉积成形技术专利申请人国家及目标国家/组织

（单位：件）

目标国家/组织	申请人国家			
	美国	日本	中国	德国
美国	241	18	4	15
世界知识产权组织	78	26	14	20
日本	37	96	0	1
中国	33	15	1317	14
欧洲专利局	37	14	0	14
澳大利亚	19	4	0	2
加拿大	15	3	0	3
韩国	19	7	2	4
德国	11	1	0	21

10.5 熔融沉积成形技术构成分析

全球熔融沉积成形技术专利公开类型如图 10-7 所示。全球熔融沉积成形技术专利申请中，以发明申请专利数量最多，达到 1420 件，占比 55%。已有 622 件发明授权专利，481 件实用新型专利获得授权，外观设计专利申请数量相对最少，仅有 55 件获得授权。

对 FDM 专利主要申请国家技术构成进行分析，结果如图 10-8 所示。熔融沉积成形专利技术分布包含工艺（B29C64/00、B22F3/115、B29C64/393、B29C41/02）、材料制备（C08L67/04、C08L55/02），装置尤其是打印挤出头（B29C64/209、B29C64/112）和送料机构（B29C64/321）以及支

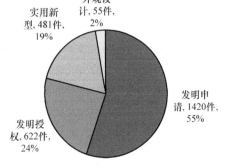

图 10-7 全球熔融沉积成形技术
专利公开类型

撑结构（B29C64/40）。需要引起注意的是分类号位于 B22F3/115 "利用喷射熔融金属，如喷射烧结、喷射铸造"的专利，这些专利都是金属材料用于熔融沉积成形技术。

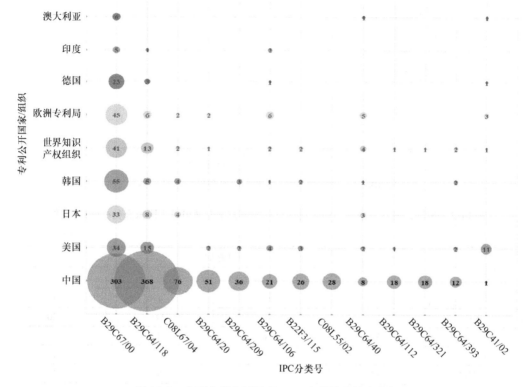

图 10-8　主要专利申请国家 FDM 专利技术构成分析

其中，中国在 B29C64/118、B29C67/00（成形工艺）、C08L67/04（ABS 聚合物）三个分类号下专利申请量最多，美国专利归属于成形工艺 B29C67/00、B29C64/118、B29C41/02 分类号的专利数量最多，日本 FDM 技术专利布局集中在 B29C67/00、B29C64/118（成形工艺）、C08L67/04（由羟基酸得到的聚酯）和 B29C64/40（支撑结构）。通过世界知识产权组织申请的 FDM 国际专利 IPC 分类号主要为 B29C67/00、B29C64/118（成形工艺），通过欧洲专利局对 FDM 技术进行欧洲市场布局的 IPC 分类号基本归属于 B29C（塑料的成形或连接）。主要专利申请国家 FDM 专利 IPC 分类号及其含义见表 10-3。

表 10-3　主要专利申请国家 FDM 专利 IPC 分类号及其含义

IPC 分类号	含　　义
B29C67/00	不包含在 B29C39/00～B29C65/00，B29C70/00 或 B29C73/00 组中的成形技术
B29C64/118	使用被融化的细丝材料，如熔融沉积模制成形
C08L67/04	由羟基酸得到的聚酯，如内酯
B29C64/20	附加制造装置及其零件或附件
B29C64/209	挤出头、喷嘴
B29C64/106	仅使用液体或黏性材料
B22F3/115	利用喷射熔融金属，如喷射烧结、喷射铸造

（续）

IPC 分类号	含　义
C08L55/02	ABS（丙烯腈 – 丁二烯 – 苯乙烯）聚合物
B29C64/40	制造过程中支撑 3D 物品，并且在使用后被浪费的结构
B29C64/112	使用单独的液滴，如从喷射头
B29C64/321	送料
B29C64/393	用于控制或附加制造工艺
B29C41/02	用于制造定长的制品，即不连续的制品

采用 CITESPACE 软件对全球熔融沉积成形技术专利进行聚类分析，全球 FDM 专利关键词聚类分析如图 10-9 所示，全球 FDM 专利关键词聚类排序见表 10-4。在图 10-9 中，球形大小表示专利中该关键词出现的频次，每个关键词小球之前的距离及连线表示关键词之前的联系。FDM 专利关键词基本存在 5 个聚类主题：

1）混合物及高分子材料为 FDM 使用材料中的高频关键词，其中生物相容性材料（如 PEEK 材料）和混合物中使用增韧剂、交联剂、抗氧化剂、碳纤维进行材料特性强化的关键词出现频次较高。

2）打印挤出头为装置结构中的高频关键词，其中前后移动、可升降等关键词与打印挤出头关系密切，旋转轴、运动机构、伺服电动机、分层数据、计算机系统与打印挤出头聚类关系明显。

图 10-9　全球 FDM 专利关键词聚类分析

表 10-4　全球 FDM 专利关键词聚类排序

序号	关键词	序号	关键词
1	混合物	16	切片软件
2	打印头	17	双螺杆挤出机
3	打印材料	18	丁二烯 – 苯乙烯共聚物
4	打印挤出头	19	热塑性树脂
5	高分子材料	20	加热圈
6	质量比	21	伺服电动机
7	温度传感器	22	苯乙烯
8	生物相容性	23	联轴器
9	螺杆挤出机	24	增韧剂
10	丙烯腈	25	挤出装置
11	控制器	26	驱动电动机
12	金属材料	27	玻璃化转变
13	成形过程	28	三元共聚物
14	控制系统	29	同步带
15	二叔丁基	30	孔隙率

3）成形过程与控制器为软件控制系统的核心关键词，独立控制、分辨率、切片软件、顶部设置等关键词距离较近。

4）联轴器聚类主题突出，使用联轴器在 FDM 打印过程中将对象移动、旋转或倾斜的多轴打印机可以更加自由地进行工件制造，同时减少支撑材料的使用，因此多自由度的 FDM 打印机是熔融沉积成形打印机的研发热点之一。

5）加热圈与温度传感器等关键词聚类关系明显，传感器对打印器械进行在线监测已成为主流趋势。

10.6　熔融沉积成形技术专利申请人分析

熔融沉积成形技术专利主要申请人排名如图 10-10 所示。Stratasys 专利申请量遥遥领先，Stratasys、宁夏共享模具有限公司、3D Systems 专利申请量排名前三，其次为珠海天威飞马打印耗材有限公司、KAO Corporation、西安交通大学、Philips Lighting Holding、研能科技股份有限公司、浙江大学、Signify Holding。

中国熔融沉积技术专利主要申请人排名情况如图 10-11 所示，前 10 位申请人为宁夏共享模具有限公司、珠海天威飞马打印耗材有限公司、西安交通大学、浙江大学、罗天珍、济南大学、共享智能铸造产业创新中心有限公司、华中科技大学、河南工程学院、南京航空航天大学。其中，共享智能铸造产业创新中心有限公司是国家智能铸造产业创新中心的依托公司和主体，作为首个国家产业创新平台，致力于围绕行业智能转型的关键性问题，培育智能制造（铸造）软硬件研发孵化器。目前，中国熔融沉积技术专利申请人以企业为主、大专院校为辅，科研单位、个人及机关团体作为申请人的专利数量占比较少。

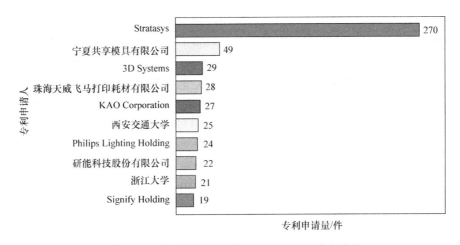

图 10-10 熔融沉积成形技术专利主要申请人排名

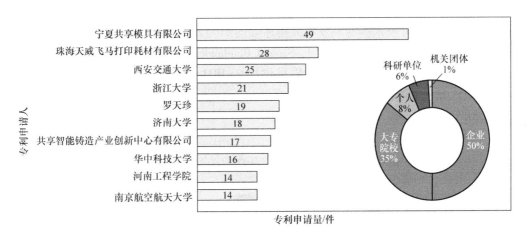

图 10-11 中国熔融沉积技术专利主要申请人排名情况

10.7 熔融沉积成形技术行业典型单位专利分析

10.7.1 Stratasys 公司熔融沉积成形技术专利分析

1. 公司简介

1989 年斯科特·克伦普（S. Scott Crump）向美国专利局提出 FDM 技术专利申请，斯科特·克伦普与妻子丽莎·克伦普（Lisa Crump）一同创立了 STRATASYS 公司。1992 年，Scott 申请的 FDM 专利 US5121329A "Apparatus and Method for Creating Three – Dimensional Objects" 获得授权。1993 年，Stratasys 公司开发出了第一台基于熔融沉积成形技术的设备。1994 年 Stratasys 公司于纳斯达克上市，并先后研发出多款面向不同行业和市场的 3D 打印机。

Stratasys 公司通过并购促进技术创新，缓解核心专利到期的问题，从而扩大公司的技术布局，提升企业竞争力。2011 年 Stratasys 通过并购 Solidspace 公司获得蜡模铸造（SCP）工艺；2012 年，通过与以色列 Object 公司合并，由 Stratasys Inc 改名为 Stratasys Ltd，获得了聚合物喷射成形（Polyjet）等打印技术。2013 年 Stratasys 收购著名桌面型 3D 打印机商 Maker-bot。2014 年完成对生产性服务商 Harvest Technologies、软件提供商 GrabCAD 及热塑性材料供应商 Interfacial Solutions 的收购。2015 年对软件类企业 Intelligent CAD/CAM、Technology，服务类企业 Econolyst 完成收购。2016 年 Stratasys 注资以色列巨型 3D 打印机初创公司 Mas-sivit3D。2018 年 7 月，工业喷墨技术领域的赛尔集团与 Stratasys 宣布共同成立赛尔 3D 有限公司。

目前 Stratasys 公司已经在北美、南美、欧洲、亚洲、澳大利亚设立办事处，致力于全球性的市场、销售和服务。2017 年 12 月，Stratasys 在中国上海建立了南亚总部，计划覆盖除日韩之外的整个亚太市场，包括印度、东南亚、澳大利亚、新西兰等广大地区。Stratasys 已成为全球工业级 3D 打印市场领军者之一，致力于提供先进的增材制造解决方案、材料和服务。

2. 技术研发人员组成

Stratasys 公司 FDM 技术的专利发明人排序如图 10-12 所示。其中 William J. Swanson 以74 项专利申请位居榜首，其次分别为 J. Samuel Batchelder、Priedeman William R. JR、Comb James W。其中，J. Samuel Batchelder 最早供职于 IBM，而 Stratasys 公司创始人 S. Scott Crump 以 29 件专利申请排名第五位。可以看出，Stratasys 公司已拥有较为强大的熔融沉积成形发明人团队。

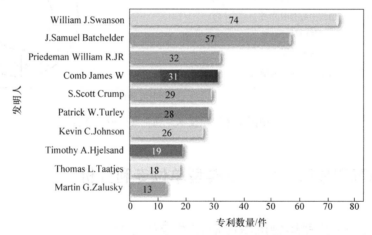

图 10-12　Stratasys 公司 FDM 技术的专利发明人排序

3. 专利布局情况分析

Stratasys 公司 FDM 技术历年专利申请量如图 10-13 所示。2001—2003 年专利申请数量呈明显上升趋势，2004—2007 年 Stratasys 公司 FDM 技术专利申请量有所回落。随着 FDM 技术的研发升级及新材料的出现，2009 年、2010 年专利申请量重新达到高峰。近年来，Stratasys 公司陆续推出 Inkjet、Polyjet 相关机型，但每年仍保持一定的 FDM 相关专利输出。

企业申请专利的公开国家/组织排序可以作为衡量企业对某一国家/组织市场重视程度的重要指标。Stratasys 公司 FDM 专利公开国家的排序情况如图 10-14 所示。分析发现，Stratasys 公司专利主要公开国家为美国本土，已有 132 件 FDM 相关专利在美国公开。除此之外，

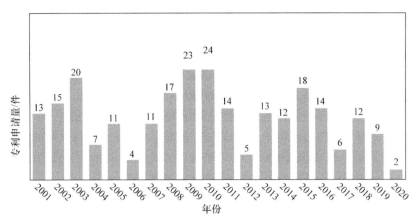

图 10-13 Stratasys 公司 FDM 技术历年专利申请量

Stratasys 公司积极采取单边与多边申请结合的方法，通过世界知识产权组织及欧洲专利局进行专利布局，中国、韩国、澳大利亚、加拿大、日本、西班牙是其进行国外 FDM 相关专利布局的重点国家。

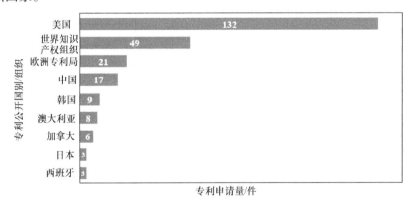

图 10-14 Stratasys 公司 FDM 专利公开国家的排序情况

Stratasys 公司 FDM 专利技术分布如图 10-15 所示。主要可以分为制造装置组件（占比 35%）、打印丝材（占比 31%）、制造方法（占比 28%）、支撑结构（占比 6%）四类。在装置组件类别中，液化器（挤出头、喷嘴）作为 FDM 成形装置最为重要的部分，相关专利申请数量最多，其次为消耗品组件、打印机及加热部件等。

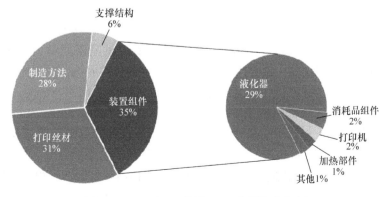

图 10-15 Stratasys 公司 FDM 专利技术分布

　　Stratasys 公司液化器相关专利技术的发展历程如图 10-16 所示。液化器是熔融沉积成形中最为复杂的核心部件，液化器对于三维制品成形精度及质量有着重要影响。主要有挤出头/液化器结构、挤出头/液化器控制及液化器的清洁三个方面。经过 20 年的发展，Stratasys 公司 FDM 成形液化器结构不断优化，由单驱动轮改进为多驱动轮，由一个挤出头装载单一液化器改进为装载多个液化器，2015 年申请的专利 US14697157 公开了具有多个独立可加热区的液化器结构。在液化器控制方面，主要是对熔融丝状材料流速的控制，Stratasys 公司相关专利中采取液化器泵、磁力及齿轮组件等方法实现这一目标。对挤出头的清洁同样是申请重点，2008 年申请的专利 WOUS08007791 主要保护单个挤出头的清洗组件，2016 年 Stratasys 公司申请的专利中公开了同时清洁多个打印头喷嘴的装置结构。

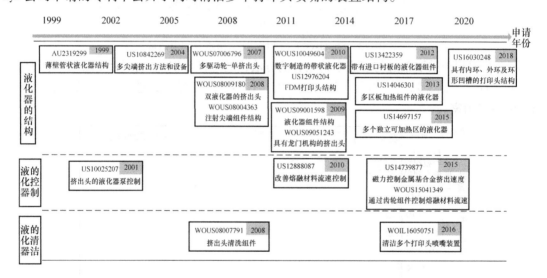

图 10-16　Stratasys 公司液化器相关专利技术的发展历程

　　Stratasys 公司打印丝材技术的发展历程如图 10-17 所示。Stratasys 在丝材制备方面布局专利数量最多，从 2002 年开始不断提出高精度成形丝材、改良 ABS 材料、金属基合金丝材、非圆柱形丝材、半结晶熔化材料、聚氨酯材料、可逆增强丝材、含氟聚合物、颗粒芯壳结构丝材等发明专利申请。在送丝机构方面，对丝材供给监控、丝材驱动装置、自动换丝装置、出料管等相关专利均有布局。除此之外，针对丝材卷筒等原材料储存部件的专利，许多通过世界知识产权组织进行国际专利布局。

　　经初步统计归纳，Stratasys 公司 FDM 制造方法专利技术的发展历程如图 10-18 所示。Stratasys 公司对于 FDM 成形技术制造方法的研究主要针对的是不同材料的 3D 打印成形方法、提高打印精度和打印效率。随着计算机和传感技术的日益成熟，利用计算机优化网格划分、利用传感器对打印器械进行在线监测已成为主流方法。2018 年 Stratasys 申请了金属丝材的 3D 打印方法及半结晶材料使用 FDM 的打印方法，2019 年 Stratasys 申请的发明专利 US16352269 "利用机器人进行中空部件制造的方法"（见图 10-19），将丝材挤压机构安装在机器人臂上，通过液化器将热塑材料挤出到一个可移动的工作平台上，该工作平台可沿着连续的 3D 打印路径以螺旋形状进行至少两个自由度的移动，打印期间根据中空构件的几何形状移动工作平台来固定中空构件，最终实现无支撑结构的 FDM 成形过程。

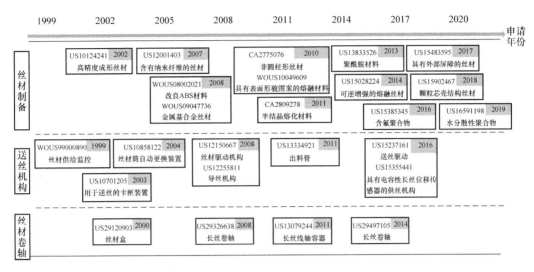

图 10-17 Stratasys 公司打印丝材技术的发展历程

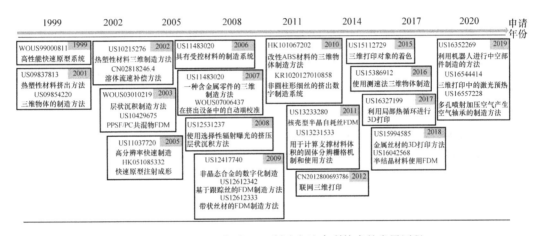

图 10-18 Stratasys 公司 FDM 制造方法专利技术的发展历程

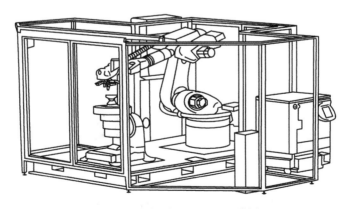

图 10-19 专利 US16352269 附图

Stratasys 公司 FDM 支撑结构专利技术的发展历程如图 10-20 所示。专利改进主要从支撑材料、支撑结构成形方法、支撑结构去除装置三个方面进行。支撑材料主要有水溶性支撑材料、无机离子支撑材料、陶瓷支撑材料、与水接触容易去除的固化载体材料。

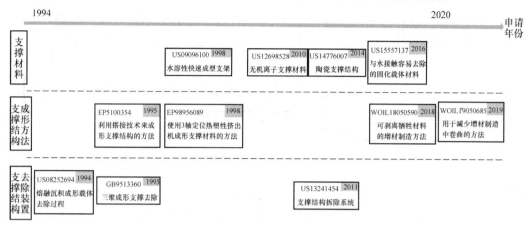

图 10-20　Stratasys 公司 FDM 支撑结构专利技术的发展历程

4. 公司主要 FDM 产品介绍

目前，Stratasys 公司 FDM 主推产品有 F123 系列、F900 系列、Forus 系列、F120 系列，见图 10-21。F123 系列（F170、F270 和 F370）是面向工业设计师、工程师、学生和教育工作者研发出的一套快速原型制造系统。F900 生产级 3D 打印机是 Stratasys 公司 FDM 系统的第三代产品，其功能包括具备生产就绪精度和可重复性的 MTConnect 就绪界面。其中，F900 AICS 是针对飞机内饰和其他高度规范的生产应用设计的重复性专业解决方案；F900 PRO 能够以 ULTEM 9085 树脂为原材料生产拥有 FDM 重复性和性能的零件，它不仅具备 AICS 产品的全部优点和价值，还将专门针对 AICS 开发的高重复性扩展到了所有行业。

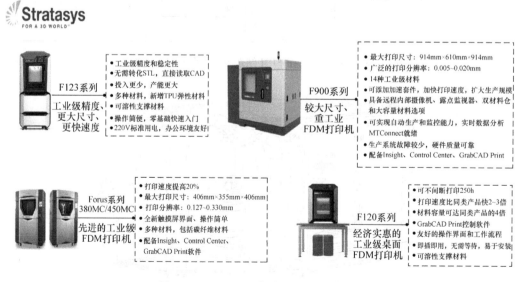

图 10-21　Stratasys 公司 FDM 主要机型

Forus 系列最新型号 380MC、450MC 在打印尺寸和精度上较同系列产品进行提升，使用材料的范围也更加广泛。其中 Forus 380MC 可以使用 FDM 尼龙 12 碳纤维材料和 ASA 材料打印轻量且坚固的零件，在赛车改装、国防航天等领域有着广阔的应用前景。FDM 碳纤维材料用于赛车改装如图 10-22 所示。西门子交通公司、英国机车运营公司（ROSCO）已计划使用 Forus 450MC 机型进行火车替换零件的制造。2019 年 Stratasys 公司发布了准工业级 3D 打印机 F120，具备桌面机灵活性的同时有着工业级 3D 打印机的部分特性，支持 ABS、ASA 两种常用材料和 SR – 30 support 水溶支撑材料，便于实现复杂结构的完美打印。

图 10-22　FDM 碳纤维材料用于赛车改装

5. 法律状态分析

Stratasys 公司在中国申请 FDM 专利法律状态如图 10-23所示。Stratasys 公司在中国申请的 FDM 专利共有 17 件，其中 10 件发明专利、2 件实用新型专利已授权。专利 CN101460290A "在挤出设备中的自动端部校准" 和 CN166217A "用于三维模型制作的材料和方法" 两件专利已撤回。专利 CN101605641B "用于基于挤压的沉积系统的黏性泵" 和 CN100526042C "快速原型注模制造方法" 两件专利已失效。表 10-5 为 Stratasys 公司在中国申请 FDM 专利法律状态详情。

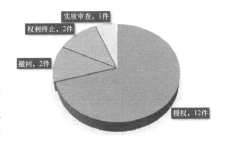

图 10-23　Stratasys 公司在中国申请 FDM 专利法律状态

表 10-5　Stratasys 公司在中国申请 FDM 专利法律状态详情

申请号	摘　要	法律状态
02809692.4	该专利公开了用熔融堆积造型技术建造三维模型及其支撑物使用的高性能热塑性材料。用于建造模型的造型材料由热挠曲温度高于 120℃ 的热塑性树脂组成。能自层合的和造型材料黏结较弱的无定形热塑性树脂具有与造型材料类似的热挠曲温度，抗张强度在 34 ~ 83MPa（5000 ~ 12000psi）之间，组成用于建造支撑结构的支撑材料。在优选方案中，组成支撑材料的热塑性树脂选自聚亚苯基醚和聚烯烃的混合物、聚苯砜和无定形聚酰胺的混合物、聚苯砜和聚砜以及无定形聚酰胺的混合物组成的组中	有效
02818246.4	该专利公开了匹配液化器的挤压速度的方法和装置，液化器以预定目标输出速度挤压材料流。调整了进入液化器的材料容积流速，以考虑从液化器挤出的材料的预测熔体流速部分。补偿预测熔体流速使得液化器沿工具路线沉积的材料产生的挤压外形的误差减少	有效

（续）

申请号	摘 要	法律状态
02824132.0	挤压设备采用用于控制液化器的输出流量的方法。挤压设备包括沿预定的工具路径以挤压头速度可移动的挤压头。挤压头携带液化器。液化器接收固体成分的模制材料，加热模制材料，并且以输出流量输出模制材料流。采用材料前进机构以控制输出流量的输入流量将模制材料的固体成分供给到液化器。为了控制输出流量，基于工具路径确定挤压头速度分布图。然后，控制到液化器的模制材料的输入流量，以产生与相应于挤压头速度分布图的当前挤压头速度成比例的从液化器流出的模制材料的输出流量	有效
03812664.8	该专利公开了一种用作熔融沉积成形液化器中的原料的成形丝以及用于制造细丝的方法。对于细丝的直径和标准偏差进行控制，以满足如下各种容差要求：阻塞阻力、滑动阻力、模型强度、液化器溢流的防止和无滞后过渡响应。细丝直径的标准偏差与细丝的目标直径要匹配。使用所产生的细丝形成高质量的模型	有效
200480011967.4	该专利是制备三维物体的添加法，其包括使用具有挤压头、材料接受基底、材料供给和具有孔口的液化器的设备。分配造型材料形成模型。分配支撑材料形成支撑结构体。造型材料是含有聚苯砜和聚碳酸酯的混合物的热塑性材料。在热的材料上操作，容易从完成的模型上除去支撑体	有效
200680024165.6	该专利是一种沉积成形系统，装有驱动机构。驱动机构用于供给细丝束以形成模型。驱动机构包括枢转块，枢转块可旋转地连接到固定块上；电机旋转驱动轴。驱动辊连接到驱动轴上，并且惰辊连接到惰轴上，惰轴在大致垂直于枢转块相对于固定块的旋转方向上并大体上平行于驱动轴的方向上从枢转块延伸	有效
200880025545.0	一种挤出头，包括至少一个安装结构；第一液化器泵被固定于至少一个安装结构上；第二液化器泵被靠近第一液化器泵设置；切换机构被至少一个安装结构支撑，并被配置以沿第一轴线相对于第一液化器泵移动第二液化器泵；槽接合组件与第二液化器泵部分地相连接，以限定第二液化器泵沿第一轴线的运动范围	有效
201080043872.6	该发明公开了一种带状液化器。带状液化器包括：被构造成从热传递部件接收热能的外液化器部分；至少部分由外液化器部分限定的通道，其中通道具有被构造成容纳带状细丝的尺寸，并且其中带状液化器被构造成通过接收的热能使容纳在通道中的带状细丝熔化到至少可挤出状态以提供熔融流。通道的尺寸进一步被构造成在连接到带状液化器的挤出端中使熔融流从轴向不对称流变为基本上轴向对称流	有效
201080043878.3	该发明公开了一种在基于挤出的数字制造系统中使用的消耗材料。消耗材料包括一个区段和区段至少一部分为轴向不对称的横截面轮廓。横截面轮廓被构造成对于相同的热限制最大体积流量与通过圆柱形液化器中的圆柱形细丝获得的响应时间相比通过基于挤出的数字制造系统的非圆柱形液化器提供更快的响应时间	有效
201190000950.4	本实用新型公开了一种用在熔融沉积造型系统中的打印头组件和打印头。一种打印头组件包括打印头载体和多个可更换的打印头，打印头被配置成能够拆卸地保持在打印头载体的接收器中	有效

（续）

申请号	摘　要	法律状态
201480026474.1	一种用于增材制造的陶瓷前体支撑结构，其在热加工后在多种溶剂中是可溶的	有效
201590000820.9	在增材制造系统中使用以打印三维部件的液化器组件包括上游压力生成站和下游流动调节站。上游压力生成站包括驱动机构，被构造成熔化从驱动机构接收到的消耗材料以产生处于加压状态的熔融材料的液化器。下游流动调节站包括齿轮组件，齿轮组件具有壳体组件和一对齿轮，一对尺寸设置在内部腔室内并相互啮合以调节通过齿轮组件的加压熔融材料的流动以便于进行受控挤出	有效
200780020567.3	该专利公开了一种用于三维成形机的沉积装置中执行校准程序的方法。根据控制器的控制，三维成形机沉积材料以安装在平台上的基板上建造三维目标。该方法包括产生在限定的位置表示三维结构的材料建造轮廓。确定材料建造轮廓的相对位置。标识期望的建造轮廓，然后与材料建造轮廓的确定的相对位置比较，以标识表示位置偏移的任何差异。成形系统根据位置偏移定位沉积装置	撤回
03815762.4	通过熔融沉积模型制作技术制造三维模型及其支撑结构，其中使用一种含硅氧烷的热塑塑料形成支撑结构和/或模型。硅氧烷起到脱模剂的作用，促进支撑结构在模型完成后从中脱离。含有硅氧烷的热塑塑料表现出良好的热稳定性，并可阻止三维模型制作装置的挤出头或喷射头的喷嘴堵塞	撤回
03810680.9	该专利公开了一种用于制造原型注模部件的方法和设备。用于熔融沉积成形技术的这种类型的压出机将生产用的热塑性材料在一个等温过程中缓慢地以低压力注入经过加热的非传热的塑料模具内。可以通过熔融沉积成形技术或另外的快速原型制造技术从计算机辅助设计制图构造所述的模具。使用该专利，可由工程师在办公室环境中在 24h 内从部件的数字表示制造出一个注模原型部件	权利终止
200880004820.0	该专利公开了一种泵系统。它包括：输送组件，其被构造成在第一驱动电动机操作动力下供给固体材料；螺杆泵，其包括至少部分地限定螺杆泵的桶体的外壳、在桶体的第一端处固定到外壳的挤压末端、固定到外壳并且与桶体相交的液化器和至少部分地延伸通过桶体的叶轮。液化器被构造成接收从输送组件供给的固体材料，以至少部分地熔化接收的固体材料，并且将至少部分熔融的材料引导到桶体，液化器包括螺旋形挡板，并且叶轮被构造成在第二驱动电动机的操作动力下将引导到桶体的至少部分熔融的材料朝向挤压末端驱动	权利终止
201680040695.3	该专利公开了一种对三维打印机提供多个喷嘴校准参数的方法，包括：打印一弧形图案、打印一 X – Y 对准图案、打印一头部校准图案；测量多个液滴的多个实际位置；计算多个测量的实际位置与多个预期位置之间的多个偏差；计算多个校准参数以校正多个偏差。指标液滴可以用于允许内置的图像识别，以找寻多个校准液滴，并且提供一凸轮系统来引导喷嘴擦拭器。另外也提供一种清洁打印头喷嘴的装置	实质审查

10.8　熔融沉积成形专利典型案例

案例 1：用于创建三维对象装置和方法（US5121329A）。

该专利是 Stratasys 公司 1989 年申请的发明专利，前后共计被引用 1030 次。该专利公开了一种 FDM 装置，专利附图如图 10-24 所示。该专利包括可移动的分配头和基座构件，该分配头设置有在预定温度下固化的材料供应，该基座构件沿 X、Y 和 Z 轴以预定的模式彼此相对移动，以通过受控的速度将从分配头排放到基座构件上的材料堆积起来产生三维物体。优选地，装置在使用计算机辅助设计（CAD）和计算机辅助（CAM）软件的过程中被计算机驱动，以产生驱动信号，用于在分配材料时分配头和基座构件的受控移动。三维物体可以通过沉积重复的固化材料层直到形成形状来制造。任何材料，如自硬蜡、热塑性树脂、熔融金属、两部分环氧树脂、泡沫塑料和玻璃，在固化时以充分地黏附到前一层，都可以使用。每一层基部由前一层限定，每一层厚度由分配头的尖端位于前一层上方的高度限定和紧密控制。

案例 2：用于形成三维物体和载体的选择性沉积建模方法和装置（US6193923B1）。

该专利是 3D Systems 公司 1999 年申请的发明专利，先后被引用了 369 次，该专利附图如图 10-25 所示。该专利描述了用于快速原型制作和制造系统中各种支撑结构和构造样式，其中特别强调热立体光刻，该发明提供了一种熔融沉积建模和选择性沉积建模系统，并且其中提供了一种 3D 建模系统，该 3D 建模系统使用多喷头分配和用于物体和载体形成的单一材料。

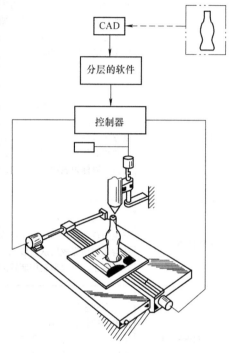

图 10-24　专利附图（来源：US5121329A）

该专利还公开了一种快速原型制作方法，包括可控地分配可流动材料，可流动材料在被分配以形

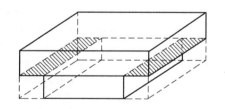

图 10-25　专利附图（来源：US6193923B1）

成三维物体时可固化，材料被分配以在支撑平台上以所需的速度在垂直方向上逐层横截面地积聚；支撑三维物体的横截面，并提供用于建立下一个物体横截面的工作面，该下一个物体横截面在垂直方向上以所需的速度累积；在工作表面上通过平面化器以使工作表面平滑并为每个横截面建立层厚度；使分配器和工作表面在至少两个维度上相对位移，包括扫描方向和分度方向；根据所选择的样式在工作表面上分配材料；为每个横截面形成支撑结构，该支撑结构在垂直方向上以大约所需的速度积聚。

参 考 文 献

［1］WU C，DAI C，FANG G，et al. RoboFDM：A robotic system for support – free fabrication using FDM ［J］. International Conference on Robotics and Automation，2017：1175 – 1180.

［2］SONG X，PAN Y，CHEN Y，et al. Development of a low – cost parallel ki – nematic machine for multidirectional additive manufacturing ［J］. Journal of Manufacturing Science and Engineering，2015，137 （2）：021005.

［3］薛亮. 3D 打印双雄会——Stratasys 与 3D Systems 专利布局对比分析 ［J］. 中国发明与专利，2013 （5）：48 – 53.

［4］Stratasys 加大中国市场投入，上海新建打印服务中心 ［EB/OL］. http：//www. eepw. com. cn/article/201712/372416. htm. 2017 – 12 – 01.

［5］赵翀，邓晓波，郝晨晖，等. Stratasys 公司 FDM – 3D 打印专利技术综述 ［J］. 河南科技，2016 （10）：70 – 76.

第3篇　增材制造重要应用领域专利分析

第11章　航空航天领域增材制造专利分析

11.1　概述

航空航天增材制造泛指利用增材制造技术来解决航空航天工业中结构、材料、工艺、性能的所有创新性技术。航空航天工业的核心装备正朝着复杂化、一体化、高性能、多功能方向发展，而增材制造为航空航天装备的设计与制造开辟了新的工艺途径。航空航天增材制造目前主要包含飞机、卫星及火箭的关键零部件制造，主要涉及大型整体结构件制造、精密复杂结构件制造、增减材复合制造、零部件修复和新材料的开发等。航空航天增材制造中的应用材料涉及钛合金、铝合金、铜合金、高温合金、Invar 合金等，目前研究最为广泛的材料为以铝、钛合金为代表的轻质高强合金和镍基高温合金。图 11-1 所示为航天增材制造技术应用示例。

图 11-1　航天增材制造技术应用示例

航空航天增材制造起始于 20 世纪 80 年代，但早期增材制造在航空航天应用中只是用来做快速原型制造。航空航天传统制造和航空航天增材制造对比如图 11-2 所示，可以看出航空航天增材制造和航空航天传统制造相比有着很大的优势。在航空航天工业中，增材制造技术可以在不需要模具、铸造或锻造的情况下，制造精密的、极其复杂的零件，一体化成型大型的承力结构件，缩短生产周期，满足对航空航天产品的快速响应要求。增材制造技术可以利用拓扑优化设计采用新型的镂空结构（蜂窝、点阵结构等），在满足力学性能的情况下减少零部件质量，实现轻量化设计。采用一体化结构制造，减少零件数量，节约成本，提高整体部件可靠性。增材制造技术可以方便地成形高熔点、高硬度的高温合金、钛合金等航空航天装备要求的难加工材料。而且增材制造技术材料利用率很高，可以节省制造航空航天装备零部件所需的昂贵原材料，显著降低制造成本。增材制造金属零件直接成形时的快速凝固特征可提高零件的力学性能和耐蚀性，与传统制造工艺相比，成形零件可在不损失塑性的情况下使强度得到较大提高。另外，增材制造工艺能够实现单一零件中材料成分的实时连续变化，使零件的不同部位具有不同成分和性能，是制造异质材料（如功能梯度材料、复合材料等）的最佳工艺，可能成为航空航天装备发展的另一突破。

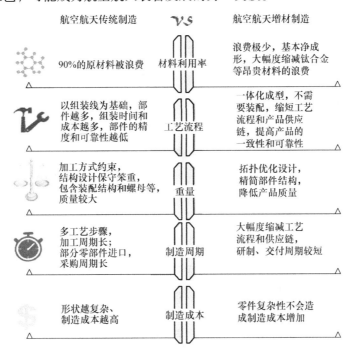

图 11-2 航空航天传统制造和航空航天增材制造对比

因此，航空航天增材制造技术近年来得到越来越多的关注，发展也非常的迅速。国内外航空航天企业也密集投入开展增材制造研究应用。除了应用于复杂零部件的直接快速制造，3D 打印技术还可用于航空航天装备零部件的快速修复，以延长装备的使用寿命。国外的波音公司、空客集团、赛峰集团、美国航空航天局（NASA）、洛克希德·马丁公司（LM）、通用电气公司（GE）、英国罗尔斯·罗伊斯，国内的中国航空工业集团、西安交通大学、北京航空航天大学、西北工业大学等均在这个领域开展了大量研究，有些已经进入了实际应用，整体呈现百家争鸣之势。

美国波音公司作为全球航空航天业的翘楚，很早就成为 3D 打印技术与应用端深度结合的践行者。在 2003 年通过激光能量沉积（DED）打印钛合金制作了 F-15 战斗机上的备品备件，最后通过美国空军研究实验室验证了该备件的各个性能，其中抗腐蚀疲劳性比原先铝锻件更高。近几年通过和 Norsk Titanium 双方合作研究快速等离子沉积技术，共同改进工艺并进行了一系列严格的测试，最终在 2017 年 2 月获得了首个 3D 打印钛合金结构件的 FAA

认证。快速等离子沉积技术采用丝材打印，生产效率比 SLM 制造系统快 50～100 倍，所需的钛原料现有的锻造和机械加工相比减少 25%～75%。目前波音公司已有超过 50000 件 3D 打印的各种类型的飞机零件。2016 年，波音公司和美国橡树岭国家实验室利用碳纤维和 ABS 树脂材料 3D 打印了一个"trim‑and‑drill"工具，用于制造下一代波音 777X 客机的机翼。它长达 5.3m，质量约为 759kg，创造了世界 3D 打印最大物件的纪录。另外，波音公司 HRL 实验室利用 3D 打印技术研发出一种世界上最轻的金属结构。该金属结构的 99.99% 都是空气，固体结构只占 0.01%，密度仅为 0.9g/L。空心管壁厚仅为 100nm，是头发丝的 1‰。2019 年，波音公司利用 3D 打印实现更强大的电磁干扰滤波器冷却装置，从而提升了电气系统的安全性。图 11-3 所示为波音公司航空航天增材制造示例。

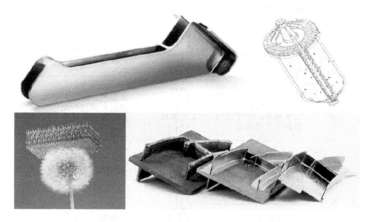

图 11-3　波音公司航空航天增材制造示例

2014 年，GE 在新一代 LEAP 发动机上采用 3D 打印的燃油喷嘴是史上首款采用增材制造技术进行批量制造的商用发动机部件，过去此类部件由十几二十个零件经铸造、机加工、组装和焊接组合制成，现在由增材制造技术一次成形，而且寿命延长 4 倍，耐用度是上一代的 5 倍，质量降低 25%。之后在 2016 年 GE 集团收购 Arcam 和 Concept Laser 公司，成立 GE Additive，专注于增材制造以降低其飞机发动机制造成本。2016 年 GE 公司在先进的 ATP 发动机中，将 855 个减法制造的部件减少到 12 个独特复杂的增材制造的部件，这些部件占引擎总体结构的 35%。增材制造减少了 ATP 的质量 5%，同时贡献了 1% 提高具体燃料消耗（SFC）。整个发动机开发时间比正常情况缩短了 50%，测试时间也从一年缩短到 6 个月。与目前最先进的涡轮螺旋桨发动机相比，ATP 预计将提高 33% 的飞行时间。2018 年 GE 研发并利用直接金属激光熔炼（DMLM）技术制造出 PDOS 支架，将其安装至 GEnx‑2B 商用发动机上，并将搭载至波音 747‑8 飞机。PDOS 支架比原始支架质量减少 10%，废物减少 90%，并且完全自主制造完成，生产成本显著降低。2019 年，GE 为波音公司新型 777X 宽体喷气式飞机开发的 GE9X 发动机上的低压涡轮叶片，采用钛铝合金增材制造成形，已实现大批量生产。2019 年年中 F‑15 和 F‑16 飞机使用的通用电气 F110 发动机的增材制造油底壳已经初步完成。GE 公司从 3D 打印第一个 LEAP 发动机燃油喷嘴到生产出符合 Leap 涡扇发动机尺寸的燃烧器衬套，GE 已经打印了 23500 个零件，到 2019 年年底，其年产量接近 40000 个零件。GE 生产的几种 3D 打印的发动机部件，其性能均通过了美国联邦航空管理局（FAA）的认证。2020 年 9 月，GE 公司宣布含有 304 个 3D 打印零件的 GE9X 取得美国联邦航空管理局（FAA）适航认证，成为行业里程碑意义的事件。增材制造技术在 GE9X 发动机的制造中发挥着重要作用，其中燃油喷嘴、低压涡轮叶片、T25 传感器外壳、燃烧室混合器、导流器、热交换器等零件均为 3D 打印制造，提高了发动机性能。如采用电子束粉末床技术制造的低压涡轮叶片相比传统的镍基高温合金轻 50% 左右，具有优异的比强度，使整个低压涡轮机的质量减少 20%，同时使 GE9X 提高 10% 的推力；GE9X 的 3D 打印热交换器具有完全不同于传统换热器的外形，同时内部设计有复杂的流道，充分利用增材制造技术提高设计的自由度，将原来 163 个零件合并为 1 个，质量减小 40%，生产成本减少 25%，并提高了使用寿命。图 11-4 所示为 GE 公司航空航天增材制造示例。

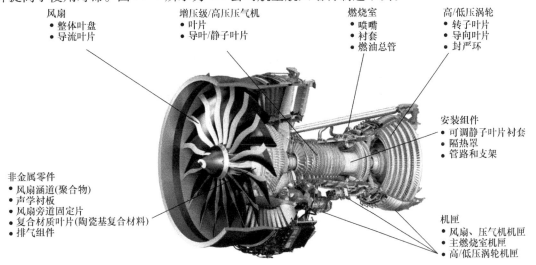

图 11-4　GE 公司航空航天增材制造示例

　　法国空客集团最初也是主要用其制作产品模型和零部件，它选择与多家 3D 打印企业建立伙伴关系，将合作成果大量用于实际生产。2014 年空客集团用增材制造技术制造卫星支架，每个支架的生产成本节省 20%，质量减少约 300g，使得每颗卫星质量减小了近 1kg（一颗卫星有三个支架），生产周期从 1 个月减少到不足 5 天。2015 年，空客推出的最新 A350 飞机上使用的 3D 打印部件已达上千个之多，2016 年 6 月 1 日，由空客集团制造的全球第一架 3D 打印飞机 THOR 在国际航空航天博览会上展出。这架 3D 打印飞机已经在 2015 年 11 月完成首次试飞。2017 年空客集团在欧洲航天局（ESA）的资金支持下与 3D Systems 公司合作，成功制造出了全球首个 3D 打印的金属射频（RF）滤波器，并已经通过了模拟真实发射和太空环境的严格测试，将应用在商业通信卫星上。2017 年空客宣布首次安装 3D 打印钛金属零件在批量化生产的 A350 XWB 系列飞机上，而此次的安装标志着 3D 打印零件首次进入批量化生产的飞机上。2018 年空客使用 3D 打印制造舱门锁定轴，比传统部件轻 45%，制造成本低 25%。在每架 A350 飞机上使用 16 个打印部件，其质量可以节省约 4kg。2018 年年底获得适航认证，2019 年年初开始正式量产。量产后每年将为 A350 飞机生产 2200 个舱门锁定轴。空客和赛峰集团的合资企业 Ariane Group 宣布已经成功测试了第一个完全由 3D 打印生产的燃烧室。2020 年 5 至 6 月期间，在德国航空航天中心 Lampoldshausen 的 P8 测试台上成功进行了 14 次点火测试，测试的成功为完全由增材制造制造的火箭发动机铺平了道路，也促进了欧空局阿丽亚娜 6 号运载火箭的开发和后续生产。图 11-5 所示为空客集团航空航天增材制造示例。

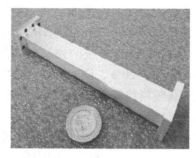

图 11-5　空客集团航空航天增材制造示例

美国航天局（NASA）2015 年在铜合金部件 3D 打印方面获得进展，NASA 利用 SLM 打印的 GRCo－84 铜合金零件为火箭燃烧室衬里，该部件总共被分为 8255 层，进行逐层打印，打印时间为 10 天零 18h。2019 年，NASA 又公布了一种新型铜合金 3D 打印材料 GRCop－42，这是一种高强度、高导电率的铜基合金材料，可用于生产近乎完全密集的 3D 打印部件，如火箭燃烧室内衬和燃料喷射器面板。

2018 年，瑞士欧瑞康增材制造和 Lenaspace 公司合作开发了一款镍基高温合金火箭喷嘴，该喷嘴使用 SLM 激光选区熔化工艺生产。该火箭喷嘴的冷却风道管壁一体成形，并涂覆有热障涂层，使得该喷嘴相较传统工艺制造的喷嘴具备更优异的耐高温性能。2019 年，欧瑞康增材制造与 MT Aerospace 合作开发了基于仿生学优化的支架及传动轴的端头装配件。采用一体成形，既保证了强度又实现了减重。完全省去板材的切割、弯折和焊接的工序，为航空航天领域带来了非常可观的经济效益。图 11-6 所示为欧瑞康航空航天增材制造示例。

图 11-6　欧瑞康航空航天增材制造示例

另外，美国 Sandia 国家实验室提出的激光净成形技术，其成形件强度和塑性均显著高于锻件，已被用于涡轮发动机零部件的修复。美国 Relativity Space 公司在佛罗里达州卡内维拉尔角空军基地与美国空军共建运营一火箭发射台，其中一个正在加工中的中型轨道火箭 95% 是 3D 打印件。美国 Norsk Titanium 建立了世界第一个工业规模航空航天增材制造厂，采用专有的 RPD™ 工艺，使成形件具有相当于锻造件的强度，其成本大大降低、周期明显缩短，这些都标志着航空航天产品领域设计与建造新纪元的开始。

在国内，北京航空航天大学王华明院士团队自 1998 年以来一直致力于激光增材制造成套工艺装备及工程化应用关键技术的开发与应用。在国际上率先突破了飞机钛合金等大型关键主承力构件激光增材制造工艺、成套装备、内部质量和力学性能控制及工程应用关键技术。自 2005 年起，利用激光增材制造钛合金飞机机身主承力框、翼身根肋、起落架等 30 多种钛合金和超高强度钢的大型整体关键承力构件，并应用于歼 15、歼 20、鹘鹰等先进战斗机，材料利用率提高了 5 倍、周期缩短了 2/3、成本降低了 1/2 以上。在飞机、火箭、卫星等航空航天重大装备研制和生产中获得了广泛的应用。图 11-7 所示为北航团队航空航天增材制造示例。

图 11-7　北航团队航空航天增材制造示例

西北工业大学黄卫东团队成立的西安铂力特激光成形技术有限公司针对航空航天极端复杂的精密构件加工制造问题，利用其自主研发的激光立体成形技术为国产大飞机 C919 制造了中央翼缘条，尺寸为 3070mm，质量为 196kg，于 2012 年 1 月打印成功，同年通过了商飞的性能测试，2013 年成功应用于国产大飞机 C919 首架验证机上。这是国产机型首次在设计验证阶段利用 3D 打印技术制备承力部件，在国际民机的设计生产中亦属首次。西安铂力特激光成形技术有限公司利用 SLM 技术解决了随形内流道、复杂薄壁、镂空减重、复杂内腔、多部件集成等复杂结构问题，已经应用于民用飞机、先进战机、无人机、新型导弹、空间站和卫星等高精尖领域，每年可为航空航天领域提供复杂精密结构件 8000 余件。目前已经批量应用于 7 个飞机型号、4 个无人机型号、7 个航空发动机型号、2 个火箭型号、3 个卫星型号、5 个导弹型号、2 个燃机型号、1 个空间站型号。2018 年 8 月，西安铂力特激光成形技术有限公司与空中客车公司签署了 A350 飞机大型精密零件金属 3D 打印共同研制协议，从供应商走向联合开发合作伙伴。2019 年，西安铂力特激光成形技术有限公司承担了中国的深蓝航天液氧煤油发动机的喷注器壳体和推力室身部两个零件的金属 3D 打印工作，实现了国内液氧煤油火箭发动机推力室效率从 95% 到 99% 的技术跨越，达到了国际先进水平。图 11-8 所示为西安铂力特激光成形技术有限公司航空航天增材制造示例。

图 11-8　西安铂力特激光成形技术有限公司航空航天增材制造示例

2016 年 3 月，中航迈特自主研发了一款新型 VIGA 真空感应气雾化制粉设备，开展了 3D 打印专用高温合金粉末制备技术研究，制备出的球形镍基高温合金粉末 GH3536，生产的发动机燃油喷嘴，已经成功应用于某型号飞机，实现了发动机关键部位的合理结构设计、多零件整合和整体减重。2016 年 6 月，中航迈特自主设计建造的 EIGA50 型电极感应钛合金制粉设备实现投产，制备出 3D 打印 SLM 工艺用微细球形钛合金粉末产品，该装备技术在国内率先实现国产化，建立了一整套自主知识产权，制备的 TC4（Ti6Al4V）钛合金粉末产品应用于我国空天轻质零部件的打印。中航迈特科研团队先后设计研发了真空感应气雾化（VIGA）、电极感应气雾化（EIGA）、等离子旋转电极（PREP）等先进制粉设备，突破了多项制粉关键工艺及成套装备技术，成功研制出符合航标、国军标、ASTM、AMS 等标准的粉末产品。打破了我国航空航天增材制造粉末的进口依赖，服务全球 400 多家用户，包括国内大多数增材制造企业和 GE、SAFRAN、GKN、DM、EXONE 等欧美企业。

2019 年西安交通大学材料学院单智伟研究团队在 3D 打印单晶高温合金领域取得突破，利用筏化－回复效应抑制 3D 打印修复单晶高温合金的再结晶，从而满足 3D 打印单晶叶片修复的需求。2020 年 5 月，航天科技五院与西安交通大学科研团队研制的连续纤维增强复合材料太空 3D 打印装备完成了我国首次太空 3D 打印试验，也是国际上第一次在太空开展连续纤维增强复合材料的 3D 打印试验。

航天科技集团一院利用高精度激光选区熔化成形设备，研制出某型号发动机筛孔涡流器，并顺利通过了流量试验考核。2014 年航天科技集团六院采用 SLM 工艺打印了发动机上的起动器、发生器，并通过了整机热试车考核，试车发动机经两次点火试车圆满成功。2015 年，航天科技集团八院进行了国内首个增材制造的固体姿轨控发动机燃气阀地面点火试验。增材制造燃气阀热试后结构完整，完全达到固体姿轨控发动机的性能指标，产品达到工程应用要求，考核试验取得圆满成功。航天科技集团四院采用增材制造技术制造的某型号钛合金尾管壳体成功通过了相关考核试验。测试表明，增材制造的尾管壳体的材料常温和高温力学性能达到了钛合金锻件水平，尾管壳体承压性能满足设计使用要求。2020 年，中国航天科技集团一院二一一厂研制的全 3D 打印芯级捆绑支座顺利通过飞行考核验证。2021 年 1 月，国家增材制造创新中心制造完成了世界上首件 10m 级高强度铝合金重型运载火箭连接环样件，在整体制造的工艺稳定性、精度控制及变形与应力调控等方面均实现了重大技术突破，为我国航天型号工程的快速研制提供了技术支撑。

目前，中国歼－15、歼－31 和歼－20 战斗机都使用了激光 3D 打印技术。除此之外，这项技术也已经成功投入了多个国产航空科研项目的原型机和批产型号的制造中，比如 C－919 客机的大型机头整体件和机鼻前段。还运用在许多高精尖武器设备之上，如在东风 XX 等 3 种导弹，遥感等 2 种卫星，涡扇等 3 种航空发动机和 1 型燃气轮机等重点型号中获得工程应用并发挥关键作用。

以上典型的企业案例虽只是航空航天增材制造应用中的一部分，但仍能看到，增材制造技术已成为航天制造领域的一项核心技术，为航空航天装备的设计与制造开辟了新的天地。

11.2　专利分析

经检索，全球航空航天增材制造相关专利共计 986 个，其中发明 908 个，实用新型 57

个，PCT 11 个。在全球的专利申请布局中，中国排名第一，相关专利申请量为 410 件；美国航空航天增材制造专利申请量为 241 件，仅次于中国；日本航空航天增材制造专利申请量为 81 件，排名第三；欧洲专利局、世界知识产权组织排在第四位、第五位，法国、韩国、英国、加拿大和印度的航空航天增材制造相关专利申请量排名减少。航空航天增材制造相关专利申请国家/组织分布及类型分布如图 11-9 所示。

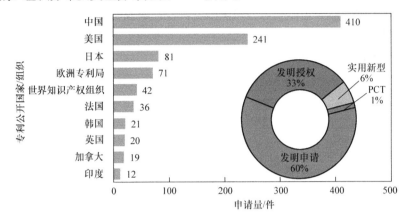

图 11-9　航空航天增材制造相关专利申请国家/组织分布及类型分布

　　航空航天增材制造相关专利申请的全球申请趋势如图 11-10 所示。航空航天增材制造相关专利最早出现于 2009 年，是由美国首次提出。2012 年之后中国、日本开始出现航空航天增材制造相关专利申请，2012—2016 年全球的相关专利申请量有迅速增长的趋势。2016 年全球整体增速变缓，中国申请量增速提高，美国相关申请减少。由于专利审查周期，近三年专利申请未完全公开，故近三年的数据仅供参考。美国近几年数据有所下降，但可能是审查周期所致。中国的航空航天增材制造由于国内近几年进行相关研究的单位越来越多，相关专利申请量后来居上，发展速度很快。申请国际专利布局的企业均为国外公司，美国 6 个，日本 4 个，韩国和俄罗斯各 1 个。

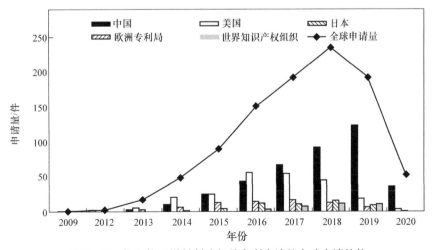

图 11-10　航空航天增材制造相关专利申请的全球申请趋势

　　全球航空航天增材制造相关专利主要申请人排名如图 11-11 所示。美国的 GE 集团作为全球领先的企业，相关专利申请 55 件，位列首位。第二～四名的相关专利申请量相差不大，分别为法国空客 Airbus Operations GmbH 44 件、美国波音公司 the Boeing Company 43 件、美国联合技术公司 United Technologies Corporation 40 件。排第五～七名的公司也是国外企业，依次为法国赛峰集团 Safran Aircraft Engines、法国泰雷兹集团 Thales、德国的 MTU AERO Engines AG。进入航空航天增材制造相关专利申请排名前十位的中国企业和研究机构有两家，按排名先后依次为中国航空工业集团公司沈阳飞机设计研究所、西安交通大学。排名第十的是美国雷神公司。整体来看，航空航天增材制造相关专利申请较多的美国公司最多，其次是法国公司、中国公司和德国公司。

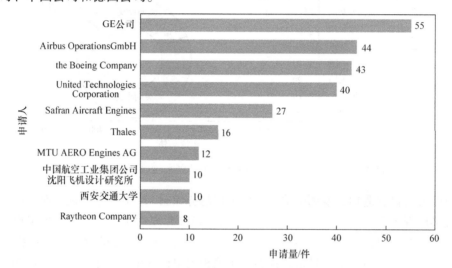

图 11-11　全球航空航天增材制造相关专利主要申请人排名

　　表 11-1 为航空航天增材制造相关专利国家/组织分布。在中国分布较多的是航空航天增材制造的金属粉末材料制备如 B22F9 "制造金属粉末或其悬浮物、所用的专用装备或设备"，其他分支关键部件的应用制造比较平均如 F02C7 "燃气轮机装置、喷气推进装置的空气进气道、空气助燃的喷气推进装置燃料供给的控制"、F01D5 "叶片、叶片的支承元件，叶片或元件的加热、隔热、冷却或防止振动装置"、B64C1 "飞机机身；机身、机翼、稳定面或类似部件共同的结构特征"、F02K9 "火箭发动机装置，即带有燃料及其氧化剂的发动机及其控制"、F23R3 "应用液体或气体燃料的连续燃烧室"。美国的技术分布主要是各个关键部件的制造工艺，如 F02C7、F01D5、B64C1、F02K9、F23R3，但是航空航天增材制造材料制备的相关专利非常少。日本的重点技术分布为燃气轮机的相关应用制造如 F02C7，其次为叶片和燃烧室如 F01D5 和 F23R3，日本的材料制备相关专利也非常少。欧洲专利局和世界知识产权组织的国际申请也是以关键部件应用制造为主，相关材料制备专利布局较少。表 11-2 为航空航天增材制造 IPC 分类号及含义。

表 11-1　航空航天增材制造相关专利国家/组织分布

IPC 分类号	中国	美国	日本	欧洲专利局	世界知识产权组织
F02C7	7	6	8	2	6
B64C1	9	10	2	5	0

（续）

IPC 分类号	中国	美国	日本	欧洲专利局	世界知识产权组织
B22F9	28	1	1	0	0
F02K9	8	8	1	2	2
F01D5	7	9	5	0	0
F23R3	7	6	5	3	0

表 11-2　航空航天增材制造 IPC 分类号及含义

IPC 分类号	含　义
F02C7	燃气轮机装置、喷气推进装置的空气进气道、空气助燃的喷气推进装置燃料供给的控制
B22F9	制造金属粉末或其悬浮物、所用的专用装备或设备
F01D5	叶片、叶片的支承元件，叶片或元件的加热、隔热、冷却或防止振动装置
B64C1	飞机机身；机身、机翼、稳定面或类似部件共同的结构特征
F02K9	火箭发动机装置，即带有燃料及其氧化剂的发动机及其控制
F23R3	应用液体或气体燃料的连续燃烧室

图 11-12 所示为航空航天增材制造专利申请类型分布。在全球的航空航天增材制造相关专利中有 66% 的工艺和方法，34% 的相关装置。在相关材料方面 45% 为复合材料、33% 为金属材料、22% 为陶瓷材料。

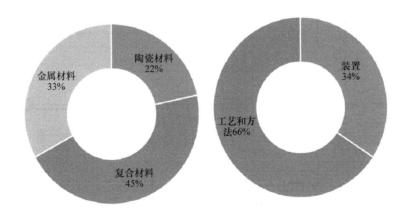

图 11-12　航空航天增材制造专利申请类型分布

11.3　航空航天增材制造专利技术发展历程

根据全球航空航天增材制造相关专利的申请时间，绘制出全球航空航天增材制造专利技术的发展历程，见图 11-13 和图 11-14。

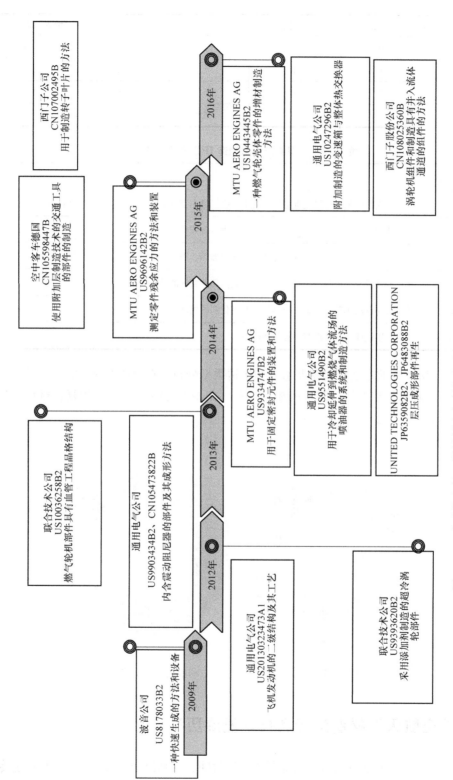

图 11-13 全球航空航天增材制造专利技术的发展历程（2009—2016 年）

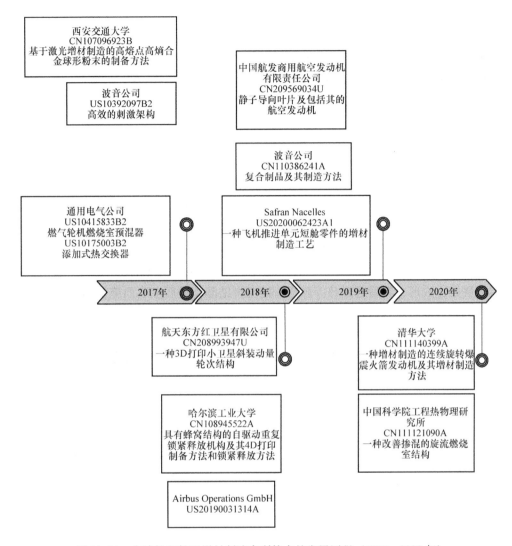

图 11-14　全球航空航天增材制造专利技术的发展历程（2017—2020 年）

11.4　航空航天增材制造专利典型案例

美国波音公司（the Boeing Company）于 2009 年申请了发明专利 US8178033B2 "一种快速生成航空航天工具的方法及装置"。该专利附图如图 11-15 所示。该专利涉及一种增材制造方法可以形成空腔壳体和支撑结构，以及该增材制造装置。该专利于 2012 年获得专利授权，自此增材制造的应用成为各大航空航天制造领域的研究热点。

美国通用电气（GE 公司）于 2012

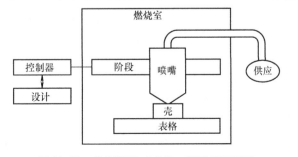

图 11-15　专利附图（来源：US8178033B2）

年申请了 US20130323473A1 "飞机发动机的二级结构及其工艺"专利。该专利附图如图 11-16 所示。该专利记载了一种利用增材制造技术用聚合物材料制造燃气涡轮发动机的二级结构的方法。该专利未授权失效，但 GE 公司又在 2013 年将该专利申请 PCT 和欧洲专利局专利。该 PCT 专利于 2015 年进入日本和中国，2016 年在日本授权，中国的已被驳回失效。欧洲专利局的专利尚在审查中。

图 11-16　专利附图（来源：US20130323473A1）

2012 年 12 月，美国联合技术公司（United Technologies Corporation）申请了发明专利 US9393620B2 "超冷涡轮部件的增材制造"。该专利涉及一个具有内部冷却通道的燃气轮机翼型件的增材制造方法，利用超级合金粉末层逐层熔化成形，然后通过热等静压、定向再结晶，最后在表面施加热阻涂层，热处理获得所需力学性能。该专利于 2016 年被授予专利权。2013 年，美国联合技术公司又申请了 US10036258B2 "具有血管工程网络结构燃气涡轮发动机部件"的发明专利。该专利附图如图 11-17 所示。该专利发明了一种用于燃气涡轮发动机各个部件的内部冷却循环系统，该冷却系统采用中空血管结构，具有入口和出口，该血管网络结构具有多个节点和分支，并且均匀地分布在整个血管结构中，从而实现流体经过该结构后充分地实现能量提取或是冷却。该专利先后被申请 PCT、欧

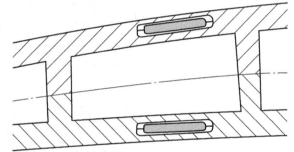

图 11-17　专利附图（来源：US10036258B2）

洲专利局专利，目前已在美国和欧洲专利局获得 6 个发明专利授权。

2013 年，美国 GE 公司申请了专利 US9903434B2 "具有内部封装减震器的部件和形成这些部件的方法"。该专利发明了一种具有内部封装减震器的部件及其制造方法。该专利在 2018 年被授予专利权，先后被申请 PCT、欧洲专利局专利，目前已在美国、日本、中国和欧洲专利局获得 4 个发明专利授权。

2014 年，德国的 MTU 航空发动机股份公司申请了专利 US9334747B2 "用于固定密封元件的装置和方法"。该专利附图如图 11-18 所示。该专利发明了一种利用增材制造技术在凹槽中成形或装配密封元件的方法，也可用凹槽装配体一体成形方法。该专利在 2016 年被授予专利权，先后被申请 PCT、欧洲专利局专利，目前已在美国、日本、德国和欧洲专利局获得 4 个发明专利授权。

2014 年美国 GE 公司申请了美国发明专利 US9551490B2 "用于冷却延伸到燃烧气体流场中燃料喷射器的系统和制造方法"。该专利涉及一种增材制造的燃料喷射器系统，以及利用激光选区熔化技术制造燃料喷射器主体的方法。该专利就是 GE 公司典型的增材制造喷油嘴专利，该专利于 2017 年获得专利权。先后在中国、日本、瑞士和德国申请相关专利，

2016 年在中国获得实用新型授权。2014 年美国联合技术公司在日本申请了 JP6359082B2 "层压成形部件再生"的发明专利。该专利记载了一种形成具有内部通道的金属单晶涡轮部件的方法，包含了通过增材制造形成陶瓷模具的方法。

2015 年，美国 GE 公司又申请了美国发明专利 US10591164B2 "用于燃气涡轮发动机的燃料喷嘴"。该专利附图如图 11-19 所示。该专利喷嘴具有带中空内腔的分流器，并且可选地包括螺旋或部分螺旋的旋流叶片，并且还可选地包括具有复合角度的文丘里管。公开了该燃料喷嘴的全部或部分可以是单个整体，其可以使用增材制造工艺来制造。该专利目前已经授权，并且先后申请了欧洲专利局、日本、中国、加拿大、巴西和印度专利，目前已在美国和中国获得 2 个发明专利授权。

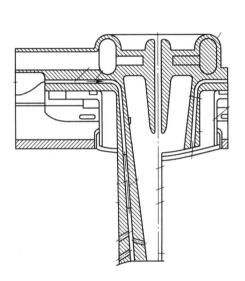

图 11-18　专利附图（来源：US9334747B2）

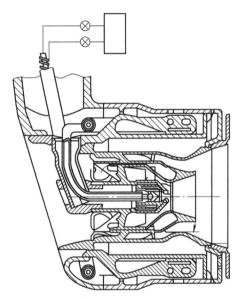

图 11-19　专利附图（来源：US10591164B2）

2015 年西门子公司在中国申请了发明专利 CN107002495B "用于制造转子叶片的方法"。该专利涉及一种利用增材制造技术制造燃气轮机转子叶片的方法，并于 2019 年获得发明专利授权。2015 年 11 月空中客车德国运营有限责任公司在中国申请发明专利 CN105598447B "使用增材制造技术制造交通工具部件的方法"。该专利记载了利用增材制造技术制造用于交通工具的壳状结构部件的方法，交通工具可以是飞行器。2015 年 7 月西门子公司在欧洲专利局申请了专利 EP15185108 "涡轮机部件和采用集成流体通道制造此类部件的方法"。该专利涉及一种利用激光选区烧结或激光选区熔化制造涡轮机部件的方法，该部件内部采用集成的流体通道。该专利于 2016 年撤回重新申请欧洲专利，同时申请了 PCT 专利并且进入中国和美国，先后在中国和欧洲专利局都获得了发明专利授权。

2016 年 3 月 MTU 航空发动机股份公司在美国申请了专利 US10443445B2 "用增材制造燃气轮机壳体部件的方法"。该专利附图如图 11-20 所示。在该专利中轴承室系统和热屏蔽保护罩被整体增材制造成形，该专利于 2019 年被授予专利权。

2016 年 12 月 GE 公司申请了美国专利 US10247296B2 "具有整体式热交换器的增材制造的变速箱"。在 2017 年先后申请了相关的 PCT 专利和欧洲专利局专利，先后进入了中国和美国。该专利 2019 年授权。

2017 年波音公司申请美国专利 US10392097B2 "Efficient sub - structures"。该专利发明了一种飞行器控制结构的子结构，包含一种无缝树脂浸渍纤维复合材料形成的蜂窝状结构，以及利用增材制造技术无缝成形蜂窝状结构的方法。该专利 2019 年 8 月获得专利授权。先后在欧洲专利局、美国、中国、日本申请相关专利，目前在美国和欧洲专利局各获得一个专利授权。2017 年美国 GE 公司申请了燃烧器相关专利 US10415833B2 "燃气轮机燃烧器预混器"，该专利附图如图 11-21 所示。该专利用增材制造预混器内部流道，使得混合燃料和空气燃烧更充分，减少有害气体排放。该专利 2019 年获得专利授权，至此 GE 公司已经拥有 3 个燃烧器相关专利。

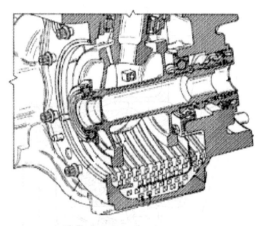

图 11-20　专利附图（来源：US10443445B2）

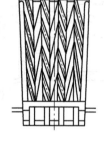

图 11-21　专利附图（来源：US10415833B2）

另外美国 GE 公司于 2017 年申请了 US10175003B2 "增材制造的热交换器"。该专利涉及一种热交换器结构和增材制造该热交换器的方法。该专利 2019 年已经授权，先后申请 PCT、欧洲专利局专利，已进入中国和日本，在美国已获得 2 个发明授权。

在 2017 年，西安交通大学也申请了航空航天增材制造相关专利，提出了 CN107096923B "基于激光增材制造的高熔点高熵合金球形粉末的制备方法"。该专利从高熔点金属单质粉末钨、钛、锆、铪、钒、铌、钽及钼中任意选取五种或五种以上并按照一定的比例混合，然后利用高能球磨机进行机械合金化，得到高熔点高熵合金的单相固溶体粉末，采用热等静压工艺成形标准制粉棒材，最后利用电极感应熔化棒材气体雾化工艺制备粉末。该粉末可以解决高熔点金属单质粉末在激光增材制造成形过程中由于熔点相差较大导致的不同元素的烧损率不同以及多元素造成的成分显微偏析和消极的共晶等一系列问题，能够更有效地实现耐高温及耐磨的航空航天专用零件、高性能涡轮发动机热端部件的快速精密制造。该专利已经获得发明授权。自此之后国内的航空航天增材制造相关专利逐渐增多。

在 2018 年，哈尔滨工业大学申请了发明专利 CN108945522A "具有蜂窝结构的自驱动重复锁紧释放机构及其 4D 打印制备方法和锁紧释放方法"。该专利用来降低卫星在发射过程中所占的空间，以及降低释放瞬间过高的冲击力，适用于天线或太阳翼的锁紧释放。2018 年 8 月航天东方红卫星有限公司申请实用新型专利 CN2018214243271 "一种 3D 打印小卫星斜装动量轮次结构"。该专利附图如图 11-22 所示。该结构由 3D 打印整体结构后精加工完成。该专利 2019 年已经获得专利授权。

　　2018 年 8 月，德国空中客车公司又申请了美国发明专利 US20190031314A1 "面板结构及相关方法"。该专利公开了一种用于飞行器或航天器的面板结构，记载了用激光选区烧结（SLS）和激光选区熔化（SLM）来制造该面板。

　　在 2019 年，中国航发商用航空发动机公司申请了相关专利 CN209569034U "静子导向叶片及包括其的航空发动机"。该专利采用增材制造技术制造静子导向叶片和航空发动机，实现减少零件数目，增加可靠性，消除微动磨损，且更便于装配和拆

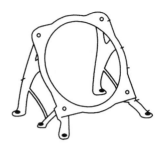

图 11-22　专利附图
（来源：CN2018214243271）

卸。该实用新型专利已经获得授权。波音公司 2019 年也在中国申请了发明专利 CN110386241A "复合制品及其制造方法"。该发明涉及一种复合制品，包括多个纤维束和与其结合的网状材料，从而减少复合制品中裂纹的扩展。而且公开了利用多种增材制造技术制造该复合结构的方法，该专利尚在审查中。2019 年 8 月，法国赛峰集团（SAFRAN）申请了美国专利 US20200062423A1 "用于飞行器推进单元机舱的部件的增材制造工艺"。该专利公开了一种用于增材制造飞行器推进单元的机舱的一部分（如排气管道部分）的方法，该方法包括沉积 TiAl 基粉末状金属间合金的化合物并通过烧结、固结该化合物而不熔化该化合物的步骤。

　　2020 年空客（Airbus Operations GmbH）申请了发明专利 US20200307069A1 "增材制造装置、增材制造方法及其型材杆"，该发明涉及一种使用实心型材棒代替通常的长丝卷的方法，用于工业应用（如飞机制造）的增材制造方法，并且能够更快地生产纤维复合部件。增材制造装置或逐层生成部件的 3D 打印机包括其中存储有多个型材杆的材料盒。型材杆是预先定制的，并且适合于一层一层地装配到部件上。在打印时，型材杆相继地从储料箱中取出，并通过输入装置被引导到增材制造装置的喷嘴上，随后被施加到印刷床上，以便逐层地形成部件。

　　另外，2020 年西安交通大学申请了 CN111844758A "一种多材料可控辐射屏蔽宇航服组件增材制造方法"，该专利详细描述了一种多材料可控辐射屏蔽宇航服组件增材制造方法：先根据辐射要求制备成打印用的专用材料；然后根据宇航员身体构造、屏蔽部位的不同，设计具有不同材料组分比例、密度的各部位屏蔽组件结构；在计算机中对各部位屏蔽组件结构进行切片处理得到离散化数据，进行打印路径规划，打印出宇航服各部位的辐射屏蔽部件；最后通过静电纺丝工艺喷射出微纳米尺度的连续纤维，使其附着在辐射屏蔽部件之间，形成柔性的辐射屏蔽纤维层，辐射屏蔽纤维层将各个部位的辐射屏蔽部件连接起来形成柔性一体化的辐射屏蔽宇航服组件；本发明克服了传统宇航服辐射屏蔽性能不可调节的缺点，也解决了由多层屏蔽材料缝制引起的柔性和舒适性差的问题。

参 考 文 献

[1] 吴宏超，袁浩，魏佳明，等. 增材制造在燃气轮机研发及生产中的应用 [J]. 航空动力，2020，13（2）：30 - 32.

[2] 田宗军，顾冬冬，沈理达，等. 激光增材制造技术在航空航天领域的应用与发展 [J]. 航空制造技术，2015（11）：41 - 45.

［3］刘铭，张坤，樊振中. 3D 打印技术在航空制造领域的应用进展［J］. 装备制造技术，2013（12）：232－235.

［4］董正强，安孟长，张楠楠，等. 国外航空航天制造技术发展新进展概览［J］. 军民两用技术与产品，2013（12）：8－12.

［5］闫雪，阮雪茜. 增材制造技术在航空发动机中的应用及发展［J］. 航空制造技术，2016，516（21）：70－75.

［6］任慧娇，周冠男，从保强，等. 增材制造技术在航空航天金属构件领域的发展及应用［J］. 航空制造技术，2020，63（10）：59－64.

［7］朱忠良，赵凯，郭立杰，等. 大型金属构件增材制造技术在航空航天制造中的应用及其发展趋势［J］. 电焊机，2020，50（1）：1－14.

第12章 汽车增材制造专利分析

12.1 概述

汽车增材制造技术泛指在汽车制造和生产过程中运用增材制造技术的一些技术手段和工艺过程。汽车增材制造技术包括在汽车新品设计、试制阶段，利用增材制造技术实现无模设计制造，缩短开发周期；采用增材制造技术一体化成形，实现结构复杂零件的直接制作；利用拓扑优化和增材制造实现汽车上关键零部件的轻量化；一些内饰外饰的个性化定制；赛车的创新设计等。

目前增材制造技术在汽车行业应用已十分广泛，从产品概念设计样件到功能验证零件，从外饰件到核心功能件，从单一零件到整车打印组装，从打印塑料件到直接打印金属零件，汽车行业受益匪浅，尤其是汽车研制和样车的制造几乎完全采用 3D 打印技术完成。零件主要材料是 ABS、PP、PC、尼龙玻纤、橡胶、铝基合金、铁基合金。汽车增材制造应用部件及工艺如图 12-1 所示。

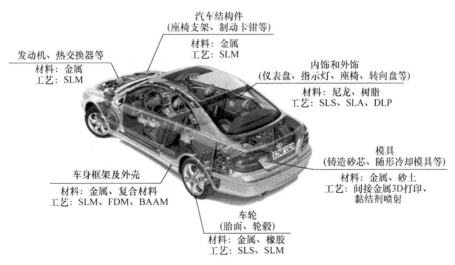

图 12-1 汽车增材制造应用部件及工艺

相对于传统汽车制造业，目前的汽车增材制造的产能较低，很难大规模量产。此外，由于需要考虑到安全性等因素，原材料品质与成本因素很难平衡，导致单车生产成本过高，也制约着现阶段汽车增材制造的商业化。就现阶段而言，增材制造的应用更适合设计领域和汽车研发阶段，还有单件小批量生产，如整车的油泥模型，车身、底盘、同步器等零部件开发，以及橡胶、塑料类零件的单件生产。然而，增材制造的实际意义是在设计或产品制样的过程中提高某个环节的效率，而不是完全代替整个流程。就像 Urbee，3D 打印机可以为它实现打印车身外壳、减轻车身重量、个性化设计，但电动机等关键零部件都还是来自于传统制造业。未来，只有将 3D 打印技术的个性化、复杂化、高难度的特点与传统制造业的规模化、批量化、精细化相结合，与制造技术、信息技术、材料技术相结合，才能不断推动 3D 打印技术在汽车制造业的创新发展。

汽车增材制造技术的发展相较其他领域增材制造缓慢，世界首款 3D 打印汽车 Urbee 2（见图 12-2）于 2013 年面世，它是一款混合动力汽车，绝大多数零部件来自 3D 打印。除了底盘、动力系统和电子设备等，Urbee 2 超过 50% 的部分都是由 ABS 塑料打印而来的，耗时 2500h。

2014 年，Local Motors 公司用 3D 打印技术制造了 Strati（斯特拉迪），该车只有 40 个零部件，除了动力传动系统、悬架、电池、轮胎、车轮、线路、电动机和风窗玻璃

图 12-2　世界首款 3D 打印汽车 Urbee 2

外，包括底盘、仪表板、座椅和车身在内的余下部件均由 3D 打印机打印，所用材料为碳纤维增强热塑性塑料，整个打印时间仅为 44h。Strati 的最大速度可达到 40mile/h（64km/h），一次充电可行驶 120 ~ 150mile（190 ~ 240km）。在 2014 年秋举行的国际制造技术展览会（IMTS）上，美国橡树岭国家实验室（ORNL）与俄亥俄州一家机械公司合作打印了采用碳素纤维增强塑料的全尺寸汽车底盘。图 12-3 所示为 Local Motors 公司 Strati。

图 12-3　Local Motors 公司 Strati

2015 年，美国 DM 公司打造了全球第一款 3D 打印跑车——刀锋（见图 12-4），该车采用 3D 打印汽车零部件，然后人工组装而成。同年，三亚思海 3D 公司研发出了中国的 3D 打印汽车。

在 2015 日内瓦车展上，EDAG 带来一款 3D 打印概念车 LightCocoon（见图 12-5），新车外壳仅重 19g/m²，是一张 A4 纸的 1/4。该车摒弃了普通汽车的外壳设计，采用 3D 打印技术创造了奇特的造型，而其特殊的材料不仅具有仿生学优化的车身结构和防风雨纺织品外壳，而且还轻如尘埃。新车整体采用了背光设计，其设计的灵感来源于树叶的纹路和脉络。德国的汽车开发商 EDAG Engineering 就与激光焊接公司（Laser Zentrum Nord，LZN）、3D 打印巨头概念激光以及意大利激光切割专家 BLM 集团联手通过各自的专业技术，包括 3D 打

图 12-4 美国 DM 公司刀锋跑车

印、激光焊接和激光弯曲，打造出了一款质轻、灵活，经生物优化的新一代汽车框架。

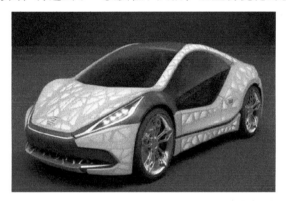

图 12-5 EDAG 3D 打印概念车 LightCocoon

2016 年，全球七大 3D 打印概念车面市，世界各大品牌汽车纷纷推出了自己的最新设计。Skorpion Engineering 利用在米兰（Milan）和都灵（Turin）总部的 6 台 Stratasys 3D 打印机，使其原型车的成产效率提升了 50%。Skorpion Engineering 还利用 Objet350 Connex3 3D 打印机，实现车载仪表盘的快速打印制作（见图 12-6）。目前，他们正在生产各类部件样品，包括座椅框架乃至门把手等。凭借 Polyjet 3D 打印机，可实现按需生产，且在 24h 内准备好原型机。

图 12-6 3D 打印车载仪表盘示例

2019 年 3 月 27 日，IDAM 联合项目在慕尼黑举行了启动会议，旨在为增材制造业进入汽车系列生产铺平道路。项目合作伙伴除了宝马、Fraunhofer 和亚琛工业大学，还包括 Aconity GmbH、Herzogenrath、Concept Reply GmbH、GKN 粉末冶金等公司。他们将首次共同努力以将金属 3D 打印转移到汽车行业的工业化和高度自动化系列工艺中。IDAM 旨在全面探索汽车增材制造融入汽车制造产线的模式。计划每年至少增加 50000 个系列零件的增材制造，将 3D 打印与其他工艺充分融合，贯穿在汽车生产线中。通过跨学科合作，探索各个工艺步骤之间的自动化解决方案以及粉末处理，监控和后处理等。此外，项目联盟将制定相关的工业标准，制定与行业相关的质量特征要求。2019 年，国内 XEV 公司设计出世界第一款量产 3D 打印电动汽车。

在汽车增材制造行业领域，各大汽车制造商的研究方向都不尽相同，接下来单独分析几大主要汽车制造商集团的汽车增材制造进展。早在增材制造发展的初期，欧美发达国家的汽车制造企业就开始将 3D 打印技术应用于汽车研发过程。其中，应用最早、最深入、范围最广的车企是福特汽车公司。

在 1988 年 3D 打印出现之初，福特汽车公司就购入全球 3D 打印史上第三台 3D 打印机。近些年福特汽车公司在汽车增材制造工业化方面进行了最实际的研究，主要侧重于聚合物和复合材料。福特汽车公司是首个使用增材制造技术推动零部件量产的汽车制造商，在其位于底特律雷德福德的高级制造中心现在总共容纳了来自 Stratasys、HP、Carbon、EOS、Desktop Metal 和 SLM Solutions 的近 30 台工业级 3D 打印机。福特汽车公司利用 Carbon 的数字光合成技术采用 EPX（环氧树脂）材料生产了几种新的数字化最终用途零件，包括福特 Focus 加热，通风和冷却杠杆臂维修零件，Ford F - 150 Raptor 辅助插头和 Ford Mustang GT500 电动驻车制动器。通过了福特汽车公司的严格性能标准，可以承受内部气候，短期和长期暴露于高温，紫外线稳定性，耐流体和化学药品性，可燃性（ISO 3795）等苛刻的要求。除了 3D 打印生产零件外，内部技术还用于生产工具。例如，福特汽车公司的密歇根装配厂利用了 5 种不同的 3D 打印工具来制造 Ranger 轻型客货两用车。这些工具使福特汽车公司大大缩短了汽车的上市时间，在不牺牲质量的前提下，缩短了生产周期。2016 年，福特汽车公司开始与 Stratasys 和 Siemens 合作开展 3D 项目，该项目使用安装在多轴机器人手臂上的挤压系统连续生产非常大的零件和复合零件。福特汽车公司还 3D 打印了汽车历史上用于工作车辆的最大金属汽车部件。该零件安装在 1977 年福特 F - 150 Hoonitruck 上，该车配备了双涡轮增压 3.5LV6 EcoBoost 发动机。福特汽车公司花费 5 天时间使用 GE Additive 的 Concept Laser X LINE 2000R 打印出 6kg 的铝制歧管入口。目前福特汽车公司还正在研究 Impossible Objects 的复合 3D 打印技术的使用，并已安装了至少两个系统，以评估该系统在最终零件生产中的可行性。图 12-7 所示为福特汽车增材制造零件。

汽车增材制造的另一大领军企业——宝马，涉足 3D 打印已有近 30 年的历史，1991 年首次为概念车制作零件原型，2010

图 12-7　福特汽车增材制造零件

年才将增材制造用于小批量生产，即用金属粉末床熔融技术 3D 打印 DTM 赛车的水泵车轮。此后，为劳斯莱斯幻影、宝马 i8 Roadster 和 MINI John Cooper Works GP 等车型 3D 打印了零部件。宝马是第一个 3D 打印生产宝马 i8 敞篷跑车数千个金属零件的汽车制造商，2016 年宝马将其 10000 多个 3D 打印零件纳入其劳斯莱斯 Phantom 模型中。2018 年，宝马宣布在过去 10 年中已打印了超过 100 万个零件，其中第百万个零件是使用 HP 多喷融合技术为 BMW i8 敞篷跑车批量生产的尼龙窗导轨。2019 年，宝马集团 3D 打印了大约 30 万个零件。另外，宝马的 MINI 品牌推出的 MINI Yours Customized 服务可为客户提供产品定制的机会。根据客户特定的样式，用于生产门槛的基于计算机的激光刻字也经过专门设计，以符合 MINI 严格的产品质量准则。

除了不断采用 3D 打印技术来制造汽车零件，宝马公司还直接在 3D 打印领域进行投资。2016 年，参与投资美国高速光固化开创者 Carbon；2017 年，参与投资金属 3D 打印公司 Desktop Metal；2017 年宝马联合通用等公司向按需制造平台 Xometry 投资 1500 万美元；后面还投资了做数字制造 DNA 系统的德国 ELISE 等。宝马正在与车辆开发、零部件生产、采购和供应商网络及宝马的其他各个领域进行合作，以系统地集成 3D 打印技术并有效地利用。2020 年 6 月宝马开办了新的增材制造园区。在园区内建立了一条从生产准备到零件制造和返工的生产线，将研究、原型设计和批量化 3D 打印零件综合在一个工厂中，共耗资 1.1 亿元。园区内拥有至少七个 3D 打印厂商的不同技术类型的 3D 打印机，包括 SLM Solutions 的 SLM，EOS 集团的 SLS，惠普的 MJF，Nexa3D 的 LSPc，Carbon 的 CLIP，Desktop Metal 的 FDM 等。在不断改进生产材料的同时实现流程的自动化，使其更适合工业规模。计划利用该生产线每年用 3D 打印制造 5 万个零件，其中包括 1 万多个单件和备用零件。此外，宝马公司还将进行 Polyline 项目的工作，以数字方式连接塑料部件系列化生产的工艺步骤，并制定质量保证策略。通过这项工作，制造成本可以降低 50%，同时提高 3D 打印的稳定性和整体生产的可持续性。图 12-8 所示为宝马汽车增材制造案例。

图 12-8　宝马汽车增材制造案例

通用汽车也是汽车增材制造的早期践行者，在过去的十年中一直将工业 SLA 和长丝挤出技术用于零件和工具，其位于密歇根州的沃伦研究中心是其增材制造技术的核心，该中心每年生产超过 30000 个原型。2018 年，通用汽车（GM）与 Autodesk 进行合作生产了经过专门设计的钢制 3D 打印座椅支架，重量比标准零件减轻 40%，强度提高 20%。通用汽车现在也与 GKN 合作，使用 EOS 的 SLS 和 DMLS 技术进行金属 PBF 工艺的工业化工作。通用汽车还与 GE Additive 合作，用 Concept Laser 的 SLM 技术实现汽车零件的金属激光 PBF 工艺实现工业化。通用汽车与米其林合作开发的无气 3D 打印完全可回收汽车轮胎的颠覆性概念。Uptis 无气轮胎原型代表着实现米其林 VISION 概念的重大进步，VISION 概念引入了 4 个创新的主要支柱：无气、互联、3D 打印和 100% 可持续（完全可再生或生物来源的材料）。这些创新相结合，消除了压缩空气以支撑车辆的负载并实现了非凡的环保效果：由于爆胎，道路危险造成的损坏或气压不当导致不均匀磨损，全球每年约有 2 亿个轮胎过早报废。图 12-9 所示为通用汽车增材制造案例。

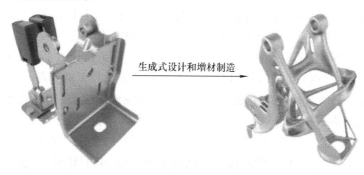

生成式设计和增材制造

图 12-9 通用汽车增材制造案例

大众集团是增材制造生产的最大采用者之一，其增材技术研究主要在沃尔夫斯堡工厂所在地汽车制造商最先进的 3D 打印中心。大众集团已经将增材制造技术用于其许多豪华品牌（兰博基尼、布加迪、保时捷和本特利）的生产中。2018 年，大众集团与惠普和 GKN 签署合作协议，使用惠普的新型金属喷射黏结剂喷射技术，用于大量零件的实际 3D 系列生产。在开发 ID RPP 电动赛车时，大众使用 3D 打印技术生产了大量单个零件。

保时捷的增材制造研究和生产活动集中在魏斯阿赫开发中心。保时捷使用 3D 打印工艺制造经典汽车的单个零件是保时捷 959 中的离合器释放杆。保时捷还与 DMG Mori 合作，通过 DED 工艺生产工具和金属最终零件。2017 年，保时捷还对 Markforged 进行了投资。保时捷的连续纤维复合材料和束缚金属长丝挤出技术主要用于工具制造。此外，保时捷和 GKN 粉末冶金联合开发了一种结构优化的差速器。该差速器采用 GKN 研发的特定的钢材料，这种钢材料能够承受高磨损和负载。通过齿轮减重和刚性形状的组合，实现了更高效的传动。随着金属增材制造继续发展并成为主流工艺，3D 打印差速器不仅可以扩展到原型或赛车运动，而且还可以扩展到批量生产。保时捷已为新一代电子驱动动力总成零部件架设了通向未来之路。2020 年 5 月开始，保时捷为 911 和 718 系列提供 3D 打印人体形态座椅，座椅靠垫和靠背表面采用了 3D 打印点阵结构，通过设计来调整点阵结构的硬度，为其汽车用户提供三个硬度级别的座椅。2020 年 7 月，保时捷发布了通过粉末床选区激光熔化 3D 打印技术为 911 GT2 RS 双涡轮增压发动机生产的活塞（见图 12-10）。该活塞采用铝合金粉末制造，重量比锻造批量生产的活塞轻 10%，在活塞顶盖中具有一个集成的封闭式冷却通道，这是传统方法无法实现的。借助新型、轻量化的增材制造活塞，保时捷团队可以提高发动机转速，降低活塞上的温度负荷并优化燃烧。使得 700 PS 的双涡轮增压发动机有可能获得额外动力，同时提高了效率，目前生产的所有活塞组件已通过测试。

图 12-10　保时捷增材制造活塞

　　布加迪是大众汽车集团的另一位成员。布加迪开发了世界上第一台通过增材制造制成的制动钳，即八活塞单体模型。与之前的铝制部件相比，增材制造的钛材料制动钳可减轻重量，并且更坚固。布加迪与 SLM 合作为 Chiron 批量生产了多个零件，包括制动钳和后扰流板中的空气动力学元件。布加迪还与 SLM、西门子和弗劳恩霍夫研究所合作，生产了世界上最大的混合功能组件，该组件基于 3D 打印的空心和薄壁钛金属组件以及陶瓷涂层缠绕的高模量碳纤维管：极其轻巧，布加迪具有超硬尾翼行驶和调节系统。2020 年，布加迪与 Ap-works 合作开发了 3D 打印的排气整理器，也用于布加迪 Chiron。这对钛合金尾气处理机是汽车尾部的一部分，起到了将尾气从汽车尾部进一步推入的作用，以减少湍流并改善高速行驶时的转向性能。布加迪还创造了 Veryon 白金，这是第一款采用瓷器零件的汽车。

　　2018 年，兰博基尼首次使用 Carbon 技术生产的零件是带有 Urus 标签的新型带纹理的燃油盖和用于风管的夹子组件。兰博基尼在 Sian 模型中为内部零件采用了 Carbon 3D 打印。兰博基尼主要依靠内部和外部服务提供商的 Stratasys FDM 和 Polyjet 技术来进行原型制造和工具的增材制造。

　　2017 年，山东烟台泰利汽车模具股份有限公司研发出中国首台大型大功率汽车模具五轴激光熔覆精密成形机（金属 3D 打印机），它填补了国内空白。据介绍，汽车模具 3D 打印柔性制造方法优化了生产工艺，减少了热处理工艺环节，提高了产品性能，制造成本降低30%，生产周期缩短 1/3，开发了模具成套加工装备，可加工模具尺寸为目前行业最大，具有较高的推广价值。

　　2019 年华曙高科与武汉萨普汽车科技有限公司合作，通过 HT1001P 设备一体成形了目前全球最大的 3D 打印尼龙件——汽车空调 HVAC。该工件结构复杂，长度达 810mm，宽度达 465mm，高度达 431mm，建造时间仅 18h，效率比普通 3D 打印设备提升了 4 倍，且其强度、精度完全符合要求。此外，他们还将 PLS 技术直接应用到汽车整体解决方案当中，利用 3D 打印技术打印完成长达 2m 汽车仪表盘。这款大型汽车仪表盘长 2m，宽 55cm，高70cm，由打印出 20 余种零部件再无缝拼接而成，并采用了打磨、包胶、电镀、喷漆、攻丝、拼接 6 种后处理工艺，其误差值 <1mm，工艺精湛，细节考究，整个制作过程在一周内全部完成，与传统工艺相比缩短了 80% 研发周期，节约了 66% 的人工成本和 45% 的制作成本。图 12-11 所示为汽车空调 HVAC 打印示例。

图 12-11　汽车空调 HVAC 打印示例

综上所述，随着汽车增材制造技术的迅速发展，国外像福特、宝马、兰博基尼、大众、通用、保时捷、本田、克莱斯勒、奔驰、奥迪等几乎所有的整车厂都在持续探索 3D 打印带来的无限可能。与此同时，国内不少企业像比亚迪、吉利、东风等都开始了汽车增材制造的探索与研发，但国内的汽车增材制造大多数还处于性能测试还未成熟应用，没有成为一种完整的产业链。需要国内企业加大在汽车增材制造技术上的研发，不断缩小与国际水平的差距。

12.2　专利分析

经检索，全球汽车增材制造相关专利共计 1100 个，其中发明 975 个，实用新型 111 个，PCT 12 个，外观设计 2 个。在全球的专利申请布局中，中国作为全球汽车的主要市场专利布局，数量明显高于其他国家排在第一名，相关专利申请量为 470 件；而德国作为汽车制造强国，引领全球汽车增材制造的发展，专利申请量为 215 件，仅次于中国。美国汽车增材制造专利申请量为 131 件，排在第三名。世界知识产权组织、欧洲专利局排在第四名和第五名，日本、韩国、法国、印度、英国的汽车增材制造相关专利申请量排名减少，见图 12-12。

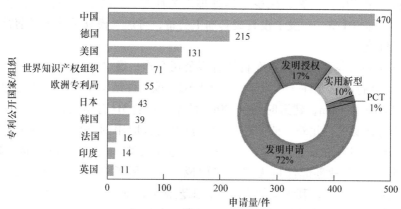

图 12-12　汽车增材制造相关专利申请国家分布及类型分布

　　汽车增材制造相关专利申请的全球申请趋势如图 12-13 所示。汽车增材制造相关专利最早出现于 2001 年，是中国科学院金属研究所提出的 CN1164794C "汽车发动机缸盖上激光直接成形铜基合金气门座的工艺方法"。2004 年之后，通用汽车集团开始在中国、美国、欧洲、世界知识产权组织和加拿大等地申请汽车增材制造相关专利申请。随后直到 2014 年间，全球各大汽车制造商纷纷开始汽车增材制造相关申请，全球汽车增材制造专利申请量缓慢上升。2015 年以后，全球汽车增材制造专利申请量大幅提升，增速逐年增加。由于专利审查周期，近三年专利申请未完全公开，故近三年的数据仅供参考。

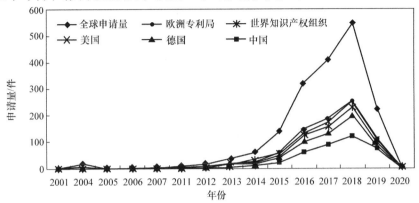

图 12-13　汽车增材制造相关专利申请的全球申请趋势

　　全球汽车增材制造相关专利的主要申请人排名如图 12-14 所示。排名前 10 位的都是全球知名的汽车制造企业。德国的宝马公司 Bayerische Motoren Werke Aktiengesellschaft 作为全球领先的汽车制造企业申请汽车增材制造相关专利 86 件，位列首位。第二位是美国的福特汽车公司，其汽车增材制造相关专利申请量为 62 件。排名第三位的德国大众汽车 Volkswagen Aktiengesellschaft 相关的汽车增材制造相关专利申请量为 55 件。本田汽车、通用汽车、奥迪的汽车增材制造相关专利申请量依次排名第四位、第五位、第六位，申请量分别为 34 件、32 件、23 件。汽车增材制造相关专利申请量进入前十位的还有德国大陆轮胎公司 Continental Reifen Deutschland GmbH、比亚迪、奥地利格瑞纳、米其林轮胎等。比亚迪是唯一进入前 10 的中国企业，国内还没有其他大型汽车制造企业申请更多汽车增材制造相关的专利。

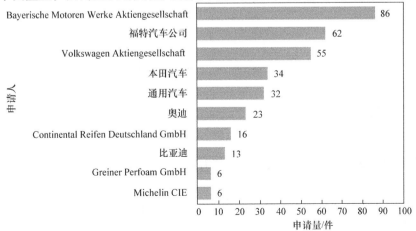

图 12-14　全球汽车增材制造相关专利的主要申请人排名

表 12-1 为汽车增材制造相关专利主要申请人技术分布。全球的汽车增材制造专利的主要申请人在专利的技术分布上各有侧重。宝马公司的专利申请主要集中在 B29C "塑性材料的成形" 和 B22F "金属粉末的加工及制造的产品" 两个方面。大众汽车和通用汽车也是主要集中在 B29C "塑性材料的成形" 和 B22F "金属粉末的加工及制造的产品" 两个方面。福特汽车公司的专利分布比较均衡，分布在 B29C "塑性材料的成形"、B22F "金属粉末的加工及制造的产品"、B60R "车辆、车辆配件或车辆部件"、B60N "用于车辆的特殊位置"、B62D "机动车、挂车" 五个方面。本田汽车的技术分布相对较少，主要集中在 B29C "塑性材料的成形"，另外有少量的 B22F "金属粉末的加工及制造的产品" 及 B23K "焊接或激光束加工"。奥迪在几大分支均有分布，但是数量都不多。德国大陆轮胎技术公司分布比较单一，主要集中在 B29C "塑性材料的成形" 方面。表 12-2 为汽车增材制造相关专利 IPC 分类号及含义。

表 12-1　汽车增材制造相关专利主要申请人技术分布

主要申请人	IPC 分类号							
	B29C	B22F	B60R	B62D	C22C	B23K	B22C	B60N
Bayerische Motoren Werke Aktiengesellschaft	33	20	1	4	0	2	1	0
Volkswagen Aktiengesellschaft	21	20	1	1	0	2	4	0
福特汽车公司	12	7	9	3	0	0	0	6
本田汽车	21	6	0	0	0	2	0	0
通用汽车	8	14	0	0	2	2	0	2
奥迪	4	7	0	1	2	2	3	0
Continental Reifen Deutschland GmbH	5	1	0	0	0	0	0	0
比亚迪	10	0	0	0	0	0	0	0

表 12-2　汽车增材制造相关专利 IPC 分类号及含义

IPC 分类号	含义	IPC 分类号	含义
B29C	塑性材料的成形	C22C	合金
B22F	金属粉末的加工及制造的产品	B23K	焊接或激光束加工
B60R	车辆、车辆配件或车辆部件	B22C	铸造砂型
B62D	机动车、挂车	B60N	用于车辆的特殊位置

12.3　汽车增材制造专利技术发展历程

根据全球汽车增材制造相关专利的申请时间，绘制出全球汽车增材制造专利技术的发展历程，见图 12-15 和图 12-16。

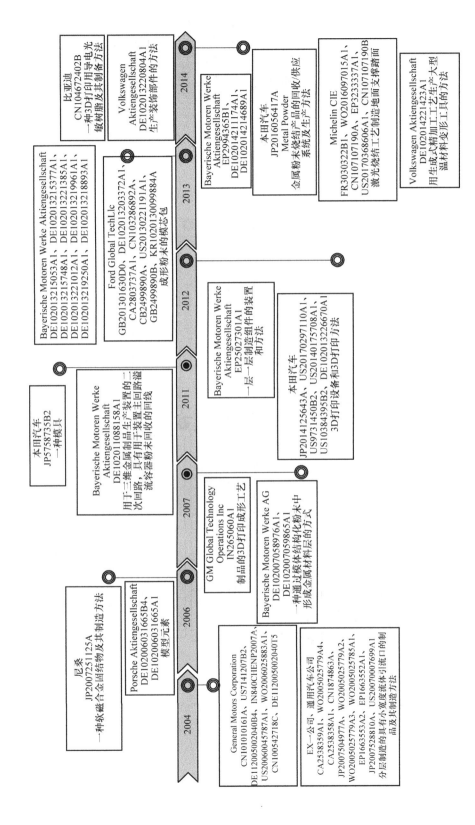

图 12-15　全球汽车增材制造专利技术的发展历程（2004—2014 年）

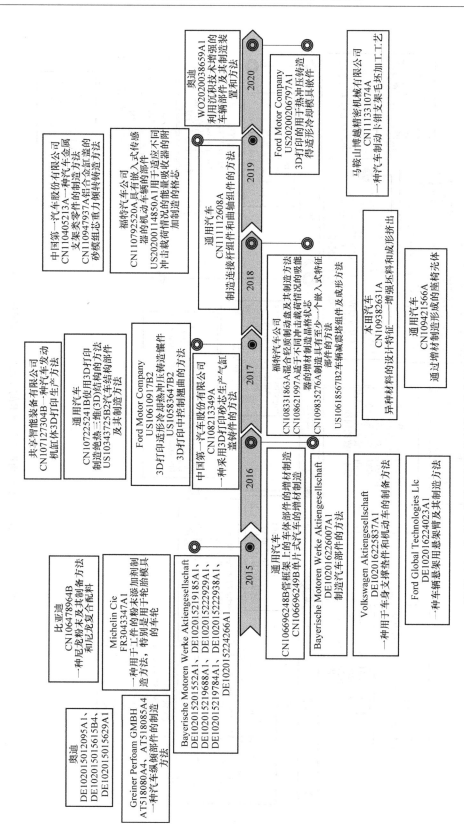

图 12-16　全球汽车增材制造专利技术的发展历程（2015—2020 年）

由图 12-15 和图 12-16 可以看出，在汽车增材制造的技术发展中，相关专利的申请人还是集中于全球几大汽车制造商，如宝马、通用、福特、大众、保时捷、本田等。国内企业也有相关专利申请，申请量较少。主要集中在比亚迪、一汽、共享智能装备等。涵盖的主题为打印设备、零部件打印工艺以及一些针对增材制造的创新性结构设计，模具成形、零件修复及一些汽车专用增材制造材料的制备等。

12.4　汽车增材制造专利典型案例

案例 1：用于汽车零部件的增材制造装置（DE102013219961A1）。

宝马公司（Bayerische Motoren Werke Aktiengesellschaft）于 2013 年申请了发明专利 DE102013219961A1 "汽车零部件的增材制造装置"，该专利被多次引用。该专利附图如图 12-17 所示。该专利中公开了一种添加剂制造设备用于制造汽车零部件，包括烧结区和激光光源，用于能量供应在烧结材料、在烧结区以形成车辆部件。根据该发明的烧结区提供激光光源、可移除框架与至少一个束注入窗口，用于传输激光的光源是向烧结区设置，其中可移除的框架基于至少一个束注入窗口传动位置之间清洗和清洁位置联窗的至少一个活动安装。宝马公司还申请了 DE102013215377A1 "气体引导装置"、DE102013215748A1 "从粉末床提取粉的方法" 等专利，作为其增材制造装备的专利组合。

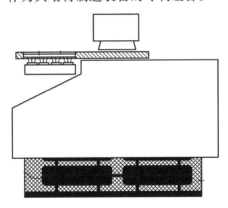

图 12-17　专利附图（来源：DE102013219961A1）

案例 2：增材制造方法（CN107876759A）。

美国福特全球技术公司于 2017 年申请了发明专利 CN107876759A "增材制造方法"。该专利附图如图 12-18 所示。为了提供有效的增材制造方法，根据该发明提供了物体，该物体通过以下方式制造：金属粉末通过涂覆装置在制造区域中沿着构造面被分层涂覆到基座构件上，通过激光束使金属粉末部分熔化并且使金属粉末固化，同时至少一个连续传送带在远离构造面的传送方向上传送具有物体的基座构件和至少一个连续传送带，其将具有完成的物体的基座构件进一步传送到移除区域，在该区域至少将物体从连续传送带移除，其中存在物体上制造的支撑结构，该支撑结构连接到基座构件并且在已经到达移除区域之后该支撑结构被移除。

CN107876759A 实质上属于一种可用于批量生产的传送带式粉末成形设备。福特还申请了 CN107791511A "一种可用于批量生产的立体光刻成形设备"，以该系列专利作为专利组合来保护其批量增材制造设备技术。

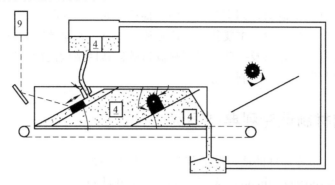

图 12-18　专利附图（来源：CN107876759A）

参 考 文 献

［1］王菊霞．3D 打印技术在汽车制造与维修领域应用研究 ［D］．长春：吉林大学，2014．

［2］PAUL H U．福特汽车与增材制造——小材料创造大不同 ［J］．智能制造，2019（5）：26－27．

［3］宋彬，及晓阳，任瑞，等．3D 打印技术在汽车工业发展中的应用 ［J］．金属加工（热加工），2018，2（797）：31－33．

［4］祝天安，添玉，李国伟，等．增材制造技术在汽车发动机方面的应用 ［J］．装备制造技术，2015（4）：138－140．

［5］闫健卓，姜缪文，陈继民，等．面向光固化 3D 打印技术的汽车车身整体化制造及层厚优化 ［J］．北京工业大学学报，2017，43（4）：551－556．

［6］兰兵德．浅析 3D 打印技术在汽车制造业中的应用前景 ［J］．汽车工业研究，2017（8）：23－25．

第 13 章　生物医疗领域增材制造专利分析

13.1　发展现状

医疗领域是个性化需求最为广泛的领域，由于每位患者的病情和病灶特点各不相同，因此每一病例所产生的三维数据也是不同的。与传统医疗技术相比，增材制造技术拓宽了医疗行业的基本服务范围，实现了传统技术难以三维重现复杂人体结构，满足了医疗器械精准、复杂以及个性化的定制需求。目前医疗领域的增材制造技术应用大致可以分为两类：生物 3D 打印与非生物 3D 打印。生物 3D 打印主要是利用细胞、生物激素、生长因子、细胞间质、生物墨水等物质，打印出具有生物功能的人体活细胞及组织，如皮肤、鼻子、耳朵、软骨、肝脏、肾脏、心脏等组织器官。而非生物 3D 打印主要包括：医疗模型及康复辅具、手术导航模板、齿科矫正器、植入医疗器械、组织生物支架、3D 打印药物等。从打印材料的生物相容性要求角度对生物医疗 3D 打印技术进行分类，见图 13-1。

图 13-1　生物医疗 3D 打印技术的分类

13.1.1　医疗模型

3D 打印医疗模型是通过软件对 CT、核磁共振等设备产生的医疗影像进行三维建模，并将建模文件传输给 3D 打印设备进行打印而产生的。3D 打印医疗模型能够形象地将病人解剖结构呈现给医生，是医生进行手术预规划的辅助工具，骨科、心脏外科、神经外科等越来越多的医疗学科已经利用 3D 打印医疗模型进行手术预规划，一定程度上帮助医生提高复杂手术的成功率、降低手术风险。此次我国新冠病毒爆发时，就有研究机构根据患者病灶 CT 图数据进行 3D 重新建模后，开展新冠病毒肺部感染医疗模型三维打印，进而更加直观地展示出病情的分布范围以及毛玻璃状影像特征，有助于医疗专家进行病例实体分析和演绎。图 13-2所示为 3D 打印新冠病毒肺部感染模型，分别为形优科技有限公司及湖南省彬州市第一人民医院使用的 3D 打印新冠病毒肺部感染模型。

a)　　　　　　　　　　　　　b)

图 13-2　3D 打印新冠病毒肺部感染模型

13.1.2　康复辅具

伴随社会老龄化程度的不断提高，市场对医疗康复辅具的需求不断提升，3D 打印技术个性化定制医疗康复辅具市场也不断扩大。目前，市场上已经出现的 3D 打印医疗康复辅具包括矫形器、假肢、定制鞋垫、个性化定制助听器外壳、人造耳蜗、定制拐杖、定制夹板、康复支具、外骨骼等。图 13-3 所示为 3D 打印康复辅具实例。

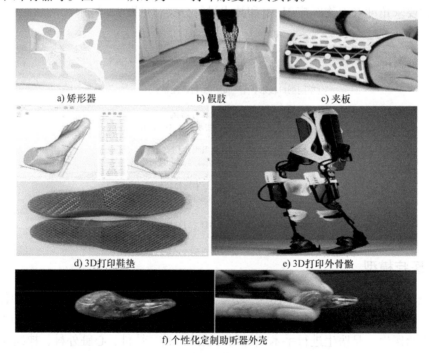

a) 矫形器　　　　　　b) 假肢　　　　　　c) 夹板

d) 3D打印鞋垫　　　　　　e) 3D打印外骨骼

f) 个性化定制助听器外壳

图 13-3　3D 打印康复辅具实例

13.1.3　牙科应用

牙科产业是增材制造技术应用的重要领域，目前正处在通过融合 3D 打印等数字化技术进行转型的关键阶段。3D 打印技术牙科应用主要分为矫形器（隐形矫形器、舌侧矫正器）、种植牙（牙冠、牙根、基台）、可摘义齿（金属支架、冠桥、铸造模型）及其他应用。全球

3D 打印牙科应用主要专利申请人分布如图 13-4 所示，该结果来源于 Sagacious Research，可以看到 3D 打印牙科涉及多种塑料与金属 3D 打印技术，如 SLA、SLM、SLS、FDM、DLP、EBM、LOM、Inkjet Printing 等。3M 公司、Ivoclar Vivadent、Mitsui Chemicals、Dentsly Sirona、BEGO、Aligh 等企业均已涉足 3D 打印牙齿应用领域，相关研究成果包括 3D 打印牙科设备、工艺、口内三维扫描仪、建模设计软件、3D 打印牙科专属材料等内容。

图 13-4　全球 3D 打印牙科应用主要专利申请人分布

13.1.4　手术导航模板

　　术前规划对于风险高、难度系数大的手术具有十分重要的意义，以往在手术预演过程中，医务工作者只能通过 CT、核磁共振（MRI）等影像设备获取患者的数据，之后再通过软件将二维医疗影像转换为三维数据。3D 打印在医疗领域的应用，可以实现三维模型的直接制造，形成的手术导板可以帮助医务工作者准备实施手术方案。目前，3D 打印手术导板类型已覆盖关节类导板、脊柱导板、口腔种植导板等。3D 打印手术导航模板这项技术在弥补了传统手术导板制造工艺不足的同时，也能实现对导板的尺寸、形状等按需进行调整。图 13-5 所示为 3D 打印导板引导导航下的根尖定位。

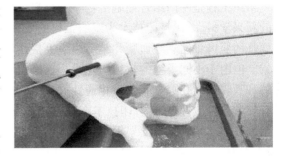

图 13-5　3D 打印导板引导导航下的根尖定位

13.1.5　植入医疗器械

　　3D 打印制造植入医疗器械是基于仿生的多尺度生物复杂结构设计，建立具有多尺度复杂结构的生物系统模型，然后采用生物相容性材料，制造出可植入人体的替代或修复体。3D 打印植入医疗器械可以有效降低定制化、小批量医疗植入物的制造成本，并可以制造出更多结构复杂的植入物。其中，骨科植入物是 3D 打印技术最早实现产业化的项目之一，目前较为常见的骨科 3D 打印植入物有脊柱、髋关节、足踝、膝关节、胸椎及颅颌面。3D 打印植入医疗器械主要材料为金属粉末材料（钛合金、钛钽合金、镍钛合金/记忆合金、钴铬合金等）、不可降解的聚合物材料（PEEK/PEKK、PEEK 碳纤维复合材料）及陶瓷植入物材料。除了骨科植入物外，近期也有其他领域的 3D 打印植入物出现。清华大学通过 3D 打印出一种个性化的宫颈组织植入物，以对抗人类乳头瘤病毒（HPV）。麻省理工学院（MIT）研究团队发布了一项研究成果，他们采用导电聚合物液态材料开发出一种复合大脑轮廓的软神经植入物来缓解大脑疾病。麻省理工学院 3D 打印软电子活性聚合物植入物，如图 13-6 所示。

图 13-6　麻省理工学院 3D 打印软电子活性聚合物植入物

13.1.6　组织工程支架

组织工程是一门结合细胞生物学和材料科学构建特定组织，致力于解决人体组织功能障碍的新兴学科。3D 打印技术为组织工程的发展提供了有力的技术支持。在临床医学中，每年面临的肌肉骨骼、心血管和结缔组织等损伤和替换十分常见，软组织支架具有广阔的应用前景。但由于不同类型的软组织在大小、形状和强度上具有差异，对于细胞和组织相容性、降解和吸收性、孔隙率和孔隙相通性等要求较高，应用原先技术准确地替换或修复这些组织具有较大的挑战性。3D 打印技术在组织工程支架领域的应用主要有骨组织支架、血管组织支架、食道支架、气管支架等。例如，图 13-7a 所示为意大利学者采用 3D 打印技术制备的 PLLA 西罗莫司药物洗脱冠脉支架；图 13-7b 所示为德国慕尼黑技术大学使用 3D 打印技术构建软骨细胞恢复所需的超细纤维支架，该技术的突破将给软组织工程在关键部位如心脏组织工程和乳房重建等带来了新的契机；图 13-7c 所示为中国科学院使用藻酸盐和聚乙烯醇（PVA）的混合物作为原料构建的组织工程支架。

13.1.7　3D 打印药物

近年来，3D 打印药物因自动化程度高、生产环节少、个性化定制程度高，能有效保证药品的安全和质量等优势，受到制药行业的广泛关注。2015 年，Aprecia Pharmaceuticals 生

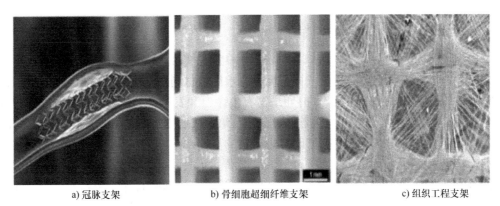

a) 冠脉支架　　　　　b) 骨细胞超细纤维支架　　　　　c) 组织工程支架

图 13-7　3D 打印技术组织工程支架案例

产了一种通过 3D 打印的治疗癫痫发作的药物 Spretam，并获得 FDA 的批准。2017 年，葛兰素史克公司利用喷墨 3D 印刷和紫外线（UV）固化技术制造出治疗帕金森病的药片。2018 年，乔治·华盛顿大学（GWU）带领的团队用 3D 打印研制出一种微型胶囊 Biocage，该团队通过小鼠试验证明 Biocage 可以递送药物，这或许帮助医生创造出对抗疾病（尤其是罕见病）的新疗法。2019 年，英国 FabRx 公司宣布正在使用 3D 打印技术为患有枫糖尿症的儿童定制专属药物。2020 年 3 月默克公司宣布将与 EOS 集团旗下 AMCM 合作，致力于开发和生产 3D 打印药片，并用于临床试验。2020 年 4 月初，Aprecia Pharmaceuticals 宣布与普渡大学药学院合作，以推动 3D 打印药物的技术和科学发展。

　　3D 打印将给制药工业带来革命性的转变，尤其对于小批量药品的生产，可以通过 3D 打印使每一批定制的药物具有特定的剂量、形状、尺寸和释放特性，最终促使个性化药物制造时代的到来。也许在不久的将来，传统药店将通过多种渠道实现数字化转型，而且门诊的医生在采集病人临床数据后，就可以根据每个人身体的代谢规律和遗传信息给病人开具用药处方，在药物打印的同时相应地调整药物量，从而打印出个性化药物。3D 药物打印与个体化治疗示意图如图 13-8 所示。

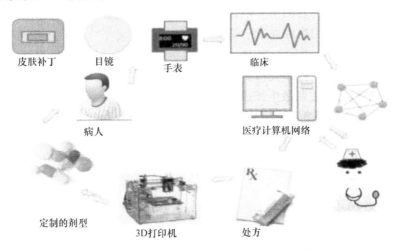

皮肤补丁　目镜　　手表　　　　临床

病人　　　　　医疗计算机网络

定制的剂型　3D打印机　　处方

图 13-8　3D 药物打印与个体化治疗示意图

13.1.8　生物 3D 打印

生物 3D 打印是将生物材料（水、凝胶等）和生物单元（细胞、DNA、蛋白质等）按照仿生形态学、生物体功能、细胞生长微环境等要求用增材制造的手段制造出具有个性化的生物功能结构体的制造方法，也是 3D 打印最富有生命力和发展潜力的核心组成部分，代表目前 3D 打印技术的最高水平之一。生物 3D 打印与组织工程及再生医学息息相关，组织再生是目的，而组织工程是手段。根据打印基质材料的不同，生物 3D 打印可以分为医用金属材料、陶瓷基生物材料、医用聚合物材料、生物墨水（水凝胶类生物材料）等。生物 3D 打印技术目前分支研究方向包括细胞增殖、生物墨水开发、干细胞打印、类器官生产、血管构建、体外模型、器官芯片、多细胞工程生命系统、太空生物打印与生物 3D 打印工艺。

其中，活性细胞 3D 打印是目前生物 3D 打印技术的最前沿技术，也是实现器官打印的最大潜在技术。活性细胞 3D 打印的主要方式是将细胞等具有生物学功能的材料通过注射器挤压式预置组成特定的形体组织，打印制备活体细胞，活性细胞 3D 打印过程如图 13-9 所示。现阶段细胞生物 3D 打印所采用的成形技术主要分为喷墨式细胞打印、微挤出式细胞打印、激光辅助式细胞打印、立体光刻细胞打印和微型阀式细胞打印等。生物 3D 打印全球知名期刊 *Biofabrication* 主编 Wei Sun 提出可以将医疗生物领域 3D 打印划分为 5 个层次，第四个层次就是活性细胞 3D 打印，他认为目前技术层面上制约活性细胞 3D 打印技术发展的问题有生物墨水制备、打印工艺、交联技术与细胞培养技术。

图 13-9　活性细胞 3D 打印过程

活性细胞 3D 打印实现后的下一阶段为类器官 3D 打印，如人体的生命系统、微型生理系统、细胞机器人等。图 13-10 所示为 3D 打印人体组织器官。3D 打印类器官使用干细胞构建，干细胞可以被刺激生长成特定器官的功能单元，如肝脏、肾脏、肺、心脏、皮肤、骨骼、角膜等。未来 3D 打印类器官技术有望破解器官移植窘境，促进现代医学研究的发展，延续人类寿命。

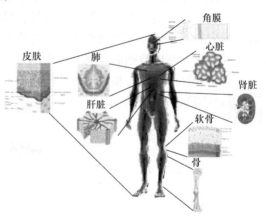

图 13-10　3D 打印人体组织器官

13.2　专利数据分析

13.2.1　专利申请趋势分析

生物医疗领域增材制造专利申请趋势如图 13-11 所示，从 2013 年后全球专利申请进入

快速增长阶段，并且 2015 年开始每年生物医疗领域增材制造相关专利申请数量保持在 1000
件左右。中国生物医疗领域增材制造专利申请虽起步较晚，但近几年也紧随国际专利申请趋
势呈现爆发态势。同时，中国生物医疗 3D 打印专利申请量占全球申请量比重不断攀升，
2018 年中国生物医疗 3D 打印专利申请量约占全球申请总量的 53.5%。从专利的公开类型上
看，中国生物医疗 3D 打印专利公开类型以发明申请为主，占比达 61%，实用新型专利占比
23%，发明授权专利占比 15%，外观设计专利仅占 1%，由此可推测我国生物医疗领域增材
制造正处于技术研发密集期。

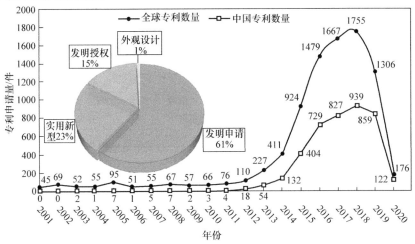

图 13-11　生物医疗领域增材制造专利申请趋势

13.2.2　专利申请地域分布

某一国家/地区领域内专利公开数量、优先权数量及专利总被引次数，通常用于综合衡
量国家/地区在某领域内的技术实力。生物医疗领域增材制造专利申请地域分布如图 13-12
所示。目前仅从专利公开数量上看，中国占有优势，美国排第二位，韩国排第三位。从优先
权专利数量上来看，地域排名顺序有较大变化，美国拥有的优先权专利数量最多，其次为日
本、欧洲专利局、韩国、德国，中国排名下降到第六位。而观察专利总被引次数这一指标，
美国以 9135 次远高于中国。专利优先权与专利的多边专利申请以及专利族布局关系密切，
专利被引次数一般可以作为专利质量及影响力的重要参考指标。由此看来，美国生物医疗的
3D 打印技术在业内有较高的影响力，专利布局质量也较高。相对而言，中国虽然在专利申
请数量上占据优势，但专利的含金量仍与美国有一定差距。

另外，通过世界知识产权组织公开的专利数量为 946 件，而通过欧洲专利局公开的专利
数量也达到 445 件，可见通过国际专利占据海外市场，避免遭遇专利围堵，已成为技术竞争
的重要手段。

将专利申请人国家作为技术输出国，对应的专利公开国家理解为技术输入国。生物医疗
领域增材制造技术输入国与技术输出国如图 13-13 所示。中国申请人绝大部分专利公开在本
国，美国除本土公开外，对日本、中国、加拿大技术输出最多。

从中国各省市医疗 3D 打印专利申请数量上来看，中国生物医疗领域增材制造研究以广
东省最为突出，其次为北京市和以上海市为中心的长江三角洲城市群，然后依次是陕西省、

四川省、山东省、湖南省、湖北省等。

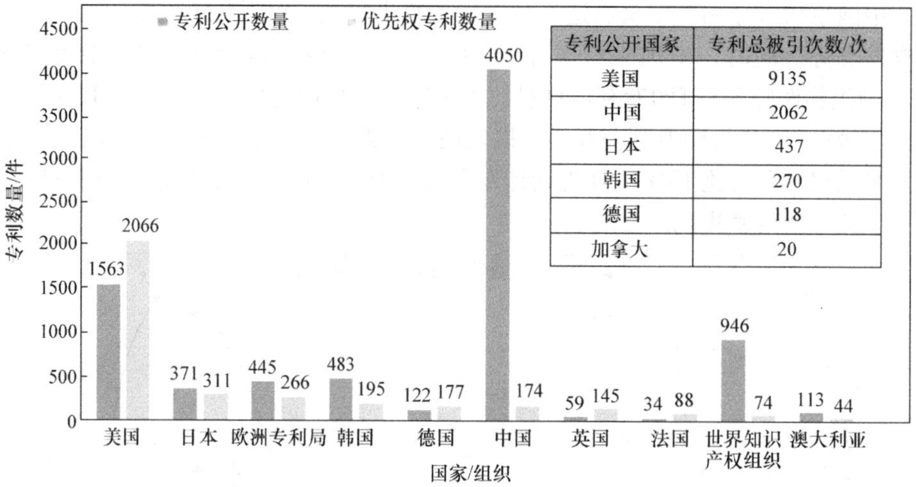

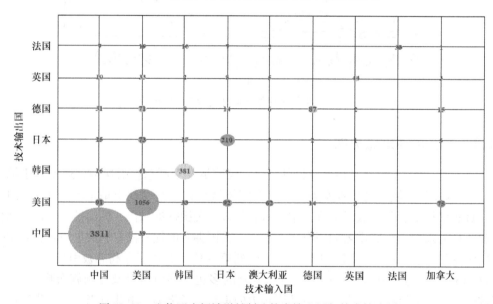

图 13-12　生物医疗领域增材制造专利申请地域分布

图 13-13　生物医疗领域增材制造技术输入国与技术输出国

13.2.3　专利申请人排序

生物医疗领域增材制造专利申请人排序如图 13-14 所示。

全球生物医疗领域增材制造专利申请人排名第一位的是上海交通大学医学院附属第九人民医院，第二位是美国牙科医疗设备公司艾兰技术（Align Technology），第三位、第四位是浙江大学、四川大学。美国 3M 公司排名第五位。其他依次为华南理工大学、西安交通大学、中南大学、四川蓝光英诺生物科技有限公司、麻省理工学院、北京大学口腔医学院、南方医科大学、Therics 公司、上海大学、强生集团。

表 13-1 为生物医疗领域增材制造专利主要申请人申请量排序。根据表 13-1 所列近五年

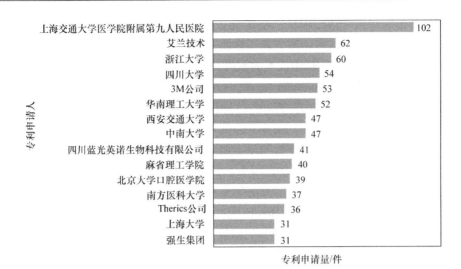

图 13-14　生物医疗领域增材制造专利申请人排序

专利申请量及所占百分比指标，我国申请人近五年专利申请量所占比重基本都在 90% 左右，其中上海交通大学医学院附属第九人民医院、四川大学、四川蓝光英诺生物科技有限公司、南方医科大学、北京大学口腔医学院近五年占比达 95% 以上，这些申请人涉足生物医疗 3D 打印领域时间较晚，但科研投入大，创新活力强，应受到业内人士的重点关注。

表 13-1　生物医疗领域增材制造专利主要申请人申请量排序

序号	申请人名称	申请量/件	占领域内专利总量百分比	近五年申请量/件（2015—2019 年）	近五年所占百分比	专利总被引次数/次
1	上海交通大学医学院附属第九人民医院	102	1.15%	99	97.06%	32
2	艾兰技术	62	0.70%	55	88.71%	132
3	浙江大学	60	0.68%	53	88.33%	23
4	四川大学	54	0.61%	53	98.15%	21
5	3M 公司	53	0.60%	41	77.36%	21
6	华南理工大学	52	0.59%	50	96.15%	101
7	西安交通大学	47	0.53%	43	91.49%	18
8	中南大学	47	0.53%	42	89.36%	3
9	四川蓝光英诺生物科技有限公司	41	0.46%	41	100.00%	13
10	麻省理工学院	40	0.45%	18	45.00%	805
11	北京大学口腔医学院	39	0.44%	38	97.44%	2
12	南方医科大学	37	0.42%	36	97.30%	55
13	Therics Inc	36	0.41%	0	0.00%	654
14	上海大学	31	0.35%	26	83.87%	45
15	强生集团	31	0.35%	10	32.26%	821

从专利总被引次数这一指标来看，麻省理工学院与强生集团遥遥领先，且总体国外申请人被引次数普遍高于国内申请人。麻省理工学院是生物医疗增材制造领域的重要研究机构，研究成果对于全球生物医疗 3D 打印技术的发展具有广泛而深刻的影响力。例如麻省理工学院申请的专利 US09416346 "Composites for tissue regeneration and methods of manufacture thereof（用于组织再生的复合材料及其制造方法）"，公开了一种梯度材料制造的可植入装置，该专利在全球内被引证次数高达 361 次，拥有 1 件简单同族专利及 11 件扩展同族专利，分别在世界知识产权组织、欧洲专利局、澳大利亚、加拿大、日本等组织及国家进行多边申请。国际医疗保健巨头强生集团近年瞄准 3D 打印手术器械及医疗用品市场，其申请的自润滑可植入关节件、定制柔性铸造空心骨假体的方法等专利全球引用次数较多。

另外值得关注的申请人是美国的 Therics 公司，从专利合作申请人来看，该公司与麻省理工学院合作密切。Therics 公司申请的专利围绕 3D 打印技术个性化骨修复植入物和快速崩解药片技术，且每项专利平均被引用次数高达 18 次，影响力较高。但根据检索可知，2012 年后，Therics 公司没有再提出专利申请。

13. 3　专利技术分析

本节基于国际专利分类（IPC）对生物医疗领域增材制造专利技术构成进行分析，梳理生物医疗领域增材制造技术发展方向及热点迁移动向。生物医疗领域增材制造专利申请数量排名前 20 位 IPC 分类号及其含义见表 13-2。

表 13-2　生物医疗领域增材制造专利申请数量排名前 20 位 IPC 分类号及其含义

IPC 分类号	含　义
B33Y80/00	增材制造的产品
B33Y10/00	增材制造的过程
B33Y70/00	适用于增材制造的材料
B33Y30/00	增材制造设备及其零件或附件
B33Y50/00	增材制造的数据获得或数据处理
A61L27/56	假体材料——多孔或微孔材料
B29C67/00	塑料成形技术
A61L27/50	假体材料以其功能或物理性质为特征的材料
A61C13/00	牙科假体及其制造
A61L27/54	假体材料——生物活性物质
A61F2/28	假体——骨骼
B33Y50/02	增材制造数据获得、处理——用于控制或调节增材制造过程
A61F2/30	假体——关节

（续）

IPC 分类号	含　义
A61L27/18	假体材料——由涉及碳–碳不饱和键以外的反应获得的
A61L27/38	假体材料——含有动物细胞
A61C8/00	装到颌骨上用以压实天然牙或将假牙装在其上的器具；植牙；植牙工具
A61L27/58	假体材料——至少部分可被人体吸收的物质
B22F3/105	利用电流、激光辐射或等离子体进行金属粉末加工
A61B34/10	外科手术的计算机辅助规划，计算机辅助模拟模型化
B29C64/386	增材制造的数据获得或数据处理

分析发现，目前生物医疗领域增材制造专利申请涉及的技术领域主要包括增材制造的产品（B33Y80/00）、增材制造的过程和工艺（B33Y10/00、B29C67/00）、适用于增材制造的材料尤其是假体材料（B33Y70/00、A61L27/56、A61L27/50、A61L27/54、A61F27/38）、增材制造装置设备（B33Y30/00）、数据获得、处理与控制（B33Y50/00、B33Y50/02）以及牙科假体（A61C13/00）、骨骼假体（A61F2/28）、关节假体（A61F2/30）、外科手术的计算机辅助规划（A61B34/10）等。

通过分析生物医疗领域增材制造专利申请数量的年度分布情况（见表13-3）可知，生物医疗增材制造产品、工艺过程相关专利增长速度较快，材料、设备、数据处理相关专利数量涨势平稳。材料是影响生物医疗 3D 打印技术发展的核心因素，从专利申请数量来看，2017 年以后 B29C67/00 塑料成形技术分支下的专利数量明显减少，而 B22F3/105 金属粉末加工分支下的专利数量却持续增加。2016 年开始假体材料的研究成为热点，尤其是多孔或微孔、具有特殊功能及物理性质、具有生物活性物质的假体材料近三年专利申请量均在 100 件左右。齿科目前是 3D 打印在医疗应用领域产业化程度较高的分支，从 2005 年开始 3D 打印牙科假体（A61C13/00）及植牙、植牙工具（A61C8/00）的专利申请热度一直没有降低趋势。其他应用领域中，3D 打印骨骼、关节以及手术导航模板的技术产出较为丰富。

为深入分析生物医疗增材制造领域新兴技术，以三年为时间间隔对生物医疗增材制造专利技术分布进行切片分析，对比 2017—2019 年与 2014—2016 年两个时间段内专利分布的 IPC 分类号，筛选出领域内近三年新涉及的 IPC 分类号。表 13-4 为 2017—2019 年生物医疗增材制造专利新涉及 IPC 分类号。可以看出，近几年的新兴技术点：① 金属粉末材料及有色合金材料（如锌合金、钴铬镍合金、钽金属、镁合金）的生物 3D 打印技术，尤其是钛合金在 3D 打印骨骼假体上的应用技术出现；② 生物打印中生物墨水（水凝胶）的制备，这类生物墨水普遍含有丝素蛋白或胶原蛋白，生物相容性高，在组织修复工程领域具有良好的应用前景；③ 热固性、光固性、辐射固性树脂材料的应用；④ 生物活性陶瓷材料的应用及制备。除此之外 3D 打印多功能个性化贴带、3D 打印给药系统（鼻窦定向给药、耳窍给药器）属于 3D 打印医疗应用领域的新扩展。

表 13-3 基于 IPC 分类的生物医疗领域增材制造专利申请数量年度分布情况

（单位：件）

年份	B33Y80 /00	B33Y10 /00	B33Y70 /00	B33Y30 /00	B33Y50 /00	A61L27 /56	B29C67 /00	A61L27 /50	A61C13 /00	A61L27 /54	A61F2 /28	B33Y50 /02	A61F2 /30	A61L27 /18	A61L27 /38	A61C8 /00	A61L27 /58	B22F3 /105	A61B34 /10	B29C64 /386
2005	1	0	0	0	1	0	0	0	2	0	7	0	7	0	0	4	0	0	0	0
2006	0	0	0	0	0	1	0	0	0	1	2	0	2	0	0	1	0	1	0	0
2007	3	0	0	0	1	0	1	0	0	0	2	0	0	1	0	3	0	0	0	0
2008	1	1	0	0	0	3	7	0	6	3	9	0	3	0	4	2	0	4	0	0
2009	4	1	0	0	3	1	4	0	5	0	1	0	1	0	2	1	0	2	0	1
2010	3	0	1	0	1	2	0	0	1	0	5	0	2	1	0	0	0	0	1	0
2011	13	0	1	0	2	1	3	0	7	0	5	0	6	0	1	0	0	1	4	1
2012	16	8	9	1	10	4	9	0	17	2	5	0	8	2	2	2	2	1	3	3
2013	36	24	5	6	7	23	32	3	30	26	16	8	9	3	5	15	2	8	7	1
2014	54	43	20	19	14	20	58	9	32	17	15	20	22	14	18	17	11	5	6	5
2015	204	220	94	110	64	63	129	50	47	53	58	65	44	44	35	35	30	31	25	30
2016	408	358	198	185	105	94	191	76	84	70	69	90	46	64	78	71	48	43	82	27
2017	549	407	259	157	129	111	75	96	101	102	79	101	83	83	81	70	62	49	50	52
2018	584	469	275	173	158	134	12	147	120	102	76	77	81	85	77	66	86	70	53	70
2019	401	375	185	114	153	116	4	140	51	79	58	80	72	88	57	45	86	63	44	81
2020	365	342	254	121	132	125	7	163	38	63	23	95	102	48	72	32	96	43	58	36

表 13-4　2017—2019 年生物医疗增材制造专利新涉及 IPC 分类号

IPC 分类号	含　义	专利数量/件
B22F9	制造金属粉末或其悬浮物；所用的专用装置或设备	32
C22C1	有色金属合金的制造	30
A61L2	食品或接触透镜以外的材料；物体的灭菌；消毒的方法或装置	28
C08L89	蛋白质的组合物及其衍生物的组合物	28
C22C14	钛基合金	25
C08F222	具有 1 个或更多的不饱和脂族基化合物的共聚物，每个不饱和脂族基只有 1 个碳 - 碳双键，至少有 1 个是以羧基为终端，并且在分子中至少含有另外 1 个羧基；它的盐、酐、酯、酰胺、酰亚胺或腈	22
G16H20	特别适用于治疗或健康改善计划的 ICT	22
A61L26	液体绷带的化学方面，或者液体绷带的材料应用	20
A61M31	体腔中引入或保留介质，如药物的器械	20
A61M35	在人体上施加介质，如药物的器械	20
C04B38	多孔的砂浆、混凝土、人造石或陶瓷制品及其制造方法	19

　　全球生物医疗 3D 打印专利申请人技术分布各有侧重，按照前面介绍的专利申请人排序展开专利技术分布分析。上海交通大学医疗院附属第九人民医院在假体材料、骨骼关节假体 3D 打印方面专利布局较多，但是未涉足牙科假体制造方面；艾兰科技（Align Technology）专利主要分布在牙齿隐形矫正器的 3D 打印产品、材料、设备、牙科假体制造、数据处理等方面，暂未涉及骨科及生物细胞 3D 打印；浙江大学领域内专利以工艺、设备、材料为主，主要涉及骨组织、血管模型、种植牙、肝组织模型、气管支架、义眼座等 3D 打印技术以及生物细胞 3D 打印；四川大学专利申请重点为 3D 打印假体材料、牙科应用、骨组织工程支架，以及 3D 打印生物工程领域的促神经修复管等；美国 3M 公司主要布局 3D 打印牙齿正畸应用领域专利；华南理工大学专利侧重保护假体材料，心血管、骨组织、皮肤组织支架、形状记忆合金种植牙、大尺寸个性化生物活性陶瓷植入体、高强低模医用钛合金及其增材制造方法与应用等；中南大学专利布局围绕口腔种植体、骨科植入物及骨支架、3D 打印药物等，其中以合金材料的 3D 打印医疗应用亮点突出，例如可生物降解铁基植入物、抗菌功能的生物镁合金、应用于骨植入材料的镁锌锆镝系镁合金等；西安交通大学生物医疗 3D 打印专利以聚醚醚酮（PEEK）材料的应用为特点，例如生物陶瓷复合改性的 PEEK 植入物、多孔骨骼、颅骨、仿生多层次人工关节 PEEK 替代物制造、可降解聚醚醚酮复合骨替代物等，近年西安交通大学还申请了 3D 打印康复手套及外骨骼、齿科矫形器、生物陶瓷应用、气管支架、外类脑组织模型、高精度生物 3D 打印方法等专利；四川蓝光英诺生物科技对 3D 生物打印血管的装置及组件、制造方法、使用材料等进行布局，尤其在材料方面，具有独创的干细胞包裹技术的"生物砖"材料相关专利布局较多。生物医疗领域增材制造专利申请人技术分布如图 13-15 所示。

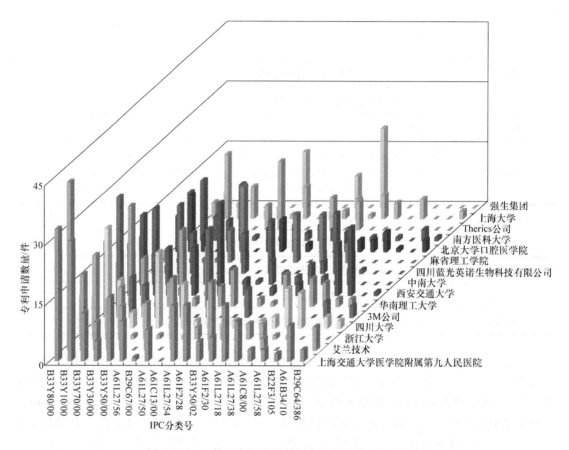

图 13-15　生物医疗领域增材制造专利申请人技术分布

13.4　生物医疗增材制造专利典型案例

案例 1：用于腭扩张和其他应用对准器的直接制造（US20170007367A1）。

该专利是 Align Technology 公司于 2016 年申请的发明专利。该专利附图如图 13-16 所示。该专利提供了用于生产用于扩张患者腭的器具的系统、方法和装置。一种扩腭正畸器具，包括牙齿接合部分和力产生部分，牙齿接合部分包括多个牙齿接合结构，力产生部分连接到牙齿接合部分并构造成施加力以使患者的腭扩张。正畸器具可以根据这里提供的规范设计并使用直接制造方法制造。

案例 2：生物打印机喷头组件及生物打印机（CN105647801B）。

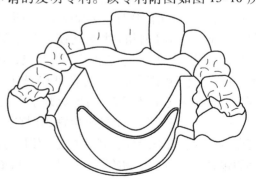

图 13-16　专利附图（来源：US20170007367A1）

　　该专利是四川蓝光英诺生物科技股份有限公司 2015 年申请的发明专利，该专利附图如图 13-17 所示。该专利涉及一种生物打印机喷头组件及生物打印机，生物打印机喷头组件包括具有第二通道的外喷嘴和具有第一通道的内喷嘴，内喷嘴同轴设在第二通道内，第一通道形成第一材料通道，外喷嘴和内喷嘴之间的环形空间形成第二材料通道，第二材料通道在第一材料通道的出口处环绕着第一材料通道，用于使从第二材料通道出口喷出的第二材料朝向从第一材料通道出口喷出的第一材料汇聚，以形成流体打印单元。此种喷头组件能够使第二材料在喷头组件的出口处均匀地包裹第一材料，以形成质量较高的流体打印单元，以对细胞进行保护，从而减少在打印过程中由于受到挤出压力和摩擦力而造成细胞损伤，进而提高细胞的存活率。

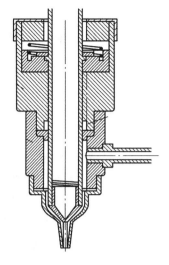

图 13-17　专利附图
（来源：CN105647801B）

　　该专利涉及四川蓝光英诺生物科技的生物 3D 打印技术，该公司就该技术已申请了多项专利，并已获得多项实用新型和发明专利授权。

参 考 文 献

［1］肖云芳，王博，林蓉．3D 打印的个性化药物研究进展［J］．中国药学杂志，2017，52（2）：89－95.

［2］毛宏理，顾忠伟．生物 3D 打印高分子材料发展现状与趋势［J］．中国材料进展，2018，37（12）：949－969，993.

［3］张鹏．3D 打印在生物医疗方面的应用现状［J］．新材料产业，2017（11）：19－22.

［4］陈鑫，李方正．生物 3D 打印技术的应用现状和发展趋势［J］．新材料产业，2017（11）：2－4.

［5］张成宇，陈继民，陈鹤天，等．3D 打印技术在医学领域的应用及发展［C］．广州：第 17 届全国特种加工学术会议，2017.

［6］余定华，李科，廖世亮．3D 打印技术在脊柱个体化手术中的应用进展［J］．医学综述，2020，26（2）：124－128.

［7］孙冲，刘堂义．3D 打印技术在医学中的应用［J］．中医学，2019，8（3）：197－202.

［8］WANG K，HO C C，ZHANG C，et al. A review on the 3D Printing of functional structares for medica phantoms and regenerated tissue and organ applications［J］．Engineering，2017（5）：653－662.

［9］LI C，PISIGNANO D，ZHAO Y，et al. Advances in Medical Applications of Additive Manufacturing［J］．Engineering，2020，6（11）：1222－1231.

第14章　电子信息领域增材制造专利分析

14.1　发展现状

2017 年科技部发布的《"十三五"先进制造技术领域科技创新专项规划》中明确提出了对 MEMS 微机电系统、工业传感器、先进半导体制造的重视，并公布了两项与电子制造相关的重要任务：极大规模集成电路制造装备及成套工艺和新型电子制造关键装备。目前，增材制造技术在电子信息领域驱动着一场新的革命，已逐步成为推进电子制造的关键技术之一，3D 打印技术可以广泛应用于电子信息领域的新电子系统快速研发、新功能验证以及个性化电子产品研发等重要环节。预计到 2029 年，3D 打印电子产品的总市场价值将超过 20 亿美元。图 14-1 所示为电子信息领域增材制造技术应用实例。

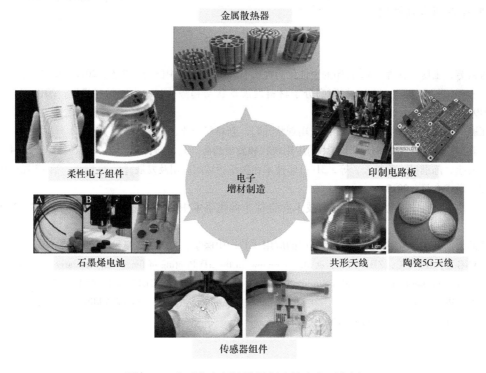

图 14-1　电子信息领域增材制造技术应用实例

电子增材制造技术运用逐层堆积材料的方式进行成形，可以快速制造形状复杂的产品，实现异质材料定点堆积，在快速、小批量制备电子器件，以及制备柔性电路板、嵌入式电子器件方面具有独特的优势。现阶段 3D 打印在电子信息领域的应用已经涉及电路板快速制造、手机等移动设备中的共形天线、5G 信号天线部件、微电池及石墨烯电池、柔性电子组件、复杂形状金属散热器等。其中 3D 打印柔性电子是近年来非常热门的一项新兴技术，柔性电子产品能够实现在一定形变范围内（弯曲、折叠、扭转、压缩或拉伸）的正常工作，该技术涵盖有机电子、塑料电子、生物电子、纳米电子、印刷电子等领域。通过 3D 打印柔性电子部件，可以生产出 RFID 标签、OLED 显示与照明、柔性传感器、柔性光伏、柔性逻辑与存储器件、柔性电池、可穿戴柔性电子器件、电子皮肤等。因此，柔性电子可被应用于诸如显示器制造、传感器、能量存储/转换、医疗保健、环境监测、人机交互等诸多领域。

　　近年来，国际市场已涌现出一批拥有创新性电子 3D 打印技术的企业，其中以 Voxel 8、Nano Dimension、Optomec 为代表公司。Voxel 8 是世界上首家多材料 3D 电子打印机制造商，成立于 2014 年，总部位于马萨诸塞州的 Someville，创始人为哈佛大学生物工程 Wyss 教授。Voxel 8 提供了一个包括功能材料、电子印刷硬件和智能软件的商业化新平台，可应用在 PCB 快速成形、3D 天线打印、在物体中嵌入传感器等领域。全球知名印刷电子及增材制造电子提供商 Nano Dimension（ND）在 2020 年 5 月宣布已实现多层印制电路板（PCB）的 3D 打印，下一步将研发重点转移到多品种、小批量的 3D 打印电子电路，如传感器、天线、射频放大器、电容器等。美国 Optomec 公司在 2018 年推出用于 3D 打印电子的 Aerosol Jet 气溶胶喷射系统，该技术可以在嵌入式电子元件中打印微米级的 3D 聚合物和复合结构。总部位于美国佛罗里达州的 nScrypt 公司专注于研发微分配和电子 3D 打印技术，该公司的点胶微分配技术可以在柔性、刚性、平坦、弯曲、双曲甚至随机的 3D 形状上保形打印天线、电阻、电感器、电容器和互连器件。来自美国麻省理工学院的 Multifab 复合 3D 打印机可以使用多达 10 种材料，打印过程中可以将电子、电路和传感器直接嵌入打印对象中。美国 Voltera 公司 2015 年推出的台式印制电路板 3D 打印机 V - one，该款 3D 打印机使用高导电性的银纳米颗粒墨水来打印电路，并用绝缘性油墨作为层间的掩膜，可以轻松地制作双层电路板。电子信息领域增材制造主要厂商及技术如图 14-2 所示。

图 14-2　电子信息领域增材制造主要厂商及技术

　　目前，电子增材制造这条广阔的赛道上也不断出现我国企业的身影，如北京梦之墨科技有限公司、西湖未来智造（杭州）科技发展有限公司等新兴科技企业。北京梦之墨科技有限公司是依托中国科学院理化技术研究所、清华大学等强大技术力量建立的前沿科技型企业，公司围绕其世界首创的液态金属电子增材制造技术，在柔性电子增材制造领域开展产业化应用，其液态金属印制电路板如图 14-3 所示。梦之墨产品和服务主要包括桌面级创新电子快速增材制造设备和工业级柔性电子产品增材制造服务平台，可广泛应用于物联网、柔性

显示、5G 通信、汽车电子、消费电子、创新
教育等领域。2019 年北京梦之墨科技有限公
司与厦门柔性电子研究会签订战略合作协议，
双方围绕工业级液态金属印制电路板开展新
产品开发合作，2020 年 6 月北京梦之墨科技
有限公司宣布获得近亿元 A + 轮投资。西湖未
来智造（杭州）科技发展有限公司（Westlake
Enovation）成立于 2020 年，是由西湖大学、
美国西北大学、哈佛大学、杭州电子科技大
学等顶尖科研院所研究人员共同参与创办的
电子 3D 打印科技公司，公司结合 3D 打印功

图 14-3　北京梦之墨科技有限
公司液态金属印制电路板

能电子材料开发了超高精度多工艺混合 3D 打印技术，开发用于 PCB、三维电路、微波/毫
米波器件、光电芯片封装结构的快速打印设备，极大地提高了传统制造效率和产品性能。

14.2　专利数据分析

14.2.1　专利申请趋势分析

　　电子信息领域全球增材制造专利申请趋势如图 14-4 所示，电子信息行业属于增材制造
技术的新兴应用领域，相关专利申请始于 2005 年，并且从 2014 年以后呈现快速增长态势，
2018 年全球专利申请量达到 197 件。我国电子增材制造专利申请趋势与全球趋势基本一致，
上升拐点相比全球趋势拐点略有延迟，2016 年以后我国领域内专利申请数量不断上升。目
前共检出全球电子信息领域增材制造专利 824 件，申请号合并后为 725 件，我国领域内专利
约有 423 件，申请号合并后为 378 件。与增材制造技术在医疗、汽车、航空航天领域内专利
申请数量相比，电子信息领域内增材制造专利申请量较少，且目前仍以发明申请专利为主。

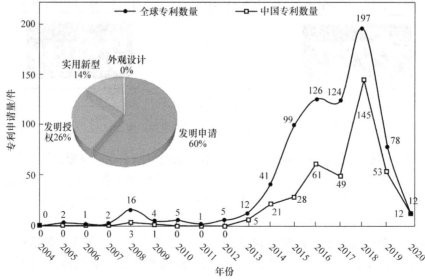

图 14-4　电子信息领域全球增材制造专利申请趋势

可以通过电子信息领域增材制造全球专利申请量与专利申请人数量随时间推移而变化的曲线来判断技术生命周期。电子信息领域增材制造技术生命周期示意图如图 14-5 所示。2010—2013 年为电子增材制造技术的导入期，这一时期专利申请量及申请人数量都较少。2014 年为电子增材制造技术由导入期向成长期迈进的重要转折点，2015—2018 年电子信息增材制造技术不断发展，市场不断扩大，介入的创新主体增多，专利申请量和申请人数激增。2018 年由于部分发明专利没有公开的原因，导致检索得到的数据与实际数据有出入，故图 14-5 存在误差。总体而言，目前全球电子信息增材制造技术还处在成长期。

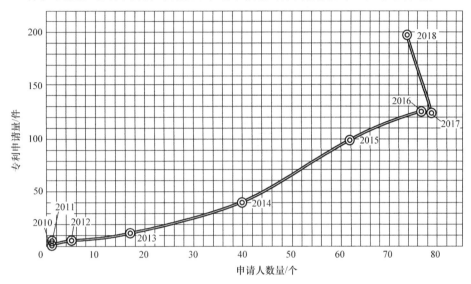

图 14-5　电子信息领域增材制造技术生命周期示意图

14.2.2　专利申请地域分析

全球电子信息领域增材制造专利申请地域分布如图 14-6 所示，我国的专利公开数量占

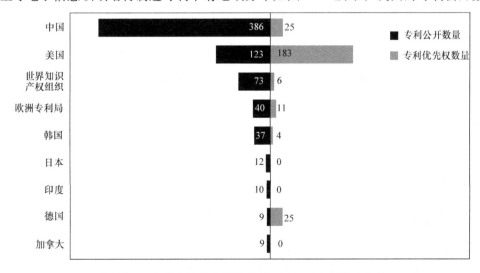

图 14-6　全球电子信息领域增材制造专利申请地域分布

有绝对优势，美国排名第二位，其次为世界知识产权组织、欧洲专利局、韩国、日本、印度、德国、加拿大。从专利优先权数量上来看，美国拥有183件专利优先权，这一数据摇摇领先于其他国家和组织。

国内的电子增材制造技术研究及专利申请，以北京为核心，北京市的专利申请数量达152件。广东、江苏、福建、四川、浙江等省份也均有少量专利产出。

14.2.3　专利申请人排序

对电子信息领域增材制造技术主要专利申请人进行排序，结果如图14-7所示，排名第一位的是北京梦之墨科技有限公司，相关领域内专利申请量达到168件。排名第二位的是以色列知名科技公司 Nano Dimension，第三名是美国的 Optomec 公司，其次为 Voxel 8、H. C. Starck、Facebook、Nscrypt、首尔市立大学、钦州学院和华中科技大学。

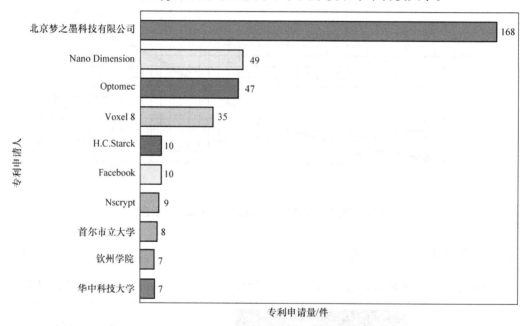

图 14-7　电子信息领域增材制造技术主要专利申请人排序

表14-1为电子信息领域增材制造专利主要申请人申请量排序。根据表14-1中近五年专利申请量所占百分比这一指标来看，专利申请量排名前十的申请人中 Optomec 公司以及Nscrypt 公司近五年申请所占百分比处于较低水平，其余申请人领域内专利申请日基本都属于2015—2019年这个时间段内，近五年仍保持较高的研发热度。观察主要专利申请人的专利总被引次数，Optomec 电子增材制造技术专利总被引次数为439次，远超其他专利申请人引用频次。Optomec 公司 2007 年申请的专利 US11779868 "Direct patterning for emi shielding and interconnects using miniature aerosol jet and aerosol jet array（使用微型气溶胶射流和气溶胶射流阵列直接制作电磁波屏蔽和互连的图形）"被引频次高达 70 次，申请号 US12761201 "Miniature aerosol jet and aerosol jet array（小型气溶胶喷射流和气溶胶喷射阵列）"被引频次为 67 次。Voxel 8 公司专利总引用频次排名第二位，其中 2015 年申请的专利 US14986373 "3D printer for printing a plurality of material types（用于打印多种材料类型的 3D 打印机）"被

引用频次为33次。在中国申请人中，北京梦之墨科技有限公司专利申请量及专利总被引证次数均排名第一，技术优势明显。

表14-1　电子信息领域增材制造专利主要申请人申请量排序

序号	申请人名称	申请量/件	占领域内专利总量百分比	近五年申请量/件（2015—2019年）	近五年专利申请量所占百分比	专利总被引次数/次
1	北京梦之墨科技有限公司	168	23.17%	146	96.05%	37
2	Nano Dimension	49	6.76%	49	100.00%	10
3	Optomec	47	6.48%	20	42.55%	439
4	Voxel 8	35	4.83%	35	100.00%	57
5	Facebook	10	1.38%	10	100.00%	0
6	H. C. Starck	10	1.38%	10	100.00%	0
7	Nscrypt	9	1.24%	2	22.22%	29
8	首尔市立大学	8	1.10%	8	100.00%	0
9	华中科技大学	7	0.97%	6	85.71%	15
10	钦州学院	7	0.97%	7	100.00%	0

14.3　专利技术分析

电子信息领域增材制造专利申请IPC分类号排名前10位如图14-8所示。分析发现，目前使用电子增材制造技术进行电路打印的专利申请量较多。表14-2为电子信息领域增材制造专利申请IPC分类号及其含义，与3D打印电路直接相关的专利分类号有H05K3"用于制造印制电路的设备和方法"和H05K1"印制电路"，且专利数量分别排名为第一位、第三位，此类下高频分类号有H05K3/12（应用印刷技术涂加导电材料的）、H05K3/46（多层电路制造）、H05K1/02（印制电路中的零部件）、H05K1/18（在结构上与非印制电元件相联接的印制电路）。此外，在增材制造工艺方面，IPC分类号位于B29C64"塑料材料的增材加工过程"、B29C67"塑料材料的成形技术"、B22F3"由金属粉末制造工件或制品"，且位于塑性材料分类号下的专利数量多于金属粉末材料，此类别下出现的高频分类号为B29C64/106（仅使用液体或黏性材料）、B29C64/118（使用被熔化的细丝）、B29C64/112（使用单独的液滴）、B22F3/105（利用电流、激光辐射或等离子体）、B22F3/10（仅烧结）。分类号位于H01L21"专门适用于制造或处理半导体或固体器件或其部件的方法或设备"的专利约有20件，相关专利围绕3D打印电子元器件、电子封装、电路的方法及设备进行布局。除此以外，电子3D打印装置结构（B41J2）、数据处理（G06F17）、3D打印电子标签（G06K19）、导电复合材料（H01B1）也是专利技术的分布重点。

对电子信息领域增材制造专利技术类别分布进行标引，得到图14-9。现阶段电子增材制造领域中有超过一半的专利侧重保护工艺方法，20%的专利以电子增材制造技术的应用为保护重点，18%的专利着重装置结构，仅有11%的专利以电子3D打印材料为保护重点。

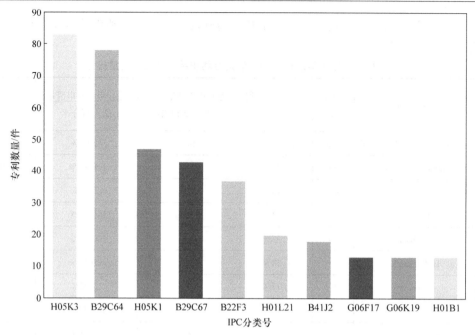

图14-8　电子信息领域增材制造专利申请 IPC 分类号排名前 10 位

表14-2　电子信息领域增材制造专利申请 IPC 分类号及其含义

IPC 分类号	含　　义
H05K3	用于制造印制电路的设备和方法
B29C64	塑料材料的增材加工过程
H05K1	印制电路
B29C67	不包含在 B29C39/00 ～ B29C65/00，B29C70/00 或 B29C73/00 组中的成形技术
B22F3	由金属粉末制造工件或制品，其特点为用压实或烧结的方法
H01L21	专门适用于制造或处理半导体或固体器件或其部件的方法或设备
B41J2	以打印或标记工艺为特征而设计的打字机或选择性印刷机构
G06F17	特别适用于特定功能的数字计算设备或数据处理设备或数据处理方法
G06K19	连同机器一起使用的记录载体，并且至少其中一部分设计带有数字标记
H01B1	按导电材料特性区分的导体或导电物体；用作导体的材料选择

　　根据领域内专利申请情况，对电子信息领域增材制造技术主要应用的产品展开分析，结果如图 14-10 所示。目前 3D 打印电路是电子增材制造领域应用的热门，其次为电子元器件、柔性电子、电池、散热器、传感器、发光二极管、电子封装、电子标签、电容器、天线及电子连接件等。其中，在 3D 打印柔性电子中，主要包括柔性电路、柔性电子元器件、电子皮肤、柔性传感器、柔性机器人、柔性天线、柔性电子设备。

　　对电子信息领域内增材制造专利主要使用的材料进行标引，结果见表 14-3。电子增材制造根据材料类别的不同，主要可以分为

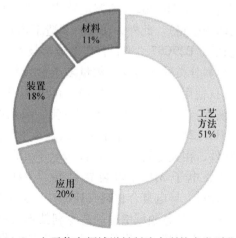

图 14-9　电子信息领域增材制造专利技术类别分布

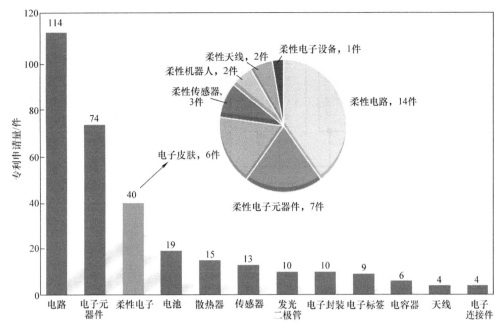

图 14-10　电子信息领域内增材制造专利主要应用产品

液态金属、金属/合金粉末、气溶胶、油墨/墨水、聚合物、石墨烯、陶瓷、水凝胶、微点胶、纤维素材料及磁性材料等。

表 14-3　电子信息领域内增材制造专利主要使用材料

材料类别	材料详情	专利申请人
液态金属	室温之下低熔点金属，该类低熔点金属可在室温环境下呈现流动的液态	北京梦之墨科技有限公司、云南科威液态金属谷研发公司
金属/合金粉末	纯铝、高硅铝合金、铜合金（钨铜合金）、金属纳米颗粒、低收缩高强度 PBT/PC 合金材料	香港生产力促进局
气溶胶	通过在飞行中固化纳米结构的气雾剂喷出的纳米颗粒和导电聚合物油墨	Optomec
油墨/墨水	导电和介电油墨组合物、聚酰亚胺墨水	Voxel 8、Nano Dimension、同济大学
聚合物	导电聚合物、导热聚合物、悬浮聚合物	Nano Dimension、金溶进
石墨烯	支撑硅－石墨烯、氧化石墨烯等	威廉马什赖斯大学、本古里安大学
陶瓷	氮化硅陶瓷等	北京梦之墨科技有限公司、广东工业大学、Nano Dimension、华中科技大学
水凝胶	柔性聚四氟乙烯（PTFE）、聚二甲基硅氧（PDMS）、琼脂/聚丙烯酰胺（Agar/PAM）；PVA 水凝胶	西安交通大学、中山大学
微点胶	以极小体积（通常在皮升或纳升范围内）对纳米颗粒油墨、片状浆料和其他液体进行 3D 打印	Nscrypt
纤维素材料	将石墨或聚苯胺、聚吡咯、聚噻吩、聚乙炔、聚对苯乙烯等常见导电高分子化合物均匀依附在纤维素纳米纤丝上	天津科技大学
磁性材料	含有稀土磁钕铁硼磁粉、铁磁粉的磁性材料	江苏道勤新材料科技有限公司

图 14-11 所示为 2015—2019 年电子信息领域增材制造专利的技术发展历程。分析发现，近年来电子增材制造技术呈现多样化发展趋势，技术间融合也更加紧密，比如增材制造电路

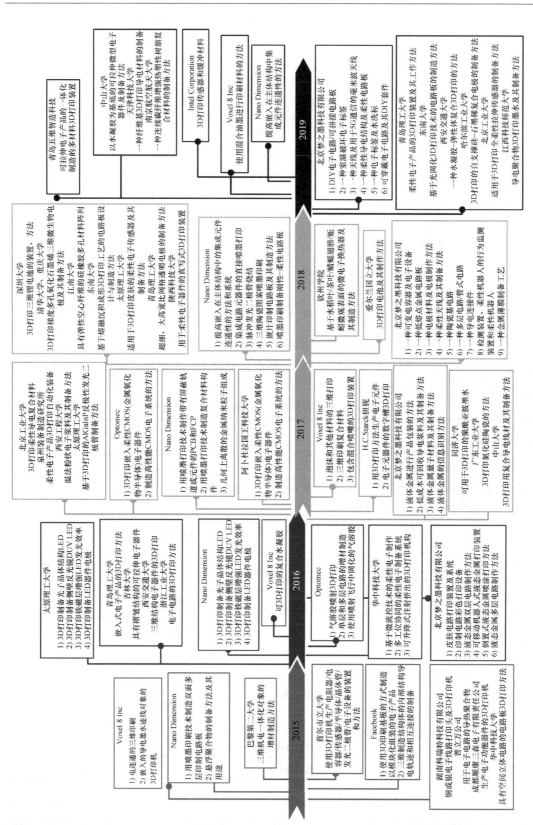

图 14-11　2015—2019 年电子信息领域增材制造专利的技术发展历程

板已经向 3D 打印柔性电路、3D 打印双层及多层电路等更深层次发展。Nano Dimension、Voxel 8、Optomec 等知名电子增材制造技术供应商不断获得领域内技术突破，并积极开展全球专利申请与布局。同时，我国也涌现出一批从事电子增材制造技术研究的企业及高校，其中以北京梦之墨科技有限公司为企业专利申请人代表，以西安交通大学、哈尔滨工业大学、北京工业大学、青岛理工大学、太原理工大学为科研院校代表的专利申请量稳步上升。

14.4　电子信息领域增材制造专利典型案例

案例 1：用于无掩模中尺度材料沉积的设备和方法（US8455051B2）。

Optomec 公司于 2010 年申请了发明专利 US8455051B2 "用于无掩模中尺度材料沉积的设备和方法"，该专利附图如图 14-12 所示。该专利涉及的 Optomec 公司一项关键技术电子元件 3D 打印沉积技术。该专利在全球范围内有 6 个简单同族专利，65 个扩展同族专利。说明 Optomec 公司以该项技术在全球多个国家布局了一个复杂的专利组合，属于该领域典型专利案例。根据该专利中的记载，该工艺能够直接沉积线宽从微米范围变化到毫米的一部分的特征，并且可以用于在损伤阈值接近 100℃ 的衬底上沉积特征。沉积和后续处理可以在环境条件下进行，从而不需要真空气氛。该方法也可以在惰性气体环境中进行。沉积和随后的激光后处理产生低至 1μm 的线宽，具有亚微米边缘清晰度。设备喷嘴具有大的工作距离，孔到衬底的距离可以是几毫米，并且可以直接写入到非平面表面上。

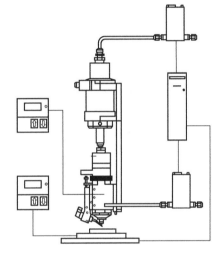

图 14-12　专利附图（来源：US8455051B2）

案例 2：用于打印多种材料类型 3D 打印机（US20160193785A1）。

Voxel 8 公司于 2015 年申请了发明专利 US20160193785A1 "用于打印多种材料类型 3D 打印机"，该专利附图如图 14-13 所示。该专利涉及一种三维（3D）打印机和相关的 3D 打印方法，包括：①分配系统，分配系统包括适于分配不同材料的可移除盒，每个盒包括状态销，状态销传送每个盒的标识、建筑材料分配器的属性和/或布置在其中的建筑材料的属性；②设置在分配系统下方的建筑物表面；③多轴定位系统，用于相对于建筑物表面定位分配系统；④Status 引脚连接。Status 引脚连接与部分分立 Status 引脚配合。将结构材料从一个盒分配到构建表面上以限定对象的至少一部分。功能墨水从另一墨盒分配到对象的区域上。

该打印机包含一个或多个可拆卸的气动控制药筒、容积式分配药筒（如螺旋推运器型系统、注射泵等），也可能具有螺旋推运器型系统和气动控制药筒的混合系统。气动控制的料筒可在室温下分配材料。该材料可以包括功能油墨，如导电、磁性、介电和半导体材料。该材料可包括选自环氧、热塑性塑料、硅氧烷及其组合的基质油墨，从而实现电子材料的 3D 打印。

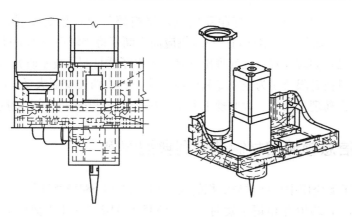

图 14-13　专利附图（来源：US20160193785A1）

参 考 文 献

［1］周德俭，成磊，吴兆华. 3D 打印技术及其在电子产品制造中的应用探讨［C］. 呼和浩特：2014 年电子机械与微波结构工艺学术会议，2014.

［2］兰红波，赵佳伟，钱垒，等. 电场驱动喷射沉积微纳 3D 打印技术及应用［J］. 航空制造技术，2019，62（1）：38 － 45.

［3］张慧梅，冯淑莹. 3D 打印技术在电子电路板制造中的应用探究［J］. 江西化工，2020（4）：175 － 176.

［4］黄菲，杨方，罗俊，等. 均匀金属液滴喷射微制造技术的研究现状［J］. 机械科学与技术，2012（1）：38 － 43.

第15章 建筑领域增材制造专利分析

15.1 发展现状

建筑领域增材制造是基于分层堆积的技术原理，一般采用集成3D打印头的工业机器人、专用设备根据路径规划逐层铺设材料构建建筑结构的新兴技术。它是一种融合了建筑设计、计算机、机器人、材料等多种学科的新兴建造技术，具有施工周期短、建造工艺简洁、降低劳动强度与危险性、建筑成果坚固耐用、利于实现特种作业等优势，尤其是在打印复杂曲面等特殊的非常规构件、适应恶劣环境作业、复杂地质施工条件等情形下，建筑增材制造的优势更为明显。并且建筑增材制造在外太空也大有用武之地，如月壤打印、空间基地建设。可以预见在不久的将来，将实现采取增材制造技术手段进行外星球居所的就地取材打印。

目前国内外建筑增材制造技术受到越来越广泛的重视。国外的建筑增材制造技术先后形成了三类典型工艺：第一类为2004年美国南加州大学 Behrohk Khoshnevis 教授提出的轮廓工艺打印技术；第二类为2005年意大利籍 Enrico Dini 教授发明的以细骨料和胶凝料为打印材料的数字打印机，命名为"D – Shape"；第三类为2008年英国拉夫堡大学 Richard Buswell 发明的混凝土打印技术。同时，国外科研机构在建筑增材制造技术的可行性论证、行业发展路线图和标准制定方面开展了大量研究，针对建筑增材制造理论、材料、成形工艺、装备等取得一系列成果。世界多个国家不约而同地对建筑增材发展给予积极的政策和资金支持，如2014年美国航天局出资与南加州大学合作，计划在月球上利用轮廓工艺为航天员打造必要的建筑设施；2016年沙特阿拉伯发布的《迪拜3D打印战略》中提到在2025年为止，迪拜25%的房屋建造将利用3D打印技术完成，并致力将迪拜打造成为世界建筑3D打印中心。

我国相关企业和研发机构瞄准建筑增材制造的前沿技术进行攻关，并取得了一系列技术和应用成果。先后涌现出一批诸如中建二局华南公司、盈创建筑科技、华商陆海科技、太空灰3D建筑打印科技、格林普建筑打印科技等优秀企业。据新闻报道，2014年初，盈创建筑科技在苏州工业园区使用3D打印技术建造出6层楼房和3层别墅。近年来，我国建筑增材制造技术应用取得多项突破，如2019年1月，跨度26.3m的3D打印混凝土步行桥在上海智慧科创园举行落成仪式，标志着我国3D混凝土打印建造技术进入世界先进水平；2019年7月，河北工业大学马国伟教授团队利用增材制造技术建造出一座跨度18.04m，总长28.1m的混凝土桥梁，桥梁形状仿造著名的赵州桥而建，并获得最长3D打印桥的吉尼斯纪录认证；2019年11月，世界首例原位3D打印双层示范建筑在中建二局广东建设基地完成主体结构打印，打印完成净用时不到60h，意味着原位3D打印技术在我国建筑领域取得突破性进展；2020年新型冠状病毒疫情暴发期间，盈创建筑科技推出适用于一种病患隔离治疗的3D打印的隔离病房，这种特殊的隔离病房具有建造时间快、成本低廉、抗风抗震、便于移动等优点。图15-1所示为近年建筑领域增材制造应用实例。

迪拜市政府3D打印地标"未来办公室"
（世界首个3D打印商用建筑）

迪拜市政府用楼
（世界上最大的3D打印建筑）

河北工业大学混凝土3D打印赵州桥
（世界规模最大的混凝土3D打印步行桥）

荷兰3D打印钢桥
（世界上第一座3D打印钢桥）

疫情期间盈创3D打印屋驰援巴基斯坦
（可移动、高强度、封闭保温隔离病房）

中建二局广州建设基地原位3D打印双层办公楼
（世界首例原位3D打印双层示范建筑）

图 15-1　近年建筑领域增材制造应用实例

在政策环境保障上，国家对于 3D 打印材料等新材料行业给予重点支持，先后发布《绿色建筑行动方案》《中国制造 2025》《2016—2020 年建筑业信息化发展纲要》《"十三五"材料领域科技创新专项规划》和《增材制造产业发展行动计划（2017—2020 年)》，为我国建筑增材制造材料的发展提供了保障。值得一提的是，2020 年 4 月 30 日，国家发改委首次明确新型基础设施的范围，其中包括创新基础设施，它将成为社会经济发展新的动力之一，助力中国转型升级，而新基建的核心就是数字化。增材制造技术的引入，把建筑业带入了数字领域，扩展了建筑设计和建筑的可能性，将有助于开启我国"新基建"的里程。

15.2　专利数据分析

15.2.1　专利申请趋势分析

本节采取中文、英文关键词与 IPC 分类号结合的方法对建筑领域增材制造相关专利进行检索，经去噪筛选后得到 1705 件专利，申请号合并后为 1482 件专利。图 15-2 所示为建筑领域增材制造专利申请趋势。由图 15-2 可以看出，从 2014—2015 年，建筑领域增材制造专利申请量快速攀升，2018 年度全球建筑领域增材制造专利年申请量超过 350 件。由于发明专利的公开及审查期限，导致 2019 年、2020 年建筑领域增材制造专利申请统计数据与实际发明专利申请量有所出入。目前建筑增材制造专利申请类型以发明申请为主，占到全部申请的 52%，其次为实用新型专利（占比为 24%）。

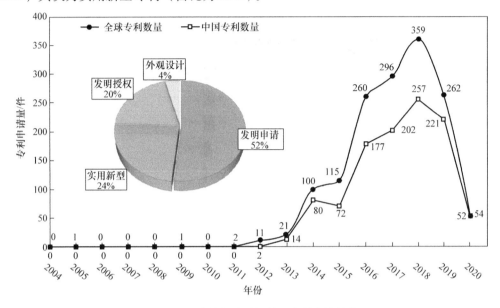

图 15-2　建筑领域增材制造专利申请趋势

通过每一年度建筑领域增材制造专利申请人数量与专利申请数量随时间的推移而变化的曲线可以判断技术的生命周期，见图 15-3，为避免误差未选取 2019 年、2020 年专利申请量数据进行分析。由图 15-3 可知，2011—2013 年建筑领域增材制造专利申请量及申请人数量都较少，可以推断该阶段为建筑增材制造技术的导入期。2014 年为建筑领域增材制造技术由导入期向成长期转变的分水岭，2015 年以后建筑增材制造技术专利申请量及申请人数量稳步增长，专利申请人数量由 2015 年的 56 位上升到 2018 年的 183 位，申请量也由 115 件

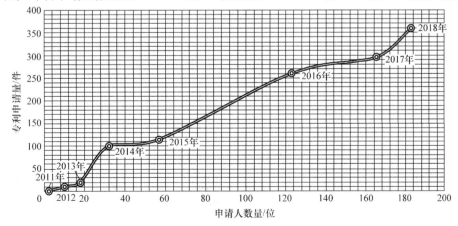

图 15-3　建筑领域增材制造技术生命周期示意图

飞跃至 359 件。我国应把握建筑增材制造技术成长期这一关键阶段，加大技术研发投入，瞄准建筑增材制造的关键核心寻求突破，积极布局相关专利，占领建筑领域增材制造技术高地。

15.2.2　专利申请地域分析

对建筑领域增材制造专利申请优先权数量和专利公开数量进行分析，结果如图 15-4 所示。

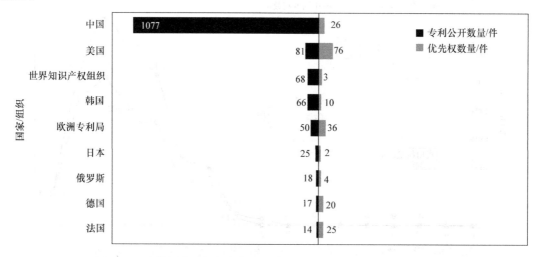

图 15-4　建筑领域增材制造专利申请公开数量及优先权数量地域分布

在专利公开数量中，中国申请的专利数量占有绝对优势，其次为美国、世界知识产权组织、韩国、欧洲专利局、日本、俄罗斯、德国及法国。在专利优先权数量上，美国拥有 76 件，其建筑增材制造专利优先权排名第一，其次为欧洲专利局、中国、法国、德国、韩国等。按照专利公开年度整理各国家/地区专利公开数量，图 15-5 所示为建筑领域增材制造专

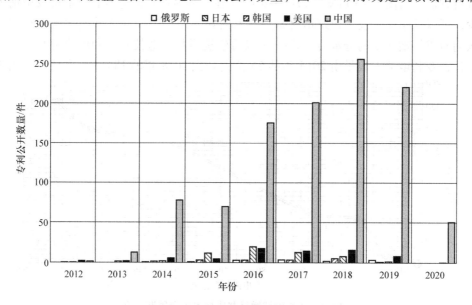

图 15-5　建筑领域增材制造专利申请全球国家分布

利申请全球国家分布。近年中国在建筑增材制造领域的专利申请量一直大幅度领先，美国从 2016 年、2017 年、2018 年建筑增材制造专利年申请量保持在 15 件以上，2016 年韩国建筑增材制造专利申请量为 21 件，成为近年韩国专利申请数量最高值。

表 15-1 为建筑领域增材制造专利技术来源国家、技术输入国家/组织，由表 15-1 可知，中国专利申请人大部分专利申请在本国，少量专利通过世界知识产权组织进行国际专利布局。美国专利申请人除了本土专利布局外，也较为重视中国、韩国市场，并且积极通过世界知识产权组织和欧洲专利局申请国际专利。德国、法国专利申请人本国专利申请量与国际专利申请量相当。

表 15-1　建筑领域增材制造专利技术来源国家、技术输入国家/组织

技术来源国家	技术输入国家/组织									
	中国	美国	韩国	德国	法国	世界知识产权组织	欧洲专利局	英国	加拿大	日本
中国	1057	3	0	0	0	11	1	0	0	0
美国	7	52	3	1	0	18	14	3	2	2
韩国	2	2	60	0	0	2	0	0	0	0
德国	1	3	1	16	0	10	7	0	1	4
法国	2	3	0	0	14	6	7	0	1	0

我国建筑领域增材制造技术的研究以长江三角洲城市群为核心，辐射带动整个东部沿海地区。上海、北京、广州等一线城市专利申请数量排名靠前，另外江苏、山东、安徽、天津、辽宁、湖北也是我国建筑增材制造技术研发较为活跃的省市。

15.2.3　专利申请人排序

国内外建筑领域增材制造专利主要申请人如图 15-6 所示。目前国内建筑领域增材制造专利申请量排名前十的申请人依次为中国建筑第八工程局有限公司、上海建工集团股份有限公司、中国建筑股份有限公司、同济大学、河北工业大学、卓达新材料科技集团威海股份有限公司、马义和、上海言诺建筑材料有限公司、盈创新材料（苏州）有限公司、都书鹏。其中，中国建筑第八工程局有限公司（简称“中建八局”）以 78 件专利申请量排名第一位，中国建筑第八工程局有限公司是隶属于世界五百强企业中国建筑股份有限公司的国有大型建筑施工骨干企业。从 2014 年开始中建八局陆续申请建筑增材制造相关专利，专利技术涵盖增材制造墙体（配筋砌体剪力墙、内隔墙、填充墙体、自由拼接式 3D 打印墙）、桁架空心楼板、装配式框架柱、建筑材料制备（夹心复合建筑材料、混凝土碳纤维材料、FRP 混凝图材料）、切片方法、循环供料控制方法、线宽补充方法、测试方法（构件层间黏结/剪切强度、材料流变性能）等方面。排名第二位的上海建工集团股份有限公司（简称“上海建工”），2020 年以年营业收入 2054.97 亿元首次跻身世界 500 强企业榜单，上海建工在建筑增材制造领域专利布局侧重于装置及方法，自主研发的建筑用 3D 打印连续爬升装置可以实现超高层建筑的核心筒、外框架、楼层板的自动化一体建造；地下工程 3D 打印装置适用于大范围地下大量异形复杂建筑物建造施工；沿建筑水平方向斜面 3D 打印无支撑模板装置，采取模板悬挂装置将模板连接于打印头横梁上，可为水平构件的 3D 打印提供临时性支

撑。2018—2020 年国内建筑领域增材制造主要申请人及专利列举如图 15-7 所示，2020 年中国建筑第八工程局有限公司、华创智造（天津）科技有限公司、云南印能科技有限公司、北京华商陆海科技有限公司以及河北工业大学、同济大学领域内技术研究热度较高。

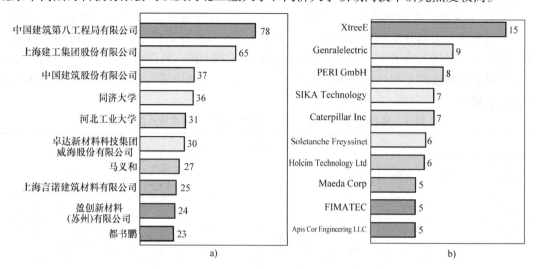

图 15-6　国内外建筑领域增材制造专利主要申请人

国内建筑领域增材制造专利主要发明人信息见表 15-2，参与专利发明件数最多的发明人为盈创建筑科技（上海）有限公司、盈创新材料（苏州）有限公司、上海言诺建筑材料有限公司创始人马义和。发明数量靠前的还有来自中国建筑第八工程局有限公司的苗冬梅、马荣全、葛杰、白洁，以及上海建工集团股份有限公司的李荣帅。

国外建筑领域增材制造主要专利申请企业如图 15-8 所示。国外建筑增材制造专利申请量排名前十位的申请人依次为法国 XtreeE 公司、美国通用电气公司、派利集团（PERI GmbH）、西卡科技（SIKA Technology）、卡特彼勒公司（Caterpillar Inc）、Soletanche Freyssinet、瑞士霍尔希姆公司（Holcim Technology Ltd）、前田建筑工业株式会社（Maeda Corp）、FIMATEC、Apis Cor Engineering LLC。

排名第一位的 XtreeE 公司成立于 2015 年，目前是大规模混凝土结构增材制造的知名跨国企业，研发技术包括 3D 打印混凝土材料、可挤压材料和专门的软件程序机器人。XtreeE 已与建筑材料生产商 LafargeHolcim、跨国集团 ABB 和 3D 软件公司 Dassault Systemes、法国建筑公司 VINCI 达成合作，致力于将数字化制造技术整合入建筑行业并推动其发展。

美国通用电气是世界上最大的提供技术和服务业务的跨国公司，近两年通用电气申请了多项关于 3D 打印混凝土风力涡轮机底座、水泥材料塔架结构的专利，积极开发大型 3D 打印基座的摩天大楼级风力发电机技术。

德国派利集团（PERI GmbH）创建于 1969 年，是世界知名的建筑模板、脚手架制造商之一，曾参与建设欧洲最高建筑物——圣彼得堡市拉赫塔中心。目前派利公司全球共拥有 9500 名员工，年销售额突破 16.85 亿欧元，在全球建设有 69 个子公司。2017 年、2018 年派利集团申请多项关于混凝土 3D 打印增强体及建筑模板增材制造的专利。

排名第四位的西卡科技（SIKA Technology）是一家在全球各地生产及经营建筑用化学材料产品的跨国公司，近年来开发了一种高精度的混凝土 3D 打印技术工艺技术，可以根据

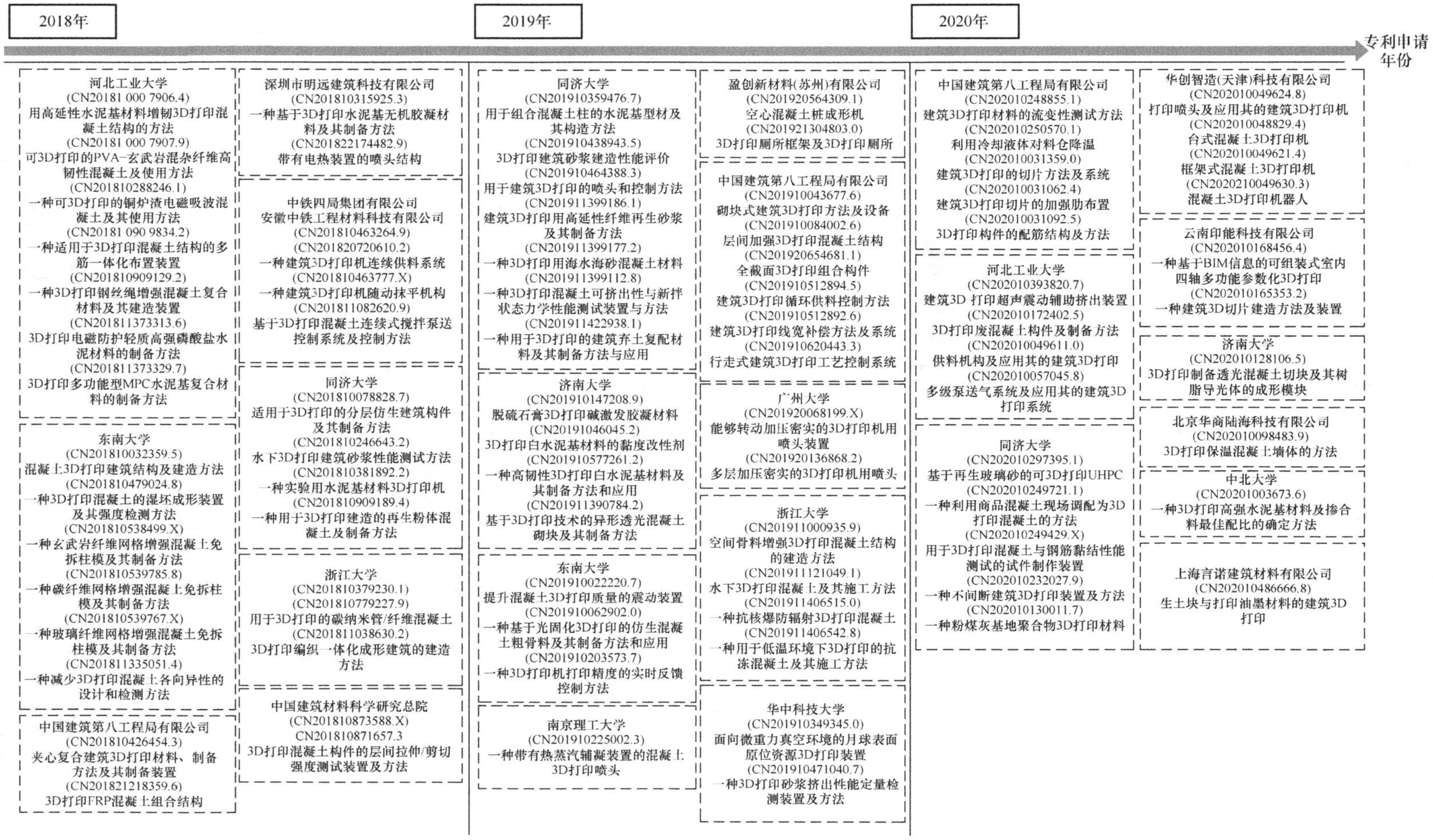
2018年
2019年
2020年
专利申请年份
河北工业大学
(CN20181 000 7906.4)
用高延性水泥基材料增韧3D打印混凝土结构的方法
(CN20181 000 7907.9)
可3D打印的PVA-玄武岩混杂纤维高韧性混凝土及使用方法
(CN201810288246.1)
一种可3D打印的铜炉渣电磁吸波混凝土及其使用方法
(CN20181 090 9834.2)
一种适用于3D打印混凝土结构的多筋一体化布置装置
(CN201810909129.2)
一种3D打印钢丝绳增强混凝土复合材料及其建造装置
(CN201811373313.6)
3D打印电磁防护轻质高强磷酸盐水泥材料的制备方法
(CN201811373329.7)
3D打印多功能型MPC水泥基复合材料的制备方法
东南大学
(CN201810032359.5)
混凝土3D打印建筑结构及建造方法
(CN201810479024.8)
一种3D打印混凝土的湿坯成形装置及其强度检测方法
(CN201810538499.X)
一种玄武岩纤维网格增强混凝土免拆柱模及其制备方法
(CN201810539785.8)
一种碳纤维网格增强混凝土免拆柱模及其制备方法
(CN201810539767.X)
一种玻璃纤维网格增强混凝土免拆柱模及其制备方法
(CN201811335051.4)
一种减少3D打印混凝土各向异性的设计和检测方法
中国建筑第八工程局有限公司
(CN201810426454.3)
夹心复合建筑3D打印材料、制备方法及其制备装置
(CN201821218359.6)
3D打印FRP混凝土组合结构
深圳市明远建筑科技有限公司
(CN201810315925.3)
一种基于3D打印水泥基无机胶凝材料及其制备方法
(CN201822174482.9)
带有电热装置的喷头结构
中铁四局集团有限公司
安徽中铁工程材料科技有限公司
(CN201810463264.9)
(CN201820720610.2)
一种建筑3D打印机连续供料系统
(CN201810463777.X)
一种建筑3D打印机随动抹平机构
(CN201811082620.9)
基于3D打印混凝土连续式搅拌泵送控制系统及控制方法
同济大学
(CN201810078828.7)
适用于3D打印的分层仿生建筑构件及其制备方法
(CN201810246643.2)
水下3D打印建筑砂浆性能测试方法
(CN201810381892.2)
一种实验用水泥基材料3D打印机
(CN201810909189.4)
一种用于3D打印建造的再生粉体混凝土及制备方法
浙江大学
(CN201810379230.1)
(CN201810779227.9)
用于3D打印的碳纳米管/纤维混凝土
(CN201811038630.2)
3D打印编织一体化成形建筑的建造方法
中国建筑材料科学研究总院
(CN201810873588.X)
CN201810871657.3
3D打印混凝土构件的层间拉伸/剪切强度测试装置及方法
同济大学
(CN201910359476.7)
用于组合混凝土柱的水泥基型材及其构造方法
(CN201910438943.5)
3D打印建筑砂浆建造性能评价
(CN201910464388.3)
用于建筑3D打印的喷头和控制方法
(CN201911399186.1)
建筑3D打印用高延性纤维再生砂浆及其制备方法
(CN201911399177.2)
一种3D打印用海水海砂混凝土材料
(CN201911399112.8)
一种3D打印混凝土可挤出性与新拌状态力学性能测试装置与方法
(CN201911422938.1)
一种用于3D打印的建筑弃土复配材料及其制备方法与应用
济南大学
(CN201910147208.9)
脱硫石膏3D打印碱激发胶凝材料
(CN201910046045.2)
3D打印白水泥基材料的黏度改性剂
(CN201910577261.2)
一种高韧性3D打印白水泥基材料及其制备方法和应用
(CN201911390784.2)
基于3D打印技术的异形透光混凝土砌块及其制备方法
东南大学
(CN201910022220.7)
提升混凝土3D打印质量的震动装置
(CN201910062902.0)
一种基于光固化3D打印的仿生混凝土粗骨料及其制备方法和应用
(CN201910203573.7)
一种3D打印机打印精度的实时反馈控制方法
南京理工大学
(CN201910225002.3)
一种带有热蒸汽辅凝装置的混凝土3D打印喷头
盈创新材料(苏州)有限公司
(CN201920564309.1)
空心混凝土桩成形机
(CN201921304803.0)
3D打印厕所框架及3D打印厕所
中国建筑第八工程局有限公司
(CN201910043677.6)
砌块式建筑3D打印方法及设备
(CN201910084002.6)
层间加强3D打印混凝土结构
(CN201920654681.1)
全截面3D打印组合构件
(CN201910512894.5)
建筑3D打印循环供料控制方法
(CN201910512892.6)
建筑3D打印线宽补偿方法及系统
(CN201910620443.3)
行走式建筑3D打印工艺控制系统
广州大学
(CN201920068199.X)
能够转动加压密实的3D打印机用喷头装置
(CN201920136868.2)
多层加压密实的3D打印机用喷头
浙江大学
(CN201911000935.9)
空间骨料增强3D打印混凝土结构的建造方法
(CN201911121049.1)
水下3D打印混凝土及其施工方法
(CN201911406515.0)
一种抗核爆防辐射3D打印混凝土
(CN201911406542.8)
一种用于低温环境下3D打印的抗冻混凝土及其施工方法
华中科技大学
(CN201910349345.0)
面向微重力真空环境的月球表面原位资源3D打印装置
(CN201910471040.7)
一种3D打印砂浆挤出性能定量检测装置及方法
中国建筑第八工程局有限公司
(CN202010248855.1)
建筑3D打印材料的流变性测试方法
(CN202010250570.1)
利用冷却液体对料仓降温
(CN202010031359.0)
建筑3D打印的切片方法及系统
(CN202010031062.4)
建筑3D打印切片的加强肋布置
(CN202010031092.5)
3D打印构件的配筋结构及方法
河北工业大学
(CN202010393820.7)
建筑3D 打印超声震动辅助挤出装置
(CN202010172402.5)
3D打印废混凝土构件及制备方法
(CN202010049611.0)
供料机构及应用其的建筑3D打印
(CN202010057045.8)
多级泵送气系统及应用其的建筑3D打印系统
同济大学
(CN202010297395.1)
基于再生玻璃砂的可3D打印UHPC
(CN202010249721.1)
一种利用商品混凝土现场调配为3D打印混凝土的方法
(CN202010249429.X)
用于3D打印混凝土与钢筋黏结性能测试的试件制作装置
(CN202010232027.9)
一种不间断建筑3D打印装置及方法
(CN202010130011.7)
一种粉煤灰基地聚合物3D打印材料
华创智造(天津)科技有限公司
(CN202010049624.8)
打印喷头及应用其的建筑3D打印机
(CN202010048829.4)
台式混凝土3D打印机
(CN202010049621.4)
框架式混凝土3D打印机
(CN2020210049630.3)
混凝土3D打印机器人
云南印能科技有限公司
(CN202010168456.4)
一种基于BIM信息的可组装式室内四轴多功能参数化3D打印
(CN202010165353.2)
一种建筑3D切片建造方法及装置
济南大学
(CN202010128106.5)
3D打印制备透光混凝土切块及其树脂导光体的成形模块
北京华商陆海科技有限公司
(CN202010098483.9)
3D打印保温混凝土墙体的方法
中北大学
(CN20201003673.6)
一种3D打印高强水泥基材料及掺合料最佳配比的确定方法
上海言诺建筑材料有限公司
(CN202010486666.8)
生土块与打印油墨材料的建筑3D打印

图 15-7　2018—2020 年国内建筑领域增材制造主要申请人及专利列举

表 15-2　国内建筑领域增材制造专利主要发明人信息

发明人	参与专利数/件	所属单位
马义和	82	上海言诺建筑材料有限公司、盈创新材料（苏州）有限公司、盈创建筑科技（上海）有限公司
苗冬梅	56	中国建筑第八工程局有限公司
马荣全	56	中国建筑第八工程局有限公司
葛杰	50	中国建筑第八工程局有限公司
李荣帅	48	上海建工集团股份有限公司
白洁	43	中国建筑第八工程局有限公司

图 15-8　国外建筑领域增材制造主要专利申请企业

企业不同的形式和设计模型风格，完成定制化 3D 打印混凝土内部结构的创建，2017 年西卡科技提交专利申请 US16465167 "Additive Manufacturing of Shaped Bodies From Curable Material（可固化材料成形体的增材制造）"。2018 年西卡科技在澳大利亚、巴西、加拿大、中国、欧洲专利局、韩国、新加坡、美国、世界知识产权组织布局以 "Device for applying a building material（用于涂布建筑材料的系统）" 为主题的专利组合。

专利申请量排名第五位的卡特彼勒公司（Caterpillar Inc）是一家拥有 90 余年历史的建筑工程机械和采矿设备制造商。2016 年开始，卡特彼勒不断涉足新兴领域，如 3D 打印、无人机、机器人、无人驾驶、自动控制、大数据、云计算等。2015 年、2016 年卡特彼勒公司陆续申请 6 件建筑增材制造相关专利，例如 US14805930 "Structural 3D printing machine（结构化 3D 打印机）"、US14996289 "Structural Formation Systems（结构组成体系）"、US15019488 "Systems and methods for controlling an implement of a machine utilizing an orientation leveling system（使用定向调平系统控制机器机具的系统和方法）" 等。2018 年提交的专利申请 US16058085 "Control System for Movable Additive Manufacturing（可移动化增材制造控制系统）"，保护了一种具有可移动系统的喷嘴，以及相应的姿态传感器和控制器，控制器可以调控喷嘴实现多种姿态和路径的建筑增材制造。

在国外建筑领域增材制造专利申请人排名中，Apis Cor 是一家总部位于美国旧金山的建筑 3D 打印初创公司，在俄罗斯设立有分部。2015 年俄罗斯设计师 Nikita Chen – iun – tai 设计出一种名为 Apis Cor 的圆形 3D 打印机，这种打印机使用的不是传统的 *XYZ* 三轴设置，它有一个旋转底座和类似起重机的手臂可以向各个方向旋转，由内而外地打印整个建筑，并且可以使用标准的工程机械运输，在任何表面上组装，不需要前期的准备和检测工程。2017年，Apis Cor 公司采取建筑 3D 打印技术在莫斯科郊外建造了一座可以居住的 1∶1 结构房屋，建造时间成功控制在 24h 以内。2017 年，Apis Cor 公司获得私募股权基金投资的 600 万美元。2019 年，Apis Cor 使用便携式 3D 打印机在迪拜完成一座高 9.5m、总建筑面积为 640m² 的行政大楼建设任务，该建筑是目前世界上最大的 3D 打印建筑物。图 15-9 所示为 Apis Cor 公司设计的建筑 3D 打印机。2019 年，在美国宇航局（NASA）举办的 "3D 打印火星基地挑战赛" 第四赛段中，Apis Cor 与 SEArch 合作的团队获得第一名，他们提出的 3D 打印火星基地方案中外壳设计依据火星日照辐射时间，光线可以从侧面和顶部的槽型端口进入，并且结构具有良好的韧性，能够适应火星多变的气候条件，该方案火星基地的扩展性和实用性都较强，如图 15-10 所示。

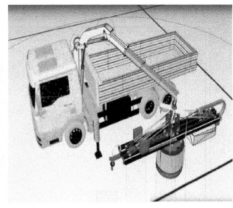

图 15-9　Apis Cor 公司设计的建筑 3D 打印机

图 15-10　Apis Cor/SEArch 团队 3D 打印火星基地设计效果图

15.3　专利技术分析

对建筑领域增材制造专利申请 IPC 分类号进行统计，结果如图 15-11 所示。约有 220 件专利分类号归属于 B28B1 "黏土或其他陶瓷成分、熔渣或含有水泥材料的混合物生产成形制品"，其中 B28B1/00 "由材料生产成形制品" 是高频分类号，此分类下的专利大多数为混凝土材料增材制造装置及系统。有 199 件专利分类号归属于 E04G21 "建筑材料或建筑构件在现场的制备、搬运或加工；施工中采用的其他方法和设备"，此大组号下出现的高频分类号有 E04G21/04 "既能运输又能用于布配的装置"、E04G21/00 "建筑材料或建筑构件在现场的制备、搬运或加工"、E04G21/02 "混凝土或能装载或浇注成形的类似物料的输送或作业"。归属于大组号 C04B28 "含有无机黏结剂或含有有机黏结剂反应产物的砂浆、混凝土或人造石的组合物"，如多元羧酸盐水泥的专利数量为 145 件，该分类号下主要分类号为 C04B28/04 "硅酸盐水泥"、C04B28/06 "高铝水泥"，此类专利保护的主题大多数为水泥基混凝土 3D 打印建筑材料的制备。

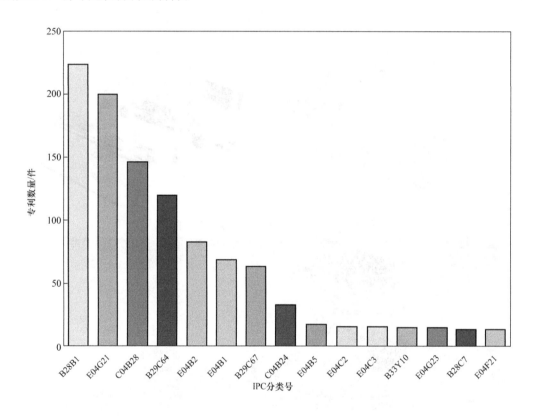

图 15-11　建筑领域增材制造专利申请 IPC 分类号排名前 15 位

　　建筑领域增材制造专利申请 IPC 分类号及其含义见表 15-3。除了上述三个专利数量最多的 IPC 分类号以外，在建筑领域增材制造专利 IPC 分类号分布中，B29C64、B29C67、B33Y10 都是增材制造工艺相关的分类号，专利数量较多的分类号为 B29C64/20 "附加制造装置及其零件或附件"、B29C64/209 "喷头、喷嘴"。分类号中属于建筑增材制造技术应用的有：E04B2 "建筑物的墙，隔绝墙的构造，专门用于墙的连接"、E04B1 "一般构造，不限于墙"、E04B5 "楼板，用于隔绝的楼板结构，其专用连接件"、E04C2 "建造房屋部件用的较薄形构件"、E04C3 "用于承重的长条形结构构件"。

表 15-3　建筑领域增材制造专利申请 IPC 分类号及其含义

IPC 分类号	含　义
B28B1	黏土或其他陶瓷成分、熔渣或含有水泥材料的混合物生产成形制品
E04G21	建筑材料或建筑构件在现场的制备、搬运或加工；施工中采用的其他方法和设备
C04B28	含有无机黏结剂或含有有机黏结剂反应产物的砂浆、混凝土或人造石的组合物
B29C64	增材加工，即三维（3D）物体通过增材沉积、聚结或层压，通过 3D 打印
E04B2	建筑物的墙，隔绝墙的构造，专门用于墙的连接
E04B1	一般构造，不限于墙，如间壁墙或楼板或顶棚或屋顶中任何一种结构
B29C67	不包含在 B29C39/00～B29C65/00，B29C70/00 或 B29C73/00 组中的成形技术
C04B24	使用有机材料作为砂浆、混凝土或人造石的有效成分，如增塑剂
E04B5	楼板，用于隔绝的楼板结构，其专用连接件
E04C2	建造房屋部件用的较薄形控件，如各种薄板、平板或镶板
E04C3	用于承重的长条形结构构件
B33Y10	附加制造技术的过程
E04G23	对现有建筑物的施工措施
B28C7	对制造黏土或水泥与其他材料混合料的设备运行的控制；黏土或水泥与其他材料混合时配料的供料与配比；混合物的出料
E04F21	建筑物的装修工程，如楼梯、楼面；建筑装修工程用的器具

　　基于建筑领域增材制造专利应用分布、材料类型、技术特征及区别特征的标引，以及对标引结果的统计分析，总结出目前建筑领域增材制造专利技术发展的特征。建筑领域增材制造专利技术的应用分布如图 15-12 所示。墙体、房屋是建筑领域增材制造技术应用最多的领域，其次为桥梁、楼板、柱体、建筑修复、塔/亭、屋顶、梁体、水坝、隧道衬砌、城市管廊、桌子、声屏蔽、砖、窗户、楼梯。简而言之，建筑领域增材制造技术应用范围已经从墙体、房屋等普通建筑结构逐渐向交通基础设施（桥梁、隧道衬砌、声屏蔽）、装饰性建筑（塔/亭）、家具（桌椅）、建筑修复、水利设施（水坝）、城市管廊等领域扩展。

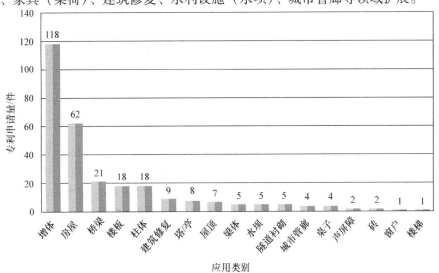

图 15-12　建筑领域增材制造专利技术的应用分布

适用于建筑领域增材制造技术的材料类型更加多样化。表 15-4 为建筑领域增材制造专利材料类型分布情况，从目前申请的专利来看，建筑增材制造材料可以分为水泥基混凝土材料、固体废弃物材料、石膏基材料、一般聚合物材料、发泡/泡沫材料以及外星材料。其中使用水泥基混凝土材料的专利数量最多，研究方向包括高强度、高韧性、速凝、流动性好、能够自发养护、沉降差小的水泥基材料与纤维增强水泥基材料以及具有电磁防护性的磷酸镁/盐水泥复合材料和硫铝酸盐水泥凝胶材料。

表 15-4　建筑领域增材制造专利材料类型分布情况

材料类型	专利研究方向	主要专利申请人
水泥基混凝土材料	高强度、高韧性、速凝、流动性好、能够自发养护、沉降差小的水泥基材料 纤维增强水泥基材料：碳纤维增强高阻高抗拉高强度、玻璃纤维增强、高延性纤维增强、微生物矿化纤维增强、（玄武岩、尾矿砂）混杂纤维增强、碳纤维增强 磷酸镁/盐水泥复合材料：具有电磁防护性、轻质高强、快硬调湿 硫铝酸盐水泥凝胶材料：高铁硫铝酸盐、快硬硫铝酸盐、低碱度硫铝酸盐	同济大学、河北工业大学、东南大学、中国建筑第八工程局有限公司、浙江大学、XtreeE、济南大学、中国建筑股份有限公司、芜湖林一电子科技有限公司、PERI GmbH、华创智造（天津）科技有限公司
固体废弃物材料	赤泥碱激发胶凝材料、再生玻璃砂可 3D 打印 UHPC（超高性能混凝土）、地质聚合物（粉煤灰、天然砂、矿渣粉、钢渣粉等）、矿化垃圾、城市废物、工业固废、建筑垃圾、建筑弃土	同济大学、山东大学、芜湖林一电子科技有限公司、北京隆源自动成形系统有限公司
石膏基材料	玻璃纤维增强石膏、脱硫石膏碱激发胶凝材料、原状钛石膏渣基材料	马鞍山十七冶工程科技有限责任公司、厦门联合住工新材料科技有限公司、济南大学
一般聚合物材料	TPU 基材料：高韧性、阻燃性 TPU 基（热塑性聚氨酯弹性体）材料 ABS 树脂：高强度耐紫外线 ABS 树脂基材料 改性聚合物材料：改性聚苯硫醚/聚乳酸基复合材料（高韧性、耐高温、耐氧化）	李宏伟 合肥科尔智能科技有限公司
发泡/泡沫材料	力响应聚合物泡沫复合材料、（硬质）聚氨酯发泡材料、自保温泡沫混凝土材料	西安增材制造国家研究院有限公司、河北昊瑞坤数字科技有限公司、翁秋梅
外星材料	月球表面原位资源：月壤、月尘等	北京卫星制造厂有限公司、华中科技大学

随着"建筑 4.0"时代的到来，建筑领域无时无刻不在更新着打破传统概念的新兴工艺和新兴技术，建筑信息化模型（Building Information Modeling，BIM）技术和装配式建筑成为突出代表。近几年新兴的建筑增材制造技术也在突飞猛进的发展，衍生出基于 BIM 技术的建筑 3D 打印，甚至 BIM + 装配式 + 3D 打印三者联动的新型建筑增材制造技术。

建筑信息化模型包含了建筑工程项目从规划、勘察、概念设计、细节设计、分析、出图、预制、施工、施工物流、运营维护和拆除或翻新的全生命周期的所有信息，这些信息包括了地理位置、工程背景、设计信息、施工信息、材料来源、运营维护数据和拆除翻新等信息。随着 BIM 技术应用的深化，BIM 与 VR、GIS、增材制造，人脸识别等技术融合的需求日益迫切。而装配式建筑指的是由预制构件在工地装配而成的建筑体，主要依靠工厂生产的预制构件进行装配施工。由于构件制造方式是机械化生产，构件的质量和精度得到保证，人工浇筑出现的胀模、漏浆、漏筋蜂窝麻面等问题减少，建筑品质有了质的提高。

3D 打印技术与 BIM 技术的多角度结合，有助于发挥各自技术的优势作用，集成先进理论和先进技术。通过 BIM 建模优势，可以深化设计，避免施工过程中出现重大设计漏洞影响工程质量和施工周期；BIM + 3D 打印建筑技术可以在施工前期进行 3D 打印缩尺实体模型，将平面图形立体化、实质化呈现给甲方或施工单位，便于沟通、理解建筑概况，也可以作为模拟施工进度、流程的直观表达；BIM + 3D 打印建筑有助于提高建筑物的外形和精度，可为异形混凝土结构的建造提供新的技术手段。

使用 BIM 模型拆分优化，进行模块化 3D 建筑打印，随后实施装配式施工，属于 3D 打印建筑技术、BIM 技术、装配式建筑技术的结合运用。运用 3D 打印制造的装配式构件节约了人工成本和时间成本，可以有效降低能耗；通过 BIM 软件所设计的特殊造型难交底的问题也可以通过 3D 打印技术来直接制造出来，做到所得即所见；而装配式建筑的特点是精密建造，需要实现精密设计和精密建造，BIM 技术以精细度达到毫米级的优势与装配式精密建造的特点十分契合，可以实现精细化设计、精密化建造。

自 2015 年以来，关于 BIM + 3D 打印以及 BIM + 装配式 + 3D 打印的专利申请逐渐出现，专利申请人主要有 Anguleris Technologies、中国十七冶集团有限公司、北京交通大学、青岛理工大学、河北工业大学、广州保丽高网络科技有限公司、云南印能科技有限公司等。BIM 技术 + 建筑增材制造重点专利申请情况见表 15-5。

表 15-5　BIM 技术 + 建筑增材制造重点专利申请情况

申请号	专利名称	专利摘要	申请人/法律状态
US14194717	Method and system for creating 3D models from 2D data for building information modeling（BIM）	一种用于从二维（2D）数据创建用于建筑物信息建模（BIM）的三维（3D）模型的方法和系统。该方法和系统支持将现有的 3D 建模程序（如 Autodesk Revit、AutoCAD、VectorWorks、MicroStation、ArchiCAD 等）转换成新的 2D、3D 和更高维模型。新模型用于增强和扩展现有的三维建模程序。新模型还可用于直接创建由具有机器人、3D 打印机和制造机器的新模型表示的物理对象（如窗户、门等）	Anguleris Technologies LLC 授权
CN201510607860.6	一种将 BIM 和 3D 打印技术应用在施工中的方法	该发明公开了一种将 BIM 和 3D 打印技术应用在施工中的方法，它包括以下步骤： 1）三维建筑信息模型的建立 2）将三维建筑信息模型以 dwf 格式导出，用 Navisworks 打开，用 Navisworks 软件渲染三维信息模型，并通过漫游检查建筑空间布置的合理性 3）确认三维信息模型合理性后，与 3D 打印机连接，打印所需要的模型 4）项目参与人员对打印出来的模型，检查其合理性，将问题及时反馈给模型建立的工程师，专业工程师根据设计院出具的变更调整模型，保证建筑使用的合理性，使问题在施工前期就得到解决	中国十七冶集团有限公司 公开后被驳回

（续）

申请号	专利名称	专利摘要	申请人/法律状态
CN201710064008.8	一种基于 BIM 的单轨交通 3D 打印技术	该发明涉及一种基于 BIM 的单轨交通 3D 打印技术，基于 BIM 对单轨交通轨道梁桥进行可视化设计；对每一跨轨道梁桥进行模拟装配拼装，得到混凝土轨道梁和混凝土桥墩的模型信息；根据已形成的单轨交通混凝土轨道梁和混凝土桥墩的 BIM 模型，利用 3D 打印技术对单轨交通混凝土轨道梁和混凝土桥墩进行 3D 打印。基于 BIM 对单轨交通轨道梁桥进行可视化设计，给出适用于单轨交通给定线路的轨道梁桥模型。对每一跨轨道梁桥进行模拟装配拼装，得到混凝土轨道梁和混凝土桥墩的模型信息；基于已形成的单轨交通混凝土轨道梁和混凝土桥墩的 BIM 模型，由 BIM 系统和 3D 打印设备共同工作，利用 3D 打印技术对混凝土轨道梁和混凝土桥墩进行 3D 打印	北京交通大学 实质审查中
CN201710573819.0	一种基于 BIM 模型的几何信息提取方法	该发明公开了一种基于 BIM 模型的几何信息提取方法，其方式是编号标识排序、节点空间坐标定位、构件几何信息参数化呈现，其特点是提取效率高、参数化呈现空间占用少、应用灵活。其能够有效解决现有 BIM 模型与 VR、GIS、3D 打印、人脸识别等多源信息不能共享、信息交互速度慢、信息丢失、数字资源浪费严重、投资支出过大等问题，可广泛应用于土木建筑规划、设计、施工、运维的全生命周期	青岛理工大学、青岛智建信息科技有限公司 授权
CN201820636371.2	利用 BIM 建立三维模型建筑施工现场打印装置	本实用新型涉及建筑施工技术领域，尤其涉及利用 BIM 建立三维模型建筑施工现场打印装置，包括：第一丝杠、第二丝杠、第三丝杠；左右两侧的第一固定侧的中间位置水平镶嵌有第一丝杠，且第一固定侧通过轴承与第一丝杠活动连接；竖支架呈［形结构，且竖支架通过螺栓固定在底座上部的后侧；竖支架的前侧竖直镶嵌有第二丝杠，且第二丝杠通过轴承与竖支架活动连接；横支架的左侧水平镶嵌有第三丝杠，且第三丝杠通过轴承与横支架活动连接。本实用新型通过以上结构上的改进，具有平移精度高、提高打印质量、携带周转方便等优点，从而有效地解决了现有装置中存在的问题和不足	四川水利职业技术学院 授权
CN201821366865.X	一种 BIM 技术建筑样板 3D 打印设备	本实用新型公开了一种 BIM 技术建筑样板 3D 打印设备，包括 3D 打印机，3D 打印机包括耗材挤出机、显示屏、打印平台和放置平台，放置平台上钻有集料口，其集料口上端连接有导料管，且导料管下端连接有输料管。该 BIM 技术建筑样板 3D 打印设备利用 3D 打印机来生产 BIM 技术建筑样板，使得样板规格可以保持精确，利用在 3D 打印机的放置平台下方设置有耗材回收装置，使得在扫除松散的粉末"刨"出模型时，扫除下来的耗材可以被回收再利用，大大节约了生产 BIM 技术建筑样板的成本	郑栅 授权

（续）

申请号	专利名称	专利摘要	申请人/法律状态
CN201822009250.8	一种基于 BIM 技术的建筑施工监管装置	本实用新型提供了一种基于 BIM 技术的建筑施工监管装置，包括监管测量端、无线 AP、交换机；监管测量端安装在建筑施工现场，且监管测量端与无线 AP 相连接；无线 AP 及 BIM 监管工作站分别接入交换机，且无线 AP 及 BIM 监管工作站通过有线与交换机相连接；工作台的下方设置有 BIM 主机，且 BIM 主机中预存有 BIM 模型数据信息；工作台上设置有显示器，且显示器与 BIM 主机通过信号线相连接；工作台的一侧设置有模型分析台，且模型分析台上设置有 3D 打印机	原杰授权
CN201920262315.1	一种利用 BIM 建立三维模型建筑施工现场打印装置	本实用新型公开了一种利用 BIM 建立三维模型建筑施工现场打印装置，包括底座、竖支架、第二丝杠、第二丝杆副、横支架、第三丝杠、第三丝杆副，其特征在于，横支架靠近第二丝杆副的一侧固定连接有转轴，第二丝杆副的内壁开设有与转轴相匹配的圆槽，且圆槽的内部靠近开口的一端通过滚动轴承与转轴转动连接，圆槽的侧壁开设有第一销孔，第一销孔的内部设有第一销杆，第一销杆的杆壁固定连接有两个对称设置的第一滑块，两个第一滑块远离转轴的一端均固定连接有第一弹簧，转轴的侧壁开设有两个呈 90° 分布的限位槽	武汉船舶职业技术学院授权
CN201910302454.7	基于 BIM、MR 与 3DP 技术结合的工程信息系统	该发明为基于 BIM、MR 与 3DP 技术结合的工程信息系统，该系统的搭建过程是：①利用 BIM 技术在计算机中逐步搭建与工程相关的待分析建筑模型，并获取建筑全生命周期的信息数据；②利用 SQL Server 数据库按照不同分类记录该建筑模型的建筑全生命周期的信息数据；③将 MR 设备佩戴在使用者头部，使用 MR 技术进行展示和智能分析，在 MR 设备的屏幕上包括 BIM 模型模拟模式、全息投影成形模式及智能分析模式选项，通过 MR 设备选择进入不同的工作模式；④将 3D 打印设备与上述的计算机连接，使用 3DP 技术进行打印制造	河北工业大学实质审查中
CN201920676929.4	一种基于 BIM 技术的建筑 3D 展示设备	本实用新型公开了一种基于 BIM 技术的建筑 3D 展示设备，属于 3D 打印机领域。一种基于 BIM 技术的建筑 3D 展示设备，包括滑动底座，设置于滑动底座顶部的旋转机构、打印台，设置于旋转机构输出端的滑动机构，设置于滑动机构上用于喷出熔融素材的喷头，与滑动底座连接的用于控制展示设备运转的控制面板。控制面板内安装有 BIM 软件，本实用新型通过 BIM 模拟完成建模可避免建筑构件的碰撞，在实际操作过程中无须修改，且 BIM 建模后的建筑物料最省	广州保丽高网络科技有限公司授权

（续）

申请号	专利名称	专利摘要	申请人/法律状态
CN201910753597.X	一种基于 BIM 的 3D 打印装配式建筑的生产方法	该发明公开了一种基于 BIM 的 3D 打印装配式建筑的生产方法，属于建筑的技术领域，该生产方法包括： 1）针对装配式建筑的结构类型选择对应的建模方法 2）通过 BIM 建模工具对装配式建筑的建筑构件进行建模 3）BIM 建模完成并输出建筑构件模块的模型文件，根据模型文件进行数据分析并验证模块设计的合理性 4）整理数据并输出数据，通过 3D 打印技术进行建筑构件的生产以形成成品件 5）对成品件进行质量检测，以达到通过 BIM 建模技术实现建筑结构的模块化	四川建筑职业技术学院 授权
CN202010168456.4	一种基于 BIM 信息的可组装式室内四轴多功能参数化 3D 打印设备及方法	该发明公开了一种基于 BIM 信息的可组装式室内四轴多功能参数化 3D 打印设备，其特征在于，包括型材轨道框架，型材轨道框架包括四条分别平行设置的 X 轴型材轨道、Y 轴型材轨道和 Z 轴型材轨道；型材轨道框架上设有沿 X 轴型材轨道移动的 X 轴移动架体，以及分别沿 X 轴型材轨道、Y 轴型材轨道或 Z 轴型材轨道移动的 XYZ 轴移动架体；X 轴移动架体和 Y 轴移动架体上分别安装有多功能机械喷嘴装置。该发明不仅能够满足一般的室内浇筑形式 3D 打印作业方式，而且根据室内作业内容，在施工的过程中能够满足目前室内常见的砌砖，墙面、地面找平	云南印能科技有限公司 实质审查中

15.4　建筑增材制造专利典型案例

案例 1：用于建筑结构的附加制造的机器人的建筑材料珠粒挤出系统，包括用于使挤出的水泥材料流化的装置（EP3674045A1）。

该专利是法国 XtreeE 公司于 2019 年申请的发明专利，专利附图如图 15-13 所示。该专利涉及一种用于挤压建筑结构的附加制造机器人的建筑材料股的系统，包括沿预定路径移动的建筑材料绳的挤出头；挤出头具有一个建筑材料供给回路以及一种用于使挤出的股流化的装置，该装置适于在将上帘线挤出到下帘线上之前使先前挤出的下帘线流化，以便使被挤出的上帘线与由流化装置流化的先前挤出的下帘线之间的黏结最大化。

案例 2：用于制造伸缩式风力涡轮机塔架结构的增材制造方法（WO2020068119A1）。

该专利是美国 GE 公司在 2018 年申请的一个 PCT 国际专利，专利附图如图 15-14 所示。该专利涉及一种用于制造风力涡轮机的塔架结构的方法，包括经由 3D 打印装置打印风力涡轮机的塔架结构的多个同心区段。同心部分可由混凝土同时印刷，可包括张紧缆索或其他结构支撑，并可限定其他支撑凸缘或悬伸部。在固化之后，该方法可以包括将多个同心区段的内部区段升高到相邻外部区段的顶部，以及将两个区段接合。可重复该过程以使同心部分伸缩并升高塔结构。

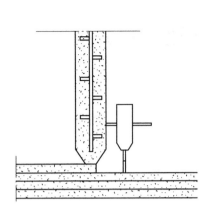

图 15-13　专利附图（来源：EP3674045A1）

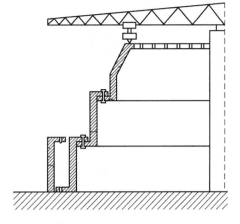

图 15-14　专利附图（来源：WO2020068119A1）

参 考 文 献

[1] 李德智，陈铮一，钟健雄. 多元参与视角下我国建筑 3D 打印研究应用综述 [J]. 土木工程与管理学报，2019（11）：1 – 7.

[2] 殷茂源. BIM + 装配式 + 3D 打印的综合体研究 [J]. 工程质量，2019（2）：76 – 79.

[3] 谭萍. BIM – 3D 打印技术在异形混凝土构件施工中的应用研究 [D]. 太原：中北大学，2019.

[4] 霍曼琳，杜月垒，曹玉新，等. 3D 建筑打印技术及其混凝土材料的研究进展 [J]. 兰州交通大学学报，2018，37（5）：7 – 13.

[5] 冯鹏，张汉青，孟鑫淼，等. 3D 打印技术在工程建设中的应用及前景 [J]. 工业建筑，2019（12）：154 – 165.

[6] 蔡军. 基于3D 打印建造技术的建筑领域应用研究 [J]. 住宅与房地产，2018，501（16）：179.

[7] 葛杰，马荣全，苗冬梅，等. 3D 打印建筑技术在绿色建筑领域中的应用 [C]. 北京：国际绿色建筑与建筑节能大会，2015.

[8] 宋靖华，胡欣. 3D 建筑打印研究综述 [J]. 华中建筑，2015（2）：7 – 10.

第16章　太空增材制造专利分析

16.1　概述

太空增材制造技术简而言之就是在太空环境（空间站在轨或地外星体）利用增材制造而实现快速实体制造的技术。太空探索永无止境，在人类探索太空的过程中，设备和材料的"补给线问题"，一直阻碍着人类飞向更遥远的空间。要实现人类长期在轨居留，需要大量的物资和生命保障，以及空间应用设施（卫星）建造和空间基地建设。现有的火箭运载方式在体积、载重和成本上对空间探索和开发活动有很大的限制。面向空间环境的太空增材制造技术（In-space Additive Manufacturing），即"在空间制造、服役于空间"，可突破运载火箭发射时对载荷体积、重量以及结构强度的严苛限制，实现不同尺寸、复杂形状航天器的在轨制造，提高航天任务执行的灵活性。同时，在空间微重力环境下，可简化航天器结构和强度设计，实现"小设备"制造"大结构"。图16-1所示为太空增材制造应用示例。太空增材制造技术为载人航天器在轨制造替换零件，拓展航天器的寿命，节约重复发射的成本，也为未来执行长期任务的航天器的维修和服务提供了一个新的选择。利用太空增材制造技术，可完成所需替换零部件和安装工具的制造，预防紧急事件发生。因此，开展太空增材制造技术成为各国的研究热点。

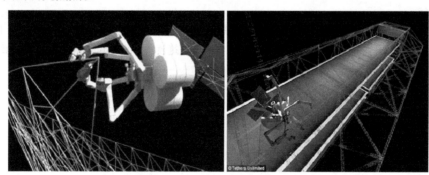

图16-1　太空增材制造应用示例（来源：美国NASA）

根据空间探索对增材制造技术的不同需求，应用环境可以划分为面向太空应用的地表制造、空间舱内制造、在轨原位制造和行星表面制造，见表16-1。面向太空应用的地表制造具体指适用于微重力等空间环境的材料试验、工艺试验和性能验证等活动。由于太空环境是高真空、微重力、强辐射、大温度交变、原子氧侵蚀和等离子体交互等的复杂极端环境，材料在该环境下使用将不可避免地发生力学、物理、化学等性能的变化甚至失效。因此需要在地面制造过程中进行大量的试验验证，目前国内外已开展大量的面向空间应用的地表增材制造研究。空间舱内制造，包含几方面的内容：首先利用增材制造技术在空间舱内直接制造失效的零部件、备件和工具，用于解决空间站的突发故障；另外还包括空间舱的紧急维修及废物回收利用再制造，可直接利用老化和废旧材料进行再回炉、再制造，不必耗费新材料，甚至直接捕获太空垃圾制造零件，节约金钱的同时还很环保，可实现空间舱内资源循环。在轨原位制造增材制造包含两方面内容：空间大型结构在轨增材制造和空间飞行器增材制造。行星表面制造即在太空增材制造技术成熟后，在行星表面利用行星表面资源的增材制造。只要获取足够打印原材料，给打印机配备一个太阳能电池板或核动力装置作为动力源就可以持续打印建造行星表面基地。

表 16-1 太空增材制造应用领域划分

面向太空应用的地表制造	微重力环境下增材制造的开发和验证
空间舱内制造	在空间舱内直接制造失效零部件、备件和工具 空间舱紧急维修及废物回收利用再制造
在轨原位制造	空间大型结构在轨增材制造 空间飞行器（小卫星）增材制造
行星表面制造	利用行星表面资源的增材制造 月球风化层开发和测试生物聚合物

太空增材制造已经成为国际的研究热点，早在 1999 年，美国宇航局研究员肯·库珀就证明了微重力添加剂制造的可行性。2011 年，美国太空制造公司开发了完全在微重力条件下运行的增材制造技术。2013 年，太空制造公司和美国宇航局 MSFC 团队合作，在零重力试验中完成 3D 打印零件并发射 3D 打印机到国际空间站。2014 年 11 月 24 日，太空制造公司和美国宇航局 MSFC 远程操作 3D 打印机，建造了第一批在地球以外制造的部件。之后经过两年的技术改造，2016 年美国又将二代太空增材制造装置送入太空，在微重力环境下通过 FDM 熔融挤出式方法打印了一批塑料测试样件，见图 16-2。

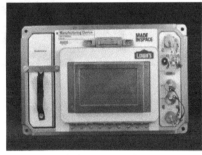

图 16-2 美国 NASA 国际空间站增材制造设备及样件

目前，针对小型零部件，采用热塑性高分子作为原材料在空间站舱内 FDM 增材制造技术已取得了突破。面向大型结构，NASA 自 2015 年以来先后启动了"SpiderFab""ArchinautTM""CIRAS"等多个天基制造项目，以纤维增强高分子复合材料为原材料，结合制造和自动化组装技术，拟实现大尺寸、复杂形状的航天器结构的在轨制造，相关基础研究和试验方案已成为各国科学家研究的热点。

2018 年，德国联邦材料测试研究所（BAM）通过抛物线飞行试验模拟微重力环境下金属材料的增材制造，采用激光选区熔化技术打印了大写字母 B，推动了金属增材制造在太空应用的技术发展。美国太空制造公司于 2018 年 5 月获得美国宇航局小型企业创新研究（SBIR）合同，开发其 Vulcan Hybrid 3D 打印机。该系统可兼容 30 多种不同材料，涵盖聚合物和金属，能够在轨道上生产耐用的高精度部件。

2019 年，太空制造公司获得了 NASA 第二阶段合同，进一步开发名为"VULCAN"的下一代金属太空制造系统。VULCAN 将是首个增减材一体太空的制造系统，可在太空制造许多关键部件。该系统组合了增材制造技术与常规减材制造方法，先采用增材制造技术来创建近净成形零件，再采用传统制造方法制造出成品。整个制造过程呈流线型、自动化制造、精加工及质检自动完成，消除了在制造过程中对人的需求。2019 年 10 月，太空制造公司与巴西石油化工公司 Braskem 为国际空间站创建了一个 3D 打印的塑料回收设施。"Braskem 回收器"旨在提高国际空间站的制造能力的可持续性，减少从地球上补给任务的次数。此外，英国蒙诺莱特公司（Monolite）研制了基于 D-shape 技术的增材制造设备，将用于实现在行星基地建造穹顶建筑。欧洲 ESA 也正在研究如何在月球上利用太空增材制造技术建造建筑物。

近年来，我国也在积极开展太空增材制造的相关技术探索。2018 年 6 月，中科院太空制造技术重点实验室（依托单位为空间应用中心）科研人员在瑞士杜本多夫利用欧洲失重飞机完成了国际首次微重力环境下陶瓷材料立体光刻成形技术试验和基于陶瓷模具的金属材料微重力环境下铸造技术试验，获得多个制造样品（见图 16-3）和丰富的试验数据。

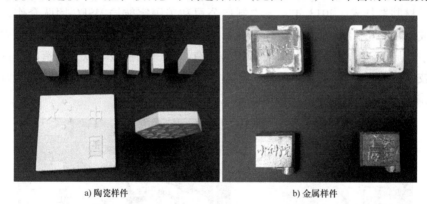

a) 陶瓷样件   b) 金属样件

图 16-3 微重力下光固化 3D 打印样件

2020 年 5 月，长征五号 B 运载火箭首飞成功，火箭还搭载了一台由航天五院与西安交通大学联合研制的复合材料空间 3D 打印机。该打印机及其在轨打印的两个样件随中国新一代载人飞船试验船返回舱成功返回东风着陆场。这是我国首次太空 3D 打印试验，也是国际上第一次在太空中开展连续纤维增强复合材料的 3D 打印试验。共打印了两个样件，一个是蜂窝结构（代表航天器轻量化结构）；另外一个是 CASC（中国航天科技集团有限公司）标志。国内外已有的微重力 3D 打印研究均有人参与、有人控制、有人管理，设备启动、加热、打印等环节工作异常时可以人为干预。此次空间试验无人参与，系统自身完成全部预定任务，其结构机构、运动控制、电源照明、摄像监控等研制经验将为后续太空 3D 打印任务提供重要的技术参考。图 16-4 所示为复合材料空间 3D 打印机在轨打印的样件。

图 16-4　复合材料空间 3D 打印机在轨打印的样件

16.2　专利分析

经检索，全球太空增材制造相关专利共计 98 件，其中发明 89 件，实用新型 7 件，PCT 2 件。在全球的专利申请布局中，中国排名第一位，相关专利申请量为 54 件；美国太空增材制造专利申请量为 26 件，仅次于中国。欧洲专利局、世界知识产权组织排在第三位、第四位，加拿大、俄罗斯和英国的太空增材制造相关专利申请量较少，见图 16-5。

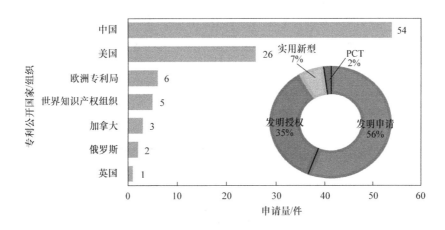

图 16-5　太空增材制造相关专利全球布局

太空增材制造相关专利全球申请趋势如图 16-6 所示。太空增材制造相关专利最早出现于 2010 年，是俄罗斯首次提出太空增材制造的相关专利。2013—2015 年申请量有迅速增长的趋势，2016 年有所下降，之后又缓慢上升。由于专利审查周期，近三年专利申请未完全公开，故近三年的数据仅供参考。2012 年美国也提出相关专利申请并申请了 PCT 专利进行国际布局。从各国的申请趋势上看，俄罗斯最早提出相关专利申请，但到目前为止仅申请 2 件专利。美国在俄罗斯之后 2012 年申请相关专利，随后迅速发展，近几年数据有所下降，但也可能是审查周期所致。中国的太空增材制造由于国内近几年进行相关研究的单位越来越多，相关专利申请量后来居上，发展速度很快。

全球太空增材制造相关专利的主要申请人排名如图 16-7 所示。美国的太空制造公司

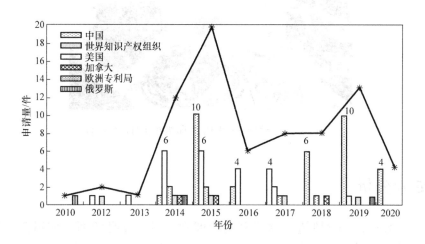

图 16-6　太空增材制造相关专利全球申请趋势

Made in Space Inc 以绝对的优势排名第一位，其相关专利申请量为 23 件。中国科学院空间应用工程与技术中心与西安交通大学并列排名第二位，其相关专利申请量为 4 件。排名前十位的国外申请人还有 BAE Systems Plc、European Space Agency 以及三菱电机株式会社。排名前十位的国内申请人还有东莞中国科学院云计算产业技术创新与育成中心、中国科学院重庆绿色智能技术研究院、清华大学和佛山中国空间技术研究院创新中心等。

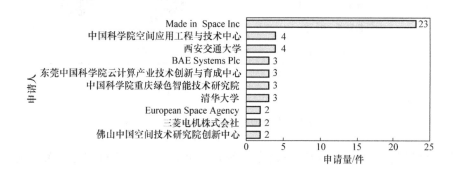

图 16-7　全球太空增材制造相关专利的主要申请人排名

16.3　太空增材制造专利技术发展历程

根据全球太空增材制造相关专利的申请时间，绘制出全球太空增材制造专利技术发展历程，见图 16-8。

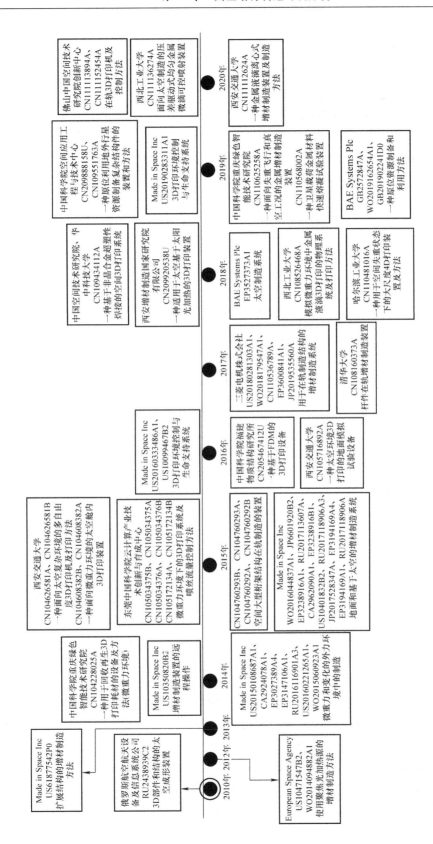

图 16-8　全球太空增材制造专利技术发展历程

16.4 太空增材制造专利典型案例

案例1：微重力和变化的外力环境中的制造（US20150108687A1）。

该专利是 Made in Space Inc 2014 年申请的发明专利，专利附图如图 16-9 所示。该专利公开了可在各种外力环境中操作的附加制造装置。在一个方面，公开了一种可在微重力下操作的增材制造装置。在其他方面，公开了可在高振动环境或变化的外力环境中操作的装置。该专利文本中的增材制造装置可由金属、聚合物或其他原料生产部件。

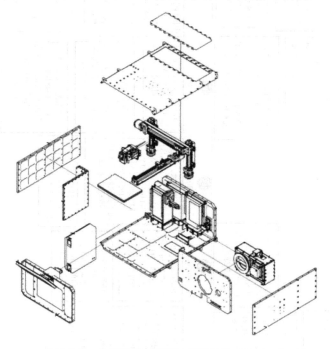

图 16-9　专利附图（来源：US20150108687A1）

该专利中，增材制造装置包括横移系统、一种挤出机、原料源、环境控制单元（ECU）、控制电子设备和电源、构建平台组件和框架，在一些方面，省略了一个或多个部件。例如，内部控制电子设备可以省略，以利于由现场或非现场计算设备提供控制信号。装置可以包括与设备的其他部分通信连接的数据连接，如无线通信模块、以太网连接、USB连接等，以便促进与异地或现场计算设备的通信。在另一些方面，异地或现场计算设备提供一些指令和控制（如部件创建计划），从而增加由控制电子设备执行的操作。

案例2：使用聚焦加热源的增材制造方法（US10471547B2）。

该专利是 2012 年 European Space Agency 申请的发明专利，专利附图如图 16-10所示。该发明 2019 年 11 月授权公开。该发明是一种通过增材制造来制造部件的方法。该方法包括提供其上要制造部件的工作表面，以及提供至少一种沉积材料，部件将由该沉积材料组成。沉积材料，通常是金属丝的形式，被推进到局部沉积区域，在那里它被添加到正被制造的部件中。该方法还包括将从至少一个加热源发射的至少一个非相干光束聚焦在沉积区域中，使得沉积材料被沉积以构建部件。至少一个聚光镜和/或透镜用于将非相干光聚焦在沉积区域中。该发明还涉及这种方法在空间中的用途，如在空间站上、在航天器上或在抛物线飞行上用于测试。同时还就此专利申请了 PCT 国际专利 WO2014094882A1。

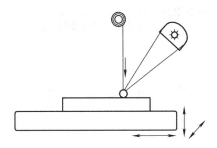

图 16-10　专利附图（来源：US10471547B2）

参 考 文 献

［1］田小永，李涤尘，卢秉恒. 空间 3D 打印技术现状与前景 ［J］. 载人航天，2016，22（4）：471 – 476.

［2］陈怡，贾平，袁培培，等. 航天领域增材制造技术由地面制造向太空制造拓展 ［J］. 卫星应用，2019（6）：13 – 17.

［3］王功，赵伟，刘亦飞，等. 太空制造技术发展现状与展望 ［J］. 中国科学（物理学、力学、天文学），2020，50（4）：91 – 101.

［4］王博，张玉良，赖小明，等. 空间增材制造与修复技术 ［C］. 成都：中国载人航天工程办公室，2014.

第4篇 重点材料方向增材制造技术专利分析

第17章 金属及金属基复合材料增材制造专利分析

17.1 金属材料增材制造技术发展概况

金属增材制造技术是近几年来发展最为迅速的增材制造技术之一。金属增材制造是使用三维数字模型直接打印产品的一种生产方式，将金属粉末或金属丝材，按照烧结、熔融、喷射或电弧焊等方式逐层堆积，制造出实体物品。目前几种主要的金属增材制造工艺技术，如喷粉（激光熔融沉积）、铺粉（激光选区烧结、电子束选区熔化烧结）、电弧熔丝增材等各种创新的技术在不断的发展中。金属增材制造技术目前主要的应用场景为：成形传统工艺制造难度大的零件、制备高成本材料零件、快速成形小批量非标件、修复受损零件、异质材料的组合制造、结合拓扑优化的轻量化制造等。随着技术的进步，通过金属增材制造技术制造的金属材料零部件越来越多地被成功应用于航空航天、国防军工、医疗器械、汽车制造、注射模具等领域。当前，金属增材制造技术已具备批量生产的能力，其制造的产品无论在性能上还是生产率或生产规模上，都已经可以和其他制造技术相比拟。

金属增材制造工艺分类及工艺特点对比如图17-1所示，金属增材制造技术常用的原材料从结构形式上分为金属丝材和金属粉末两类。金属丝材和金属粉末都是金属增材制造的核心材料，是增材制造产业链中最重要的环节。金属丝材的成形工艺主要包含电弧熔丝沉积、电子束熔丝沉积；金属粉末的成形工艺主要包含激光选区熔化和电子束选区熔化。激光立体成形技术则可以兼容两种不同的材料。

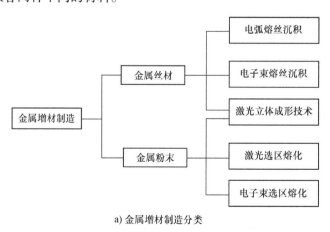

a) 金属增材制造分类

图17-1 金属增材制造工艺分类及工艺特点对比

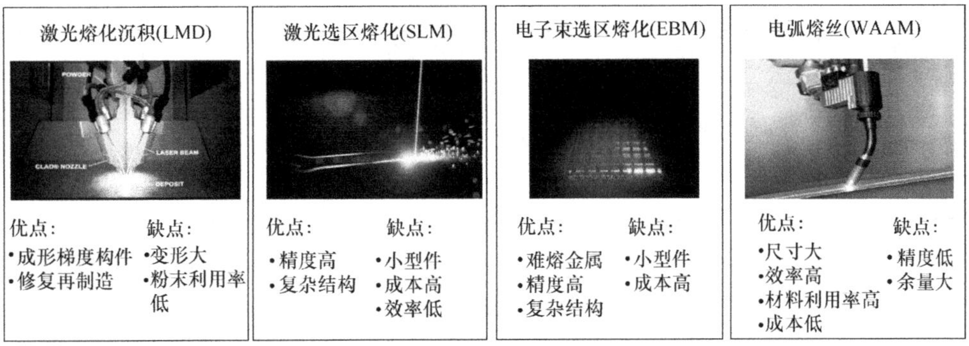

激光熔化沉积(LMD)	激光选区熔化(SLM)	电子束选区熔化(EBM)	电弧熔丝(WAAM)
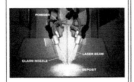		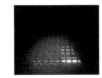	
优点： ·成形梯度构件 ·修复再制造　缺点： ·变形大 ·粉末利用率低	优点： ·精度高 ·复杂结构　缺点： ·小型件 ·成本高 ·效率低	优点： ·难熔金属 ·精度高 ·复杂结构　缺点： ·小型件 ·成本高	优点： ·尺寸大 ·效率高 ·材料利用率高 ·成本低　缺点： ·精度低 ·余量大

b) 几种金属增材制造工艺对比

图 17-1　金属增材制造工艺分类及工艺特点对比（续）

金属材料的特性及其增材制造应用见表 17-1。当前工程上常用的一些金属材料，包括不锈钢、模具钢、高强度钢、高温合金、钛及钛合金、铝及铝合金、铜及铜合金等。

表 17-1　金属材料的特性及其增材制造应用

金属材料	特性	增材制造应用	示例
铝及铝合金	高强度、高硬度	航天内饰、产品部件、汽车及其零部件	
工具钢	高强度、高韧性、热稳定性好、高耐磨	产品零部件、铝压铸件、航空部件、刀具等	
不锈钢	质量分数为 10.5% 铬含量最低的钢合金，不容易生锈腐蚀	手表及首饰、医疗产品、航空、自动化、食品加工等	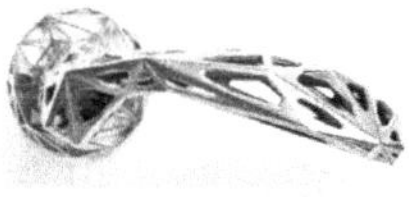
钛及钛合金	耐腐蚀、生物相容、模量低、耐疲劳	产品部件、航空航天发动机部件、医疗植入等	
镍基合金	良好的抗拉强度、抗疲劳、耐腐蚀、抗氧化、易加工等	功能性产品、快速修复、快速制造、极端环境工业部件（高温高氧化）	
高温合金	高温力学性能好、稳定性好、耐腐蚀、耐氧化	医疗产品、工业高温零部件、牙科应用	

（续）

金属材料	特性	增材制造应用	示例
金银等贵金属	色泽美丽、稳定性好、收藏价值高	首饰	
形状记忆合金（SMA）	高弹性、高循环性	机器人、汽车、航空航天、生物医疗等领域	

当前，增材制造用金属材料的种类增长迅速，材料种类日趋丰富，包括各类难熔难焊高温合金、高熵合金等，尤其受到国内外航空航天应用领域的关注。许多材料供应商和设备供应商开始联合进行新材料及针对性工艺的开发，如近年来出现的针对纯铜材料或钨合金材料的开发，以及 Morris 为 EOS 联合开发的 17–4 PH 不锈钢等。

国外，H. C. JX 日本矿业金属公司推出了一系列雾化钽、铌 3D 打印粉末。凭借高熔点、高耐蚀性以及高导热性和导电性，这些材料可用于化学加工、能源和其他高温环境行业。雾化的钽、铌粉末具有出色的流动性和高振实密度，"完美"的球形和狭窄的粒度分布，这些都是增材制造粉末床熔融工艺所用材料的关键特性。英国材料商 OxMet Technologies 开发的专为 3D 打印工艺设计的耐高温、高强度镍基合金，在 900°C 的高温下仍具有很高的强度。而目前可用于 3D 打印的镍基合金（IN 718）在 650°C 以上力学性能会变得不稳定，在涡轮机械组件的使用中存在风险，因此亟待显著的性能改进。瑞典的 VBN 开发了一种新的名为 Vibenite 的硬质合金，耐腐蚀、耐热、耐磨损，可用于制造工程工具和部件。法国 Z3DLAB 发布了一种新的纳米级钛合金粉末，内部还有质量分数为 1% 的锆元素。该公司宣称其 ZTi 粉末产品比标准的钛合金粉末有更好的特性。

国内，由苏州倍丰吴鑫华团队开发的 Al250C 材料用于 3D 打印，其抗拉强度超过 600MPa，屈服强度可达 580MPa，延伸率为 11%，制备的构件在 250℃ 高温下通过了持续 5000h 的稳定试验，相当于发动机常规服役 25 年的要求。重庆材料研究院有限公司采用等离子球化技术，将经过分散的非球形粉体通过等离子区域快速熔化，熔滴因表面张力形成球形，再经过快速凝固，制备出 3D 打印用难熔金属球形粉末。该粉末装填密度达到非球形粉料装填密度的 2 倍，球形度达到 90% 以上，球化率达到 85% 以上，平均粒径小于 40μm。西安增材制造国家研究院有限公司和苏州英纳特公司基于多年的研究、设计、试验成果，经改造升级、完善和建立了射频等离子体制粉装备，同时开发了氢脆法制备低氧含量活泼金属（钛、锆、铪、钽及相关合金）粉末制备工艺。氢脆法制粉系统和射频等离子体制粉装备如图 17-2 所示，该装备及制粉方法可以制备高球形度的金属粉末。

随着技术的飞速发展，金属粉末市场保持着高增长态势，金属增材制造市场吸引了越来越多的第三方粉末供应商，包括 ATI、Carpenter、Erasteel、GKN、Starck、LPW、NanoSteel、Sandvik 等。国内材料研发仍集中在科研院所。此外，目前我国在高性能金属粉末耗材方面依然依赖进口，国产材料在纯净度、颗粒度、均匀度、球化度、含氧量等对打印成品性能影响较大的原料指标方面相比国外最先进材料仍存在较大的差距。近两年欧瑞康、山特维克、

| a) 氢脆法制粉系统 | b) 射频等离子体制粉装备 |

图 17-2 氢脆法制粉系统和射频等离子体制粉装备

卡朋特（收购 LPW）等国外金属粉末品牌商强势进入我国，国产品牌也在近年迅速崛起，诞生了一批以中航迈特、飞而康、欧中科技等为代表的金属 3D 打印粉末制造商。随着国产金属粉末品质的不断提高，以及价格的降低，我国金属 3D 打印金属材料行业呈现出国产化程度越来越高的趋势。

与此同时，经过各国专家不断地深入研究和攻关，金属增材制件的力学性能基本接近于锻件的水平，在某些方面，甚至已经超过锻件的力学性能，见表 17-2。因此，增材制造技术在实际的工程应用中越来越广。

表 17-2 几种金属增材制件力学性能对比

材料	316L		17 –4PH		GH4169（室温）		GH4169（高温）（650℃）		TC4	
状态	沉积态	ASTM锻件标准	热处理态	锻件标准（热处理）	热处理态	锻件标准（热处理）	热处理态	锻件标准（热处理）	热处理态	锻件标准（退火）
抗拉强度/MPa	636.7	485	1165.1	1070	1362.02	1270	1091.33	1000	968.76	895
屈服强度/MPa	334.5	170	1050	1000	1210.91	1030	962.2	860	871.9	825
延伸率（%）	47	40	15.2	12	13.83	12	18.58	12	13.2	10

17.2 金属基复合材料增材制造发展概况

航空航天、节能汽车、轨道交通、国防军事等高新技术领域快速发展，对材料性能的要求不断提高。金属基复合材料（metal matrix composite，简称 MMCs）不仅具有高的比强度和比刚度，而且具有耐热、耐磨、热胀系数小、抗疲劳性能好等优点，已成为发展潜力巨大的高性能新材料之一，应用前景十分广阔。

金属基复合材料主要包括高性能纤维增强复合材料、晶须增强复合材料、颗粒增强复合材料，金属基体中反应自生增强复合材料、层板金属基复合材料等。这些金属基复合材料既保持了金属本身的特性，又具有复合材料的综合特性。通过不同基体和增强物的优化组合，可获得各种高性能的复合材料，具有各种特殊性能和优异的综合性能。金属基复合材料在力学方面的横向及剪切强度较高，韧性及疲劳等综合力学性能较好，同时还具有导热、导电、耐磨、热胀系数小、阻尼性好、不吸湿、不老化和无污染等优点。金属基复合材料的典型力学性能见表17-3。与传统金属相比,金属基复合材料在要求密度低、强度高、耐磨性高的应用领域有更广泛的应用前景。随着对高性能轻质合金材料的需求越来越强烈,特别是在航空航天、汽车、医疗等领域,对于新颖的金属基复合材料的设计与制备正得到越来越多研究者的关注。

表 17-3　金属基复合材料的典型力学性能

纤维	基体（美国）	增强体的体积分数（%）	密度 ρ /(g/cm³)	纵向		横向	
				抗拉强度 R_m/MPa	弹性模量 E/GPa	抗拉强度 R_m/MPa	弹性模量 E/GPa
GT50	201Al	30	2.380	620	170	50	30
	201Al	49	—	1120	160	—	—
GGY70	201Al	34	2.380	660	210	30	30
	201Al	30	2.436	550	160	70	40
GHM Pitch	6061Al	41	2.436	630	320	—	—
	AZ31Mg	33	1.827	510	300	—	—
B on W, 142μm	6061Al	50	2.491	1380	230	140	160
Borsic	Ti	45	3.681	1270	220	460	190
GT75	Al	41	7.474	720	200	—	—
	Cu	39	6.090	290	240	—	—
FP	201Al	50	3.598	1170	210	(140)	140
	6061Al	50	2.934	1480	230	(140)	140
SiC	Ti	35	3.931	1210	260	520	210
	Al	20	3.796	840	100	340	100
B₁C on C	Ti	38	3.737	1480	230	>340	>140
GT75	Mg	42	1.799	450	190	—	—
	Pb	35	5.287	770	120	—	—
	Ni	50	5.295	790	240	—	—
	Ni	50	5.342	823	310	30	40
G (81.3μm)	2034Al	50	3.436	760	140	—	—
G (142μm)	2040Al	60	2.436	1100	180	—	—

　　镁基复合材料,因为质量较小,现多应用于对构件质量有严格要求的高技术领域,比如汽车制造工业中用于转向盘减振轴、活塞环、支架、变速器外壳,通信电子产品、飞机、便携式计算机的外壳,SiC晶须增强镁基复合材料可用于制作齿轮等。铜基复合材料有良好的导热性,能够有效地传热、散热,减少构件受热后产生的温度梯度,现多应用于电力工业和半导体工业。钛基复合材料有非常好的耐热性,主要应用于飞行器及发动机的结构件以及相关耐热零部件等。铝基复合材料的可塑性高,但是受限于最高工作温度不可超过350℃的自然极限,主要在汽车工业中发挥作用,如制动转子、制动活塞、制动垫板等制动系统原件,日本的日产、本田,美国的ART公司都成功运用铝基复合材料制造了汽车连杆。除此之外,也有一些铝基复合材料在电子和光学仪器、航空航天工业和军工业方面应用,如美国和苏联

的航天飞机中机身框架及支柱和起落拉杆等都用硼纤维增强铝基复合材料制成。

到目前为止，国内外众多机构都在进行金属基复合材料的增材制造研究，包括加利福尼亚州立大学的一个团队正在用 3D 打印制备陶瓷增强钛合金，AGH 大学探索将 Inconel625 和碳化钨结合在一起，迪肯大学（Deakin University）研究团队探索将氮化硼和钛合金混合制造在一起。2013 年，上海交通大学金属基复合材料国家重点实验室研制了多种高性能铝基复合材料及构件，并成功应用于"玉兔号"月球车的移动分系统和"嫦娥三号"光学系统。2014 年，东北大学研究了"激光直接沉积成形原位颗粒增强金属基复合材料"，通过多元成分设计、激光诱导原位颗粒增强和激光成形工艺优化等技术的协同，进行激光直接沉积成形原位颗粒增强金属基复合材料。优化出了 Fe - Cr - Co - Ni - Ti - Al - B - C - Si - Y_2O_3 复合粉末的合金配方，成功沉积制备出了厚度 3mm、无裂纹、硬度达到 500HV 的原位 TiC 颗粒增强金属基复合材料样品。2015 年，美国的研究人员开发出一种能浮在水上的轻质金属基复合材料。该材料是采用 SiC 空心颗粒增强的镁合金基复合材料，密度仅为 0.92g/cm³，低于水的 1g/cm³，同时这种材料的强度也足以应对严苛的海洋环境。这种新型复合泡沫塑料的轻量化和高浮力将使很多水陆两栖的车辆受益，如美国海军陆战队研发的超重型两栖登陆艇。这种新的复合材料潜在的应用包括船地板、汽车零部件和浮力模块以及车辆装甲等，并引起大众对轻质金属复合材料的关注。2016 年，上海交通大学和日立金属株式会社合作，开展了碳纳米管/铝合金复合材料研究，并取得碳纳米管优选、高含量碳纳米管与铝粉均匀分散复合、高含量碳纳米管与铝合金粉末成形致密化三个重要进展。2017 年，西安交通大学机械制造系统工程国家重点实验室研究了"连续纤维增强金属基复合材料 3D 打印工艺"。通过调节打印速度来控制纤维在复合材料中的分散程度，配合对纤维走向的宏观设计，可实现金属基复合材料中纤维分布从宏观到微观的一体化设计。

2017 年，美国面向未来轻量化创新中心（Lightweight Innovations for Tomorrow）推出的新研究项目"低成本铝合金金属基复合材料"，将为大批量生产汽车和航空航天零件寻求开发成本更低的铝基金属基复合材料制造方法。该项目的成员包括波音公司（Boeing Corp.）、洛克希德马丁公司（Lockheed Martin Corp.），GKN 公司。学术研究合作伙伴有凯斯西储大学（Case Western Reserve University）、宾夕法尼亚大学（Pennsylvania State University）、田纳西大学（the University of Tennessee）和麻省理工学院（the Massachusetts Institute of Technology）等。

2020 年，澳大利亚埃迪斯科文大学研究团队与山东大学研究团队合作开发了一种使用选择性激光熔融技术生产的多孔铁基玻璃复合材料（porous Fe - based metallic glass matrix composite）。该复合材料由非晶和晶态结构组成，并应用于污水处理方面的催化性能研究，在催化领域及实现产业化方面有着巨大的应用前景。2020 年 4 月，美国弗吉尼亚大学的研究人员开发出一种新型金属基复合材料"石墨烯超耐热合金"（graphene superalloy）。这种材料很轻，而且完美结合强度和韧性，比其他镍基高温合金更轻，且更坚固耐用，有可能成为燃料喷嘴等天然气发动机关键部件的理想材料。

高熵合金基复合材料，是由 5 种或 5 种以上摩尔含量在 5% ~35% 的主要元素组成，其优异的力学性能、耐热性、耐蚀性、抗辐照性能在航空航天领域、核工业领域、生物医疗领域均有巨大的应用前景。增材制造技术可以实现高熵合金高强度和高塑性的完美结合，而且有制造更大、结构更复杂的高熵合金零件的潜力，有望实现高熵合金的工业应用。现阶段用于制备难熔高熵合金的增材制造技术主要有激光熔覆沉积技术、选择性激光熔炼技术、选择性电子束熔炼技术和激光熔覆技术。当前，增材制造高熵合金的研究主要集中在分析微观结构，测试耐磨性、耐蚀性、力学性能等物理性能，探究磨损、腐蚀等机制，消除增材热裂纹方法，以及改变高熵合金组分对其力学性能改善的影响。

17.3　专利分析

经检索，全球金属及金属基复合材料相关专利共计884件，其中发明834件，实用新型32件，PCT 18件。在全球的专利申请布局中，中国作为全球金属及金属基复合材料的主要市场，专利布局数量明显高于其他地区，排名第一位，相关专利申请量为503件；而美国的金属及金属基复合材料制造相关专利申请量为89件。世界知识产权组织、欧洲专利局排在第三位和第四位，申请量分别为36件和34件。日本金属及金属基复合材料增材制造专利申请量为25件，排名第五位，见图17-3。

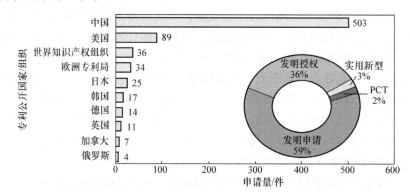

图17-3　金属及金属基复合材料相关专利申请国家分布及类型分布

金属及金属基复合材料增材制造相关专利全球申请趋势如图17-4所示。金属及金属基复合材料增材制造相关专利最早出现于2001年，德国MTU航空发动机公司提出的专利

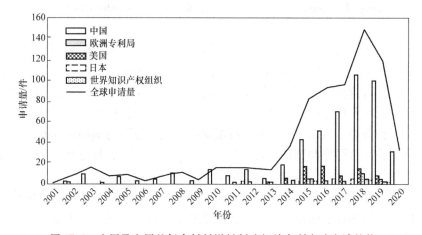

图17-4　金属及金属基复合材料增材制造相关专利全球申请趋势

DE10163951C1 "转子盘 MMC 技术中的金属与局部的纤维制成的加强件"里面涉及具有局部的纤维增强设置有单独的金属基质复合环。之后直到 2014 年之前，金属及金属基复合材料增材制造相关专利在各国的申请量缓慢波动式增长，处于一个缓慢的研究阶段。在中国、美国、欧洲、世界知识产权组织和日本等地均出现了相关专利申请。在 2014 年，各国的金属及金属基复合材料增材制造专利申请量均快速上升。直到 2018 年都保持一个相当高的增长率。由于专利审查周期，近三年专利申请未完全公开，故 2019 年和 2020 年的数据尚不完整，预计还会保持较高的增长率。

　　全球金属及金属基复合材料增材制造相关专利的主要申请人排名如图 17-5 所示。哈尔滨工业大学的金属及金属基复合材料增材制造相关专利申请量为 70 件，位列首位。其次是上海交通大学，其相关专利申请量为 61 件。排名第三位的美国 GE 公司其相关专利申请量为 33 件。第四位和第五位分别是英国的 Rolls Royce 公司和西门子公司，相关专利申请量均为 17 件。国内相关专利申请进入前十五名的还有北京航空航天大学、西安交通大学、华中科技大学、中南大学、吉林大学、中国科学院金属研究所等。国外相关专利申请进入前十五名的还有 MTU 航空公司、日立公司、美国联合技术公司等。排名前十五位的国内申请人全部是高校及科研院所，共计 8 家，相反，排名前十五位的国外申请人全部是企业。由此可见，国外的金属及金属基复合材料的发展中坚力量是企业，也证明国外相关的产业化应用已经趋于成熟。而国内的产业发展还在研究阶段，产业化进程明显落后，企业的专利布局相对较少。

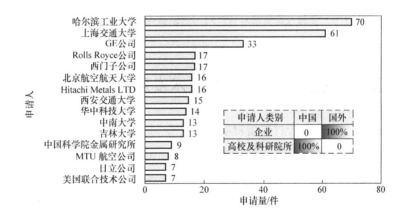

图 17-5　全球金属及金属基复合材料增材制造相关专利的主要申请人排名

　　针对本次检索的全部金属及金属基复合材料增材制造相关专利进行聚类分析，得到图 17-6 所示的金属及金属基复合材料增材制造相关专利申请热点分布。目前金属及金属基复合材料增材制造大致分为四个方面的研究热点：

　　1）单晶高温合金及选区激光熔化工艺相关专利申请量最多。

　　2）镍基超合金、纤维增强金属复合材料、铝基复合材料这三个方面相关专利申请量相当。

　　3）功能梯度材料和非晶合金增材制造方面申请量次之。

4）另外的热点是金属及金属基复合材料在燃气涡轮发动机和涡轮叶片等关键零部件上的应用。

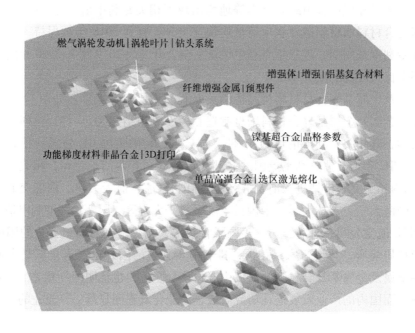

图 17-6　金属及金属基复合材料增材制造相关专利申请热点分布

17.4　金属及金属基复合材料专利技术发展历程

根据全球金属及金属基复合材料增材制造相关专利的申请时间，绘制出全球金属及金属基复合材料增材制造专利技术发展历程如图 17-7 和图 17-8 所示。在金属及金属基复合材料增材制造的技术发展中，刚开始是从应用型专利申请逐渐转变成高性能金属（包括难熔难焊高温合金、高熵合金）材料研发的专利申请；最近几年专利布局的热点集中在高性能金属的制备、金属基复合材料的增材制造成形、功能梯度材料的增材制造等。

增材制造对产品的研发提供了一个非常好的手段，可以说是快速研发的利器。在材料基因组设计方面，以前是一个材料设计的方法，但是它的验证，还是要走一个比较长的工业过程。现在采用增材制造技术，可以在一个粉缸里实现不同的材料配比的试验验证，这样就大大加快了材料基因组设计新的配方的验证，因此可以促进很多新合金的诞生来满足高端要求。增材制造也将促使金属及金属基复合材料的加速发展，基于该技术可用于直接成形复杂和高性能金属零部件的优点，将扩展金属基复合材料在航空航天、武器装备、医疗等高端制造领域的应用。

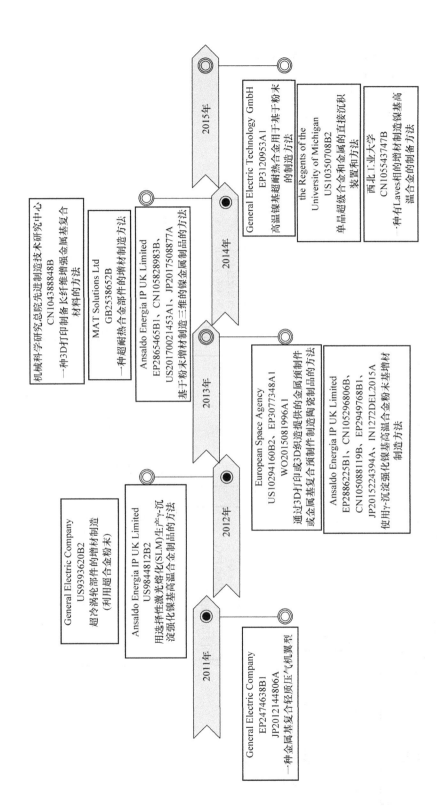

图 17-7　全球金属及金属基复合材料增材制造专利技术发展历程（2011—2015 年）

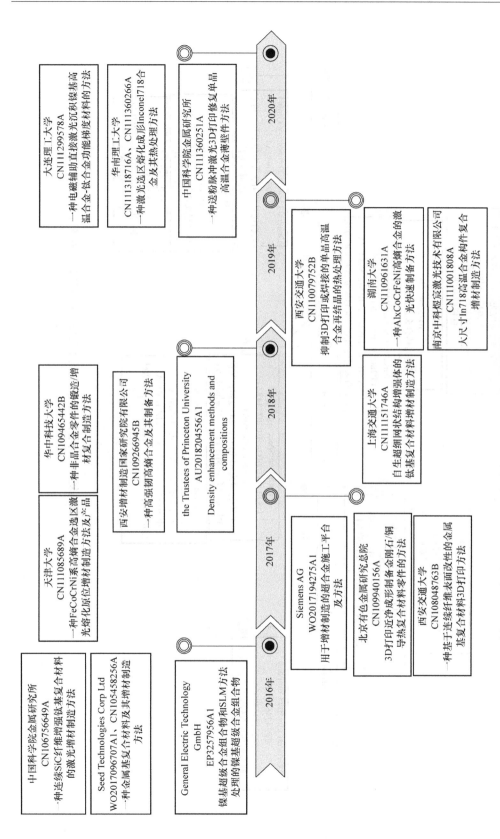

图 17-8 全球金属及金属基复合材料增材制造专利技术发展历程（2016—2020 年）

17.5　金属及金属基复合材料增材制造专利典型案例

案例 1：用选择性激光熔化（SLM）生产 γ - 沉淀强化镍基高温合金制品的方法（US9844812B2）。

该专利是 Ansaldo Energia IP UK Limited 公司 2012 年申请的发明专利，专利附图如图 17-9 所示。该专利公开了一种生产无裂纹和致密的三维 γ - Prime 沉淀强化镍基高温合金制品的方法，镍基高温合金具有大于 6%（质量分数）的 γ - Prime 沉淀强化镍基高温合金，约为［2Al（质量分数）+ Ti（质量分数）］，其包括：①在 SLM 设备基板上或在先前处理的粉末层上制备具有均匀厚度的 γ - 预析出强化镍基合金材料的粉末层；②通过聚焦激光束扫描来熔化粉末层；③将基板降低一层厚度；④重复①~③，直到三维切片模型的最终横截面，其中，对于②，调节激光功率、焦斑的聚焦直径和聚焦激光束的扫描速度，以获得散热焊接。

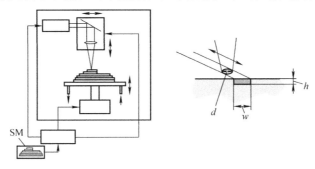

图 17-9　专利附图（来源：US9844812B2）

案例 2：高温镍基超耐热合金用于基于粉末的制造方法（EP3120953A1）。

该专利是 GE2015 年申请的发明专利，专利附图如图 17-10 所示。该专利公开了一种涉及三维制品的生产工艺，通过粉末基增材制造，如选择性激光熔化或电子束熔炼。特别是，本发明涉及一种镍基超合金粉末基于耐蚀镍基合金 X 组成，其化学组成（质量分数，%）为：（20.5 ~ 23.0）Cr、（17.0 ~ 20.0）Fe、（8.0 ~ 10.0）Mo、（0.50 ~ 2.50）Co、（0.20 ~ 1.00）W、（0.04 ~ 0.10）C、（0 ~ 0.5）Si、（0 ~ 0.5）Mn、（0 ~ 0.008）B，剩余为 Ni 和

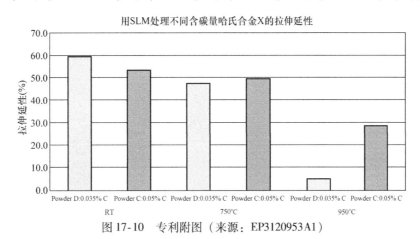

图 17-10　专利附图（来源：EP3120953A1）

不可避免的残余元素，并且其中粉末具有粉末粒度分布为 $10 \sim 100 \mu m$ 的球形形貌。合金元素 C 的质量分数在5%以上。

参 考 文 献

[1] 戴煜，李礼. 金属基3D打印粉体材料制备技术现状及发展趋势 [J]. 新材料产业，2016（6）：23 – 29.

[2] 张航，陈子豪，何垚垚，等. 增材制造高熵合金研究进展 [J]. 特种铸造及有色合金，2020，40（12）：1314 – 1322.

[3] 曾光，韩志宇，梁书锦，等. 金属零件3D打印技术的应用研究 [J]. 中国材料进展，2014（6）：376 – 382.

[4] 赵剑峰，马智勇，谢德巧，等. 金属增材制造技术 [J]. 南京航空航天大学学报，2014（5）：675 – 683.

[5] 张荻，张国定，李志强. 金属基复合材料的现状与发展趋势 [J]. 中国材料进展，2010（4）：7 – 13.

第18章 连续纤维增强热塑性复合材料增材制造专利分析

18.1 连续纤维增强热塑性复合材料增材制造发展概况

连续纤维增强热塑性复合材料（continuous fibre reinforced thermoplastics，CFRTP）是指以连续纤维作为增强材料、以热塑性树脂为基体，通过特殊工艺制造的高强度、高刚性、高韧性的新型复合材料。图18-1所示为连续纤维增强热塑性复合材料构成。其中，树脂基体赋予了CFRTP优良的力学性能、热性能、耐化学腐蚀性和易加工性能，而增强纤维主要决定了复合材料的力学性能。大部分热塑性树脂都可作为连续纤维增强热塑性复合材料的基体，如通用树脂PE/PP/PVC或特种树脂PPS/PEEK等都可根据材料的性能和成本加以选用。CFRTP中的增强纤维可以是玻璃纤维、碳纤维、芳纶纤维、植物纤维、玄武岩纤维等。连续纤维增强热塑性复合材料最突出的优点是具有优良的综合力学性能，特别是在高温、高湿度下仍能保持良好的力学性能，而且采用连续纤维增强热塑性复合材料的制品可重复加工、再生利用。目前应用的主要是三大纤维复合材料：碳纤维复合材料、玻璃纤维复合材料、芳纶纤维复合材料，其中碳纤维复合材料和玻璃纤维复合材料的市场竞争激烈程度远高于芳纶纤维复合材料。

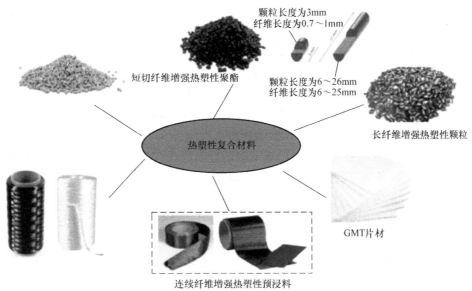

图 18-1 连续纤维增强热塑性复合材料构成

连续纤维增强热塑性复合材料由于其轻质、刚度好等特性，在汽车工业、航空航天、军工、电子等诸多领域已经得到长足发展。有数据表明，有80%的长玻璃纤维增强热塑性复合材料需求来自汽车工业（零配件），已在欧洲相关汽车部件生产企业中得到广泛的应用。

连续纤维增强热塑性复合材料的典型应用有以下几个方面：交通领域结构件及内饰件的轻量化；电子产品的骨架和外壳；体育休闲类产品（如高端运动鞋、头盔、拉杆箱、运动器材配件）；航空航天领域的耐热结构件（耐热不超过 425℃）；医疗领域的生物相容性抗菌产品（PEEK 材料）以及高档建筑材料等。图 18-2 所示为连续纤维增强热塑性复合材料应用示例。

图 18-2　连续纤维增强热塑性复合材料应用示例

由于连续纤维独特的优势，近年来，国际上连续纤维增强热塑性复合材料市场仍然保持着快速增长。国外行业巨头也正将连续纤维增强的热塑性复合材料及相关企业作为重点开发方向和并购的首选标的，其中朗盛收购了德国 Bond - Laminates、三菱收购 QPC、东丽公司收购荷兰的 Tencate；而韩华、巴斯夫、科思创、英力士等化工巨头也都推出了相应的连续纤维增强热塑性复合材料。目前，连续纤维增强热塑性复合材料技术的企业主要集中在德国、荷兰、英国、美国等少数欧美国家。我国部分企业也掌握了连续纤维增强热塑性复合材料的技术，但是在连续纤维增强特种工程塑料复合材料方面，我国企业相关技术和产品与国外领先的制造商（如 Lanxess，Polystrand 等）相比，仍有较为明显的差距。

连续纤维增强复合材料增材制造技术因众多优势及需求成为当今研究的热点。传统上，复合材料结构开发涉及材料、工艺与成形结构的应用工况等，是一个长开发周期，而增材制造技术用于连续碳纤维增强复合材料的成形制造有望打破这一约束。连续纤维增材制造技术正在随着 3D 打印装备的创新而迅速崛起，它既可以用于大批量生产复合材料零件，也可以打印特别有挑战性的零件，比如制造高度复杂的几何形状或需要极其精密制造的零件。国内外各类科研院所、大型制造企业、小型初创企业以及成熟的复合材料公司正在不断推出新的技术和产品，以实现连续纤维增强复合材料增材制造。

2019 年 3 月，全球复合材料领域展会 JEC 组委会将 2019 年度增材制造（3D 打印）创新大奖授予美国连续复合材料公司 Continuous Composites、空军研究实验室、洛克希德·马丁公司团队，以表彰其在连续纤维 3D 打印技术开发方面的创新成果。连续复合材料公司 Continuous Composites 是连续纤维增强 3D 打印技术的先驱，2012 年获得了全球最早的工艺专利。自美国于 2014 年推出首台连续纤维 3D 打印机以来，该技术正在快速发展并在航空领域取得应用。随着技术的逐渐成熟和大规模推广应用，纤维增强复合材料增材制造技术或将颠覆现有复合材料无人机、低成本复合材料航空结构的生产模式。

2019 年美国 Spatial 公司所属企业 Dassault Systemes 与美国 Continuous Composites 公司合作，利用前者的 3D 打印软件和后者的连续纤维增强复合材料的 3D 打印技术（CF3D），开发了一种连续纤维增强复合材料原位固化 3D 打印技术。CF3D 工艺应用工业机器人直接对连续干纤维进行打印，并原位浸渍树脂，无须昂贵的模具、热压罐、烘箱等设备。该工艺适用于航空级碳纤维、玻璃纤维或芳纶纤维。在打印过程中，纤维在打印头中浸渍快速固化树脂。随后，在 CF3D 软件的控制下，工业机器人的打印头按照设计路径移动，预浸纤维也从打印头中被拉出。最后，预浸纤维在高强度能量源（如紫外光 UV、热能等）作用下完成固化，从而形成 3D 复合材料部件。

2020 年 6 月，AREVO 公司宣布开始建设世界上最大的高速连续碳纤维增强聚合物（continuous fiber reinforced polymer，CFRP）复合材料增材制造工厂，以制造即服务（manufacturing - as - a - service，MaaS）的模式来运营，规模化快速生产定制产品。

AREVO 还开发了一种基于激光 DED（即直接能量沉积）的专利 3D 打印工艺，激光束熔化刚加上去的聚合物细丝和上一层沉积打印的材料，形成液 - 液界面；同时，使用一个滚轴施加压力，将层与层之间的空隙率降低到小于 1%，达到消除分层横截面的目的。AREVO 碳纤维增强复合材料 3D 打印系统如图 18-3 所示。在打印过程中，多轴自动机械臂和平台可自由移动，实现三个以上的自由度沉积材料。常见的增材制造技术，采用堆叠 2D 平面材质层来构建 3D 对象。该工艺使用激光源来熔化聚合物长丝，同时也熔化之前沉积的材料，以创建一个液体到液体的界面，实现原

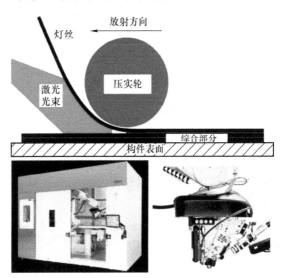

图 18-3　AREVO 碳纤维增强复合材料 3D 打印系统

位巩固；同时它还施加了一个压力，将空隙率降低到 1% 以下，消除了层，使截面看起来更均匀。

2020 年 5 月，中国在新一代载人飞船试验船上还搭载了一台由中国自主研制的复合材料 3D 打印机，这是中国首次太空 3D 打印试验，也是国际上第一次在太空中开展连续纤维增强复合材料的 3D 打印试验。该打印机及其在轨打印的两个样件随我国新一代载人飞船试验船返回舱成功返回东风着陆场。图 18-4 所示为复合材料空间 3D 打印机在轨打印的样件。

连续纤维增强热塑性复合材料行业的集中度较高，具有极高的技术壁垒，涉及巨额的资金投入，这使得国际上真正具有连续纤维增强热塑性复合材料研发和规模化生产能力的公司屈指可数。目前生产连续纤维增强热塑性复合材料的大型国外企业有 SABIC、帝斯曼、赢创、阿科玛、索尔维、朗盛、科思创、帝人、埃万特、杜邦、巴斯夫、东丽等。国内生产企业有金发科技、普利特、江苏奇一、长海股份、中广核俊尔、杰事杰等。从整个连续纤维增强热塑性复合材料行业来看，国内企业关注点更多在材料本身，而面向应用对象的成形工艺

研究相对较少，直接应用该材料来批量成形产品的更少。所以连续纤维增强热塑性复合材料在国内的发展要达到更大的体量，必须解决各种成形的工艺问题。在国内轻量化、可循环的绿色环保趋势下，连续纤维增强热塑性复合材料将会得到行业内的更多认可。目前航空航天装备已率先采用连续纤维增强复合材料自动化成形技术进行生产，由于连

图 18-4　复合材料空间 3D 打印机在轨打印的样件

续纤维增强复合材料高成本限制其在汽车行业的应用，问题表现为：纤维增强复合材料原材料价格高昂、成形生产成本高、生产效率低等缺点，所以亟须发展低成本、高效的自动成形技术/复合材料 3D 打印技术，扩大连续纤维增强复合材料在汽车行业的应用。随着连续纤维增强复合材料应用关键技术突破和成本逐渐降低，连续纤维增强复合材料在汽车领域整车所用材料中的比例逐渐提高，大量使用复合材料是必然趋势。

18.2　专利分析

18.2.1　申请趋势分析

截至 2020 年 12 月底，全球涉及连续纤维增强热塑性复合材料增材制造技术的专利共计 1409 件。就我国来说，相关专利总计 529 件，其中发明专利申请 316 件，发明授权 118 件，实用新型专利 95 件，发明专利占到 82%。从技术发展周期看，发明专利的占比很高，说明该技术仍处于技术发展期。

全球涉及连续纤维增强热塑性复合材料增材制造专利的申请趋势如图 18-5 所示。在 2001—2014 年，连续纤维增强热塑性复合材料增材制造专利申请几乎处于平稳缓慢增长阶段，说明该技术此阶段还处于初步研发阶段，并没有得到广泛应用。此后直至 2019 年申请数量处于一个急速增长的阶段，说明该技术已有突破性的进展。

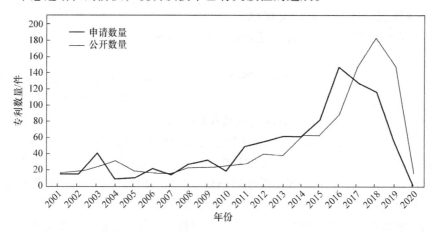

图 18-5　全球涉及连续纤维增强热塑性复合材料增材制造专利的申请趋势

18.2.2　专利全球区域分布

图 18-6 和图 18-7 所示为全球连续纤维增强热塑性复合材料增材制造技术专利区域分布。分析发现，中国相关专利共 529 件，占比 46%，居首位；日本 215 件，占比 19%，排第二位，申请量第三～六位分别为：美国 137 件、欧洲专利局 109 件、世界知识产权组织 PCT 55 件、英国 53 件。在我国地区的申请中，本国申请人占 94%，外国申请人合计仅占 6%，这说明在连续纤维增强热塑性复合材料增材制造领域，中国目前不是国外申请人的主要投入市场。

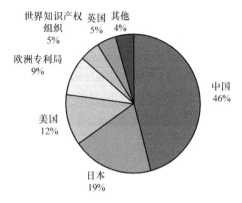
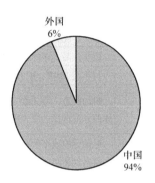

图 18-6　全球连续纤维增强热塑性复合　　　　图 18-7　全球连续纤维增强热塑性复合材料
材料增材制造技术专利区域分布　　　　　　　增材制造技术专利区域分布（中国申请构成）

18.2.3　专利技术分布

将连续纤维增强热塑性复合材料增材制造技术领域的专利申请数量按照 IPC 分类号进行技术划分，绘制结果见图 18-8 和表 18-1。分析发现，从整体上看，全球连续纤维增强热塑性复合材料增材制造的各个技术分支在中国布局都相对较大，其次是日本、美国、欧洲专利局、世界知识产权组织（PCT 专利）和英国，也几乎覆盖了所有技术分支。说明全球主要

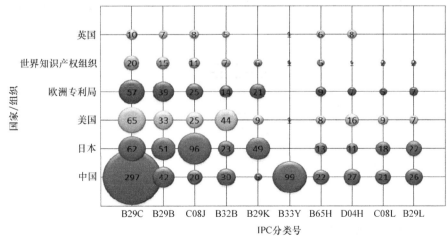

图 18-8　全球连续纤维增强热塑性复合材料增材制造技术专利构成矩阵

市场是中国和日本，而且现在全球都开始注重利用世界知识产权组织（PCT专利）、欧洲专利局来进行全球布局的基础来扩大自己专利布局范围。结合图18-7和图18-8，上述分析结论说明了中国申请人在各个技术分支进行了布局。另一方面也反映了连续纤维增强热塑性复合材料增材制造的大多技术分支在国外专利布局都很少，国内企业可以抓住次机会在主要海外市场进行提前布局。

表18-1　全球连续纤维增强热塑性复合材料增材制造专利IPC分类号及其含义

IPC 分类号	含义
B29C	塑料的成形或连接；塑性状态材料的成形，不包含在其他类目中的；已成形产品的后处理，如修整
B29B	成形材料的准备或预处理；制作颗粒或预型件；塑料或包含塑料的废料的其他成分的回收
C08J	加工；配料的一般工艺过程；不包括在C08B、C08C、C08F、C08G或C08H小类中的后处理
B32B	层状产品，即由扁平的或非扁平的薄层，如泡沫状的、蜂窝状的薄层构成的产品
B29K	与小类B29B、B29C或B29D联合使用的、涉及成形材料或涉及用于增强材料、填料或预型件
B33Y	附加制造，即三维（3D）物品制造，通过附加沉积、附加凝聚或附加分层，如增材制造、立体照片或选择性激光烧结
B65H	搬运薄的或细丝状材料，如薄板、条材、缆索
D04H	制造纺织品，如用纤维或长丝原料
C08L	高分子化合物的组合物（基于可聚合单体的组成成分，如C08F、C08G；人造丝或纤维，如D01F；织物处理的配方，如D06）
B29L	涉及特殊制品、与小类B29C联合使用

18.2.4　主要申请人排名

在连续纤维增强热塑性复合材料增材制造领域，该技术是最近才兴起，全球各国投入的研发相对其他行业较少。图18-9所示为全球连续纤维增强热塑性复合材料增材制造专利申请人排名（前10名），位居第一位的是Arevo公司，排名第二位的是美国Continuous Composites公司，国外排名进入前十位的还有波音公司、三菱重工、GE集团、9T Lab等。国内排名进入前十位的有中国航空工业集团公司、西安交通大学、南京航空航天大学。

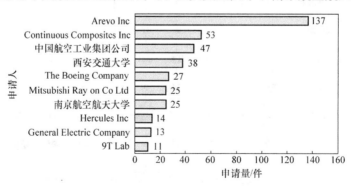

图18-9　全球连续纤维增强热塑性复合材料增材制造专利申请人排名（前10名）

18.3　连续纤维增强热塑性复合材料增材制造专利技术发展历程

根据全球连续纤维增强增强热塑性复合材料增材制造相关专利的申请时间，绘制出全球连续纤维增强热塑性复合材料增材制造专利技术发展历程，见图 18-10 和图 18-11。

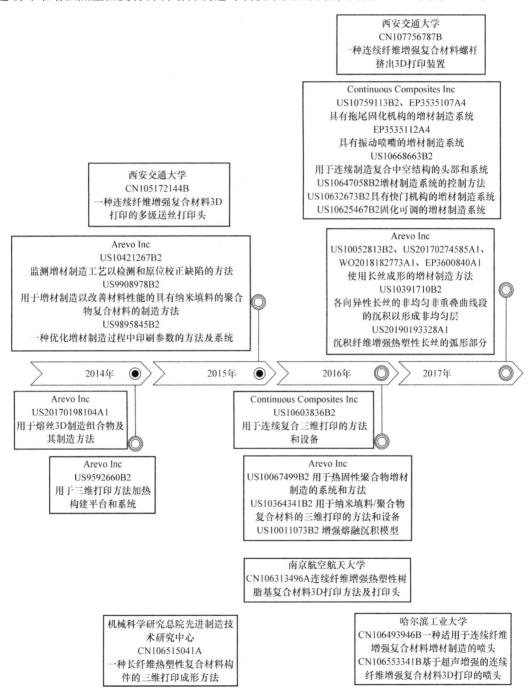

图 18-10　全球连续纤维增强热塑性复合材料增材制造专利技术发展历程（2014—2017 年）

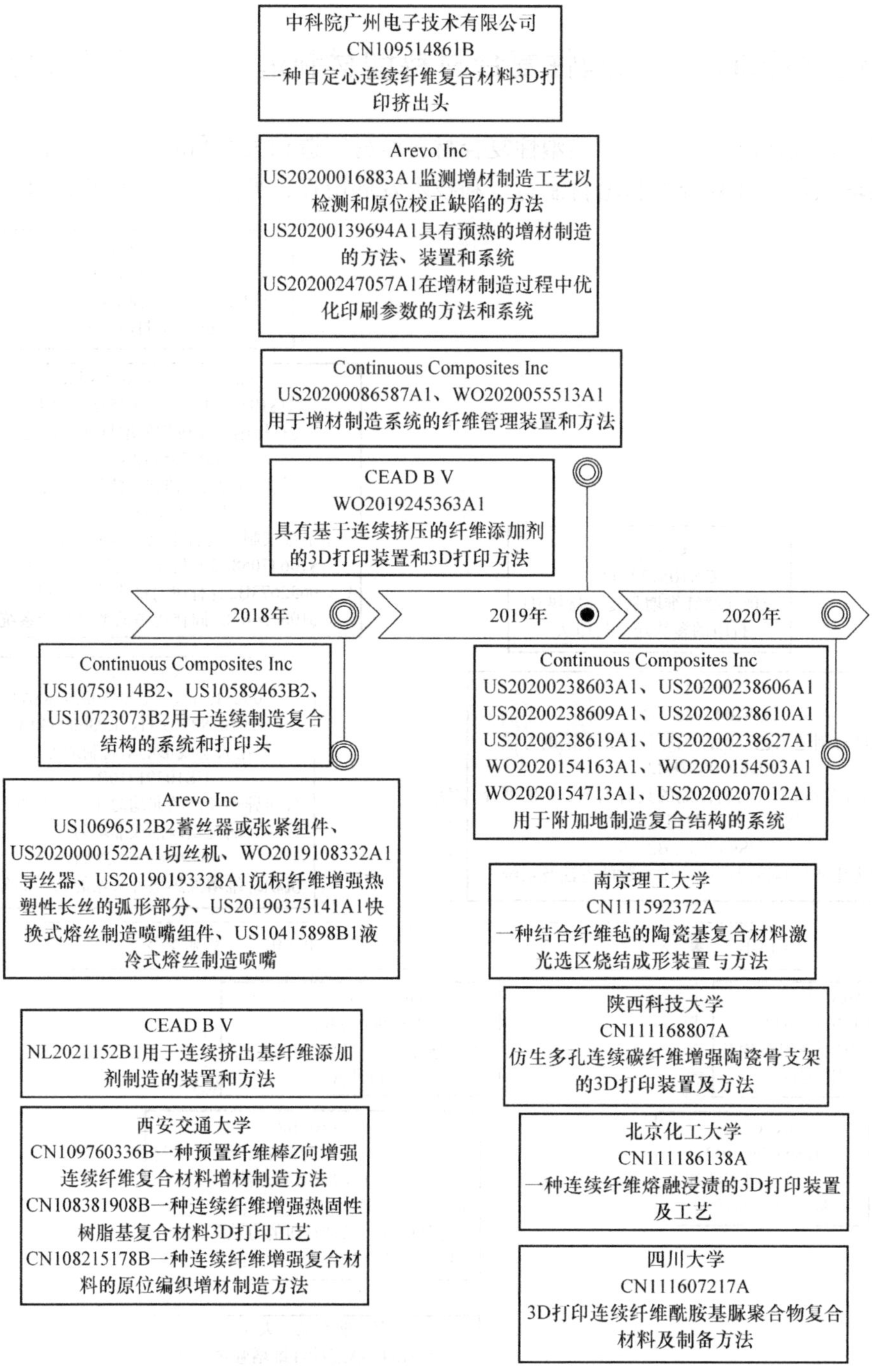

图 18-11　全球连续纤维增强热塑性复合材料增材制造专利技术发展历程（2018—2020 年）

纵观以上路线图，可以看出在全球连续纤维增强热塑性复合材料增材制造的技术发展中，相关专利的申请人还是集中于全球几个公司，如美国 Continuous Composites 公司、Arevo 公司、荷兰 CEAD 等。国内的专利申请主要是一些高校，如西安交通大学、南京航空航天大学、哈尔滨工业大学等。目前，相关专利申请和布局涵盖的主题从打印设备、零部件打印工艺、一些监测和矫正缺陷的方法等。

18.4　连续纤维增强热塑性复合材料专利典型案例

案例 1：用于连续复合三维打印的方法和设备（US10603836B2）。

Continuous Composites 公司公开了一种用于三维物体的增材制造的方法和设备的发明专利，专利附图如图 18-12 所示。该专利包括：

1）用第一聚合物预浸渍连续丝束材料，将预浸渍的连续丝束材料导入挤出机喷嘴，将第二聚合物导入挤出机，加热挤出机，用第二聚合物涂覆预浸渍的连续丝束材料，从挤出机中排出包含预浸渍的连续丝束材料和第二聚合物的复合材料路径，以及在出料过程中使挤出机在多个维度上移动，使得路径从挤出机在多个维度上延伸；其中，第一聚合物是热固性材料和热塑性材料中的一种，第二聚合物是热固性材料和热塑性材料中的另一种。两种或多种材料作为复合材料同时挤出，其中至少一种材料为液体形式，至少一种为完全包封在液体材料中的固体连续丝束。

2）一种在挤出之后固化液体材料的装置使复合材料硬化。

3）使用一系列挤出的复合路径构造部件。

4）复合物中的线束材料包含特定的化学、机械或电特性，使其赋予物体仅用一种材料不可能达到的增强能力。

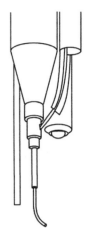

图 18-12　专利附图
（来源：US10603836B2）

案例 2：检测增材制造工艺以检测和原位校正缺陷的方法（US20200016883A1）。

Arevo 公司的发明专利提供了一种用于实时监测和识别经由增材制造工艺在三维对象构建中出现的缺陷的系统和方法，专利附图如图 18-13 所示。此外，该发明通过具有在任意平

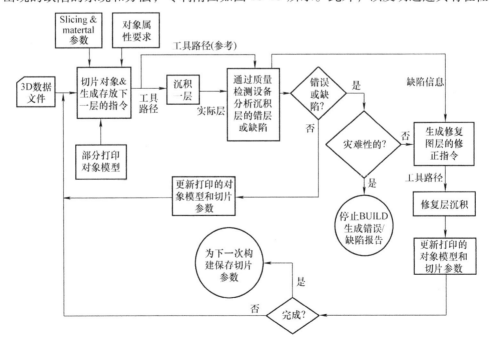

图 18-13　专利附图（来源：US20200016883A1）

面和接近中的运动自由度的多个功能工具头来提供这种缺陷的原位校正。其中，基于来自打印过程的反馈分析来自动且独立地控制功能工具头，从而实现缺陷分析技术。此外，该发明提供了一种用于在构造3D打印对象期间分析从检测装置收集的缺陷数据并就地校正工具路径指令和对象模型的机制。还具备生成构建报告，该构建报告在3D空间中显示最终构建对象的结构几何形状和固有属性以及校正和未校正缺陷的特征。构建报告有助于改进后续对象的3D打印过程。

参 考 文 献

[1] 田小永，刘腾飞，杨春成，等．高性能纤维增强树脂基复合材料3D打印及其应用探索 [J]．航空制造技术，2016，59（15）：26-31．

[2] 汪鑫，田小永，王清瑞，等．连续纤维增强金属基复合材料3D打印工艺探索及性能分析 [C]．广州：第17届全国特种加工学术会议论文集（下册），2017．

[3] 王强华，孙阿良．3D打印技术在复合材料制造中的应用和发展 [J]．玻璃钢，2015，186（4）：9-14．

[4] 方鲲，向正桐，张戬，等．3D打印碳纤维增强塑料及复合材料的增材制造与应用 [J]．新材料产业，2017（1）：31-37．

[5] 赵泓源．连续纤维复合材料增材制造打印头系统设计 [D]．北京：中国科学院，2019．

第 19 章　陶瓷材料增材制造技术专利分析

19.1　陶瓷材料增材制造技术发展概况

　　陶瓷增材制造技术是以陶瓷粉体为基本原材料，制备出适应各类增材制造工艺的粉末、浆料、泥坯等形态的原材料，然后通过相应的增材制造工艺以及相应辅助工艺，实现陶瓷零件的制造。目前主流的陶瓷增材制造技术有激光选区烧结（SLS）、激光选区熔化（SLM）、三维喷印（3DP）、熔融沉积制造（FDM）、分层实体制造（LOM）、立体光固化（SLA）、数字光处理（DLP）和直写成形（DIW）等。陶瓷增材制造主流技术材料及成形特点对比见表 19-1。目前成熟应用于增材制造的主流陶瓷材料包含磷酸三钙陶瓷 TCP、氧化铝陶瓷、碳化硅陶瓷 SiC、Si_3N_4 陶瓷和碳硅化钛陶瓷 Ti_3SiC_2 等。

表 19-1　陶瓷增材制造主流技术材料及成形特点对比

原料形式	技术类型	成形方法	能量来源	成形速度	直接成形	表面质量	原料成本	过程成本	主要应用
液材	SLA	光聚化	激光	慢	否	高	高	中	结构陶瓷
	DLP	光聚化	激光	中	否	高	高	中	结构陶瓷
	DIW	光聚化	激光	中	否	低	低	低	功能、生物
粉材	3DP	黏结成形	热能	中	否	中	中	中	结构陶瓷
	SLS	粉末熔融	激光	中	否	低	低	高	结构、生物
	SLM	粉末熔融	激光	中	是	低	低	高	结构陶瓷
片材	LOM	薄片叠片	激光	快	否	中	中	中	结构陶瓷
丝材	FDM	挤出成形	热能	中	否	低	中	低	功能陶瓷

　　陶瓷增材制造技术既可以用于传统陶瓷行业，实现复杂结构陶瓷制品的定制化快速制造，也可用于生物医疗领域，以生物陶瓷材料代替钛合金等金属材料，实现可降解、再生的植入物的制造，还可以进行高性能陶瓷功能零件的制造，拓宽工程陶瓷的应用领域。陶瓷增材制造技术现在已被广泛应用到国防、能源、航空航天、生物医疗、电子、光学、机械等各大领域，见图 19-1。

　　国际上陶瓷光固化 3D 打印技术的研究始于 20 世纪 90 年代，较活跃的国家主要有美国、奥地利、法国、德国、荷兰、意大利等。1994 年以来，作为较早开展陶瓷增材制造的先驱，美国密歇根大学的 Halloran 团队对陶瓷 SLA 工艺进行了广泛而深入的开拓性研究。他们开发并使用了高固含量的二氧化硅、氧化铝和氮化硅等陶瓷浆料进行打印。奥地利维也纳大学的研究团队采用氧化铝和生物活性陶瓷玻璃等材料制备出了具有优异特性的复杂陶瓷结构，特征分辨率达到 25μm，相对密度在 90% 以上，并且机械强度与传统加工样品相当。

　　近年来，国内也有较多学者在陶瓷增材制造方面开展了大量工作。主要的研究单位集中在西安、北京、上海、武汉、广东等高校、科研院所和企业。西安交通大学在国内较早开展陶瓷 SLA 的研究，使用包括氧化物陶瓷浆料以及磷酸三钙生物陶瓷浆料等进行了 3D 打印研

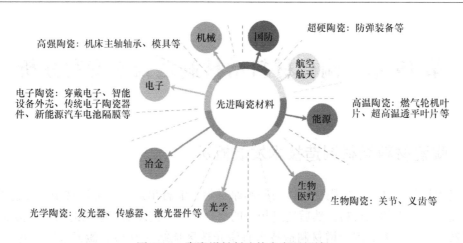

图 19-1　陶瓷增材制造技术应用领域

究。深圳大学增材制造研究所（AMI－SZU）针对部分特种陶瓷材料，特别是复杂多孔结构陶瓷的 DLP 光固化 3D 打印及应用开展工作，围绕堇青石异形蜂窝陶瓷载体、正硅酸锂陶瓷产氚单元等创新应用进行深入研究，同时也在 PCP 材料体系的研发与结构轻质高强化方面做了部分工作，获得了具有高比强度的优异点阵多元陶瓷结构。

随着陶瓷 3D 打印技术的快速发展，国内外涌现出了一批专注陶瓷 3D 打印技术的产业化公司。目前，国外专注陶瓷增材制造主要包括法国的 3DCeram、Prodways、美国的 ExOne、奥地利 Lithoz 公司、以色列 Xjet。国内的有武汉三维、北京十维、浙江迅实、深圳长朗、中瑞科技、昆山博力迈、西安增材制造国家研究院等。其中，3DCeram 公司于 2001 年成立，使用立体光刻技术（SLA）生产功能陶瓷，在 2005 年推出了 3D 打印陶瓷植入物，2015 年推出大型陶瓷 3D 打印机 CERAMAKER（打印幅面为 300mm×300mm×150mm，光源为激光，打印精度为 200μm 以上），随后与德国 Rapidshape 公司联合研发，推出桌面级陶瓷 3D 打印机 C30（打印幅面为 50mm×40mm）。3DCeram 公司还推出了 3DMIX 打印材料，包括氧化铝（Al_2O_3）、二氧化锆（ZrO_2）、羟基磷灰石（HAP）以及磷酸三钙（TCP）等。3DCeram 公司陶瓷增材制造技术于 2016 年被引入中国市场，并在武汉设立了分公司——武汉三维陶瓷科技有限公司，在 2018 年推出世界首款复合陶瓷 3D 打印设备 CERAMAKER Hybrid，该设备在现有的光固化平台的基础上，与其他 3D 打印技术系统融为一体。另外，3DCeram 公司在 2018 年还推出了全自动陶瓷 3D 打印生产线——4DCERAM 以及超大尺寸陶瓷 3D 打印机 CERAMAKER3600，在 2019 年 11 月推出了最新系统 C3600Ultimate，它具有 600mm×600mm×300mm 的构建平台和 4 个激光器，可用于大规模或批量生产的 3D 打印。另外同时推出一款小尺寸的 C100 Easy，具有 100mm×100mm×150mm 构建托盘和 2L 容量墨盒。图 19-2 所示为 3DCeram 公司的陶瓷增材制造设备。除 3D 打印机外，3DCeram 还提供手动和半自动格式的陶瓷专用清洁室、各种陶瓷专用的脱脂和烧结窑以及全方位的服务，包括培训和现场维护。到现在，3DCeram 公司已经与工业、航空、珠宝、钟表等诸多不同领域的客户建立了良好的合作关系，为其打印陶瓷样品和提供陶瓷 3D 打印机。

奥地利 Lithoz 公司是全球陶瓷 3D 打印设备及材料的供应商，其 LCM 专利技术解决了复杂陶瓷零部件难于加工的问题，广泛应用于医疗、航空航天、汽车制造、电子工业等领域，也是德国博世公司、弗劳恩霍夫研究团队、我国清华大学等科研单位的合作伙伴。由 Lithoz

图 19-2　3DCeram 公司的陶瓷增材制造设备

陶瓷 3D 打印机生产的产品，表面粗糙度值可达 0.4~0.6μm，致密度高达 99.4% 以上，产品物理化学性能与传统工艺产品相当。目前，Lithoz 公司可实现氧化铝、二氧化锆、磷酸三钙、氮化硅、硅基材料、金属陶瓷等 20 余种材料的打印。航空航天巨头法国赛峰集团已经长期使用 Lithoz 陶瓷 3D 机生产叶片型芯，并于 2017 年欧洲陶瓷增材会议 AM Ceramics 上展示了初步的成果。2018 年欧洲航天局（ESA）使用奥地利 Lithoz 的高精度陶瓷 3D 打印技术将仿制的一种月球土壤打印成小型螺钉和齿轮，来模拟使用其他星球土壤就地生产所需产品。2019 年 Lithoz 公司发布了新的陶瓷 3D 打印设备 CeraFab Systems S65，如图 19-3 所示。该设备每个系统可最多安排 4 个连续生产单元，可大大提高生产率并最大限度地降低故障风险；使用 WQXGA 投影仪分辨率高达 2560×1600，可以保证在微距范围内打印组件有较高精度；每个不同的打印单元都有单独的冷却系统，以便消除潜在的热量积聚，并保护组件免受灰尘污染。另外 Lithoz 公司发布了牙科陶瓷 3D 打印机 CeraFab 7500 Dental，有助于制造复杂的几何形状，包括超薄咬合贴面，边缘可薄至 100μm。

图 19-3　Lithoz 公司 CeraFab Systems S65 设备

北京十维科技于 2014 年成立，在国内首个推出高性能 DLP 光固化陶瓷 3D 打印机。该公司于 2016 年底推出了高性能陶瓷光固化 3D 打印机 AUTOCERA，并于 2017 年 2 月，将首台 AUTOCERA 交付北京理工大学，见图 19-4。2018 年推出多种陶瓷 3D 打印材料，2019 年完成涡轮发动机叶片陶瓷型芯的生产验证，2020 年发布新一代 AUTOCERA–L 大尺寸机型并正在成立示范工厂。目前十维科技设备装机量已经达到近 20 台。此外，在航空航天领域已经实现了涡轮叶片陶瓷芯的小批量生产，在文创产品领域已经实现了量产交货。

昆山博力迈三维打印科技有限公司在 2017 年发布了陶瓷 3D 打印机（见图 19-5a），使用激光扫描固化高陶瓷含量浆料，可打印尺寸为 200mm×200mm×150mm 的二氧化锆、氧化铝和生物陶瓷工件。该设备激光功率、激光光斑大小和扫描速度可变，可打印梯度成分和梯度结构的工件，主要用于制作耐高温的航空航天器件、汽车发动机器件、化学反应器、医用植入体和高档饰件等。又于 2019 年推出工业级陶瓷 3D 打印机 CSL100，采用自主专利的陶瓷浆料和 3D 打印技术。深圳长朗智能科技有限公司 2018 年推出的 CSL100 陶瓷 3D 打印机（见图 19-5b），基于光刻陶瓷烧结技术 LCS 开发，打印出的陶瓷制品，表面质量好、成形精度高，有着与传统材料相当高重复性、高致密度（高达 99% 以上）的优异性能。

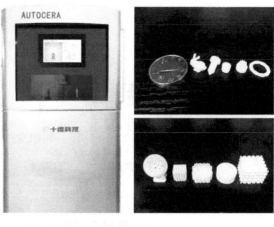

图 19-4　北京十维科技 AUTOCERA 设备

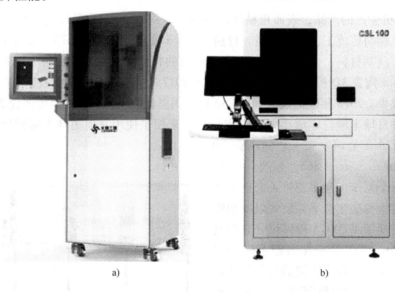

a)　　　　　　　　　　　b)

图 19-5　陶瓷 3D 打印机

此外，为了提高成品的致密度，陶瓷先驱体成为当前的一个研发热点。利用陶瓷先驱体转化制备陶瓷的过程减少了烧结过程，降低了制备过程中对温度的要求，无须加压，无须添加烧结添加剂，提高了陶瓷材料的力学性能。同时向陶瓷先驱体中加入填料（惰性填料如 SiC、Si3N4 、BN、B4C 等，活性填料如 Al、Ti、Cr、Si 等），可以显著提升最终制品的致密度。当前应用较多的几种陶瓷先驱体有聚碳硅烷（polycarbosilane，PCS）、聚硅氮烷（polysilazane，PSZ）、聚硅氧烷（polysiloxane，PSO）、聚硅烷（polysilane）。美国 HRL 实验室的研究人员于 2020 年研发出一种新型陶瓷树脂，该树脂经配制可用于特殊的 3D 打印机中，并且拥有耐超高温性能。这种树脂可以打印成任何形状和尺寸的零件。然后可以在高达 1700℃的温度下烧制物体，从而形成一种完全致密的材料，其强度是同类材料的 10 倍，并且更耐磨损和腐蚀。HRL 实验室研究发现这种新材料可用于多个领域，例如喷气发动机和超声速飞行器的零件，以及微机电系统和电子设备包装中的复杂零件。最近 HRL 实验室又探索出新的陶瓷先驱体成分 SiOC，取得了非常好的试验效果。陶瓷材料先驱体的主要发展趋势有：①按不同材料成形工艺要求设计和合成出相应的先驱体分子结构；②根据耐高温陶瓷纤维和陶瓷基复合材料的需要设计和合成新型的耐高温陶瓷先驱体；③根据功能 – 结构一体化的发展趋势设计和合成目标陶瓷具有吸波或透波的先驱体。

目前，由于增材制造陶瓷产品致密度、力学性能和精度都较低，在生物医疗领域应用较广，但大规模工业应用仍然存在着极大的挑战。为满足工业领域的要求，只有持续探索不同类型陶瓷材料成形技术，开发成形大尺寸、耐高温陶瓷制品的增材制造设备，实现大尺寸、高致密度、低内应力的陶瓷零件的增材制造成形，使制品致密度提升到 99% 以上，力学性能接近传统工艺产品，才有望实现陶瓷增材制造的大规模工业应用。

19.2　专利分析

经检索，全球陶瓷材料相关专利共计 2302 件，其中发明 1965 件，实用新型 284 件，PCT 20 件。陶瓷材料相关专利申请国家分布及类型分布如图 19-6 所示。在全球的专利申请布局中，中国作为全球陶瓷材料的主要市场，专利布局数量明显高于其他地区，排名第一位，相关专利申请量为 1535 件；而美国的陶瓷材料制造相关专利申请量为 174 件。世界知识产权组织、韩国、欧洲专利局依次排在第三位、第四位、第五位，申请量分别为 113 件、101 件、77 件。

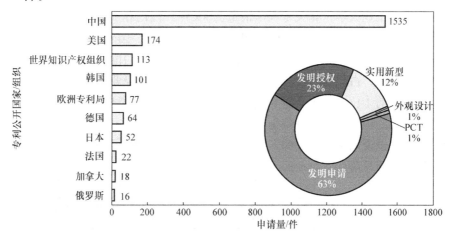

图 19-6　陶瓷材料相关专利申请国家分布及类型分布

陶瓷材料增材制造相关专利申请的全球趋势如图 19-7 所示。陶瓷材料增材制造相关专利最早出现于 1997 年，是美国 Univ – Michigan 大学提出的 US6117612A "Stereolithography resin for rapid prototyping of ceramics and metals（用于陶瓷和金属快速成形的立体光刻树脂）" 专利。该专利涉及一种利用立体光刻技术制备多层陶瓷生坯的方法。在 2013 年之前，陶瓷材料增材制造相关专利在全球各国的申请量缓慢波动式增长，处于一个缓慢的研究阶段，在中国、美国、欧洲、世界知识产权组织和日本等地均出现了相关专利申请。自 2014 年开始，各国的陶瓷材料增材制造专利申请量均快速上升。直到 2019 年都保持一个相当高的增长率。由于专利审查周期，近三年专利申请未完全公开，故 2019 年、2020 年的数据尚不完整，预计还会保持较高的增长率。

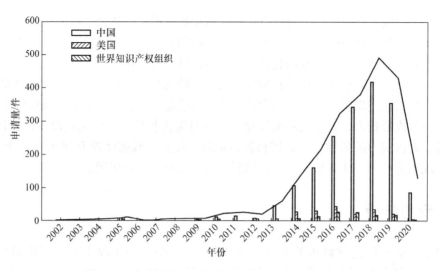

图 19-7　陶瓷材料增材制造相关专利申请的全球趋势

全球陶瓷材料增材制造相关专利主要申请人排名如图 19-8 所示。德国 Voxeljet 公司的陶瓷材料增材制造相关专利申请量为 79 件，位列首位。其次是美国 ExOne 公司，其相关专利申请量为 75 件。西安交通大学和法国 3DCeram 公司并列第三位，相关专利申请量均为 71 件。第五位是广东工业大学，相关专利申请量为 49 件。国内相关专利申请进入前十名的还有华中科技大学、龙泉市金宏瓷业有限公司、西北工业大学。国外相关专利申请人进入前十名的还有以色列 Xjet 公司、法国 Prodways 公司。排名前十位的国内申请人大部分是高校及科研院所，共计 4 家，占比 80%，唯一一个企业龙泉市金宏瓷业有限公司陶瓷增材制造相关专利申请量进入前十位，其主要研究内容为增材制造相关陶瓷材料的制备方法及工艺。然而，排名前十五位的国外申请人全部是企业，占比 100%。由此可见，国外陶瓷材料的发展中坚力量是企业，也说明国外相关的产业化应用已经趋于成熟。而国内的产业发展还在研究阶段，产业化进程明显落后，企业的专利布局相对较少。

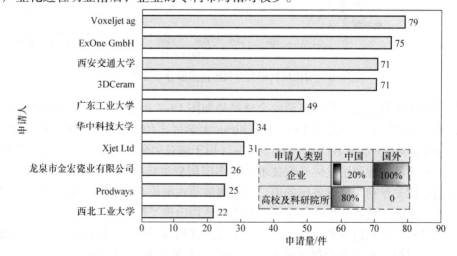

图 19-8　全球陶瓷材料增材制造相关专利主要申请人排名

针对本次检索结果的全部陶瓷材料增材制造相关专利进行聚类分析，得到图 19-9 所示的陶瓷材料增材制造相关专利申请热点分布。经分析发现，目前涉及陶瓷复合材料增材制造的研究热点大致为以下几方面：激光选区制备陶瓷型芯相关专利申请量最多，属于最高山头；其次是陶瓷打印成形工艺和陶瓷前驱体、陶瓷粉体相关专利，二者申请量相当，仅次于激光选区制备陶瓷型芯；另外，陶瓷基复合材料增材制造、颗粒材料增材制造、陶瓷材料成形框和刮料块这三个方面相关专利申请量相当，次于前面三个热点，成为三个新热点；除此之外，有四个方面的专利申请量相对较少，包含螺杆挤压/料圆盘、修复体/羟基磷灰石/磷酸钙陶瓷、黏性材料高温烧结以及金属陶瓷等。

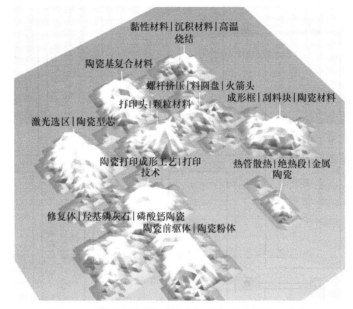

图 19-9　陶瓷材料增材制造相关专利申请热点分布

19.3　陶瓷材料增材制造专利技术发展历程

根据全球陶瓷材料增材制造相关专利的申请时间，绘制出全球陶瓷材料增材制造专利技术发展历程如图 19-10 和图 19-11 所示。可以看出，陶瓷材料增材制造的发展可谓是百花齐放、百家争鸣，各个企业各有其优势及研发倾向，包含了从陶瓷材料增材制造设备研发、高性能 3D 打印陶瓷材料的制备工艺、各种航空航天及电子关键部件的应用型结构工艺。

近几年的研究热点趋向于诸如金属纤维增强陶瓷、复合纤维增强陶瓷等增强型陶瓷材料增材制造的研发，以及陶瓷增材制造的陶瓷前驱体研发。尤其在航空航天方面，由于需要无缺陷的制造，需要高的材料致密度，以达到很高的强度指标，这些都在研究和发展中。面向其他功能结构需要的一些特殊工程材料，如由多种材料融合在一起的功能梯度结构的制造，这些材料的增材制造技术也都在发展中。如很多工程要求零部件结构表面是耐蚀的、耐磨损的，里面是高强高韧性的，同时又要求整体结构轻量化，其他制造工艺很难达到要求，而利用增材制造的技术优势可以制造陶瓷和金属复合的功能梯度材料结构。与此同时，陶瓷材料增材制造的加速发展促使了陶瓷增材制造技术在航空航天、武器装备、电子设备、医疗等高端制造领域的应用。

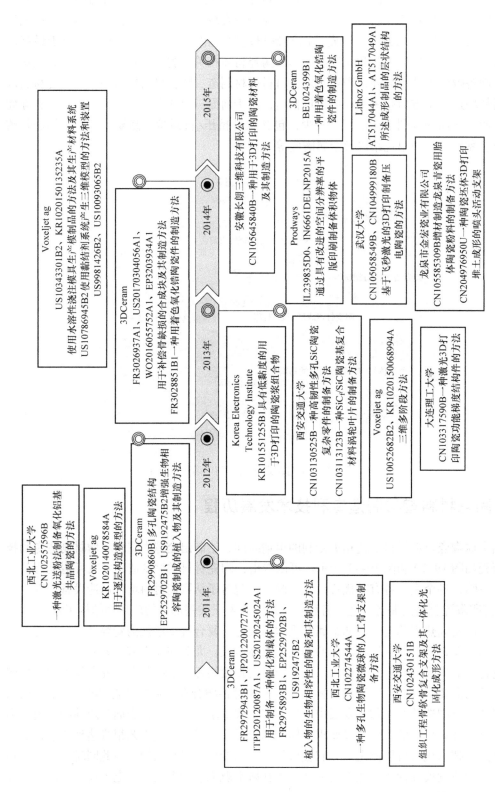

图 19-10　全球陶瓷材料增材制造专利技术发展历程（2011—2015 年）

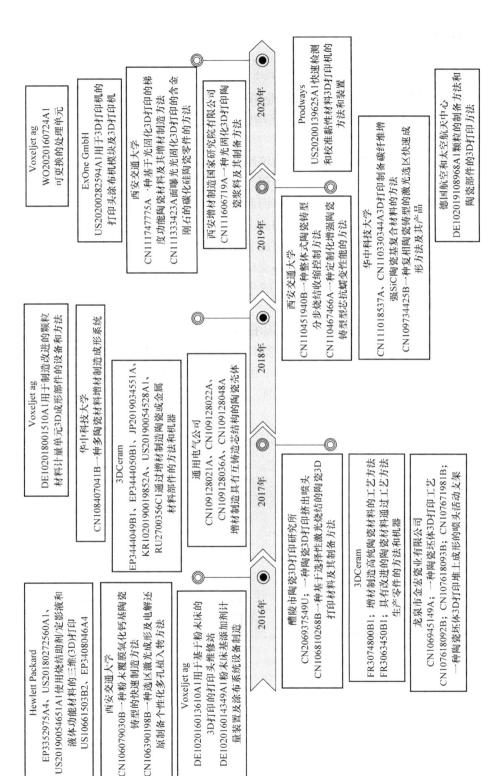

图 19-11　全球陶瓷材料增材制造专利技术发展历程（2016—2020 年）

19.4　陶瓷材料增材制造专利典型案例

案例1：用于多层陶瓷电容器的几何优化方法和系统（US20190214196A1）。

VQ Research 公司公开了一种使用增材制造 3D 打印技术来改进多层陶瓷电容器（ML-CC）的方法。该专利方法可以实现复杂的多层陶瓷电容器设计，获得提升 MLCC 的电压极限，增加导电层和/或电介质层表面积等优势。

在传统制造工艺中，多层陶瓷电容器是由绝缘陶瓷浆料形成胶带，印刷导电油墨层，然后将各层压在一起并烧结以形成绝缘体和导体的叠层交替体而制成的。图 19-12 所示为传统 MLCC 剖面图，在物理上较大的电容器情况下，在温度或压力的应力下可能会分层。如果一层分开使电容下降，就会使电容器变得不合规格。另外，传统制造工艺只能实现简单的平坦层，而复杂的形状则难以实现。

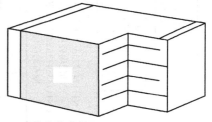

图 19-12　传统 MLCC 剖面图
（来源：US20190214196A1）

VQ Research 公司研发的陶瓷电容器 3D 打印技术，能够在几何上优化多层陶瓷电容器，见图 19-13 ~ 图 19-15。在 3D 打印过程中，陶瓷浆料、导电材料、铁氧体浆料和碳电阻浆料被沉积到基底上。这些材料可以在高温下烧结，因此适于整体制造。与传统方法相比，3D 打印技术制造的电容器更精确，过程是可重复的，具有更高的几何和空间分辨率，并可以产生更高密度的组件，而材料浪费更少。

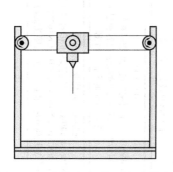

图 19-13　陶瓷电容器 3D 打印设备
（来源：US20190214196A1）

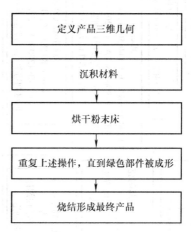

图 19-14　陶瓷电容器 3D 打印流程
（来源：US20190214196A1）

该技术的主要优势在于可以制造以往不可能实现的复杂形状，用于提升产品的规格和结构完整性。专利中指出在设计增材制造陶瓷电容器时，可以将多层陶瓷电容器的导电层端部和介电层边缘修改为包括圆形的结构，这种设计方式的好处是可以通过减小由尖角导致的电场强度来增加 MLCC 的电压极限。当电场尽可能均匀时，电容器性能与所用材料的比例最高。如果在尖角处看到电场具有"热点"，那么与非尖角相比，最大工作电压更低。此外，

3D打印电容器可以同时包含波状结构，从而增加导电层和电介质层的表面积。

通过3D打印技术实现的导电层末端的圆形，可以部分减少保护间隙，因为其圆顶形状允许介电层在顶部和底部变宽，在中心变薄，为各层提供强度支撑。3D打印过程允许导电层的末端之间的距离非常接近电介质层的边缘，如低于标准500μm，如1~499μm。距离的减小等于导电层的面积增加，从而增加电容器的电容和工作电压。

图19-15　3D打印多层陶瓷电容器横截面（来源：US20190214196A1）

案例2：用于三维印刷陶瓷基复合材料的配方和方法（US10737984B2）。

HRL Laboratories LLC实验室公开了一种可用于3D打印和热解以生产陶瓷基复合材料的树脂制剂。该树脂制剂含有固相填料，以在最终陶瓷材料中提供高的热稳定性和机械强度（如断裂韧性）。该发明的一种3D打印组合物，包括：①体积分数为10%~99.9%的一种或多种液相中的预陶瓷，可UV固化的含硅单体；②体积分数为1%~70%的固相填料，其中固相填料选自 SiOC、SiCN、SiC、SiCBN、SiOCN、SiAlON、Si_3N_4、SiO_2、硅酸盐玻璃、Al_2O_3、ZrO_2、TiO_2、TiC、ZrC、HfC、$Y_3Al_5O_{12}$、B_4C、BN、TiN、ZrN、AlN 及其组合。该发明提供负载有固相填料的陶瓷前体聚合物的直接、自由形式的3D打印，随后将陶瓷前体聚合物转化为具有潜在复杂3D形状或大部件形式的3D打印陶瓷基质复合物。该专利其他变型提供活性固相功能性添加剂作为固相填料，以在陶瓷结构形成时以及在最终结构中执行或增强陶瓷结构内的至少一种化学、物理、机械或电功能。固相功能添加剂通过在热解或其他热处理过程中由添加剂主动引起的一种或多种变化来积极改善最终的陶瓷结构。图19-16所示为HRL实验室研发的陶瓷材料的试验附图。

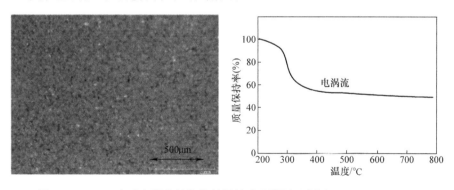

图19-16　HRL实验室研发的陶瓷材料的试验附图（来源：US10737984B2）

HRL实验室对陶瓷前驱体聚合物的研究产生了多种聚合物的合成，如SiOC、碳氮化硅（SiCN）、SiC 和氮化硅（Si_3N_4）在内的硅基陶瓷。在这类可光固化的前驱体陶瓷树脂中包含增强材料，将能够实现增强陶瓷复合材料零部件的3D打印。可打印具有非均质介质的聚合物材料的商用3D打印机，就可以用于打印陶瓷前驱体聚合物材料。3D打印前驱体陶瓷的整个结构在热解后收缩，用以克服刚性纤维预成形件的主要开裂问题。

参 考 文 献

[1] OHJI T. Additive manufacturing of ceramic components [J]. Synthesiology English Edition, 2019, 11 (2): 81 – 92.

[2] 陈敏翼. 聚合物转化陶瓷 3D 打印技术研究进展 [J]. 陶瓷学报, 2020, 41 (2): 21 – 27.

[3] 刘雨, 陈张伟. 陶瓷光固化 3D 打印技术研究进展 [J]. 材料工程, 2020 (9): 1 – 12.

[4] 连芩, 武向权, 田小永, 等. 陶瓷增材制造 [J]. 现代技术陶瓷, 2017 (4): 267 – 277.

[5] 郭璐, 朱红. 陶瓷 3D 打印技术及材料的研究现状 [J]. 陶瓷学报, 2020 (1): 22 – 28.

[6] 纪宏超, 张雪静, 裴未迟, 等. 陶瓷 3D 打印技术及材料研究进展 [J]. 材料工程, 2018, 46 (7): 19 – 28.

第5篇　增材制造无损检测技术专利分析

第20章　增材制造无损检测技术专利概况

20.1　增材制造无损检测技术发展概况

增材制件的质量控制是当前学术研究和工程应用领域开发的热点。增材制件组织与缺陷的特殊性及结构的大型化、复杂化和精细化，很难通过传统的检测手段进行检测，零部件的独特性给产品质量检验带来了挑战。增材制件内部缺陷的检测、内应力的控制、成形尺寸精度的评价等难题是增材制造技术走向广泛工程应用的瓶颈技术之一。无损检测技术有望能够满足增材制造部件独特的检验要求，并成为提高增材制造质量水平的关键技术。NASA 在增材制造无损检测评估研究报告中指出，增材制造的广泛应用，需要发展能够跨越 TRL3 级和 TRL6 级之间差距的无损检测技术。

增材制件根据成形和使用情况可分为原材料、成形过程中、成形完成后和服役过程四个阶段，每个阶段都可能存在不同类型的缺陷，需要检测的内容也不尽相同。原材料检测的主要内容包括粉末尺寸、颗粒形状和形态、物理化学性质等，成形过程中检测的主要内容包括应力状态、熔融状态、零件扭曲、孔隙和融合质量等，成形完成后检测的主要内容包括几何形状偏差、残余应力、裂纹、气泡、夹杂、表面缺陷和孔隙率等，服役过程中形成的缺陷主要有表面缺陷、裂纹和变形。美国 NASA、GE、德国 Fraunhofer 研究所、MTU 公司、英国 TWI 等机构在增材制件的检测方法与技术方面开展了大量的研究和探索。本章主要针对成形过程及成形完成后的无损检测方法进行专利技术分析。常见的无损检测主要方法及特征见表 20-1。

表 20-1　常见的无损检测主要方法及特征

方法	特　征
工业 CT	能在对检测物体无损伤条件下，以二维断层图像或三维立体图像的形式，清晰、准确、直观地展示被检测物体的内部结构、组成、材质及缺损状况
渗透测试（penetrant testing，PT）	用于制件中不规则或粗糙的表面，使得检测表面缺陷能够被无损检测，属于传统的无损检测方法。例如，Ti－6AL－4V 试样的 PT 和 Pogo－Z baffle 的加工表面表明，PT 可能不是对没有经过特殊后处理（加工和抛光）的增材制造制件中多孔或粗糙的部位进行检查的一个现实的方法
涡流检测（eddy current testing，ECT）	主要应用于航空航天和核工业的零件表面和亚表面缺陷检测，这些零件主要为钛合金、铝和不锈钢，涡流检测是建立在法拉第电磁感应和麦克斯韦电磁方程基础上的无损检测方法。当载有交变电流的线圈（称为检测线圈）靠近导体件时，由于线圈磁场的作用，试件中会感应出涡流。涡流的大小、相位以及流动形式受到试件导电性能等的影响，而涡流产生的磁场又使检测线圈的阻抗发生变化，因此，通过检测线圈阻抗的变化，就可以知道被测试件的性能以及有无缺陷

（续）

方法	特　征
光学断层成像（optical coherence tomography，OCT）	它是近十年迅速发展起来的一种成像技术，它利用弱相干光干涉仪的基本原理，检测组织不同深度层面对入射弱相干光的背向反射或几次散射信号，通过扫描，可得到组织二维或三维结构图像
超声检测	超声检测对于残余应力的检测、对增材制造缺陷的检测都具有应用潜力
红外脉冲热成像（infrared pulse thermography，IPT）	用于检测缺陷，依据具体的样品和情况，能够进行快速和准确的评估。红外脉冲热成像涉及闪光灯，闪烁产生的极热会进入试样，从而被用作热源。并且当热扩散通过试样时，使用红外照相机以检测任何温差。试样缺陷区域的热响应，与没有缺陷的区域是不同的；红外摄像机足够敏感，能够检测到这些差别
原位过程监控近红外相机测量	在控制和反馈领域中使用的近红外成像和机器视觉技术。其优势包括用于测量的商用 NIR 相机的温度校准和表征焊接熔池特性。此外，该技术还用于提高焊接形状一致性的多种方法，比如用于多台摄像机、实时跟踪和反馈算法。这些系统的实施能够改善不锈钢直壁样品的一致性，且已有研究证实，在制造过程中使用经校准的近红外相机，能够检测到制件的缺陷
结构光（structured light，SL）	在增材制造过程中，考虑到几何形状和属性在连续层的沉积过程中可能出现变化的可能性，对这两部分的均匀性和尺寸的控制显得极其重要，结构光检测可用于验证制件的精确度
过程补偿共振（PCRT）	也称为固有频率技术，能够定量检测和评估每个增材生产部件的检查方法。该技术可用于识别结构不同的部件（这些结构会对部件的性能或材料特性产生不利的影响）。使用统计处理和模式识别工具来分辨不合格的零部件，既属于内部检查，也是外部检查技术

20.1.1　离线检测技术

增材制件的检测技术主要分为离线检测技术和在线检测技术。离线检测技术主要采用传统的无损检测技术，对增材制造完成后的零件进行非破坏性检测，包括 X 射线、工业 CT、超声、磁粉、渗透、涡流、声发射等；在线检测技术主要采用视觉、光学、热成像传感器对增材制造过程中熔池、熔道的特征参数进行实时监测，从而对制造质量进行监控，包括高速摄像机、红外热像仪、光学断层成像等方法。上述检测方法对增材制件的微观结构、孔隙率、力学性能、几何尺寸、表面粗糙度、残余应力等检测适用性见表 20-2。

表 20-2　增材制造质量检测中各种无损检测方法的适用性

（来源：Sharratt Research and Consulting Inc）

方法	微观结构	裂纹、孔隙率、空洞	力学性能	几何尺寸、精确性	表面粗糙度	残余应力
视觉	N	S	N	S	S	Y
超声	Y	S, I	N	N	N	Y
涡流	Y	S	N	N	N	N
X 射线	Y	S, I	N	S, I	S, I	N
磁粉	Y	S	N	N	N	Y
液体渗透测试	N	S	N	N	S	N
剪切散斑	N	S, I	N	N	N	Y
声发射	Y	Y	Y	Y	Y	Y
热成像	N	Y	N	N	N	N

注："N"代表的是不适用；"S"代表的是表面敏感性；"I"代表的是内部或厚度方向；"Y"代表的是适用。

在增材制件的常规无损检测方面，这里针对工业 CT 检测技术、超声检测技术、渗透检测技术和结构光检测技术等方面进行介绍。

（1）工业 CT 检测技术　采用工业 CT 对增材制件进行检测，可以检测出制件的内部缺陷，并对内部结构特征进行观测和尺寸测量，见图 20-1。

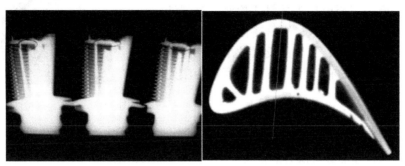

a) 发动机叶片部件内部结构　　　　　　b) 叶片横截面扫描结果

图 20-1　工业 CT 对增材制件检测

GE 公司针对航空叶片、轻量化支架等航空航天增材制件开展了工业 CT 检测，并对金属粉末的质量进行检测和评估，见图 20-2。

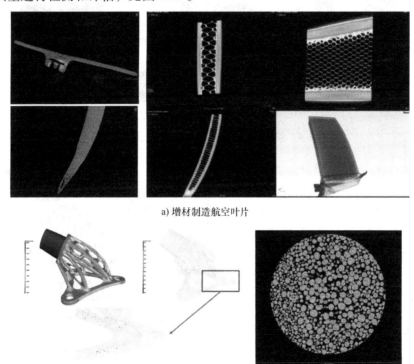

a) 增材制造航空叶片

b) 增材制件轻量化支架　　　　　　c) 用于增材的金属粉末

图 20-2　采用工业 CT 对增材制件进行检测（来源：美国 GE 公司）

工业 CT 能够对工件内部结构和缺陷进行检测，具有微米级甚至亚微米级的检测精度，且不受制件形状复杂性的限制，十分适合于增材制件的离线检测。但是，微焦点工业 CT 对于不锈钢、高温合金等高密度金属材料的穿透能力有限，且检测成本较高。

（2）超声检测　超声检测具有检测精度高、成本低、效率高等优点，被广泛用于工业无损检测领域。但传统超声采用压电探头接触式检测，对制件的表面粗糙度有一定的要求；增材制件结构的复杂性导致超声可达性变差，且界面反射波增多，影响了超声检测结果判定的有效性。图 20-3 所示为激光超声检测增材制件。

图 20-3　激光超声检测增材制件

（3）渗透检测　增材制件往往具有不规则、粗糙的表面，使得用于检测表面缺陷的传统无损检测方法，难以甚至不可能完成对增材制造制件的检测。渗透检测能够对没有经过特殊后处理（加工和抛光）的增材制造制件中多孔或粗糙的部位进行检测。图 20-4 所示为渗透检测增材制件，其中图 20-4a 所示为液体火箭喷射器中正在开发的 Ti – 6Al – 4V 的渗透检测，图 20-4b 所示为 Pogo – Z 挡板的渗透检测。

a)　　　　　　　　　　　　　b)

图 20-4　渗透检测增材制件（来源：美国 NASA）

（4）结构光检测　在增材制造过程中，考虑到几何形状和属性在连续层的沉积过程中动态变化的可能性，制件的均匀性和尺寸的控制显得极其重要。NASA 已开始使用结构光技术对增材制件的成形尺寸精度进行检测和评估。图 20-5 所示为结构光检测增材制件。

图 20-5　结构光检测增材制件（来源：美国 NASA）

20.1.2　在线检测技术

增材制造过程中产生的气孔、夹杂、裂纹缺陷以及残余应力会导致大量废品的产生，因此，出现了增材制造过程在线监测技术需求。在线监测技术可以实时监控成形过程中的组织变化、缺陷产生和应力状态，实时调整工艺参数以提高制件质量，并进一步实现制造过程的闭环控制。目前用于在线监测的技术包括：红外热成像、高速摄像机、接触式超声探头、电涡流、激光超声、X 射线等。在线检测的传感方式及其功能见表 20-3。国外的

MTU 公司、Sigma Labs、EOS、TWI 已开展了较多的技术研发工作，部分已开发出原型产品。

表 20-3　在线检测的传感方式及其功能

传感方式	功　能
高速摄像机	对制造过程中增材制件表面缺陷和制造质量进行监测
红外热成像	显示尺寸、形状以及熔体池的相对温度分布 如 Stratonics 的高分辨率热成像的感应器与 ThermaViz 实时控制软件
高温计（发光二极管）	测量单个点的光线强度和相关的温度 如 Sigma Labs 的 PrintRite3D ® INSPECT™
超声波传感器、激光超声	检测增材制件或新成形材料的内部孔隙
光学断层成像技术（OT）	检测增材制造过程中的制件缺陷
X 射线	检测新成形材料的内部缺陷和动态凝固过程

　　亚琛工业大学曾在 EOSINT M270 型激光选区熔化成形设备上安装高速摄像机，用于实时监测熔池的动态特性，并开发出分析软件用于识别粉床中的凸起区域，进行简单的闭环控制。高速摄像机在线检测与检测结果如图 20-6 所示。这类系统不需要复杂的集成，主要用于进一步研究熔池行为，有助于对球化等现象的理解。但视野和数据捕获率有限，限制了闭环控制系统的发展。

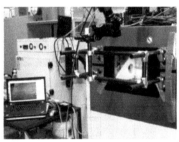

图 20-6　高速摄像机在线检测与检测结果

　　采用高分辨率双波长红外测温仪，可以集成到 LMD、DMLS、FDM 等增材制造工艺成形过程中，实时监测增材制造熔池的峰值温度、冷却率、长度、宽度、面积等参数，见图 20-7。通过实时反馈调整工艺参数，可以显著提高制件质量。Stratonics 公司已经与 American Makes 合作研发增材制造质量闭环控制系统。

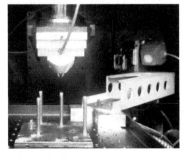

a) 集成红外测温仪的LMD装备　　　　　　　b) 红外测温仪测量参数

图 20-7　双波长红外测温仪及其应用（来源：美国 Stratonics）

为了解决 X 射线无法可靠检出内部未熔合缺陷的问题，MTU 公司提出了一种新的在线检测手段——光学断层成像技术（OT）。光学断层成像技术及其检测效果如图 20-8 所示。在 EOS M280 型成形设备上安装了高分辨率光学摄像头，进行成形过程中质量的监控，可检出最小尺寸为 0.2mm 的孔型人工缺陷，横向分辨力为 0.1mm，并可清晰显示未熔合缺陷的尺寸。

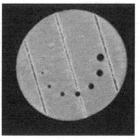

图 20-8　光学断层成像技术及其检测效果

Sigma Labs 的 PrintRite3D CONTOUR™ 系统和 INSPECT™ 软件利用高温计和光电二极管检测熔池温度，监测金属粉末融化时温度增加率、熔池最高温度保持时间、熔池冷却速度，并基于大量的生产大数据与零件的微观结构进行关联分析，获取符合性能的零件所对应的加工参数作为基准数据。Sigma Labs 的 PrintRite3D 增材制造质量控制产品如图 20-9 所示。

德国弗朗霍夫研究所和 MTU 公司合作，在 EOS 的打印机基板下固定了接触式超声波探头，对成形过程中厚度、声速、超声信号频谱等的变化进行在线监控，分析激光功率对成形件质量的影响，并与工业 CT 检测结果进行对比，两者具有较高的一致性。接触式超声在线检测及其结果如图 20-10 所示。

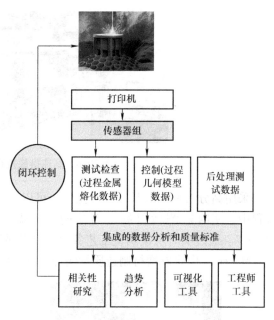

图 20-9　Sigma Labs 的 PrintRite3D 增材制造质量控制产品

英国 TWI 焊接研究所较早提出将激光超声、电涡流、激光热成像检测技术用于增材制造过程的在线监测。相关研究结果表明上述方法均能实现对增材制造新成形层缺陷进行检测，激光超声可检测出 0.08mm 左右的人工孔缺陷。上述三种方法的检测能力对比如图 20-11 和图 20-12 所示，电涡流的检测深度最大可达 0.8mm，但检测精度较低；激光超声的检测深度和精度均优于激光热成像，检测深度可达 0.3mm，检测精度可达 0.08mm。

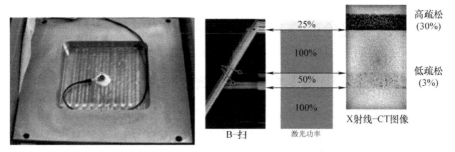

图 20-10　接触式超声在线检测及其结果

a) 英国TWI研究所研制的激光超声系统

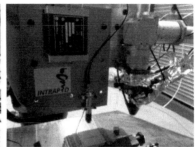
b) 英国TWI研究所研制的电涡流检测系统

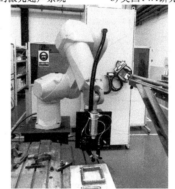
c) 国家增材制造创新中心研制激光超声检测系统

图 20-11　在线检测样机示意图

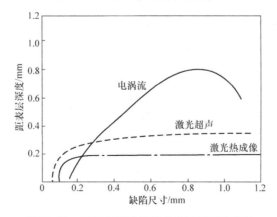

图 20-12　不同在线检测技术的检测能力对比

20.2　增材制造无损检测专利检索概况

20.2.1　增材制造无损检测专利申请趋势与地域分析

金属增材制品无损检测专利申请趋势如图 20-13 所示，金属增材制品的检测技术发展历程较短。2006 年，中国科学院沈阳自动化研究所曾在其专利 CN200610047731.7 中公开了金属粉末激光成形过程中温度场检测方法及其系统装置，采用双波长红外图像比色测温方法，进而对其加工过程参数进行实时温度调整，以保证金属增材构件的质量稳定；此后，德国申请人 MTU Aero Engines AG 围绕光学检测金属构件表面技术，申请了相关专利（US8481975B2）；2011 年后，国内先后在该领域开始了初步发展阶段。由分析数据统计发现，目前该领域专利申请总量较低，其中，中国专利产出目前较国外多，占全球总量的74%；申请趋势较高，而国际其他国家专利申请数量增长较为平缓。德国、英国、意大利、日本及美国则是该领域目前研发与布局的主要国家，也是该相关技术的主要来源国。

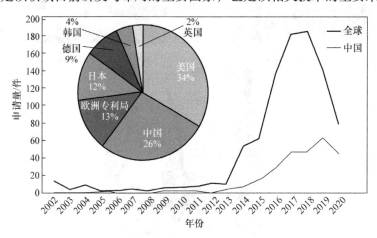

图 20-13　金属增材制品无损检测专利申请趋势

金属增材制品无损检测专利申请地域分布如图 20-14 所示。从主要国家及组织申请趋势可见，中国、美国、欧洲专利局在该领域专利布局较早。自 2014 年后，随着进入该领域的中国申请人快速增加，中国专利呈较为快速的增长，美国、日本、欧洲等主要国家/地区与中国起步阶段时间差距并不显著。由于以上各国进入该领域专利申请人基数及新进入者并不突出等因素，其专利申请总量较中国略低。综合可见，金属增材制品无损检测领域专利总量较少，各国均于近几年才开始起步，目前仍处于初期发展阶段，中国相对申请量较为突出，申请趋势呈较快增长趋势，德国、美国、日本等国也有较多的研发投入。

金属增材制品无损检测技术输入国与技术来源国如图 20-15 所示。尽管中国在该领域专利申请总量较多，但其技术输出少，仅在世界知识产权局有过布局，而瑞典、美国及德国是目前较为主要的专利来源国。其中，瑞典主要申请人 Arcam AB 在中国、美国、欧洲专利局、世界知识产权组织进行了一定的专利布局，美国海外布局主要在中国、欧洲专利局、日本及世界知识产权组织，德国以 MTU 为主要申请人的专利主要布局在欧洲专利局及美国。

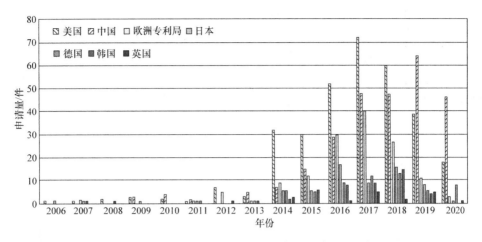

图 20-14　金属增材制品无损检测专利申请地域分布

分析可见，国外主要申请国及申请人在专利海外输出方面较为活跃，其在金属增材制造领域专利运营度较高，而中国专利申请则以本国为主，市场运营度较低。

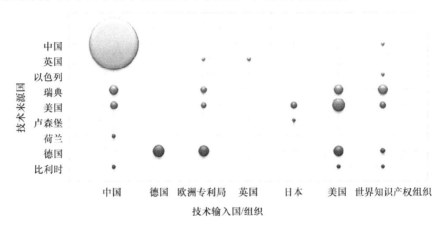

图 20-15　金属增材制品无损检测技术输入国/组织与技术来源国

　　中国专利申请人分布热点地区为广东、北京、南京、西安等。由该领域专利申请人来源分布热点可见，来自广东的申请人申请量最高，其次为南京，北京、西安在该领域也有一定的申请量。从城市分布密集程度可见，目前，该领域在中国分布并不聚集，在各大省会城市，尤其是高校或企业及科研院所城市较多，高校带动地区专利布局方面较为凸显，如位于广州的华南理工大学等。由此可知，该领域在国内的专利布局分布与高校科研力量关系紧密。

20.2.2　增材制造无损检测专利技术构成分析

　　目前，金属增材制品检测从检测内容方面划分可以分为表面检测与内部检测；从具体检测方法方面分类，主要有工业 CT、渗透检测、涡流检测、结构光、激光超声、原位过程监控近红外相机测量、红外脉冲热成像、X 射线检测等多种。

　　当前，金属增材制品无损检测专利技术构成及 IPC 分析如图 20-16 所示。金属增材制品无损检测相关专利中，大部分为检测方法，所占比重为专利申请总量的82%，其他则为相关设备类专利申请。在线检测即为金属构件生产过程中为对质量进行把控的检测工艺，通过及时检测及时调控，从而提高制品的质量，减少缺陷；而离线检测即为金属构件增材形成后离开产线后进行的检测。统计分析发现，目前检测方法相关专利中57%为在线检测相关专利，离线检测方法专利较少；此外，涉及该领域的原材料检测相关专利申请也非常少，还有集离线 – 在线系统监测相关方法，但申请量极少。

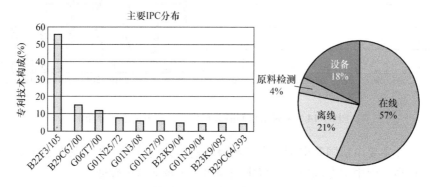

图 20-16　金属增材制品无损检测专利技术构成及 IPC 分析

增材制造工艺过程的在线监测对增材制品质量控制意义重大，在线检测专利技术构成如图 20-17 所示。在线检测相关专利中，以光学成像为原理的检测相关专利所占比重为30%，是当前研究重点；红外技术、工业 CT、超声等相关专利有一定的占比，则是研发的热点，该领域目前处于初步发展期，目前越来越多的申请人在该领域不断进行探索与研发，相关专利涉及的检测手段也较为广泛，如声发射信号检测、高温热电偶、电子信号、谐振检测、声学监测、电流监测等。此外，不断有新方法、新工艺被应用、研发，因此，该领域未来研发热点可能存在一定的变动。

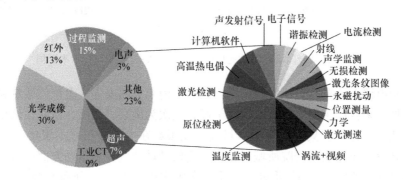

图 20-17　在线检测专利技术构成

20.2.3　增材制造无损检测专利主要申请人分析

目前，金属增材制品无损检测领域的专利申请人排名如图 20-18 所示。国外申请人排名靠前的主要是德国 MTU、瑞典 Arcam AB 及美国联合技术公司，基于各自在增材制造领域的技术沉淀和积累，在增材制造无损检测领域具有很强的优势。国内申请人以华中科技大学、重庆理工大学、西南交通大学为主。此外，瑞典 Arcam AB 公司在中国也布局了少量专利，可见，中国是其市场布局的重点国家。建议国内相关研发机构和企业对其战略规划进行关注，在研发过程中进行专利检索和分析，以避免落入其专利布局保护中。

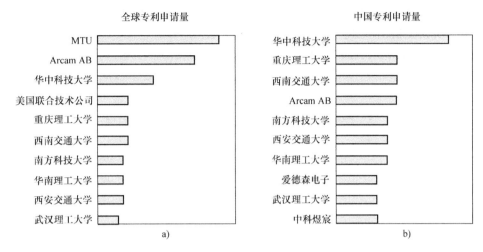

图 20-18　金属增材制品无损检测领域的专利申请人排名

金属增材制品无损检测主要发明人见表 20-4。对主要发明人进行统计，罗怡、熊俊参与专利申请数量相对较高，其中，罗怡来自重庆理工大学，其团队研究重点为电弧冲击振动曲线评估；熊俊来自西南交通大学，其研究重点为基于成像处理的 GTAW 增材实时监测；此外，华南理工大学的王迪团队，在光学逐层扫描成像方向有所研发和突破；顾德阳、林俊明、来五星等在无损检测领域均有所侧重，建议企业对该技术相应发明人进行关注。

表 20-4　金属增材制品无损检测主要发明人

发明人	参与专利	所属单位	研究重点
罗怡	6	重庆理工大学	电弧冲击振动曲线评估
熊俊	6	西南交通大学	基于成像处理的 GTAW 增材实时监测
王迪	5	华南理工大学	光学逐层扫描成像
顾德阳	5	四川天塬增材制造	网状结构成形件无损检测
林俊明	4	爱德森电子	涡流 + 视频在线检测
来五星	3	华中科技大学	熔融金属驼峰抑制的电磁超声方法

相对于锻造、铸造零部件来说，增材制造工件的突出特点之一是其孔隙率高（与具体成形工艺有关）。孔隙率的增加可能会降低零件的强度，局部的孔簇会导致服役中裂纹的形成，而微孔的存在通常影响了增材制造工件的力学性能（如疲劳）。同时，由于成形区域的反复加热导致在金属结晶过程中出现较高的残余应力，会导致变形、几何尺寸变化和微裂纹的形成，因此应力状态是增材制造过程中重点检测的内容。在目前的检测方法中，基于工业CT 检测、光学断层成像、激光超声无损及过程补偿共振技术（PCRT）的无损检测是企业关注的重点。

参 考 文 献

［1］中国机械工程学会无损检测学会. 无损检测概论［M］. 北京：机械工业出版社, 1993.

［2］周乐, 张志文, 等. 无损检测及其新技术［J］. 重庆工学院学报, 2006, 20（8）：46 - 48.

［3］张俊哲. 无损检测技术及其应用［M］. 北京：科学出版社, 1993.

［4］凌松. 增材制造技术及其制品的无损检测进展［J］. 无损检测, 2016, 38（6）：60 - 64.

［5］陈建伟, 赵扬, 巨阳, 等. 无损检测在增材制造技术中应用的研究进展［J］. 应用物理, 2018, 8（2）：91 - 99.

［6］帅三三, 刘伟, 王江, 等. 无损检测在增材制造技术中的应用研究进展［J］. 科技导报, 2020（2）：26 - 34.

第 21 章 工业 CT 专利分析

21.1 工业 CT 原理

工业 CT（industrial computerized tomography，ICT）是一种先进的无损检测设备，其基本原理是依据射线束在被检测物体中的减弱和吸收特性。主要应用于工业在线过程的实时检测和大型工业部件的探查。工业 CT 由以下几部分组成：射线源系统、准直器、机械扫描与控制系统、探测器系统、数据采集与传输系统、计算机系统、屏蔽设施等。工业 CT 成像原理如图 21-1 所示。

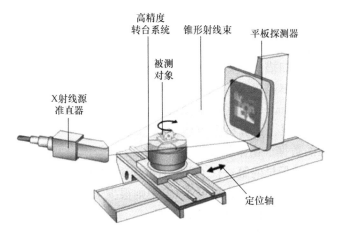

图 21-1 工业 CT 成像原理

射线源提供 CT 扫描成像的能量线束用以穿透试件，根据射线在试件内的衰减情况实现以各点的衰减系数表征的 CT 图像重建。射线源常用 X 射线机和直线加速器，统称电子辐射发生器。

与射线源紧密相关的前准直器用以将射线源发出的锥形射线束处理成扇形射束。后准直器用以屏蔽散射信号，改进接收数据质量。

机械扫描系统实现 CT 扫描时试件的旋转或平移，以及射线源、试件、探测器空间位置的调整，它包括机械运动系统及电气控制系统。

探测器系统用来接收穿过试件的 X 射线并将其转换为可供记录的电信号，经放大和模数转换后送进计算机进行图像重建。探测器的性能对成像质量影响很大。工业 CT 机一般使用数百个到上千个探测器，排列成线状。探测器数量越多，每次采样的点数也就越多，有利于缩短扫描时间、提高图像分辨率。

计算机系统用于扫描过程控制、参数调整，完成图像重建、显示及处理等。屏蔽设施用于射线安全防护，一般小型设备自带屏蔽设施，大型设备则需在现场安装屏蔽设施。

21.2 工业 CT 国内外发展概况

在 20 世纪 70 年代中后期，研究人员在医用 CT 的基础上开始了工业 CT 的研究，检测的对象为石油岩芯、碳复合材料及轻金属结构等低密度试件。20 世纪 80 年代初，美军针对飞机涡轮叶片和火箭发动机的检测提出的几个重要研究计划，推动了工业 CT 技术的发展。20 世纪 90 年代后随着计算机科学技术的提高，ICT 技术迅猛发展，美国 BIR 公司、德国西门子公司、加拿大原子能公司及日本的东芝公司都推出了自主研发的工业 CT 产品。目前，国际上主要的工业发达国家已经把工业 CT 技术应用于航天、航空、军事、冶金、机械、石油、电力和地质等部门的无损检测和无损评估。

工业 CT 现有 X 射线断层扫描（XCT）、康普顿散射断层扫描（CST）、穆斯堡尔效应断层扫描（MCT）等方式。按扫描获取数据方式的不同，CT 技术已发展经历了五个阶段（即五代 CT 扫描方式）：

第一代 CT 扫描方式如图 21-2 所示，使用单源（一条射线）单探测器系统，系统相对于被检物作平行步进式移动扫描以获得 N 个投影值，被检物则按 M 个分度做旋转运动（T–R）。这种扫描方式被检物仅需转动 180°即可。第一代 EMI 型 CT 扫描机 X 射线利用率很低，扫描时间长，通常需要 3~5min，重建一幅图像的时间为 5min。所以在做 CT 检查时，计算机上重建一幅图像的同时收集下一幅图像的数据。由于扫描时间比较长，很难抑制图像的运动伪影。最早的第一代 CT 扫描机于 1971 年安装，第一代 CT 机结构简单、成本低、图像清晰，但检测效率低，在工业 CT 中则很少采用。

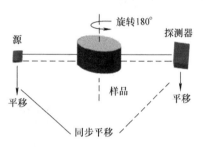

图 21-2　第一代 CT 扫描方式

第二代 CT 是在第一代 CT 基础上发展起来的。诞生于 1972 年，使用单源小角度扇形射线束多探头，如图 21-3 所示。第二代 CT 机与第一代 CT 机的明显区别在于把第一代单一笔形 X 射线束改为扇形线束，探测器数目也增加到 3~30 个。每次扫描后的旋转角由 1°提高到 3°~30°。这样旋转 180°时，扫描时间就缩短到 20~90s。但这个时间仍然不能避免运动伪影的产生。由于探测器数目增加，采用连续扇形 X 射线束替代了每个笔形 X 射线束。扇形线束可以照射到更大的

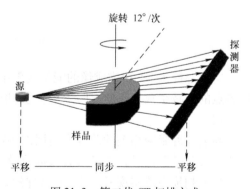

图 21-3　第二代 CT 扫描方式

范围，但同时也产生了更多的散射线。由于第二代 CT 扫描机的 X 射线源和探测器之间的每束 X 射线没有分别被准直，结果使部分射线照射在探测器的间隔中而没有得到有效地利用。

对于第一代、第二代 CT，射线源和探测器固定在同一扫描架上，同步地对被扫描样进行联动扫描。在一次扫描结束后，样品的机架旋转一个角度再进行下一次扫描，如此反复下去，即得到若干组数据，将这些数据交由计算机处理，可以重建得到被检测样品某一断层面（横截面）的真实图像。

第三代 CT 采用单射线源，是大扇角、宽扇束、全包容被检断面的扫描方式，如图 21-4 所示。对应宽扇束有 N 个探测器，保证一次分度取得 N 个投影计数，被检物仅作 M 个分度旋转运动，即采用只转动不平移的广角扇形束扫描方式。此时，探测器增加到 300 个左右，能覆盖整个扫描区域，从而大大地加快扫描速度。因此，第三代 CT 运动单一、好控制、效率高，理论上被检物只需旋转一周即可检测

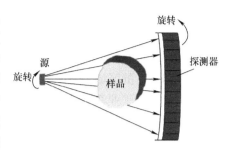

图 21-4　第三代 CT 扫描方式

一个断面。1975 年，美国 GE 公司首先推出了这种方式的 CT 机，称为第三代 CT 扫描机。第三代 CT 扫描机的扫描时间在投放市场初期就已经缩短到 20s。

第四代 CT 是一种大扇角全包容，只有旋转运动的扫描方式，设置了更多的探测器分布于被测物体的四周，只需源围绕被测物体旋转即可，如图 21-5 所示。这类 CT 扫描速度更快（1 ~ 5s），甚至可以进一步缩短到 0.01 ~ 0.1s，能对匀速运动物体进行分析。1976 年，美国科学工程（AS&E）公司首先推出了第四代 CT 扫描机，它用 600 个探测器排成圆周。第四代 CT 扫描机的缺点是对散射线极其敏感。第四代扫描机探测器数量最多可达 72000 个，这就加大了设备的成本，并且这么多的额外探测器在扫描

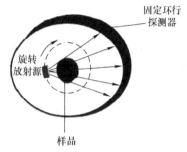

图 21-5　第四代 CT 扫描方式

过程中并没有被充分利用，因此第四代 CT 扫描机与第三代 CT 扫描机相比已没有明显的优势。所以只有极少数厂家生产第四代 CT 扫描机。

第五代 CT 是一种多源多探测器，一般称为动态空间重建装置，源与探测器按 120° 分布，工件与源到探测器间不作相对转动，如图 21-6 所示。其特点是扫描速度更快，仅为 0.2s 左右，可以进行连续快速扫描，并能迅速重建出所需要的三维活动图像。它是采用了一种新型的射线管，电子加速后形成电子束，受电场偏转，聚焦于阳极靶上，发生韧致辐射而产生 X 射线。这种射线管的偏转电压可

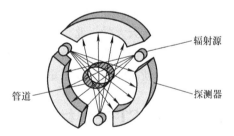

图 21-6　第五代 CT 扫描方式

调，从而使 X 射线的焦点（spot）在阳极上连续运动，这就相当于放射源的转动，但不需机械运动系统，因而速度快、精度高。这种 CT 技术难度大、成本高，但效率较其他几种 CT 有显著提高，用于实时检测与生产控制系统。

上述五种 CT 扫描方式，在工业 CT 机中使用最普遍的是第二代与第三代扫描，其中尤以第三代扫描方式用得最多。这是因为它运动单一、易于控制、大扇角、宽扇束、全包容的检测方式提高了检测效率同时兼顾成本，能准确地识别被检工件的多种缺陷，适合于被检物回转直径不太大的中小型产品的检测。

美国 ARACOR 公司专门研究和生产用于大型国防构件的工业系统，先后研制出 ICT1500 和 ICT2500 型 CT 以及 KONOSCOPE 工业 CT 系统。美国 BIR 公司的工业 CT 系统也是比较先进的，以 ACTIS200 型工业 X - CT 系统为代表。根据不同的检测要求，该系统可安装

40eV ~6MeV 的射线源，能够对最大直径为 2m、最大高度为 3.5m、最大质量为 1000kg 重的构件进行 DR 和 CT 检测。系统中的线阵探测器为 600 个经过准直的闪烁晶体 + 二极管阵列探测器（16bit 的动态范围）组成，CT 的空间分辨率为 0.7 ~ 2.1lp/mm，密度分辨率为 0.1%（对 1cm² 的区域），重建时间为 2 ~ 23min。日本公司于 1994 年研制出了 12MeV 加速器为 X 射线源的工业系统样机，探测器为 CDW04 闪烁晶体 + 光电二极管结构，线阵探测器为 15 个通道，后准直缝宽度为 0.3mm × 3mm，图像格式为 1024 × 1024，在直径为 250mm 的钢圆柱片上能分辨 0.8mm 的孔，数据获取时间为 10min。

工业 CT 领域比较有名的研发和生产单位还有 Terarecon 公司、YXLON 公司和 Hytecinc 公司等。Terarecon 公司生产的 3D Cone - beam CT 使用微焦点光机，焦斑大小为 5μm，由 360 幅 1024 × 1024 的投影重建，5123 的图像最快仅需 77s。YXLON 公司生产的 Y. CT PRE-CISION，使用焦斑大小为 3μm 的微焦点 X 射线机，空间分辨力可达 1μm，由 720 幅投影重建 10243 的图像最快仅需 5min。Hytecinc 公司生产的 FLASH CT，可搭配 20 ~ 450kV 的 X 射线机或 20eV ~ 1MeV 的加速器，空间分辨力可达 10μm。SPRI 先后研制成功 ICT4000MF/6000MF/9000KF 系列高能工业 CT 集成检测系统。

我国工业 CT 技术起步较晚。1990 年我国第一台医学 CT 研制成功，为我国生产自己的工业 CT 奠定了基础。国内重庆大学、清华大学、中国核物理研究院在早期做了大量的研发工作。1993 年 5 月，重庆大学主持研发 XN - 1300γ 射线工业 CT 机取得成功。2004 年中国工程物理研究院研发了 9MeV 工业 CT 系统，先后解决了加速器脉冲匹配、换能器选择及光电耦合等关键技术问题，其技术指标达到了当时同等产品国际先进水平，成为我国工业 CT 发展史上的一个里程碑。经过近 30 年的发展，我国的工业 CT 产品日趋成熟，并开始应用于各相关领域的无损检测中。在工业无损检测 CT 方面，清华大学及固鸿科技、重庆大学 ICT 研究中心及重庆真测科技股份有限公司、中国工程物理研究院、中北大学、首都师范大学、北京航空航天大学、北京航空材料研究院、国家 X 射线数字化成像仪器中心等，针对航天、航空、兵器、船舶以及相关科研院所的需求，研发了一系列工业 CT 设备，为我国工业无损检测和新品研制发挥了重要作用。

21.3　工业 CT 在增材制造领域中的应用

国际上，工业 CT 在增材制造领域的应用开始于 1990 年，其发展历程经历了三个阶段。1995—2005 年，工业 CT 主要用于医疗领域增材制造的反求工程中，处于起步阶段；2005—2010 年，工业 CT 反求模型广泛应用于增材制造，并且利用 CT 进行增材制造件的孔隙率检测和气孔测量。在这一阶段，工业 CT 在增材制造检测中的应用得到极大的扩展，主要包括：增材制件整体孔隙率测量；增材制件单个气孔尺寸测量；工业 CT 点云数据与设计 CAD 模型对比；多孔结构增材制造件基本特性测量；利用 CT 数据和增材制件力学性能数据，实现多孔增材制件结构和力学性能的关联。

2010 年至今，工业 CT 在增材制造领域的研究与应用集中在计量方面，工业 CT 逐步发展为制件和工艺认证的检测工具和尺寸测量工具，同时在增材制造件无损检测中也发挥着越来越重要的作用。主要应用包括：将 CT 数据与其他检测数据进行对比，用以确定其他方法（尤其是超声）的准确性；气孔几何尺寸测量；内部缺陷检测；气孔形态、分布检测与可视化；检测由于气孔和未熔粉造成的裂纹；晶格结构特征尺寸测量；内流道尺寸测量；表面粗糙度测量（在微米级粗糙度测量中具有优势）；表面轮廓提取；可追溯尺寸测量技术、公差检定；内部结构特征测量。

国外增材制造设备厂家包括瑞典 Arcam AB、美国通用电气在金属增材制品 CT 检测方面也申请了相关专利。2015—2016 年，瑞典 Arcam AB 公司在其申请的专利 US15232123 "用于增材制造的方法和装置" 中公开了一种通过金属粉末床的零件的连续熔合来形成三维制品的制造过程的无损评估方法。该方法包括以下步骤：提供、参考或生成三维制品的模型中的至少一个，在工作台上施加第一金属粉末层，将电子束引导到工作台上方，使第一金属粉末层根据以下步骤在选定位置融合该模型形成三维制品的第一横截面，在工作台上施加第二金属粉末层，将电子束引导到工作台上方，使第二金属粉末层根据模型在选定位置融合，从而形成三维制品的第二横截面，其中第二层结合到第一层，收集由电子元件产生的 X 射线信号，X 射线从第一和/或第二金属粉末层的至少一个位置和/或第一和/或第二金属粉末层和/或熔融的第一和/或第二粉末层的熔池通过 X 射线检测器，将 X 射线信号与参考信号进行比较，如果生成的粉末材料的原子百分比大于预定值，则表示污染物质的含量至少大于预定值或偏差，则发出警报。该专利目前也处于实质审查中，且已布局在世界知识产权组织。

在制品 X 射线检测方面，Arcam AB 也进行了相关专利申请，如 US14973244 "使用具有图案化孔径分解器和图案化孔径调制器的 X 射线检测器来表征电子束的方法和装置"。该发明的优先权专利为 US62106089P0，以该优先专利为技术主体的发明申请达 16 件，布局在欧洲专利局、中国及世界知识产权组织，且大部分已经获得授权。

2017 年，美国通用电气申请了专利 CN201710085653.8 "用于增材制造工件的射线照相和 CT 检查的方法"。该方法将包含造影剂的造影浆料应用于具有至少一个内部通道的工件；将造影剂或其氧化物沉积在工件的内部通道内；使用射线照相检查技术检查工件；从工件的内部通道中去除造影剂。通用电气将该专利布局在美国（优先权专利号为 US9989482）、日本、欧洲专利局及中国，该专利在 2018 年 6 月在美国取得了授权，于 2019 年 1 月在日本获得授权，在中国处于实质审查阶段，在欧洲专利局处于公开阶段。

在国内金属增材制品 CT 检测方面，中北大学、北京星航机电装备有限公司及河南省信大新型成像技术中心有限公司在该领域进行了一定研发。中北大学于 2018 年申请了 CN201810193230.2 "对增材制造工件进行 CT 成像的方法及装置" 专利。该专利公开技术方案包括：工件顶部上方放置双目摄像头，以使得双目摄像头在增材制造过程中实时采集工件的图像，实时对双目摄像头同一时刻采集的左、右两幅图像进行特征提取，根据提取的特征点，对工件进行三维重构，得到工件的三维表面图像；根据工件的三维表面图像，提取工件的边缘；根据提取的工件的边缘以及预定义的 CT 重建图像的大小，生成边缘强度描述矩阵 H；将边缘强度描述矩阵 H 作为 CT 图像重建算法的约束条件，计算工件的 CT 重建图像。该方案实现了对增材制造工件的实时而精确的 CT 图像重建，目前处于审中状态。

北京星航机电装备有限公司于 2017 年申请了 CN201711285281.X "一种增材制造材料工业 CT 检测灵敏度测试方法" 的专利。该专利方案包括以下步骤：

1）金属增材制造材料对比试块制作，对比试块具有以下特征：对比试样的材料采用与被检金属增材制造产品相同、射线吸收特性相同或相近的均匀材料制作；对比试样外形尺寸与被检金属增材制造产品检测位置截面的最大尺寸一致，且射线吸收特性相同；对比试样厚度大于检测的切片厚度；根据要求检测出的缺陷类型和缺陷尺寸来确定人工缺陷的类型和尺寸，并采用增材制造方法在对比试样上预置所确定类型和尺寸的人工缺陷。

2）采用工业 CT 对一组对比试样进行分层检测，得到人工缺陷的分层检测图像。

3）利用金相分析方法对对比试样中缺陷的实际尺寸进行测定，确定工业 CT 可检测金属增材制造材料中不同类型缺陷的最小尺寸，从而确定工业 CT 设备对金属增材制造材料的检测灵敏度。该发明专利目前处于审中状态。

河南省信大新型成像技术中心有限公司（原河南筑信智能技术有限公司）研制开发了锥束 CT 作为新型 X 射线真三维成像技术。该技术一次获得物体表面及内部的真三维模型，具有成像效率高、空间分辨率高且各向同性的优点，为高端装备制造、工业无损检测提供理想的数据源。基于锥束 CT 技术还原出物体的立体模型后，采用增材制造可快速打印出物体。目前，该高分辨率锥束 CT 系统具有国际先进水平。其专利 CN201910461734.2 "一种用于锥束 CT 实时成像的数据采集方法、模块及装置"目前正在审中状态。该专利公开了一种 CT 实时成像的数据采集方法、模块及装置，通过在收到触发信号后进入采集窗口，对探测器输出的信号进行采集并存入缓存；其中，触发信号是来自机械系统的同步周期信号，且是采集窗口时间的 N 倍，N 为大于等于 1 的正整数；在采集窗口内，对探测器输出的信号进行波峰计数；将探测器的输出波峰计数值按照预设的帧格式发送到成像系统进行实时的成像。本申请专利不仅很大程度降低了探测器向成像上位机传输的数据量，也减少了成像系统所要处理的数据量，提高了锥束 CT 成像的实时性。

总体而言，工业 CT 在增材制造行业中的应用主要集中在内部缺陷检测和结构尺寸测量两个方面，在制件内部结构表面质量测量方面也有一些应用，发展前景非常可观。

21.4　工业 CT 构成及分解

工业 CT 系统由以下几个部分组成：射线源系统、准直器、探测器系统、数据采集与传输系统、机械扫描与控制系统、计算机系统等。将工业 CT 设备各个主要功能部件作为技术要素，归纳出工业 CT 技术分解，见表 21-1。后续的专利检索均是基于此技术分解来确定相关关键词。

表 21-1　工业 CT 技术分解

要素	中文关键词	英文关键词
射线源系统	X 射线管、高压电源、高压控制系统、冷却系统、直线加速器、加速管、同位素辐射源、X 射线机、电子辐射发生器、微焦点	X - ray tube, high voltage power supply, high voltage control system, cooling system, linear accelerator, accelerator tube, isotope radiation source, X - ray machine, electronic radiation generator, micro - focus
准直器	前/后准直器	collimator
探测器系统	辐射探测器、分立探测器、气体探测器、闪烁探测器、面探测器、电离型探测器、高分辨半导体芯片、平板探测器、图像增强器、CCD 和 CMOS、光学耦合	radiation detector, discrete detector, gas detector, scintillation detector, surface detector, ionization detector, high resolution semiconductor chip, flat-panel detector, image enhancer, CCD and CMOS, optical coupling

（续）

要素	中文关键词	英文关键词
数据采集与传输系统	A/D 转换器、采集卡	A/D converter、acquisition card
机械扫描与控制系统	平移 - 旋转（TR）方式、旋转（RO）方式、机械驱动轴、试件转台、载物台、支架、底座、移动控制系统、电机、编码器、伺服放大器、移位控制板、空间分辨率、密度分辨率、断层厚度	translational - rotational（TR） mode, rotational（RO）mode, mechanical drive shaft, specimen turntable, carrier platform, bracket, base, mobile control system, motor, encoder, servo amplifier, shift control board, spatial resolution, density resolution
图像重建、分析系统	像素尺寸、焦点尺寸、专用控制板、阵列处理器、CT 重建参数、断层图像	pixel size, focus size, special control board, array processor, CT reconstruction parameters, tomographic image
主要申请人	依科视朗（YXLON）、日本尼康、岛津、美国通用电气、德国 Werth、蔡司、Diondo、清华大学、同方威视、固鸿科技、重庆大学 ICT 及重庆真测科技股份有限公司、中物仪器、丹东奥龙射线仪器集团	

21.5　专利分析

21.5.1　专利申请趋势分析

基于前文对工业 CT 概念及发展现状的分析，本节关于工业 CT 领域专利分析所用数据库为 IncoPat 全球数据库，以在中国发明申请、发明授权、实用新型、中国外观以及在国际上的申请、授权、外观为范围进行检索，使用的关键词为"X 射线""无损检测""工业 CT""计算机断层成像""ICT"等。除此之外使用 IPC 分类号 G01N23/046"应用 X 射线断层技术（如计算机 X 断层技术）来测试分析材料"、G21K1/02"准直器"结合关键词进行初步检索，之后补充检索了行业领军企业依科视朗和瓦里安等公司，得到数据 5369 件。经申请号合并后经人工逐篇阅读去噪，最终获得有效专利 4445 件。后续分析的数据基础均基于此检索结果。

工业 CT 相关专利申请趋势如图 21-7 所示，全球范围内关于工业 CT 的专利申请趋势大致可分为三个阶段：第一阶段为 1986—1996 年，这一阶段处于技术萌芽期，相关专利的申请量非常小，年申请量的变化也不大，但有若干专利授权；第二阶段为 1997—2006 年，医用 CT 的快速发展带动了工业 CT 的研究进程，工业 CT 相关专利申请量开始缓慢增长；第三阶段从 2008 年至今，近年来随着计算机数据处理能力的不断提升以及需求量增大，工业 CT 相关专利申请量增速明显提升，呈逐年快速上升的趋势。

考虑到中国发明专利申请通常自申请日起 18 个月（要求提前公布的申请除外）才能被公布，部分专利申请尚未完全公开。此外 PCT 专利申请可能自申请日起 30 个月甚至更长时间之后才进入国家阶段，从而导致与之相对应的国家公布时间更晚。因此，导致所采集的数据中专利申请的统计数量比实际的申请量要少，近两年的申请量下降不具参考意义。

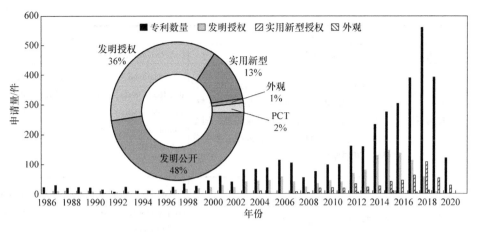

图 21-7   工业 CT 相关专利申请趋势

21.5.2   申请人/国家分析

根据专利检索结果，我们对工业 CT 领域的专利进行了全球区域分布、国家以及申请人的分析。

图 21-8 所示为工业 CT 专利公开国家/组织排名，由图 21-8 可以看出，工业 CT 相关的专利申请在全球的分布情况。中国关于工业 CT 专利的申请量目前以绝对的优势居于全球首位，但是核心技术专利仍然掌控在其他国家手中。美国在申请量上虽然居于第二位，但是美国的工业 CT 专利布局以及产品涉及工业 CT 的全产业链，技术上还是有很大的优势。申请量紧跟其后的国家是日本，德国和韩国，虽然数量在整体排名上靠后，但是并不能否认他们在工业 CT 市场上所占的份额。欧洲专利局和世界知识产权组织的专利申请量都排在全球前五位，说明近些年各个国家都开始注重通过这两种申请来分别在欧洲，甚至全球范围内进行专利布局来占领市场。

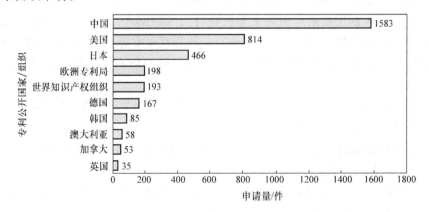

图 21-8   工业 CT 专利公开国家/组织排名

图 21-9 所示为工业 CT 专利申请人排名，由图 21-9 可以看出，作为 CT 的发明者，GE 医疗的工业 CT 专利申请量以绝对的优势位列第一位。位居第二位的 YXLON 国家公司是专业的国际工业 X 射线检测设备公司，是世界上最大、系列最全的工业 X 射线设备供应商，

其专利涵盖设备和系统组件各方面的关键专利技术。排在第三位的是中国的丹东奥龙射线仪器集团有限公司，它是国内专业的 X 射线仪器和材料试验仪器的开发商和产品制造商。申请量排在前五位的是 Varian Medical 公司，它是世界最大的 X 射线球管独立研发生产公司，是世界领先的医疗设备和软件制造商。另外清华大学及其孵化的同方威视技术有限公司、重庆大学及其孵化成立重庆真测科技股份有限公司的申请量也进入前 10 位。由此可见，国内的工业 CT 企业进步飞快，逐渐接近世界先进水平。

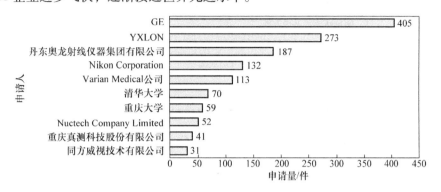

图 21-9　工业 CT 专利申请人排名

21.5.3　技术构成分析

　　将工业 CT 领域各大申请人的专利申请数量，按照 IPC 国际专利分类号进行技术划分后绘制成工业 CT 专利全球技术构成矩阵，见表 21-2 和表 21-3，各个国家在各个技术分支上的分布是有所区别的。中国的相关专利申请主要集中在 G01N23/046 "应用 X 断层技术形成材料的图片"、G01N23/04 "通过波或粒子辐射透过材料形成图片"，关于医疗方面的分支 A61B6 较少，图像处理和分析方面的 G06T11、G06T7 专利布局空白较多。美国的相关专利申请除了 G01N23/046 和 G01N23/04 外，在医疗方面的分支 A61B6/00 和 A61B6/03 上申请量比中国的多几倍，应用方面的 G01N23/18 "测试缺陷或杂质存在" 较中国布局比例少。其他的地区各分支布局比例和中国基本一致。

表 21-2　工业 CT 专利全球技术构成矩阵

分类号	中国	美国	日本	欧洲专利局	世界知识产权组织	德国	韩国
G01N23/046	571	347	225	85	60	20	12
G01N23/04	431	256	158	97	66	47	20
A61B6/03	64	171	92	39	14	32	8
A61B6/00	25	191	17	39	13	6	6
G01N23/00	108	127	6	14	10	4	2
G01N23/18	92	33	43	15	16	24	3
G01V5/00	47	68	6	28	9	20	8
G01N23/083	40	74	30	12	11	6	2
G06T11/00	22	87	5	26	14	11	2
G06T7/00	26	47	12	18	9	2	4

表 21-3　IPC 分类号及其含义

分类号	含　　义
G01N23/046	应用 X 断层技术形成材料的图片
G01N23/04	通过波或粒子辐射透过材料形成图片
A61B6/03	利用电子计算机处理的层析 X 射线摄影机
A61B6/00	用于放射诊断的仪器
G01N23/00	利用波或粒子辐射来测试或分析材料，如 X 射线
G01N23/18	测试缺陷或杂质存在
G01V5/00	应用核辐射进行勘探或探测
G01N23/083	利用 X 射线来测试材料，并形成图片
G06T11/00	二维图像的产生
G06T7/00	图像分析

21.5.4　依科视郎（YXLON）工业 CT 专利分析

1. 企业概况

YXLON 是国际上专业的工业 X 射线检测设备公司，是世界上最大、系列最全的工业 X 射线设备供应商，也是世界上唯一自己生产所有关键部件（X 射线管、高压发生器、控制系统、图像增强器及图像处理系统）的公司。

YXLON 公司成立于 1998 年，总部设在汉堡，由飞利浦工业 X 射线公司和丹麦 ANDREX A. S 公司合并而成。YXLON 公司的历史可以追溯到 1895 年 W. C. 伦琴发现 X 射线和 1896 年 C. H. F. Muller 制造的第一根 X 射线管。1999 年收购飞利浦在日本工业 X 射线行业的业务，并在东京成立 YXLON 国际公司。2003 年收购 HAPEG Hattinger Prüf – und Entwicklungs – GmbH 公司，并扩充计算机断层扫描产品组合。2004 年推出模块化轮胎检测系统 MTIS 和计算机断层扫描系统 CT Compact。2005 年收购美国 Eltech 公司及其 LDA 技术，2006 年向市场推出通用型 Multiplex 系统。2007 年，YXLON 国际成为瑞士企业 COMET 控股公司的成员，并通过将 FeinFocus 公司并入 Garbsen（德国）进入电子市场。随后几年陆续推出了可变焦 X 射线管、Y. HDR – Inspect 成像系统、FF 系列 CT 系统 FF20 CT、FF35 CT。2016 年与雷诺 F1 车队成为技术合作伙伴，推出全新的轮毂检测系统 YXLON WI26 G 和190kV 纳米焦点 X 射线管。2017 年 MU2000 通用型 X 射线检测系统在全球范围内售出第 600 台；随后推出 Cheetah EVO & Cougar EVO 系列。2018 年成为 Fraunhofer 增材制造联盟的成员；与 Vitrox 进行合作，为 CT Compact 系统推出全新的线型探测器 CT Scan 3。随后又推出 Cougar EVO 和 Cheetah EVO 系列、FF85 CT 产品。其产品线从最基本的 X 射线部件、图像处理单元（包括固定式和便携式射线机），直到标准化或客户定制的 X 射线系统以及 CT 系统。

2. 核心产品

YXLON 公司产品主要包括 X 射线模块和 CT 检测系统两部分，其中包含：Wheel、Tire、Precision、FF 系列（FF20/35/70CL/85）、MU 系列（MU60AE/80AE/56TB/231/2000 – D）等，用于汽车（轮胎、轮毂、铸件、机电部件等）、电子、航空航天、焊缝、铸造、管道、科学研究等的多样化应用高精度工业 CT 系统。其产品系列如图 21-10 和图 21-11 所示。

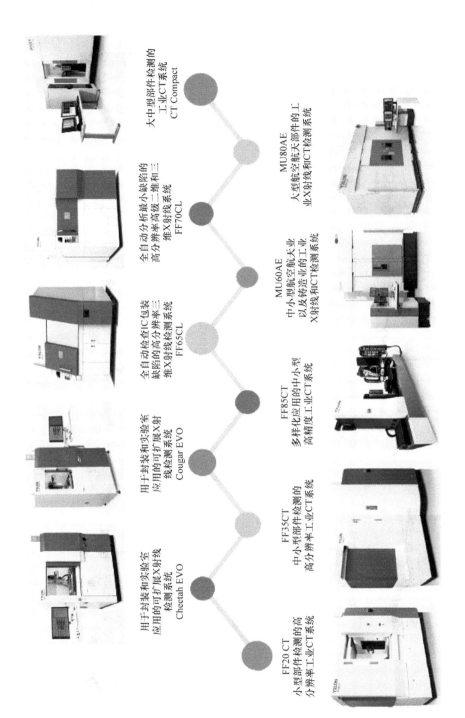

图 21-10　YXLON 国际公司产品系列 1

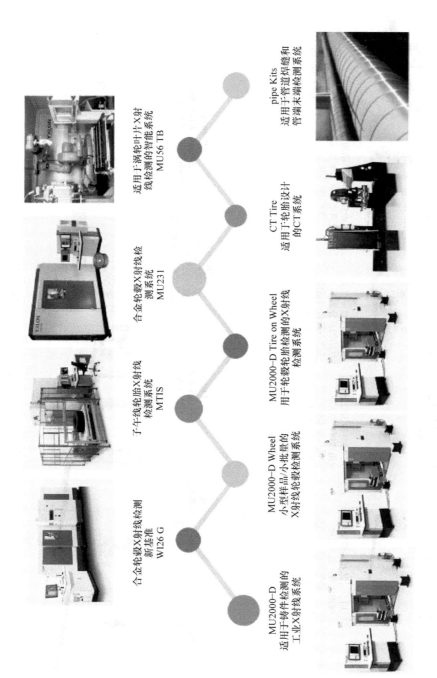

图 21-11　YXLON 国际公司产品系列 2

3. 核心专利

根据专利检索结果可知，截至 2020 年 12 月，YXLON 公司目前共有 301 件专利，其专利申请趋势如图 21-12 所示。

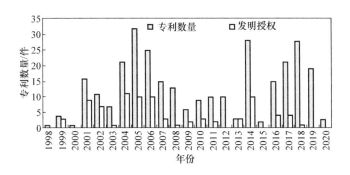

图 21-12　YXLON 公司专利申请趋势

由图 21-12 可见，YXLON 公司从 1998 年就已经开始研发并申请专利，但速度较缓。2001 年专利申请量快速增长，达到 15 件，之后两年申请量稍有回落。2004 年申请量快速回升，达到 21 件，2005 年继续增长，年申请量达到最高 32 件。2006—2009 年申请量呈下降趋势，2010—2012 年申请量维持在 10 件左右。2013 年申请 3 件，2014 年迅猛增加至 28 件，2015 年又回落至 2 件。2016 年后持续增长，到 2018 年申请量又达到 28 件，2019 年和 2020 年数据因为大部分尚未公开申请量，故不具参考性。

YXLON 公司很重视专利的全球布局，其专利全球布局及法律状态如图 21-13 所示，由图 21-13 可知，YXLON 公司在德国布局相对份额较大，占总申请量的 30%；其次是世界知识产权组织、美国、欧洲专利局、中国等；其中美国布局较多，占 14% 左右，其他地区布局相对较少；通过世界知识产权组织申请的 PCT 达到 14%，利用 PCT 专利进行海外市场布局；在中国共计布局 27 件专利，且 39% 的专利已授权，30% 正在实审阶段，15% 权利终止，10% 撤回和放弃。

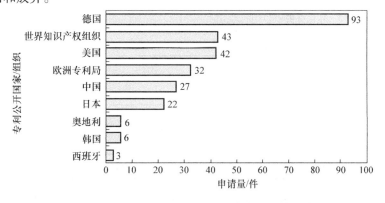

图 21-13　YXLON 公司专利全球布局及法律状态

　　YXLON 公司的 292 件专利涵盖的技术分支较多,见图 21-14 和表 21-4。分析关键词聚
类图可以看出,YXLON 公司的专利是比较全面地针对工业 CT 打印这一领域进行布局的。
它涵盖了整个超声检测设备、X 射线管、图像分析、图像生成、粒子或电离辐射的处理装
置、X 射线辐射、γ 射线辐射、微粒子辐射或宇宙线辐射的测量等方面。主要技术构成集中
在 G01N23 "利用波或粒子辐射来分析材料,如 X 射线"、H01J35 "X 射线管" 和 G06T11
"图像的生成",其他技术分支申请量稍小,但均有涉及。

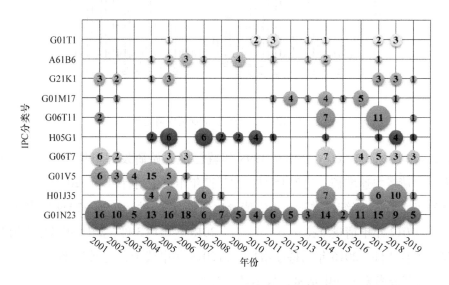

图 21-14　YXLON 公司专利技术分布

表 21-4　IPC 分类号及其含义

分类号	含　义
G01N23	利用波或粒子辐射来分析材料,如 X 射线
H01J35	X 射线管
G01V5	应用核辐射进行勘探
G06T7	图像分析
H05G1	有 X 射线管的 X 射线设备
G06T11	图像的生成
G01M17	车辆的测试
G21K1	粒子或电离辐射的处理装置,如聚焦或慢化
A61B6	用于放射诊断的仪器
G01T1	X 射线辐射、γ 射线辐射、微粒子辐射或宇宙线辐射的测量

　　根据 YXLON 公司的专利申请情况绘制出其技术发展历程,见图 21-15 ~ 图 21-17。

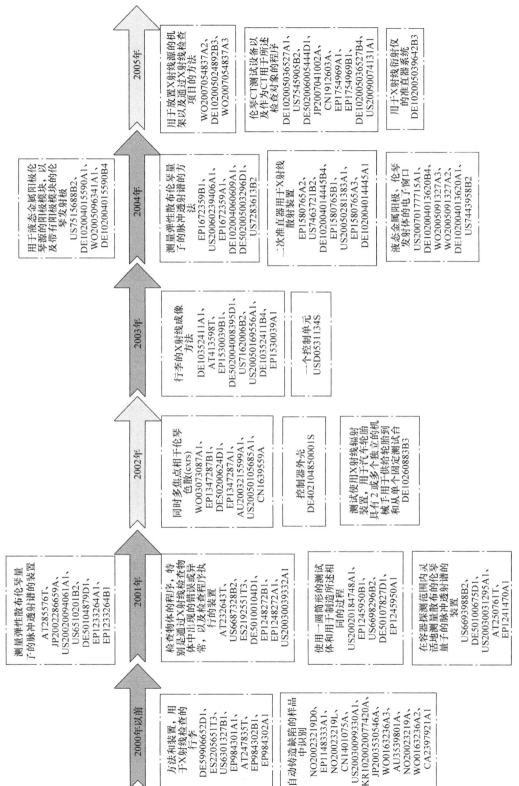

图 21-15　YXLON 公司技术发展历程（2000 年以前至 2005 年）

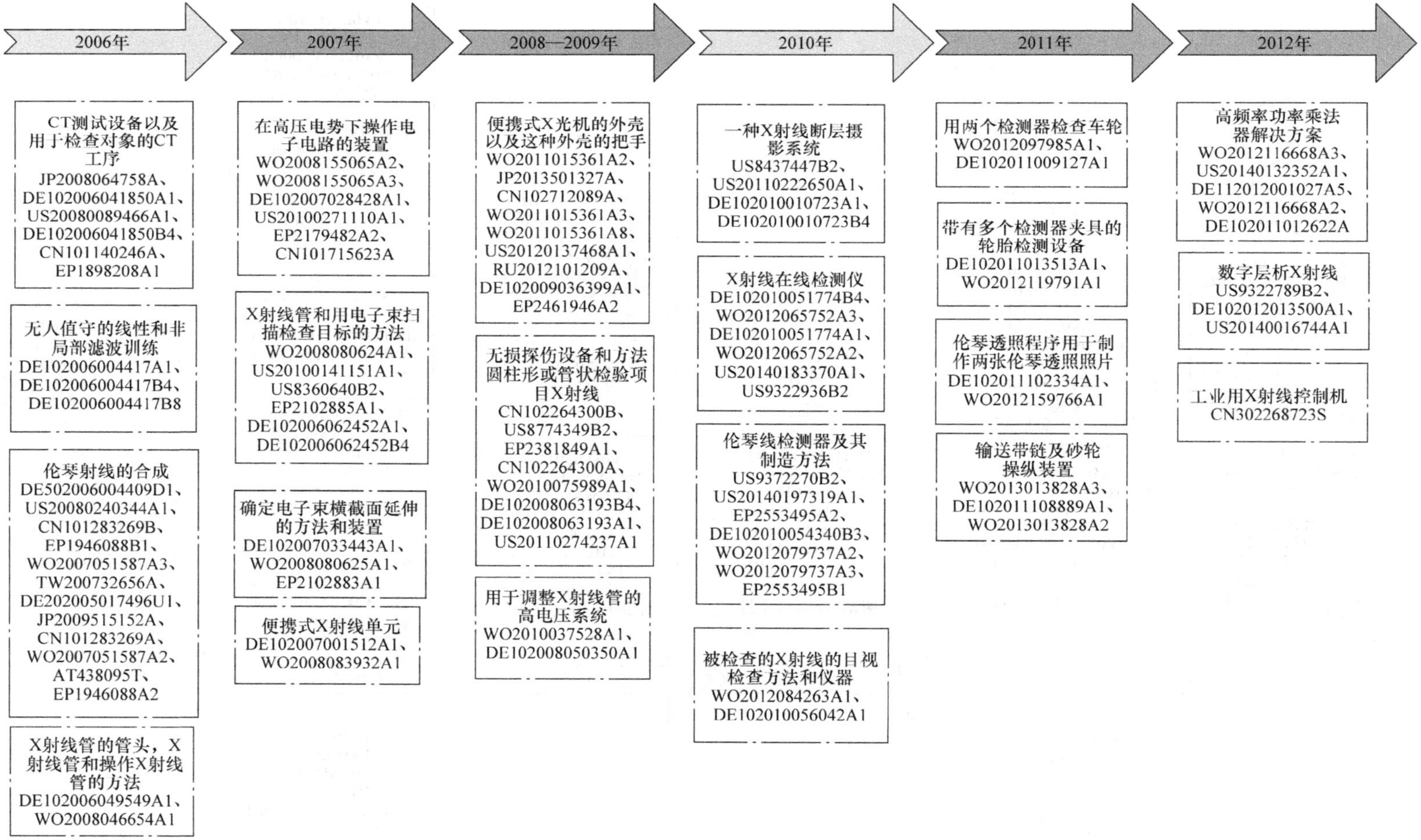

图 21-16　YXLON 公司技术发展历程（2006—2012 年）

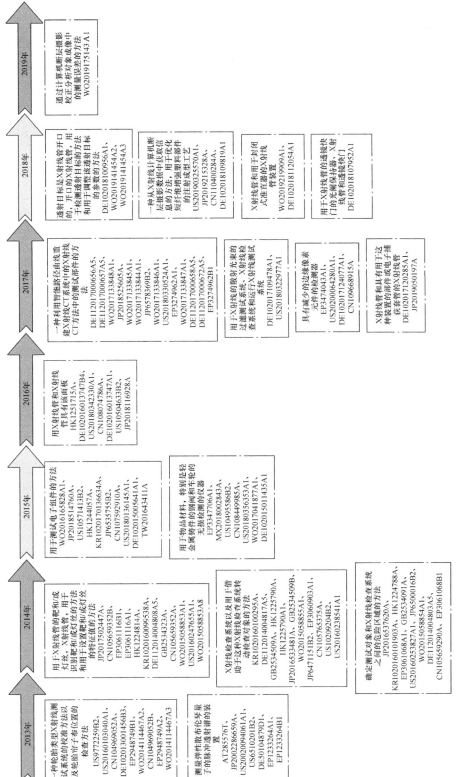

图 21-17　YXLON 公司技术发展历程（2013—2019 年）

YXLON 公司重点专利列举见表21-5。

表 21-5 YXLON 公司重点专利列举

标题	摘要	申请号	法律状态
用于 X 射线管的靶和/或灯丝,X 射线管,用于识别靶和/或灯丝的方法和用于设置靶和/或灯丝的特征值的方法	一种用于 X 射线管的靶/灯丝,具有靶基座/灯丝保持器和固定在其上的靶元件/灯丝元件,其中在靶基座/灯丝保持器上安装有识别元件,识别元件能以与在 X 射线管上的检测元件共同作用的方式被识别并且识别元件具有与靶/灯丝的特征值的明确的关联性。一种用于识别具体的靶和/或具体的灯丝的方法,其中安装在 X 射线管上的检测元件识别安装在靶基座上和/或在灯丝保持器上的识别元件并且借助于数据库将靶和/或灯丝与识别元件明确地相关联	CN201480057720.X	授权
用电子束扫描检查目标的 X 射线管和方法	涉及一种 X 射线管,特别是一种微焦点 X 射线管,包括用于使电子束朝向靶定向的装置。控制装置用于控制电子束朝向目标定向的装置,使得电子束扫描目标,此外,测量装置用于测量当目标被电子束扫描时流到不同扫描位置的目标电流的强度,或者根据目标电流的测量变量,以及评估装置用于将目标流的每个测量值与对应的扫描位置相关联。所述 X 射线管能够容易且经济地实施用于检查靶的可操作性的方法	US12521622	授权
在 X 射线分析范围内对铸件缺陷进行分类的方法	通过获取被检查铸件的 X 射线图像对被检查铸件中的铸件缺陷进行分类;自动将检测铸件的 X 射线图像与已知铸件缺陷类型的训练图像特征进行比较;自动将在所检查铸件中存在的铸件缺陷分配到已知的铸件缺陷类型	DE102005019800	授权后失效
X 射线线探测器	一种 X 射线线探测器包括具有上半部分、下半部分和用于检测 X 射线辐射的线性入口槽的外壳。至少一个检测器元件,包括多个线性排列的光电二极管,设置在入口槽的对面。每个光电二极管设置在印制电路板上,该电路板安装在壳体内的基载体上	DE102010051774	有效
用计算机断层扫描法对机械加载试验对象进行现场调查的方法和设备	本发明涉及一种具有辐射源和检测器的 X 射线测试装置以及布置在其之间的测试装置。此外,涉及一种通过将试验对象放置在 X 射线试验装置中来记录试验对象中的结构,尤其是变形和缺陷(如裂纹)的方法,其中机械载荷作用于试验对象,并且在该加载状态下进行 X 射线记录	DE102007001928	有效
用于检测对象的 X 射线 CT 测试系统及 CT 方法	该系统具有含焦点的 X 射线管,该焦点产生吹射射线或锥形射线,用于在与焦点一定距离处完全照亮探测器。测试滑块接收待测对象,并具有可旋转到吹射射线水平或锥射中轴的旋转轴。测试滑块固定在测量点上,该测量点的设置方式使旋转轴位于测量线上	DE102006041850	有效
分层照相法的使用	一种分层成像系统包括定义笛卡儿坐标系 z 方向的第一线性导轨和可固定于第一线性导轨并沿第一线性导轨移动的成像辐射源。辐射源被配置成形成光线锥,包括定义笛卡儿坐标系的 y 轴的中心光线	DE102010010723	有效

（续）

标题	摘要	申请号	法律状态
用于检查电子器件的方法	该发明涉及一种用于对电子器件进行缺陷检查的方法，该方法具有以下步骤：通过自动光学检查对生产线中的电子器件进行检查；确定无法用自动光学检查进行检查的区域的坐标；将区域的坐标从生产线传输给计算机；将电子器件从生产线转移到用于无损检测的X射线装置中，X射线装置设置在生产线之外；将区域的坐标由计算机传输给X射线装置；仅在不能利用自动光学检查进行检查的区域中，通过X射线装置进行检查；将在X射线装置中进行的检查的结果传输给计算机；如果结果是电子器件没有缺陷，则将电子器件回送到生产线中	CN201680021844.1	实质审查
X射线检查系统以及用于借助于这种X射线检查系统转动检查对象的方法	该发明研究一种X射线检查系统，X射线检查系统具有X射线源、检测器和设置在其间的转动台，检查对象能够固定在转动台上，其中转动台设置在定位台上，其中定位台能够平行于XY平面在X射线源和检测器之间运动，其中XY平面垂直于检测器的平行于XZ平面延伸的表面，并且其中转动台能够围绕Z轴转动	CN201480058019.X	实质审查
轮胎型井X射线测试系统的校准方法，作为检查帘子线在轮胎中位置的方法	一种轮胎X射线检查系统的校准方法。X射线检测系统包括X射线管、线性X射线探测器和用于轮胎的机械手。该方法包括将X射线管之一、线性X射线探测器和机械手沿行程路径从设定的起始位置移动到设定的结束位置，在其中一个X射线管的移动过程中以预设的读取速度捕获	DE102013001456	有效
用于X射线管的膜片，以及具有这种面板的X射线管	限制一个横截面的隔膜电子束X射线管包括一个基地的身体由第一材料制成的，具有第一圆柱或圆锥隔膜孔，一个额外的身体由第二个材料，第二个圆柱形或圆锥形隔膜孔	DE102016013747	有效
确定行李中某一物品位置变化的方法，以检查该物品行李中的可疑区域	本发明涉及一种确定行李物品位置变化的方法，以检查该行李物品中的可疑区域	US10960348	授权后放弃
行李X光检查方法和设备	该方法包括将行李放在带有X射线和探测器的扫描仪上，在传送带上移动。扫描器在固定的行李上以曲线的方式旋转进行扫描。根据行李物品的长度，在行李定前进后重复扫描。包括用于实现该方法的设备的独立声明	EP98116760	失效

21.5.5 瓦里安（Varian）工业CT专利分析

1. 企业概况

瓦里安医疗系统有限公司（Varian Medical Systems Inc）最初成立于1948年，原名瓦里安联合公司（Varian Associates Inc），总部位于美国加州硅谷。瓦里安是世界最大的X射线球管独立研发生产公司，是世界领先的医疗设备和软件制造商，用于治疗癌症和其他医疗条件的放射治疗、立体定向放射外科、立体定向身体放射治疗、近距离放射治疗和质子治疗。

瓦里安在北美、欧洲、中国设有 79 个分支机构，在全世界已安装了数千台加速器。瓦里安医疗系统有限公司现已成为全球综合放射治疗设备软硬件以及 X 射线诊断设备关键软硬件的供应商。

1948 年，拉塞尔瓦里安（Russell H. Varian）、西格德瓦里安（Sigurd F. Varian）兄弟及另两名与斯坦福大学存在密切联系的科学家（William Webster Hansen、Edward Ginzton）在加州圣卡洛斯创立瓦里安联合公司。拉塞尔瓦里安和西格德瓦里安兄弟是速调管的发明人，该项发明后来成为现代医用直线加速器的主要部件。1953 年，瓦里安联合公司在加利福尼亚州帕洛阿尔托设立总部。1959 年，瓦里安联合公司在纽约交易所上市。1994 年，瓦里安联合公司进军近距离放射治疗市场，生产了一系列用于近距离放射治疗的产品。1997 年，瓦里安联合公司 SmartBeam 技术的推出标志着放疗调强时代的来临。1999 年，瓦里安联合公司在与其半导体制造设备业务和科学仪器业务分离后，将名称更改为瓦里安医疗系统，并于同年收购了 GE Medical Systems 的放射治疗服务和支持部门。2004 年瓦里安公司收购了 Digilab 的光谱产品业务；2010 年 Bruker 公司宣布收购 Varian 部分产品线，其特色产品包括凝胶渗透色谱柱（GPC）和应用于层析、临床诊断以及生命科学领域的基于聚合物的产品；之后安捷伦宣布收购瓦里安生命科学业务，包括质谱、核磁、红外、单晶衍射和真空产品等一系列生命科学产品线。至此，瓦里安专注于肿瘤、影像等医疗业务；2012 年收购 X 射线诊断图像处理软件工作站的供应商 InfiMed Inc；2014 年收购位于亚特兰大的癌症临床专用软件开发公司 Velocity Medical Solutions，Velocity 软件平台旨在支持数据驱动型临床决策；2015 年收购克莱蒙德，扩充影像部件产品线；2016 年收购珀金埃尔默（PerkinElmer）的医疗影像业务来拓展其数字平板业务；收购完成后，瓦里安对旗下成像部件（Varex）进行拆分上市；进入 2018 年，瓦里安先后收购 MobiusMedical Systems®（该公司是放射肿瘤质量保证软件的领导者），Evinance Innovation（临床决策支持 Clinical Decision Support，CDS 软件公司，扩展了瓦里安的 360 Oncology™ 治疗管理平台功能），humediQ Global GmbH（产品 IDENTIFY 用于放射治疗的自动化患者识别、定位和运动管理系统。）

2012 年，中国国际医疗器械博览会（CMEF）上瓦里安展示了 PaxPower™ X 射线管和 PaxScan® 数字探测器以及采用快速图像引导放射疗法和放射外科疗法的癌症治疗技术。

PaxPower™ FP 1000 X 射线管，瓦里安医疗系统的一款专门用于数字成像系统的新一代 X 射线管。这款新的 PaxPower™ FP X 射线管产品体积小、性能高。这款重量很轻的 PaxPower™ 阳极端接地球管的大小只有传统双端球管的一半，功率却是后者的 2 倍。

PaxScan® 4343CB 数字探测器，这款 4343CB 平板探测器采用了 PaxScan® X 技术，能够同时提供高质量的放射成像和一流的动态成像。4343CB 支持放射成像系统中的双能成像和层析 X 射线照相组合，同时也能用于通用射频和大剂量锥形束 CT 设备。这款具有较大扫描范围的平板探测器提供多个灵敏度范围，超宽动态范围模式和 $139\mu m$ 的像素大小，可呈现非常详细的图像、出色的对比度和空间分辨率，同时减少了对患者的 X 射线剂量。

PaxScan® 1515DX，这款中型锥形束 CT（CBCT）全景成像平板探测器运用了瓦里安医疗系统的新型远程传输（DX）技术，适用于 C 型臂系统、牙科和工业应用的先进数字成像。

PaxScan® 3024M，这款紧凑型的动态探测器可用于全景数字化乳腺 X 射线摄影，采用层析 X 射线照相组合技术，具备胸壁窄边和快速捕捉图像功能。这一新的设备架构采用了非晶硅（a－Si）技术，能够将数字化乳腺 X 射线摄影功能延伸到新兴市场和移动检测设备领域，其在适应环境方面的稳定性让它比现有技术更有吸引力。

2019 年，瓦里安有多项尖端设备和技术亮相进博会。如亚太地区首发的 Ethos 智慧放疗平台，在全球率先实现了多模态在线自适应治疗，在人工智能驱动下，具有将 MR、CT、PET 多模态影像自动融合的"超能力"，能够如影随形精准地捕捉肿瘤的动态变化（包括位置、大小、形状等），将自适应治疗时间压缩至 15min，每一次放疗都为患者开出精准的、个性化的"4D 处方"，尽可能减少不必要的副作用。同时亮相的还有其领先的质子治疗系统——肿瘤放射治疗尖峰技术 ProBeam 质子治疗系统，该质子平台上还可实施代表放疗未来的前沿科技 Flash（闪射）粒子治疗技术。Flash 粒子治疗采用超高剂量率的超高速外照射治疗，将目前临床的质子治疗强度大幅提高。实际上，早在 2007 年，瓦里安医疗就在北京亦庄经济开发区建立了北美以外唯一的医用直线加速器研发和生产基地，是行业内率先在中国设立生产和科研基地的企业。

2019 年进博会上，瓦里安总裁 Dow Wilson（魏思韬）表示将持续不断加码中国市场，并计划在 2020 年将固定资产投资增加 3 倍，扩建产线和瓦里安研发中心。瓦里安将引进全球最高端的放疗产品生产线，落户高端的直线加速器，届时中国将成为瓦里安全球最全产品线的研发和生产基地。

2. 核心专利

因为瓦里安公司专利涉及领域较多，本次分析用 IPC 分类号 G01N23 "利用波或粒子辐射来测试或分析资料，如 X 射线"进行筛选后，得到 128 件专利。由此可以判断瓦里安公司目前共有 128 件工业 CT 专利，本节瓦里安的专利分析均基于此结果。其专利申请趋势如图 21-18 所示。

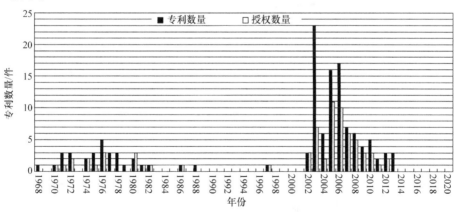

图 21-18 瓦里安公司工业 CT 相关专利申请趋势

从 20 世纪 60 年代开始瓦里安公司就开始研发并申请专利，1968—1988 年，申请量经历了一个低速增长和低速下降的过程。1988—2001 年工业 CT 相关专利几乎为零。2002 年相关专利申请量回升，2003 年就迅猛上升至 23 件，2004 年有回落，但 2005 年、2006 年又迅速回升，之后随着技术成熟申请量逐年下降，2014 年之后便再没有相关专利的申请。纵观其专利授权情况，授权率整体达到了 64%，且所有专利全部为发明专利。

瓦里安公司在其本土美国布局的专利申请量最多，占比达 44%；在世界知识产权组织和欧洲专利局的专利申请量仅次于美国申请量，PCT 国际申请 16 件，欧洲专利局 13 件；布局较多的还有澳大利亚、德国和日本；其他国家布局较少。

通过关键词聚类分析，可以看出其专利涉及的相关技术点。

图21-19所示为瓦里安公司工业CT相关专利全球技术分布，表21-6为IPC分类号及其含义，分析发现，瓦里安公司的工业CT相关专利涉及X射线源如H01J35"X射线管"；工业CT系统，如G01N23"利用波或粒子辐射来分析材料，如X射线"，H05G1"有X射线管的X射线设备"；相应的辅助设备如辐射的测量和处理，如G01T1"X射线辐射、γ射线辐射、微粒子辐射或宇宙线辐射的测量"，G21K1"粒子或电离辐射的处理装置，如聚焦或慢化"。其在全球的具体技术分布情况如下：

X射线源全球布局的几个主要国家为美国、德国、英国、日本和法国，布局的数量也基本相当。工业CT系统本身的全球布局在其涉及的技术分支中地域布局最广泛，各国都有布局，而且申请量比其他分支都多。其他的辅助设备如辐射的测量和处理区域布局相对均匀，申请量较少。

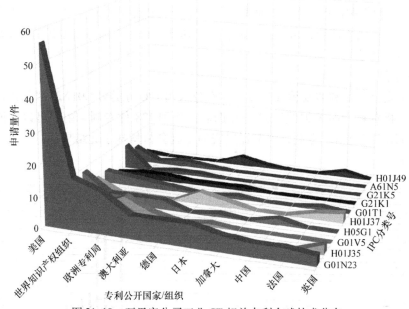

图21-19　瓦里安公司工业CT相关专利全球技术分布

表21-6　IPC分类号及其含义

分类号	含　义
G01N23	利用波或粒子辐射来分析材料，如X射线
H01J35	X射线管
G01V5	应用核辐射进行勘探
H05G1	有X射线管的X射线设备
H01J37	把物质或材料引入使受到放电作用的结构的电子管
G01T1	X射线辐射、γ射线辐射、微粒子辐射或宇宙线辐射的测量
G21K1	粒子或电离辐射的处理装置，如聚焦或慢化
G21K5	照射装置
A61N5	放射疗
H01J49	粒子分光仪或粒子分离管

由于瓦里安公司专利数量规模很大，我们将其专利扩展同族合并后为76个专利族。我们将76个专利族按时间顺序梳理绘制成技术发展历程图，见图21-20和图21-21。

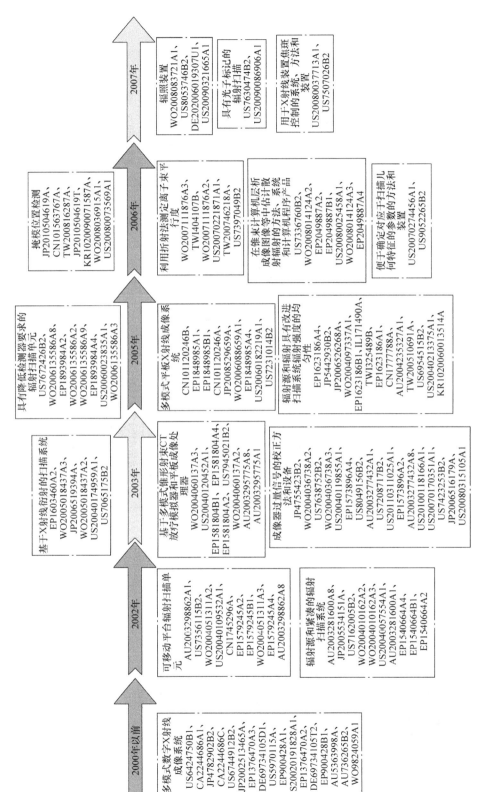

图 21-20　瓦里安工业 CT 相关专利技术发展历程（2000 年以前至 2007 年）

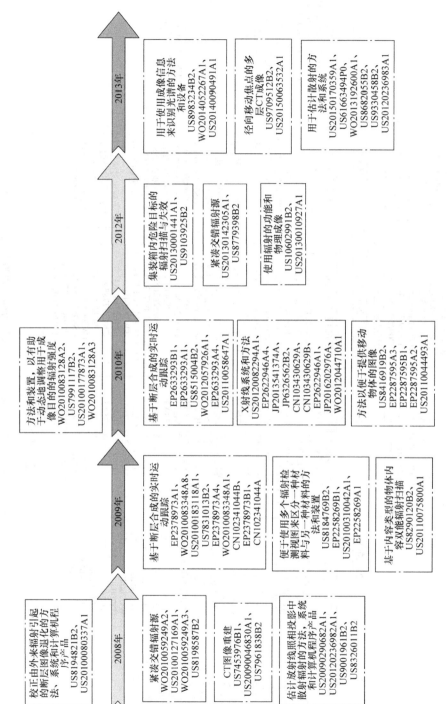

图 21-21 瓦里安工业 CT 相关专利技术发展历程 (2008—2013 年)

瓦里安公司工业 CT 相关重点专利列举见表 21-7。

表 21-7　瓦里安公司工业 CT 相关重点专利列举

扩展同族	标题	法律状态
EP2633293B1、EP2633293A1、US8515004B2、WO2012057926A1、EP2633293A4、US20110058647A1	基于层析合成的实时运动跟踪	授权
US7336760B2、WO2008014124A2、EP2049887A2、EP2049887B1、US20080025458A1、WO2008014124A3、EP2049887A4	在锥束计算机层析成像图像等中估计散射辐射的方法、系统和计算机程序产品	有效
US20070274456A1、US9052265B2	有助于确定对应于扫描几何特征的参数的方法和装置	有效
US9709512B2、US20150063532A1	放射状焦斑的多层 CT 诊断	授权
US20130142305A1、US8779398B2	紧凑的交叉辐射源	有效
US8983234B2、WO2014052267A1、US20140090491A1	有关使用成像信息来识别光谱的方法和装置	PCT 有效期满
US20150170359A1、US61663494P0、WO2013192600A1、US8682055B2、US9330458B2、US20120236983A1	估计散射的方法和系统	部分进入指定国家
US10602991B2、US20130010927A1	利用辐射进行功能和物理成像	暂缺
US8290120B2、US20110075800A1	基于内容类型的物体内容的双能量辐射扫描	授权
US7672426B2、WO2006135586A8、EP1893984A2、WO2006135586A2、WO2006135586A9、EP1893984A4、US20060023835A1、WO2006135586A3	降低探测器要求的辐射扫描装置	授权后放弃
US8184769B2、EP2258269B1、US20100310042A1、EP2258269A1	便于使用多个辐射检测视图来区分一种材料与另一种材料的方法和装置	有效
US20120082294A1、EP2622946A4、JP2013541374A、JP6326562B2、CN103430629A、CN103430629B、EP2622946A1、JP2016202976A、WO2012044710A1	X 射线系统和方法	暂缺
WO2008083721A1、US8053746B2、DE202006019307U1、US20090321665A1	辐照装置	有效
US20090067575A1、US8000436B2	包括可移动平台的辐射扫描单元	授权后放弃
US7453976B1、US20090046830A1、US7961838B2	计算机断层图像重建	有效
US20090290682A1、US20120236982A1、US9001961B2、US8326011B2	用于在射线照相投影中估计散射辐射的方法、系统和计算机程序产品	授权
US20070081628A1、US7561665B2	双脉冲成像	暂缺
WO2007111876A3、TWI404107B、WO2007111876A2、US20070221871A1、TW200746218A、US7397049B2	用折射法测定离子束平行度	有效

（续）

扩展同族	标题	法律状态
AU2003298862A1、US7356115B2、WO2004051311A2、US20040109532A1、CN1745296A、EP1579245A2、EP1579245B1、WO2004051311A3、EP1579245A4、AU2003298862A8	包括可移动平台的辐射扫描单元	授权
JP2010504619A、CN101563767A、TW200816287A、JP2010504619T、KR1020090071587A、WO2008036915A1、US20080073569A1	掩模位置检测	审中
US7274768B2、US20060193434A1	基于 X 射线衍射的扫描系统	授权后放弃
JP4755423B2、WO2004036738A2、US7638752B2、WO2004036738A3、US20040119855A1、EP1573896A4、US8049156B2、AU2003277432A1、US7208717B2、US20110311025A1	用于成像仪中过剩信号校正的方法和装置	部分进入指定国家

参 考 文 献

[1] 顾益军，范丽云，陈祎. 工业 CT 在线检测图像处理系统的设计与实现 [J]. 北京理工大学学报，2001（1）：126 - 129.

[2] 张蕊萍，时佳悦，苟军年，等. 基于工业 CT 图像的工件缺陷智能检测 [J]. 测试科学与仪器，2019，10（3）：299 - 306.

[3] 张祥林，姜迎春，张祥春，等. 激光选区熔化增材制造构件工业 CT 检测方法研究 [J]. 无损探伤，2020，44（3）：34 - 36.

[4] 孙灵霞，叶云长. 工业 CT 技术特点及应用实例 [J]. 核电子学与探测技术，2006（4）：486 - 488.

第 22 章　激光超声无损检测技术专利分析

22.1　激光超声无损检测技术内涵

激光超声检测技术是一种非接触、高精度、无损伤的新型超声检测技术。它利用激光脉冲在被检测零部件表面激发超声波，并用激光束探测超声波的传播，从而获取工件信息，比如工件厚度、内部及表面缺陷、材料参数等。激光超声检测原理如图 22-1 所示。当脉冲激光照射在固体表面时，固体表面吸收光能而温度升高，如果温度升高至固体的热弹阈值，照射区会因热膨胀而产生应力脉冲。应力脉冲同时以纵波、横波和表面波的形式向固体内部或沿表面传播即形成超声波。在试样中传播的超声波遇到裂纹、气隙等缺陷时，会产生超声回波。通过检测超声波与超声回波，即可对缺陷的位置和特征进行判断。

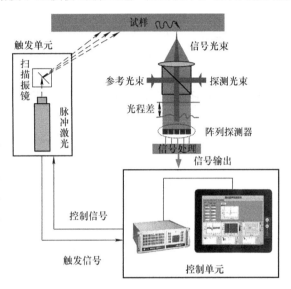

图 22-1　激光超声检测原理

激光超声检测技术是传统超声检测技术的进一步发展，是超声学和激光技术结合而形成的新兴交叉学科和重要学科领域。自 20 世纪 90 年代以来，激光超声技术发展迅速，在弹性传播研究、材料表征与评价等领域得到广泛应用。目前该技术的工业应用已经扩展到激光焊接焊缝质量在线监控，风力发电机叶片检测，飞机机身搭接腐蚀检测，高温陶瓷、金属、复合材料检测，各种材料涂层缺陷检测等众多领域。相对于传统的超声技术，激光超声技术具有非接触检测、高时空分辨率、优越的宽带性能以及一次激发可以同时产生各种模式的特点。该技术结合了超声检测的高精度和光学检测非接触的优点，具有高灵敏度（亚纳米级）、高检测带宽（GHz）的优点。与传统的压电换能器相比，其突出优势主要体现在以下方面：

1）超声信号是由激光激发产生，无需耦合剂，避免了传统超声检测中由于耦合剂带来的干扰和污染，从而实现非接触检测。

2）超声信号可通过光学方法检测，从而能够实现非接触检测，使其更有利于在高温高压、强辐射、强震等恶劣条件下的检测。

3）激光超声的激发和检测均在瞬间完成，能够实现快速、实时检测，具有较强的抗干扰能力。

4）激光超声能够激励出纵波、横波及表面波，可以用于材料内部和表面缺陷的探测，且精度较高。

5）激光可在金属、非金属材料，以及气体、液体中激发出超声信号，故其适用面广，具有较好的应用前景。

6）激光超声检测技术由于能够在短时间内不接触物体进行激光激励，所以适合于环境复杂的检测环境（如温度、压力较大或具有放射性或腐蚀性的环境），并具有极强的抗干扰能力。

7）随着半导体集成电路微细加工技术的成熟和机械超精密加工技术的开发，光学器件的微型化已成为可能，使基于激光超声的检测系统易于小型化。

8）探测激光束可被聚焦成非常小的点，即使是常用的激光系统，也能实现微米量级的空间分辨率。

目前，激光超声检测技术已被广泛应用于材料的缺陷探测和定位、内部损伤过程监测与断裂机理研究等工程领域中。激光超声检测技术在增材制造领域的应用属于起步阶段。

22.2　激光超声无损检测技术发展概况

自 20 世纪 80 年代早期，澳大利亚 Krautkramer 公司开始研究将激光超声技术应用于工业领域，由于受当时激光技术和成本的限制，Krautkramer 公司并没有开发出适合工业应用的商用系统。20 世纪 80 年代后期，隶属于加拿大 National Research Council of Canada（NRCC）的 Industrial Materials Institute（IMI）在 Jean Pierre Monchalin 的带领下开始进行一项大规模激光超声技术研究，并成功设计了一套高效费比的激光超声检测系统。与此同时，洛克希德·马丁（Lockheed Martin）公司也开始研发一套激光超声检测系统用于复合材料检测。虽然这些系统并未发展成为大规模生产的商用系统，但却使工业界意识到激光超声技术的巨大优势和潜力。

激光超声检测系统涉及激光激发超声高效换能、超声阵列传感、深度缺陷三维成像等关键技术。为了提高激光超声检测的分辨率、效率、聚焦深度和缺陷成像显示效果，国内外研究机构在高性能脉冲激光器设计、高效接收传感器设计、激光超声信号降噪与特征提取、缺陷显示等关键技术方面开展了一系列的研究。

（1）高效高能激光激励源设计与优化　脉冲激光器是激光超声激励的核心设备，其性能严重影响激励超声波的信号质量。众多国内外研究机构在激光激励超声波机理方面开展了工作。然而，在金属材料特性、构件表面粗糙度等对激励超声波的影响规律方面仍待开展深入研究。

激光器的脉宽、能量等时空调制参数对于检测分辨率有重要影响，国内外专家对此开展了脉冲激光器的设计与优化等研究。脉冲光纤激光器的设计和开发正朝着高重复频率、高光束质量、高功率和高脉冲能量的方向发展。

（2）高精度超声阵列传感器设计与激光超声信号采集　超声阵列传感器是激光超声信号接收的核心设备，其性能直接决定激光超声信号采集的准确性和稳定性。国内外研究机构在激光激励超声波阵列式结构和激光超声阵列式接收传感器方面开展了系列研究工作。1996年，约翰·霍普金斯大学无损评估中心的 T. W. Murray 建立了 10 组脉冲 Nd：YAG 激光器阵列，通过试验验证了激光超声系统产生表面波和体波的可行性。该激光系统通过对阵列中单个激光器的发射进行时空控制,实现了窄带超声信号和相控阵单脉冲信号的激发。在激光超声阵列式接收传感器方面,主要开展了阵列式光电传感器、光声三维层析信号采集、激光激励－接触式相控阵超声接收等方面的研究。2011 年,巴萨诺瓦科技有限责任公司的 B. Pouet 等人研究了为满足工业检测的需要而专门研制的基于多检波器的接收机,发现将探测器阵列集成到经典的干涉仪设计中,能够承受恶劣的工业环境。2012 年美国 Bossa Nova 科技公司的 A. Wartelle 提出了一种基于多通道检测的新型激光超声接收机,将经典的迈克尔逊干涉仪与创新的多斑点处理技术相结合,有效提高了激光超声接收系统的灵敏度和稳定性。2015 年,南京航空航天大学的葛金鑫设计了接触式相控阵超声探头接收和脉冲激光扫描超声检测系统,实现了对材料内部缺陷和表面缺陷的检测。

(3)激光超声信号特征提取与缺陷三维定量显示 针对激光超声信号复杂多模态、宽频带和低信噪比的特点,为得到高信噪比超声信号,消除声学噪声与非声学噪声对信号的干扰,国内外专家对激光超声信号处理方法进行了研究,也是当前的研究热点。西安交通大学赵纪元团队以激光超声信号降噪和特征提取技术研究为基础,提出了一种自适应稀疏反卷积(ASD)方法,并验证了该方法的有效性。与传统的稀疏反卷积方法相比,该方法在处理超声信号中的回波重叠问题上表现出更好的性能,实现了管道裂缝超声检测信号有效提取。同时,探讨了将激光超声技术与混合智能分类方法相结合,快速实现不同深度缺陷分类与评价。

目前激光超声技术在商业应用上最成功的领域有三个:无缝钢管壁厚在线测量、航空复合材料检测和硅片检测。20 世纪 90 年代晚期,Tecnar Automation 获得 NRCC 的授权,生产 NRCC 与 Timken Steel 合作研发的无缝钢管管壁在线测厚系统。这套系统被认为是激光超声技术在商业应用上的典型成功案例。Tecnar Automation 是该技术的唯一授权生产商,该系统向全球无缝钢管生产线出售,取得了巨大成功。用于航空复合材料检测的激光超声系统最早由洛克希德·马丁公司研发,目前已有三家企业进入该市场:Tecnar Automation、PaR Systems 和 iPhoton Solutions,其中 PaR Systems 的技术来自于 Lockheed Martin 的授权。用于硅片检测的激光超声商用系统最早由 Advanced Metrology Systems 研发成功。该公司原名 Active Impulse Systems,于 20 世纪 90 年代中期在麻省理工学院创建,致力于激光测量技术在半导体行业的产业化。

此外,激光超声技术在其他工业应用领域也展现了巨大潜力。现有的商用激光超声检测系统主要是使用共焦法布里－珀罗干涉仪和多普勒干涉仪来获取信号。共焦法布里－珀罗干涉仪集光能力强、灵敏度高,其缺点是造价高、系统复杂。多普勒干涉仪应用广泛,但由于要使用信号插值来提高探测精度,因此检测带宽低(DC－25MHz),而且对工作环境有较严格的要求,如温度、环境振动等。近几年,在激光超声检测系统的核心技术——激光测振仪上,三家公司(Intelligent Optical Systems、Tecnar Automation、Bossa Nova)率先将自适应干涉技术实现商用化,大大降低了激光超声检测系统的复杂度和成本,提高了可靠性,为激光超声技术在更大范围的工业应用奠定了基础。

22.3 激光超声无损检测技术构成及分解

激光超声检测系统主要由超声激励脉冲激光器、激光超声接收器、扫查系统、检测软件

（包括控制、信号分析等功能）、数据采集卡、控制电路板、计算机和光学隔振平台等组成。

其中，扫查系统主要有以下三种实现方式：

1）对应于激励激光源扫描式检测方案（即保持接收器激光点不动，激励源进行二维扫描），采用扫描振镜对激励激光束进行二维偏转，实现激光源的扫查和工件检测。

2）采用机械臂同时移动激励激光源和检测探头，实现大面积复杂结构件的扫查。

3）固定激励激光源和检测探头，采用 $X - Y$ 扫查系统对工件进行二维移动，实现简单结构工件的扫查。

本次分析主要针对增材制造件缺陷检测技术试验研究方面的需求，研究并考虑搭建增材制件激光超声检测最小试验系统，因此主要考虑扫查方式1）和3），并选取稳定性好、可靠性高、寿命长的激光超声检测系统。

激光超声检测技术可分为传感器检测技术和光学检测技术两类。传感器检测技术包括压电陶瓷换能器检测技术、电磁声换能器检测技术、电容声换能器检测技术。光学检测技术又可细分为非干涉检测技术和干涉检测技术两种。非干涉检测技术包括光偏转检测技术、表面栅格衍射技术和反射率检测技术等。干涉检测技术又可分为线性干涉检测技术和非线性干涉检测技术。线性干涉检测技术包括外差/零差、速度/时延和共焦 Fabry - Perot 干涉检测技术等，它们使用的干涉仪分别为外差干涉仪、速度干涉仪和共焦 Fabry - Perot 干涉仪。非线性干涉检测技术主要包括双波混频干涉检测技术和光生电动势干涉检测技术等。

为了更好地检索激光超声无损检测技术相关专利文献来服务项目研发活动，就激光超声无损检测项目研发关心的技术要素，对激光超声无损检测技术进行分解，见表22-1。

表 22-1　激光超声无损检测技术的分解

要素	中文关键词	英文关键词
超声激励脉冲激光器	激光超声、无损检测、调 Q 技术、锁模、超短脉冲技术、二波混频干涉仪	laser ultrasound, nondestructive testing, q - switching technology, mode locking, ultrashort pulse technology, two - wave mixing interferomete
激光超声激励机理	高功率激光器、热弹机制、烧灼机制、信号解调	high power laser, thermoelastic mechanism, burning mechanism, signal demodulation
合成孔径聚焦技术	高分辨率、横向分辨率、孔径换能器、动态聚焦效果、算法	high resolution, lateral resolution, aperture transducer, dynamic focusing effect, algorithms
损伤成像技术	Lamb 波、匹配追踪、损伤成像、核磁共振（MRI）	lamb wave, matching pursuit and damage imaging, magnetic resonance imaging（MRI）
超声三维可视化技术	超声图像、标准化、小波、重建、可视化、直观精确、采集时间、三维重构、自动容积扫查、体器官计算机辅助分析技术（VOCAL）	ultrasound image, standardization, wavelet transform, reconstruction, visualization, intuitive and accurate, acquisition time, three - dimensional reconstruction, automatic volume scanning, computer aided analysis of organs（VOCAL）
主要申请人	intelligent optical systems、tecnar automation、bossanovatech	

22.4　专利分析

22.4.1　激光超声无损检测技术专利申请趋势分析

激光超声无损检测领域专利分析所用数据库为 IncoPat 全球数据库。该数据库收录了112 个国家/地区/组织的专利著录数据和说明书全文数据，还收录了法律状态、诉讼（中国、美国、日本）、许可（中国）、质押（中国）、复审（中国）、无效数据（中国）、转让（中国、美国）数据、海关备案数据、ETSI 通信标准数据。

本次分析在中国发明申请、发明授权、实用新型、中国外观以及在国际上申请、授权、外观范围内检索，使用"超声检测""超声成像""无损检测"等关键词，并使用 IPC 分类号 G01N29/06 "利用超声波进行内部显像"、G01N29/04 "利用超声波进行固体分析"、G01N29/00 "利用超声波测试得到物体内部显像"等进行初步检索得到数据 1684 件。经申请号合并、同族合并后为 1312 件专利。本节所有分析均基于此检索结果。

全球激光超声无损检测相关专利申请趋势如图 22-2 所示，日本、美国和中国激光超声无损检测相关专利申请趋势如图 22-3 所示，分析发现，1970 年美国开始有激光超声检测和成像相关申请，1973 年日本也开始出现相关专利申请。之后带动了全球申请量的迅速增加。从 1980 年开始，日本超声激光检查相关专利申请量远远超过美国申请量，年申请量最高时达到 46 件。直到 1984 年，日本相关专利申请量大幅下降，全球整体趋势也大幅下降。1988 年之后，全球的相关专利申请整体趋于稳定，小幅震荡式发展。2000 年，中国首次出现超声检测相关申请，之后发展也是非常缓慢，2006 年之后申请量逐渐增加，尤其是 2014 年之后申请量大幅增加，2017 年的申请量最高达到 24 件，因为专利审查期限，2018 年、2019 年的申请量下降不具参考意义，预计以后还会持续增长。总体来说，美国最开始提出激光超声检测专利申请，随后日本一跃而出，超过美国并成为该领域全球专利申请的主导力量。中国超声检测相关申请出现较晚，近几年正处于快速发展期。

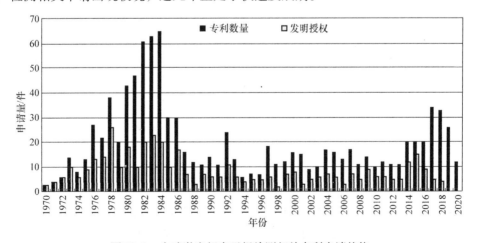

图 22-2　全球激光超声无损检测相关专利申请趋势

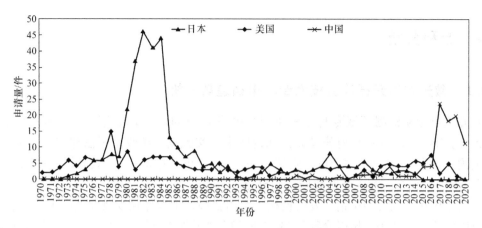

图 22-3　日本、美国和中国激光超声无损检测相关专利申请趋势

22.4.2　激光超声无损检测技术专利申请人/区域分布

图 22-4 所示为全球激光超声无损检测相关专利区域分布。由图 22-4 可见，日本的相关专利申请量排在第一位，占全球总量接近 30%；而最早开始相关研究的美国申请量排名第二位；位列第三位的是近十来年才开始相关研究的中国。结合前面的中国申请趋势可知，中国的申请量毫无疑问是由近几年中国激光超声无损检测专利申请井喷式发展形成的。欧洲专利局、德国和世界知识产权组织专利申请量依次排名为第四位、第五位、第六位。排名进入前十位的国家还有英国、加拿大、澳大利亚和韩国。

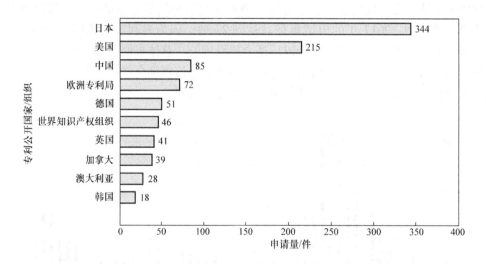

图 22-4　全球激光超声无损检测相关专利区域分布

图 22-5 所示为全球激光超声无损检测相关专利主要申请人排名。由图 22-5 可知，Lockheed Martin Corporation 公司以绝对的优势排在第一位，申请量为 128 件；排名第二位的是日立，第三位是东芝，GE 集团位列第四位；而 Intelligent Optical Systems 的商业化姊妹公司 Optech 公司排名第五位，其次还有三菱重工、佳能。规模较小的 Bossa Nova Technologies、

Intelligent Optical Systems、Iphoton Solutions 也排名前列。

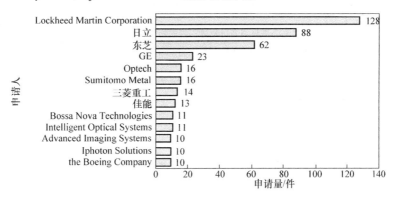

图 22-5　全球激光超声无损检测相关专利主要申请人排名

22.4.3　激光超声无损检测技术构成分析

·图 22-6 所示为全球激光超声无损检测相关专利技术构成分布，表 22-2 为全球激光超声无损检测相关专利技术 IPC 分类号及其含义。由图 22-6 和表 22-2 分析发现，全球激光超声无损检测相关专利技术构成分布如下：除了中国和韩国外，其他几个国家的相关专利布局都比较全面，而且各技术分支在各国的分配比例技术相当。布局数量最多的分支均为 G01N29 "利用超声波、声波或次声波来测试或分析得到物体内部显像"；布局数量次之的另外几个分支为 G01S15 "利用声波的反射和再辐射系统"、G01S7 "超声波系统的零部件"、G10K11 "声音的发送传导或定向的一般方法和装置" 及 G01B17 "以采用超声波振动为特征的计量设备"。医疗诊断方面的有两个分支：A61B8 "利用超声波、声波或次声波的诊断"、A61B10 "用于诊断的其他方法或仪器"，在日本和美国的布局较多。需要说明的是，激光超声检测系统相关技术分支包含超声检测相关技术。

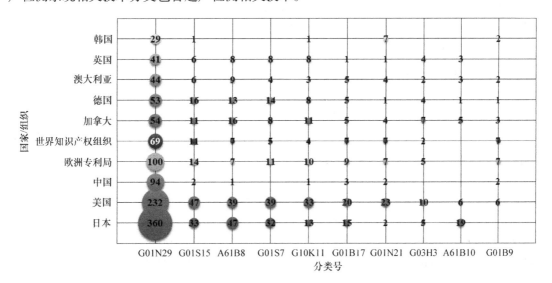

图 22-6　全球激光超声无损检测相关专利技术构成分布

表 22-2　全球激光超声无损检测相关专利技术 IPC 分类号及其含义

分类号	含　义
G01N29	利用超声波分析材料通过物体，得到物体内部显像
G01S15	利用声波的反射和再辐射系统，如声呐系统
A61B8	利用超声波、声波或次声波的诊断
G01S7	超声波系统的零部件
G10K11	声音的发送传导或定向的一般方法和装置
G01B17	以采用超声波振动为特征的计量设备
G01N21	利用光学手段测试和分析材料
G03H3	利用超声波获得全息图的全息摄影工艺过程或设备
A61B10	用于诊断的其他方法或仪器
G01B9	组中所列的采用光学测量方法的仪器

22.4.4　Lockheed Martin 激光超声无损检测专利分析

1. 公司背景及产品分析

洛克希德·马丁（Lockheed Martin）公司，全称洛克希德·马丁空间系统公司（Lockheed Martin Space Systems Company）前身是洛克希德公司（Lockheed Corporation），创建于1912 年，是一家美国航空航天制造商。作为业界领先的激光开发中心之一，洛克希德·马丁公司因其强大、可靠和创新的激光器而享誉全球。

LaserUTÂ®是洛克希德·马丁公司开发的用于复合结构的激光超声检测系统，是目前世界上较为先进的激光超声检测系统，已被用于对来自各种飞机项目的4 万多个生产部件进行无损检测。该系统采用脉冲回波方式用于飞机复合材料结构检测，可以用于不同的飞机制造过程，包括 F-2 机型、F-16 机型、F-22 机型和 F-35 机型。Laser UT 具有较高的优越性，如用于精密的模具或用户可以定制探头结构。

除此之外，在激光超声成像方面，洛克希德·马丁公司还有 Perceptor 双传感器、可调谐激光器 Argos®和 LaserNet Fines® - Online 等产品。其中，Perceptor 双传感器是洛克希德·马丁公司下属 Procerus 技术公司研出出一种专用于微型、小型无人机的轻型双传感器。该系统集成了高画质监视组件，功能堪比大型摄像机，具有电子光学（EO）和红外（IR）成像器，带有可选的激光指示器（LP），质量仅为 200g，可 360°连续摇摄，能够在各种天气环境下昼夜提供高清视频图像。该系统多应用于小型 UAS 或 UGV 上的高质量成像、目标跟踪、视频监控、捕获并存储高分辨率图像、目标地理位置、目标起诉（终端指导）、以网络为中心的无人机系统、EO 和/或 IR 搜索者。

可调谐激光器：Argos®适用于许多高分辨率光谱应用的技术。Argos 单频连续波光学参量振荡器是一系列独特的可调谐激光器，专为高分辨率光谱学而设计。该系统能够匹配其输出功率和 1400~4600nm 的波长调谐范围。Argos 是许多高分辨率光谱应用的支持技术。采用 Argos Orange，Argos 技术扩展到可见光谱中的相同特性，在 600~700nm 波长范围内具有多功率输出。该器件的高分辨率、无跳模调谐和出色的光束质量使其成为原子物理研究的理想选择。

LaserNet Fines - Online 是一款集油品粒度分析和颗粒计数于一体的台式分析工具，它将激光超声成像技术和神经网络形态结合起来用于油品粒度分析和颗粒计数。通过使用先进的激光成像和图像处理软件检测、计数、分类和分析流体污染，提供有关机械健康的实时数据。LaserNet Fines – Online 系统可用于所有类型的机械和设备，包括风力发电机、船用推进器、土方设备。

2. 公司专利分析

首先对洛克希德·马丁公司全球专利情况进行宏观层面的分析，选择专利数据库 Inco-Pat，使用高级检索功能，搜索申请人或受让人为"Lockheed Martin Corporation"的全球专利，截至 2020 年 12 月初检索出相关专利申请量为 16974 件，申请号进行合并后共有 10483 件专利。因为洛克希德·马丁公司的专利技术分布很广，本节采用 IPC 分类号 G01N29"利用超声波测试得到物体内部显像"进一步缩小范围后，得到洛克希德·马丁公司关于超声检测方面的专利 138 件。本节以下分析基于该检索结果。

Lockheed Martin 公司的激光超声检测相关专利申请趋势如图 22-7 所示，整体上呈波动式上升，近年来下降至零。从 1999—2002 年激光超声检测相关专利申请量快速上升，在 2007 年井喷式上升，年申请量达到最高 34 件，2008 年申请量骤降后，2009 年又反弹至 27 件，随后 5 年有零星申请，2015 年后至今激光超声检测相关专利申请处于停滞状态。结合公司的产品宣传可知，该公司相关产品占公司主营产品比例很小，只是 2000—2009 年之间进行相关产品研发时有相关申请。考虑到该公司的激光检测系统是目前最先进的技术集成，所以其专利有相当大的研究价值。Lockheed Martin 公司的激光超声检测相关专利申请全部为发明专利，发明授权率高达 52%。

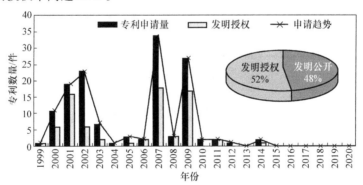

图 22-7　Lockheed Martin 公司的激光超声检测相关专利申请趋势

图 22-8 所示为 Lockheed Martin 公司激光超声检测相关专利申请地域分布，排名前五位的依次为：欧洲专利局、世界知识产权组织、澳大利亚、日本和加拿大。由此可看出，Lockheed Martin 公司的专利海外布局路径很清晰，都是利用欧洲专利局专利申请在欧洲地区进行布局，同时利用 PCT 专利提前布局，再选择进入其他国家。

Lockheed Martin 公司的专利技术区域分布较为均匀（见图 22-9 和表 22-3），仅在个别技术类别和地区上稍有空白。其主要技术分布有：G01N29/24"超声检测探头"，G01N29/22"超声检测装置零部件"，G01N29/00"利用超声波测试或分析材料，得到物体内部显像"，G01N29/04"超声检测的固体分析"等。在中国 G01N29/00、G01N29/04、G01N29/50 三个技术分支没有布局；日本的布局只有在 G01N29/00、G01N29/04 两个分支申请量稍多，其他分支均很少。

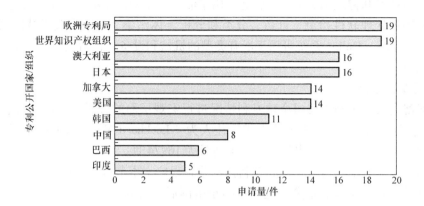

图 22-8　Lockheed Martin 公司激光超声检测相关专利申请地域分布

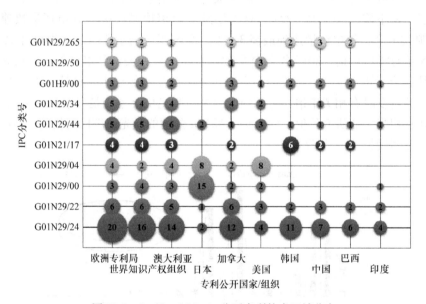

图 22-9　Lockheed Martin 公司专利技术区域分布

表 22-3　Lockheed Martin 公司涉及的 IPC 分类号及其含义

G01N29/24	超声检测探头
G01N29/22	超声检测装置零部件
G01N29/00	利用超声波测试或分析材料，得到物体内部显像
G01N29/04	超声检测的固体分析
G01N21/17	入射光根据所测试的材料性质而改变的系统
G01N29/44	处理探测的响应信号
G01N29/34	产生超声波
G01H9/00	应用对辐射敏感的装置，如光学装置测量机械振动或超声波等
G01N29/50	用自相关技术或互相关技术实现检测
G01N29/265	通过相对于物体移动的传感器

22.4.5　Intelligent Optical Systems 激光超声无损检测技术专利分析

1. 公司背景及产品分析

Intelligent Optical Systems（IOS）是一家高度创新的研发机构，为工业、政府和研究市场提供传感器、测试和测量技术，在物理、化学、生物、放射性和遥感领域处于领先地位。Optech 公司是 IOS 的商业化姊妹公司，销售一系列基于激光超声波的工业检测商业仪器。IOS 拥有致力于化学、物理和放射性传感，光纤传感器开发，集成光学，激光超声波，先进光源，光谱学，生物医学和生物化学研究，图像分析和仪器控制的各类实验室，客户群包括通用汽车公司、康宁公司、霍尼韦尔公司、史密斯检测公司，美国国家航空航天局、能源部、国土安全部、商务部、美国陆军、美国海军和美国空军等美国政府机构。

IOS 公司的激光超声检测产品具有极高的灵敏度，可用于检测钢、铸铁、陶瓷、玻璃、复合材料、半导体等材料，主要用于厚度测量、陶瓷涂覆层检测、不锈钢管检测、缺陷检测、激光焊接检测、复合材料粘接质量检测等。该公司有两款激光超声产品，包括 AIR – 1550 – TWM 和 AIR – 532 – TWM，其中 1550 型采用了波长为 1550nm 的连续激光器对激光超声信号进行拾取，符合人眼安全工作范围，并且具有更高的灵敏度和更低的价格。IOS 公司在国内已经交付多套 1550 型检测系统。此外，IOS 与同济大学声学研究所于 2008 年成立了声学研究所，旨在推动我国激光超声技术的发展。

2. 公司专利分析

截至 2020 年 12 月，Intelligent Optical Systems 公司共拥有 26 件专利。

图 22-10 所示为 Intelligent Optical Systems 的专利申请趋势，结合之前的激光超声无损检测技术专利申请趋势来看，Intelligent Optical Systems 的专利申请集中于 1999—2009 年。区别于一般申请人的申请趋势，IOS 的专利申请最初申请量最高，之后 5 年呈下降趋势。2005 年申请量回升达到 5 件，之后 3 年又逐年下降。2009 年申请量为 4 件，之后直至 2016 年和 2017 年才开始有新的申请，而且 2007 年之后没有再授权专利。

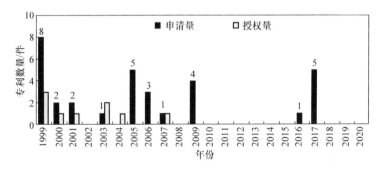

图 22-10　Intelligent Optical Systems 的专利申请趋势

Intelligent Optical Systems 专利申请地域分布：美国申请量占总额的 92%，世界知识产权组织申请量占总额的 6%，巴西申请量占总额的 2%。

由图 22-11 和表 22-4 分析发现，Intelligent Optical Systems 专利技术分布由多到少依次为：G02B "光学元件、系统或仪器"，G01N "除免疫测定法以外包括酶或微生物的测量或试验入 C12M、C12Q"，G01J "红外光、可见光、紫外光的强度、速度、光谱成分、偏振、相位或脉冲特性的测量，比色法，辐射高温测定法"，G06F"电数字数据处理（基于特定计算模型的计算系统入 G06N）"，A61B"诊断、外科、鉴定（分析生物材料入 G01N，如 G01N33/48），G01B"长度、厚度或类似线性尺寸的计量，角度的计量，面积的计量，不规则的表面或轮廓计量"，H04J"多路复用通信"，H04L"数字信息的传输，如电报通信（电报和电话通信的公用设备入 H04M）"，H04Q"选择（开关、继电器、选择器入 H01H，无线通信网络入 H04W）"，F21V"照明装置或其系统的功能特征或零部件，不包含在其他类目中的照明装置和其他物品的结构组合物"，C03C"玻璃、釉或搪瓷釉的化学成分，玻璃的表面处理，由玻璃、矿物或矿渣制成的纤维或细丝的表面处理，玻璃与玻璃或与其他材料的接合"。

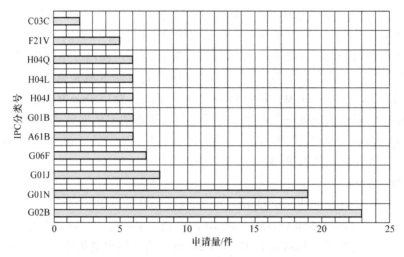

图 22-11 Intelligent Optical Systems 专利技术构成分布

表 22-4 **Intelligent Optical Systems 涉及技术分支 IPC 分类号**

分类号	含　义
G02B	光学元件、系统或仪器
G01N	除免疫测定法以外包括酶或微生物的测量或试验入 C12M、C12Q
G01J	红外光、可见光、紫外光的强度、速度、光谱成分、偏振、相位或脉冲特性的测量，比色法，辐射高温测定法
G06F	电数字数据处理（基于特定计算模型的计算系统入 G06N）
A61B	诊断、外科、鉴定（分析生物材料入 G01N，如 G01N33/48）
G01B	长度、厚度或类似线性尺寸的计量，角度的计量，面积的计量，不规则的表面或轮廓计量
H04J	多路复用通信
H04L	数字信息的传输，如电报通信（电报和电话通信的公用设备入 H04M）
H04Q	选择（开关、继电器、选择器入 H01H，无线通信网络入 H04W）
F21V	照明装置或其系统的功能特征或零部件，不包含在其他类目中的照明装置和其他物品的结构组合物
C03C	玻璃、釉或搪瓷釉的化学成分，玻璃的表面处理，由玻璃、矿物或矿渣制成的纤维或细丝的表面处理，玻璃与玻璃或与其他材料的接合

22.4.6 Bossa Nova Technologies 激光超声无损检测技术专利分析

1. 公司背景及产品分析

美国 Bossa Nova Technologies 公司成立于 2002 年 12 月，致力于开发工业应用的创新型无损检测仪器。Bossa Nova Technologies 公司凭借其强大的激光超声波和偏振成像专业技术，可开发各种应用和技术的传感器，应用领域包括复合材料缺陷检测等多个方面。

在激光超声检测方面，该公司主要包括 Quartet 和 Tempo 两款激光超声接收器产品，可用于金属、岩石、混凝土、塑料和复合材料的无损检测，以及传感器和压电元件的特性分析。此外，该公司具有对激光焊接制造过程在线检测的研发经验，将焊接激光器作为激励激光，能够检测出焊接过程中的熔合不良等缺陷。

Quartet 是一款稳定小巧、高性价比的工业级仪器，可用于非破坏性测试和激光超声接收等应用。在移动或静止的工件上 Quartet 都具有很高的灵敏度，可以与低能量激光配合使用，可用于工业环境中的激光超声检测系统，主要用于钢材、造纸、玻璃、汽车制造和航空航天制造检测。Quartet 采用了多通道随机正交检测技术，可用于测量亚纳米级的位移量。

Tempo 是适于实验室应用的激光超声接收仪，对于任意表面均能同时测量出面内位移和离面位移，精度可高达亚皮米级。与传统的干涉仪相比，Tempo 使用大孔径的激光头，以便能接收到更多的散射光束，这使得 Tempo 具有极高的灵敏度和信噪比。

Bossa Nova Technologies 公司依托激光超声产品，在国内外开展激光超声检测产品应用研发，已经在国内 15 家单位开展应用，具有良好的技术服务基础和激光超声检测系统搭建经验。

2. 公司专利分析

截至 2020 年 12 月，Bossa Nova Technologies 公司共拥有 12 件专利。Bossa Nova Technologies 专利申请趋势如图 22-12 所示。分析发现，该公司 2004 年开始申请激光超声检测相关专利（US10583954，用于检测来自表面的超声运动的多通道激光干涉测量方法和装置），该专利 2011 年授权；2004 年同时申请一个同主题 PCT 国际专利，之后进入英国、法国和日本三个国家；2005—2007 年三年间无专利申请；2008 年申请 3 件，2009 年申请 2 件，2010 年申请 4 件；2011 年和 2012 年无专利申请，2013 年申请 1 件，之后直至 2020 年均无专利申请公开。总览其专利，除了 2009 年一个专利尚在审查中和 2004 年的一个 PCT 外，其他专利全部授权。

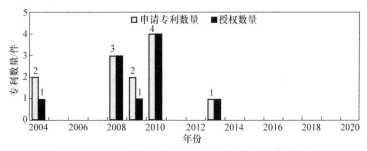

图 22-12　Bossa Nova Technologies 专利申请趋势

Bossa Nova Technologies 专利全球申请分布如图 22-13 所示。分析发现，Bossa Nova Technologies 的专利布局主要是美国，申请量占据了其整个申请量的 62.5%，其次是英国，法国、日本两个国家布局数量相同，可以看出 Bossa Nova Technologies 公司对不同地区市场的重视程度，而且英国、法国和日本这三个国家的专利申请均是通过 PCT 进入相关国家。由此可见，Bossa Nova Technologies 非常重视通过国际专利申请优先布局，抢占时间先机，再通过选择进入需要布局的各个国家。

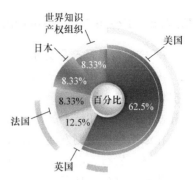

图 22-13　Bossa Nova Technologies 专利全球申请分布

　　由图 22-14 和表 22-5 可知，其在美国的技术分支主要为：G01N "除免疫测定法以外包括酶或微生物的测量或试验入 C12M、C12Q"，G01B "利用长度、厚度或类似线性尺寸和角度、面积、不规则的表面或轮廓计量"。在英国的技术分支主要为：G01N "除免疫测定法以外包括酶或微生物的测量或试验入 C12M、C12Q"，G01J "红外光、可见光、紫外光的强度、速度、光谱成分、偏振、相位或脉冲特性的测量，比色法，辐射高温测定法"。在法国和日本的主要分支为：G01N "除免疫测定法以外包括酶或微生物的测量或试验入 C12M、C12Q"。在世界知识产权组织技术分支主要为：G01N "除免疫测定法以外包括酶或微生物的测量或试验入 C12M、C12Q"，G01B "利用长度、厚度或类似线性尺寸和角度、面积、不规则的表面或轮廓计量。

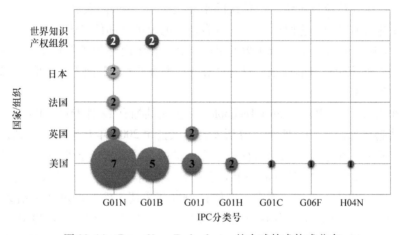

图 22-14　Bossa Nova Technologies 的全球技术构成分布

表 22-5　Bossa Nova Technologies 涉及技术分支 IPC 分类号

分类号	含　义
G01N	除免疫测定法以外包括酶或微生物的测量或试验入 C12M、C12Q
G01B	利用长度、厚度或类似线性尺寸和角度、面积、不规则的表面或轮廓计量
G01J	红外光、可见光、紫外光的强度、速度、光谱成分、偏振、相位或脉冲特性的测量，比色法，辐射高温测定法
G01H	机械振动或超声波、声波或次声波的测量
G01C	测量距离、水准或方位，勘测，导航，陀螺仪，摄影测量学或视频测量学（液体水平面的测量入 G01F；无线电导航，通过利用无线电波的传播效应，如多普勒效应，传播时间来测定距离或速度，利用其他波的类似装置入 G01S）
G06F	电数字数据处理（基于特定计算模型的计算系统入 G06N）
H04N	图像通信，如电视

Bossa Nova Technologies 专利数量较少，且全部授权，其激光超声无损检测专利见表 22-6。

表 22-6　Bossa Nova Technologies 公司的激光超声无损检测专利

序号	标题	申请号	申请日
1	检测表面超声运动的多通道激光干涉测量方法和装置	US13762663	2013.2.8
2	用于测量视觉外观的方法和系统	FR10052174	2010.3.25
3	排列规则和不规则双折射测量方法及系统的外观	JP2010069660	2010.3.25
4	随机规则排列双折射光纤外观视觉测量方法及系统	US12727152	2010.3.18
5	随机规则排列双折射光纤视觉外观测量方法及系统	GB1004927	2010.3.24
6	斯托克斯偏振成像方法及系统	US12234103	2008.9.19
7	双折射光纤定向测量	US12567579	2009.9.25
8	检测表面超声运动的多通道激光干涉测量方法和装置	US10583954 WOUS04043378	2004.12.22
9	随机排列双折射光纤外观视觉测量方法及系统	US12567599	2009.9.25
10	用于从表面线性检测运动的干涉测量方法和装置	US12267336	2008.11.7
11	干涉仪的激光强度噪声抑制	US11970971	2008.1.8

参 考 文 献

[1] 郑中兴. 材料无损检测与安全评估 [M]. 北京：中国标准出版社，2004.
[2] 陈清明，蔡虎，程祖海. 激光超声技术及其在无损检测中的应用 [J]. 激光与光电子学进展，2005 (4)：55-59.
[3] 张淑仪. 激光超声与材料无损评价 [J]. 应用声学，1992，11 (4)：1-6.
[4] 施德恒，陈玉科，孙金锋，等. 激光超声技术及其在无损检测中的应用概况 [J]. 激光杂志，2004 (5)：1-4.
[5] 张晓春. 激光超声技术及其应用 [J]. 大学物理，1998，17 (2)：40-42.

第 23 章 其他检测技术专利分析

23.1 光学断层成像

增材制造技术中的过程监控一直是国内外研究人员关注的焦点。光学断层成像技术利用低能量近红外光作为探测光源来探测高散射介质，对生物组织（或工业制品）中的光学参数（如吸收系数和散射系数）进行重建。光学相干断层扫描（OCT）已被用于在线监测，可以分析表面以及不同材料的内部结构。在激光熔覆中，OCT 仅限于表面成像，但也能够揭示内部结构并检测缺陷，如分层或夹杂物。德国克里斯蒂安沃尔夫第一次应用光学相干断层扫描的医学成像技术对增材制造过程进行了监测。

如何做到持续在线监控不同的增材制造工艺是增材制造产品转移到工业规模生产和确保产品质量一致的重要基础。德国 Fraunhofer IKTS 研发人员开发和使用不同的检测技术专注于增材制造过程中的测量，以便及时检测和隔离缺陷，并在制造过程中进行必要的工艺调整。这将使得 Fraunhofer IKTS 测试技术成为实现高效认证增材制造系统的关键。

23.1.1 EOS 与 MTU 合作产品——EOSTATE Exposure OT 相关专利

2017 年 6 月，全球工业级 3D 打印的技术领先者之一德国 EOS 公司研发人员在 EOSTA-TE 监测系列解决方案内，新增了 EOSTATE Exposure OT——全球第一款用于光学断层扫描的商用系统。该系统可以为 EOS M290 系统提供基于摄像机的金属 3D 打印质量实时监测。该系统在增材制造整个过程中逐层、完整地监控任意形状或尺寸的部件。该产品在制造阶段就对产品进行严格的监控，有望大幅降低质控成本，对单部件成本控制也有积极作用，尤其是满足了航空领域金属增材制品的严苛检验需求。

EOSTATE Exposure OT 系统是由 EOS 公司与 MTU 航空发动机公司（MTU Aero Engines）紧密协作、共同研发而成的。EOSTATE Exposure OT 系统可帮助 MTU 公司全面监控制造环节，在生产初期便及时发现并废弃残次品，大幅节省下游环节通过计算机断层扫描（CT）无损检测的成本，并可以用于满足 MTU 公司批量生产方面的需求。

通过光学断层扫描技术，用户可在数秒内连续浏览数千图层并获得质量相关的数据，如制造过程中的热量分布情况。EOSTATE Exposure OT 系统使用高分辨率摄像机对烧结过程进行全程监控。在红外波长范围内，一台动态工业相机能够在完整的制造过程中，以高频率记录成形过程，并在整个成形空间内提供关于熔化状态的详细数据。通过特殊软件进行数据采集，可完整分析、监测钢、铝、钛，以及其他各种合金在增材制造过程中的熔化状态。该系统可以定义多种可能的错误来源，如果某项参数偏离系统定义的"正常区间"，系统会自动侦测并标记错误区域。随着数据的不断增加，系统将会更加精确地判断这些所谓的"错误标记"对部件质量产生的影响。

EOSTATE Exposure OT 系统是一个自主学习系统，能够随着数据量的增长变得更加智能。用户对 EOSTATE Exposure OT 系统具体参数越熟悉，就越能在制造过程中更好地评估部件的质量与致密度。该系统的最终目的是识别生产过程中残次品产生的可能来源，并有效防止次品的产生。

2016—2018 年，EOS 公司增材制品检测专利技术路线如图 23-1 所示，其中，EOSTATE Exposure OT 产品涉及其中部分专利。

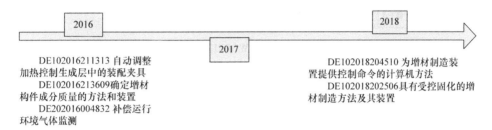

图 23-1 EOS 公司增材制品检测专利技术路线

2016 年，EOS 公司申请了涉及组件质量的方法和装置专利（DE102016213609），如图 23-2 所示。该专利用于确定增材制品的质量指标的方法，包括以下步骤：

1）提供与过程监测装置相关联的第一数据集（1010），对于多个连续层中的每一层，由过程监测装置确定的过程异常信息与多个固化点相关联。

2）确定多个连续层过程异常发生的相对频率，并且根据确定的相对频率将质量指标值分配到固化的物体截面，其中将指示不同质量水平的不同质量指标值分配给相对频率值的不同范围。

3）生成第二数据集（1020），其中将质量指标值分配到多个连续层中的每一层中的物体截面。

4）通过使用第二数据集（1020）确定指示制造的物体质量的质量指标 Q。

该专利布局在德国、美国，目前，已经通过国际专利申请渠道进入中国，处于实质审查阶段。

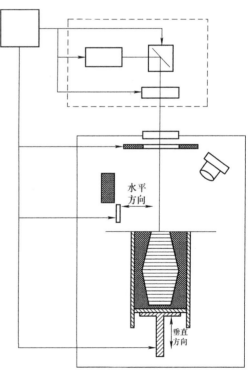

图 23-2 EOS 公司涉及组件质量的方法和装置（来源：DE102016213609）

2017 年，EOS 申请了一项题为"利用制造对象的大量图像数据检测过程不规则性的方法”的发明专利（WOEP17050542）。

截至目前，该专利仍处于审中状态，EOS 公司正在通过国际专利申请渠道进行国外布局。该专利引证了美国通用等申请的相关申请，如图 23-3 所示，技术人员可对相关引证专利进行浏览分析。

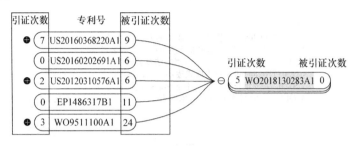

图 23-3　EOS 公司发明专利 WOEP17050542 相关引证分析

2018 年，EOS 公司申请了 DE102018204510“为增材制造装置提供控制命令的计算机方法”，如图 23-4 所示。该方法包括以下步骤：接收待产生的三维物体基于计算机的物体数据，该物体数据具有与该物体的横截面相对应的坐标，设置该物体的特征编码；选择位于编码的横截面内的坐标，以创建相应的图案；确定第一组能量输入参数，以在物体的建筑材料中形成第一织物，并将此外图案的横截面的坐标分配给第一组能量输入参数，确定第二组能量输入参数以在其中形成第二织物，并将其分配给相应图案的坐标；这两组能量输入参数选择的如此不同，使得在制备物体时，编码相应的图案由于使用原位过程监测而执行不同的速度可以被检测到，提供控制命令数据。

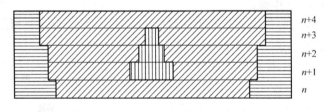

图 23-4　EOS 公司专利 DE102018204510

综合分析，EOS 公司在光学成像增材检测领域已经具备一定的基础专利技术，且从其专利布局方向可知，EOS 公司在该领域的研发方向朝着检测过程精准化、检测程序智能化方向发展。

23.1.2　光学断层成像国内外专利申请情况

国内在光学断层成像方面相关申请人众多，专利成果较为突出的则以大专院校的为主。其中，西南交通大学、华南理工大学、华中科技大学在该领域专利布局较多，国外申请人则主要涉及 Arcam AB 公司、Materialise 公司。光学成像国内专利技术路线如图 23-5 所示。

经过分析发现，2012 年 12 月，Arcam AB 公司申请了涉及一种用于检测三维物品中的缺陷的方法 CN201280065304.5，如图 23-6 所示。该方案在基板上提供第一粉末层，将能量束引导在基板上，从而使得第一粉末层在选定的位置中熔融，因而形成三维物品的第一截面；在基板上提供第二粉末层，将能量束引导在基板上，从而使得第二粉末层在选定的位置中熔融，以形成三维物品的第二截面。分别捕捉第一粉末层的第一熔融区和第二熔融区的第一图像和第二图像，将第一图像和第二图像与模型中的对应的层进行对比。在第一图像相对于模型的偏差至少部分地与第二图像相对于模型的偏差重叠的情况下，检测三维物品中的缺陷。Arcam AB 公司将其布局在美国、中国及欧洲等国家和地区，且均已授权。2013 年 11 月 18 日，Arcam AB 在上述技术上进行了改进，申请了 CN201380064965.0 "增材材料制造方法和设备"，在增材制造粉末分配到起始板上以形成第一粉末层的过程中，用照相机至少一次捕捉待分配的粉末的至少一个图像，并且用照相机检测的图像中的至少一个参数的至少一个值与参考参数值进行比较。该专利同样被布局在美国、中国、欧洲等主要国家和地区，且均于 2018 年前后授权。

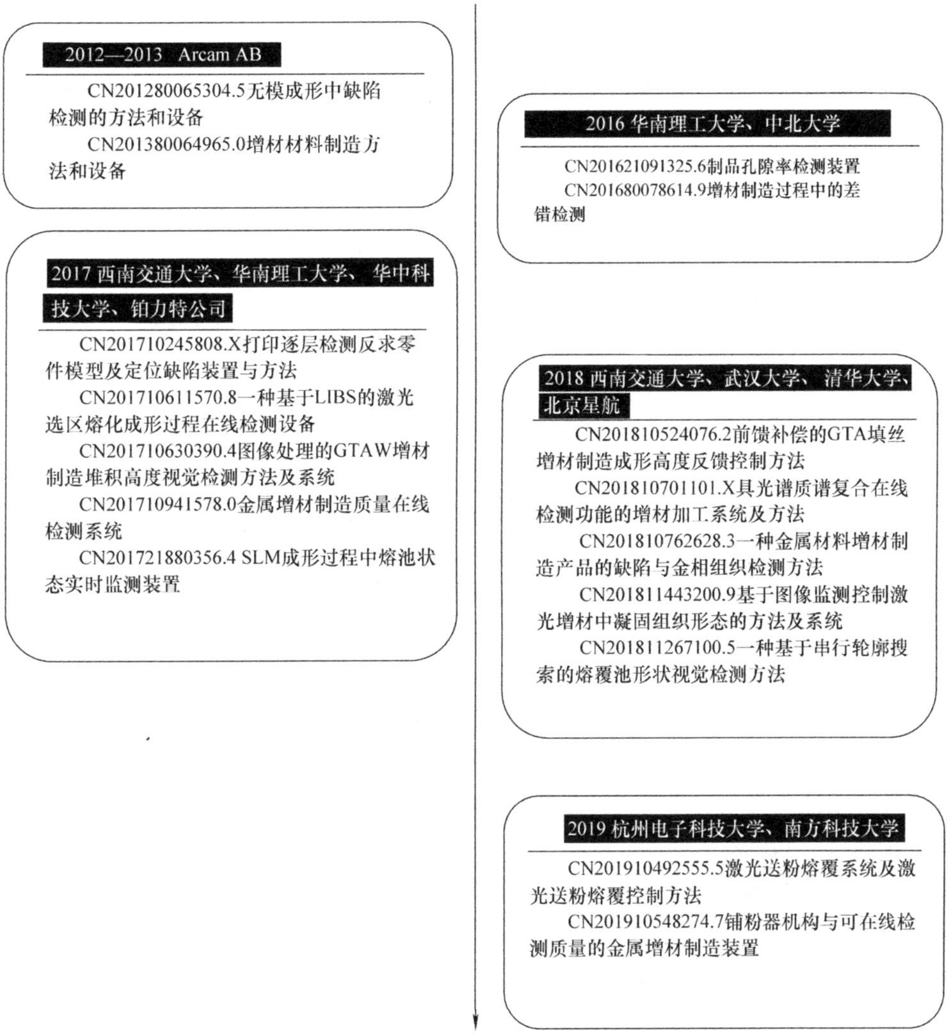

图 23-5　光学成像国内专利技术路线

2016 年后，中国申请人不断进入该领域，并布局了一定的专利。2017 年，西南交通大学、华南理工大学等主要申请人在该领域布局了较多专利，尤其在激光选区熔化在线检测方面关注度较高。华中科技大学申请了 CN201710611570.8 "一种基于 LIBS 的激光选区熔化成形过程在线检测设备"，包括脉冲激光器、指示激光器、分光光谱仪及其配套探测器、光传输系统和计算机，如图23-7所示。该发明能和激光选区熔化成形设备配套使用，对激光选区熔化成形过程中成形平台的成分进行实时检测，并通过成分变化分析加工过程物理机制；该发明利用一分多路传能光纤实现多点和选点的在线检测，在实现成形平台全幅面检测的前提下，节省了检测成本。2017年12月，西安铂力特增材技术股份有限公司在激光选区熔化光学检测方面也申请了一项专利CN201721880356.4。该专利在激光器与振镜之间安装有半透镜，在半透镜接收由振镜传来的光束的反射光路上依次设置有滤波系统和光纤传感器，光纤传感器通过导线依次连接有采

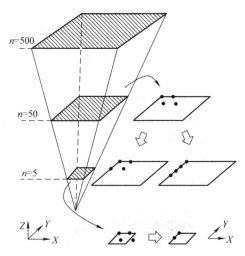

图23-6　Arcam AB公司申请的专利
CN201280065304.5

集卡和上位机。该实用新型的熔池状态实时监测装置通过监测成形过程中熔池辐射波的强度变化来反映熔池的状态，不需要搭载高速相机等高速拍摄装置，结构相对简单。

2018年后，更多的申请人进入该领域，并进行了较多的方法改进。其中，南京师范大学与南京智能高端装备产业研究院有限公司共同申请了专利CN201811267100.5"一种基于串行轮廓搜索的熔覆池形状视觉检测方法"。该专利利用高速工业相机采集金属三维打印熔覆池视频，从视频中提取单帧熔覆池彩色图像；针对提取的单帧熔覆池彩色图像进行灰度变换、灰度反转及灰度拉伸；利用局部差分算子对均值滤波后的图像进行边缘提取，再进行膨胀与腐蚀处理，保留面积最大的区域，剔除其他区域；最后，对熔覆池区域的二值图像进行串行轮廓搜索，得到熔覆池区域的二值轮廓图像，完成熔

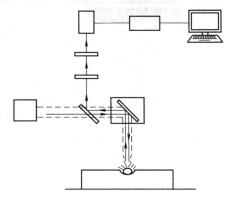

图23-7　华中科技大学申请的在线检测设备
（来源：CN201710611570.8）

覆池形状视觉检测，为金属三维打印过程中熔覆池形貌分析提供依据。该发明目前处于实质审查中，建议可对其重点关注。

综合可见，随着光学成像检测的应用增多，相关研发及专利申请也进入了较快的发展期，且检测工艺和方法研究方向更加高效化与精准化，各主要申请人目前在结构简洁、降低成分、提高适用性等方面也投入了较大的研究力量。

23.2　过程补偿共振技术

过程补偿共振技术（简称PCRT）是一种能够定量检测和评估每个增材部件的检查方法，所使用的部分共振，也称为固有频率技术，对整个部件的材料、完整性、尺寸条件非常敏感。该技术可用于识别结构不同的部件（这些结构会对部件的性能或材料特性产生不利

的影响）。它使用统计处理和模式识别工具来分辨不合格的零部件，既属于内部检查，也是外部检查技术。PCRT 需要由部件的结构完整性驱动。目前，可以提供类似这种检查的选择并不多，而 PCRT 是目前的研究重点。

PCRT 检测数据可用于在构建后监控每个部件，以确保其是否符合给定的可接受范围或公差，或者可以"教导"它检测特定的缺陷类型，甚至可以检测样品中的模拟缺陷。PCRT 分析可以通过实例来学习，例如可接受的部分变化和不可接受的缺陷条件，如孔隙率或熔融不充分等，或者可以建模用于预测响应，然后可以将那些建模的响应编程到检测算法中，从而使检测人员可以非常快速地检测已知的结构问题。

虽然 PCRT 能够报告哪些样品与标称参考样品有所不同，但这种技术一般不能用于定位、定量尺寸或表征缺陷。PCRT 可用于检测同一构建板内具有使用 DR 和 CT 技术可能无法检测到的单层缺陷的部件。

在一些增材制造研究中，PCRT 已经用于检测增材制造产品中不可接受的孔隙率、裂纹、熔融不充分等缺陷。采用 PCRT 进行增材制品检测速度相对较快，每个部件的测量时间为 30s～3min，因此可用作 100% 检测。它不需要使用化学品，也不会产生能源和材料浪费。PCRT 的检测对象是单个打印组件，需要从构建板上移除后再进行，因此属于离线检测。

PCRT 检测已用于具有复杂几何形状的商业航空航天应用中，在提高了部件可靠性的同时，还降低了检查和部件更换的成本。然而，目前常用的一系列检查方法都不能提供所需的单个部件验证，工业界依赖的是假定具有代表性的拉伸样品，来确认零件批次材料是否符合要求。PCRT 能够满足这些需求，为生产就绪的产品提供全面检测选项，包括量化检测结果、支持过程监控、质量保证和持续改进等。虽然已有业界和学界将 PCRT 用在增材构件检测上，但目前并未检索出 PCRT 用于金属增材制品检测的相关专利申请，随着该领域的不断发展，必将有相关专利公开。因此，建议技术人员对该领域进行持续性的专利动态监控，尤其对 Arcam AB、MTU、EOS 以及国内高校华南理工大学、华中科技大学、西南交通大学、清华大学等进行重点关注。

23.3　增材制造金属粉末流动性检测

23.3.1　增材制造金属粉末流动性检测技术

金属粉末是增材制造的重要原材料之一，广泛用在粉末床熔融、沉积成形、熔覆等工艺，其化学成分、流动性、密度、粒径及分布、粒形等性能参数对成形工艺和成形质量有重要影响。金属粉末的流动性好坏直接影响增材制造粉末床铺粉质量，是影响金属制件打印质量的重要因素。粉末的流动性也是一个综合性能，影响因素包括颗粒形状、粒度组合、相对密度和颗粒间的黏附作用。一般粉末颗粒越大，形状越规则，松装密度越高，流动性越好。粉末流动性的检测方法包括休止角法、卡尔流动性指数法、松装与振实密度测量法、霍尔流速法。

（1）休止角法　休止角是指粉末从一定高度的漏斗中自然下落到水平板上形成的圆锥堆和水平板间的角度。休止角越小，粉末之间的摩擦阻力越小，粉末流动性越小。

（2）卡尔流动性指数法（Carr 法）　卡尔流动性指数法是综合评价影响粉体流动性的影响因素，包括休止角、平板角、凝聚度、压缩率、均齐度五项指数，用得分制的数值方法表示粉体流动性的方法。这种方法数据分析全面，适用范围广，但是测量误差大，数据不稳定，一般很少使用。

（3）松装与振实密度测量法（HR 法）　松装与振实密度测量法是用金属粉末的振实密度与松装密度之比来表征粉体流动性，比值越小，粉体压缩性越弱，流动性越好。

（4）霍尔流速法　金属粉末的霍尔流动性是指 50g 金属粉末流过标准尺寸漏斗孔所需时间，单位为 s/50g。其倒数是单位时间流出粉末的质量，称为流速。该方法是国际上通用的测量 3D 打印金属粉末材料流动性的方法。

霍尔流速法的检测主要使用霍尔流速计。这种方法主要适用于流动性好且能够顺利通过标准漏斗的粉末，对于易团聚、颗粒间摩擦阻力大的金属粉末则不适用。

粉末流动性是增材制造金属粉末材料的关键性能指标，鉴于理论基础条件及实际操作便捷性，最常用的检测手段为霍尔流速法。可供参考的标准有：GB/T 1482—2010《金属粉末流动性的测定标准漏斗法（霍尔流速计）》、ASTM B213—2013 *Standard Test Methods for Flow Rate of Metal Powders Using the Hall Flowmeter Funnel*、GB/T 16913—2008《粉尘物性试验方法》。

23.3.2　增材制造金属粉末流动性检测专利分析

截至目前，涉及金属增材制造用粉末检测的相关专利较少，其中，主要是粉末的夹杂物检测、超细粉粒度和球形度检测、混合粉末 3D 打印分离检测。涉及检测增材用金属粉末流动性的专利仅有长沙新材料产业研究院有限公司、西安赛隆金属材料有限责任公司申请的少量专利。增材用金属粉末流动性检测专利申请情况见表 23-1。

表 23-1　增材用金属粉末流动性检测专利申请情况

序号	专利名称	申请号	申请人	申请日
1	一种用于增材制造粉末流动性检测的设备	CN201710316475.5	长沙新材料产业研究院有限公司	2017.5.8
2	一种金属粉末流动性检测装置及方法	CN201910225880.5	西安赛隆金属材料有限责任公司	2019.3.22

长沙新材料产业研究院有限公司提出的一种用于增材制造粉末流动性检测的设备专利 CN201710316475.5。该检测设备包括：密封的壳体、铺粉装置、表面形貌测量装置和密度测量装置等。密封的壳体内设置有用于铺设粉末的铺粉装置；表面形貌测量装置属于非接触式表面形貌测量装置，该装置为测距装置或成像装置；密度测量装置用于测量铺粉装置铺设的粉末层的密度，密度测量装置包括体积测量装置和重量测量装置。该发明的检测设备利用模拟打印过程中的铺粉工艺，对粉末进行性能检测，提高了对增材制造工艺的契合性；所表征的参数可以直接用于调整打印参数、选择粉末材料、研制粉末材料等情况，具有节省时间、减少资源浪费、代替高价值的打印设备对粉末进行前期验证、减少高额设备损耗、表征性能参数符合增材制造过程需要等优点。

西安赛隆金属材料有限责任公司提出的一种金属粉末流动性检测装置及方法专利 CN201910225880.5，用以解决现有的金属粉末流动性检测装置存在人工计时误差大，并不能同时测得流动性和休止角两个参数的问题。该装置包括底座、第一立柱、第二立柱、激光测距仪、刻度尺、漏斗和水平圆台；第一立柱和第二立柱并排设置在水平底座上；漏斗通过支架设置在第二支柱上，漏斗内的孔径可调节；第一立柱与第二立柱相对的第一侧壁上设置有刻度尺，且激光测距仪设置在第一侧壁上；水平圆台设置在水平底座上，且位于漏斗正下方。

为了对企业技术人员提供更全面的信息，对不限于增材的粉末流动性领域进行了简单检索，结果可见该领域专利总量较少，可参考借鉴的相关专利清单，见表 23-2。

表 23-2 粉末流动性检测相关专利清单

序号	专利名称	申请号	申请人	申请日
1	一种粉末流动性指标检测装置	CN201820006812.0	浠水晨科饲料科技有限公司	2018.1.3
2	一种粉体流动性检测装置	CN201820227665.X	北京柏墨达科技有限公司	2018.2.8
3	基于阿基米德螺旋线模具检测金属粉末喂料流动性的方法	CN201510915610.9	翁廷	2015.12.10

23.3.3 增材制造金属流动性检测专利主要申请人

检索调查发现，目前，国内外有众多企业在增材金属粉末原料领域具有研制和生产流动性能好、烧结性能优异的合金粉末的能力，主要通过气体雾化法（GA）、等离子旋转电极法（PREP）、等离子雾化法（PA）以及等离子球化法（PS）进行粉末制备，大量专利集中在增材金属粉末制备、配比方面。但在增材制造金属粉末流动性检测技术方面并未进行系统的研究，对该过程中金属粉末的铺展性、流动性检测非常少，建议企业持续关注，尤其对表 23-3 中所列的申请人进行重点关注。

表 23-3 金属粉末流动性建议关注的申请人清单

序号	建议持续关注的申请人
1	中航迈特粉冶科技（北京）有限公司
2	北京科技大学新金属材料国家重点实验室
3	加拿大麦吉尔大学机械工程系
4	特种涂层材料与技术北京市重点实验室
5	北京矿冶研究总院
6	长沙新材料产业研究院有限公司
7	中航天地激光科技有限公司
8	清华大学
9	有研粉末新材料（北京）有限公司

另外，关于增材制造领域检测技术的标准制定工作正在陆续展开。美国汽车工程协会（SAE）2002 年发布了第一个增材制造技术标准；美国材料与试验协会（ASTM）也成立了专门的增材制造技术委员会 ASTMF-42，从试验方法、设计、材料和工艺、人员、术语等方面已经颁布了多个工业标准，如 ASTM F2924-12a《粉末床熔合 3D 打印工艺用 Ti-6Al-4V 标准规范》、ASTM F3001-13《粉末床熔合 3D 打印工艺用镍铬合金 625 新规范》等。2021 年 6 月 1 日起正式实施的 GB/T 39251—2020《增材制造金属粉末性能表征方法》，规定了增材制造用金属粉末性能检测方法、检测项目及取样方式、检测报告，适用于各种制备工艺获得的增材制造用金属粉末。关于增材制造领域金属粉末的检测标准还有待完善。

参 考 文 献

[1] 田舒平，解瑞东，李涤尘，等. 激光金属成形缺陷在线检测方法及热场仿真 [J]. 西安理工大学学报，2019，35（2）：212-218.

[2] 赵德陈，林峰. 金属粉末床熔融工艺在线监测技术综述 [J]. 中国机械工程，2018（17）：2100-2110.

[3] 解瑞东，鲁中良，弋英民. 激光金属成形缺陷在线检测与控制技术综述 [J]. 铸造，2017，66（1）：33-37.